太湖流域水污染及富营养化综合控制研究

余辉 等著

科学出版社

北京

内 容 简 介

本书针对太湖流域的生态环境问题，通过全面系统的多学科流域综合调查与研究，从流域层面系统地把握了流域社会经济、土地利用格局、污染源结构、太湖及其流域生态环境特征，解析了流域污染源从"排放量—入河量—入湖量"的水污染全过程及太湖水环境承载力，创新提出了涵盖"水源涵养林—湖荡湿地—河流水网—湖滨缓冲带—太湖湖体"的流域"一湖四圈"治理理念，研究形成了以流域"一湖四圈"为主线，包括流域产业结构调整优化、流域污染负荷削减、"一湖四圈"修复与保护及流域综合管理在内的太湖流域水污染及富营养化综合控制中长期方案，可为太湖流域综合治理与战略决策提供科学依据。

本书可供区域发展、生态、资源、环境、湖泊、水文等学科的科研人员、行业部门专业人员、政府部门决策人员、高等院校师生以及有兴趣的社会公众阅读和参考。

图书在版编目(CIP)数据

太湖流域水污染及富营养化综合控制研究/余辉等著 . —北京：科学出版社，2014.5
　ISBN 978-7-03-040609-5

　Ⅰ.①太… Ⅱ.①余… Ⅲ.①太湖-流域-水污染-污染控制-研究 ②太湖-流域-富营养化-污染控制-研究 Ⅳ.①X524

中国版本图书馆 CIP 数据核字（2014）第 097388 号

责任编辑：李上男　朱海燕　李秋艳 / 责任校对：李　影
责任印制：钱玉芬 / 封面设计：铭轩堂

科 学 出 版 社 出版
北京东黄城根北街16号
邮政编码：100717
http://www.sciencep.com

北京通州皇家印刷厂印刷

科学出版社发行　各地新华书店经销
*

2014 年 5 月第 一 版　　开本：787×1092　1/16
2014 年 5 月第一次印刷　　印张：24 1/2
字数：587 000

定价：129.00 元
（如有印装质量问题，我社负责调换）

本书主要作者

余　辉　逄　勇　徐　军
牛　远　卢少勇　卢瑛莹
张　磊

序　言

　　近年来我国经济的加速发展导致的环境污染问题不断加剧。水体污染是其中影响最深刻的问题之一。湖泊水体富营养化与蓝藻水华暴发已成为全球性水体生态环境问题。太湖是我国第三大淡水湖泊，具有供水、防洪、灌溉、航运、养殖和旅游等多种功能，是太湖流域水生态系统的中枢。随着流域社会经济的高速发展，导致水环境问题也日益突出。2007年蓝藻水华的暴发，严重影响了无锡上百万群众的正常生活，引起社会的高度关注。由于太湖西北部湖区水体的污染与富营养化程度逐年加重，湖体的生态系统急剧退化，生物多样性下降，严重影响了供水质量和周边城市水体的水环境功能，已成为威胁和影响当地居民饮用水安全和流域社会经济持续发展的重大隐患，是国家迫切需要解决的主要水环境问题之一。如何在太湖治污过程中，处理好社会经济发展与流域和湖体生态平衡，最终实现水质改善目标，是目前亟需解决的首要问题。

　　国际湖泊环境委员会（ILEC）基于 GEF-LBMI 项目（GEF：Global Environment Facility 地球环境基金；LBMI：Lake Basin Management Initiative 湖泊流域管理计划）得出如下结论：湖泊的管理即是湖泊流域的管理；湖泊流域管理必须具有超越国境或行政界线的配合；许多湖泊的流域管理难有成效的原因之一是没有可操作的法规；流域管理必须实施基于科学研究的对策与技术；湖泊流域管理中基于国家政策的长期应对是不可或缺的；没有流域监测与环境问题的因果解析调查研究，也就谈不上湖泊流域管理；湖泊流域管理不是短期工程项目，而是长期计划；如果没有地域利害相关民众的参加与协作，流域管理无法成功。

　　我国湖泊水污染与富营养化防治工作已经有几十年的历史。湖泊水污染治理及富营养化防治理论不断完善，逐步从"区域"治理过渡到"流域"治理。尤其通过"十一五"国家水体污染控制与治理科技重大专项（以下称"水专项"）的顶层设计与全面实施，湖泊治理的流域理念得到不断发展与丰富，为我国湖泊流域综合整治奠定了坚实基础。

　　该书从太湖流域整体出发，开展了全流域多学科的综合调查与研究，在流域经济社会、土地利用格局、流域六大污染源（工业源、城镇生活源、农村生活源、种植业污染源、畜禽养殖源及大气沉降污染源）结构及其贡献率、太湖湖体及其流域生态环境特征等方面，获得了丰富而翔实的基础调查数据及第一手重要资料。该书全面系统把握了太湖流域生态环境状况，认知诊断了太湖流域环境问题；详细分析了流域各生态景观单元在维持太湖流域生态健康过程中的重要地位、作用及其相互关系；创新提出了包括"水源涵养林—湖荡湿地—河流水网—湖滨缓冲带—太湖湖体"在内的太湖流域"一湖四圈"生态圈层理念。该书还重点研究了太湖水环境承载力，解析了流域污染源从"排放量—入河量—入湖量"的全过程特征，提出了流域污染源控制及生态修复的分区、分期、分级指标体系及方案目标；构建了以太湖承载力为核心的流域污染负荷总量控制技术体系，研究制定了以流域"一湖四圈"为主线的太湖流域水污染及富营养化综合控制中长期战略方案，明确了太湖流域控源减负、流域"一湖四圈"生态修复的近中远期"时间表–路线图"。这些创新性的学术观点，加深了对太湖流域全方位、多环节的生态环境问题的深入认知与诊断，为国家及地方"太湖流域水环境综合治理总体方案""十二五"修编提供了决策依据，为国家水专项"十二五"太湖项目的顶层设计提供了理论与技术支撑。同时，该书对太湖流域水环境治理的多角度思考和深层次探索，丰富了我国湖泊流域综合治理的内涵与理论探索，对我国其他湖泊的水环境污染治理与生态修复具有重要借鉴意义。

中国环境科学研究院　院士

2014 年 5 月

前　言

　　一湖，泊天下。湖泊不仅是人类赖以生存的珍贵的水资源，也是人类精神寄托之所在，是地元文化的汇集地，承载一域一脉文明史。太湖是我国第三大淡水湖泊，其流域是我国经济最发达、人口最密集、城市化程度最高的地区之一。近年来，由于流域经济快速发展和不合理开发利用导致流域水生态状况急剧恶化，成为生态环境退化最为严重的地区之一。长期以来，对太湖流域的生态环境问题缺乏全面而深入的认知，对太湖流域的水污染与富营养化治理缺乏科学有序的中长期战略方案的指导等，成为影响近年来太湖流域综合治理成效的主要因素。

　　国家水体污染控制与治理科技重大专项（简称"水专项"）设置了"太湖流域环境综合调查及湖泊富营养化综合控制方案研究"课题（课题编号：2008ZX07101-001，实施年限：2008~2010年），以"调查-诊断-认知-方案"为技术路线，通过大规模全面系统的多学科全流域综合调查，全面把握了流域社会经济、土地利用格局、污染源结构、太湖及其流域生态环境特征，解析了流域污染源从"排放量—入河量—入湖量"的水污染全过程及太湖水环境承载力，提出了包括"水源涵养林—湖荡湿地—河流水网—湖滨缓冲带—太湖湖体"在内的"一湖四圈"流域治理新理念，构建了以太湖水环境承载力为核心的总量控制技术体系，制定了以流域"一湖四圈"为主线的太湖流域富营养化综合控制中长期战略方案，明确了太湖流域控源减负、流域"一湖四圈"生态修复的近中远期"时间表-路线图"。课题成果为环境保护部提出了重大科技建议，为国家及地方"太湖流域水环境综合治理总体方案""十二五"修编提供了决策依据，为国家水专项"十二五"太湖项目的顶层设计提供了理论与技术支撑。

　　本书内容以课题组所开展的国家"水专项"课题研究成果为主，其特点体现在如下几方面：一是内容翔实，信息量庞大。涉及从现状调查、问题诊断、深入认知到中长期战略方案等诸多方面的内容。二是取得大量难得的基础数据及现状调查数据，课题组在"十一五"期间花费大量人力物力，开展了集物理、化学、生物为一体的大规模环境综合调查，获得了太湖流域全面而系统的第一手资料。三是通过对环境问题的诊断，形成了对太湖流域生态环境问题的新认知，尤其是关于太湖流域"一湖四圈"生态圈层结构构架、生态圈层生态定位、生态圈层对太湖流域生态健康的影响等方面形成了全新的认识。四是基于"一湖四圈"理论提出了太湖流域环境治理中长期战略方案。本书的研究成果可为太湖流域综合管理措施及流域决策的制订提供科学依据与理论支持，同时为广大科研工作者提供有用的基础数据信息。为使本书更具有参考价值，在第一章介绍了国内外湖泊流域水环境综合治理现状，列举了在国际上具有典型代表性的七大湖泊治理案例。

　　全书共分12章，由余辉、逄勇、徐军及牛远设计构思框架，经多次集体研究讨论拟定提纲，由余辉统稿。其中，各章节撰写人员如下：前言：余辉；第一章：余辉、牛远；第二章：余辉、徐军、牛远、张萌、吴锋、卢少勇、李中强、逄勇；第三章：牛远、余辉、卢少勇、张磊、卢瑛莹、张明、颜润润；第四章：余辉、徐军；第五章：逄勇、王鹏、罗缙；第六章：逄勇、罗缙、王华、余辉、胡开明；第七章：逄勇、王华、余辉、罗缙、胡开明；第八章：卢瑛莹、张磊、张明、颜润润、黄冠中；第九章：余辉、张磊、卢瑛莹、王鹏、徐军、卢少勇；第十章：徐军、余辉、张萌、牛远；第十一章：余辉、徐军、逄勇；第十二章：余辉、逄勇。感谢刘倩、王琳杰、赵忠明对本书图表的编辑，刘倩、牛勇、姜岩、邹忠睿对初稿的校对，感射牛勇、燕姝雯、王雪、张文斌、任德友、焦伟、蔡珉敏、姜岩、邹忠睿、程萌、王强、曲洁婷、薛巍、杜东、杨凡、胡洋等在课题实施期间对太湖流域大调查中所付出的辛劳与支持。太湖流域水资源保护局陈荷生教授为本书框架设计提出了宝贵建议，科学出版社为本书的出版给予了积极的协助。本书为国家重大科技专项"十一五"水专项太湖项目"太湖流域环境综合调查与湖泊富营养化综合控制方案研究"（2008ZX07101-001，2008～2010）的课题成果，本课题由中国环境科学研究院牵头，中国科学院水生生物研究所、河海大学、江苏省环境科学研究院及浙江省环境保护科学设计研究院协作完成，在此对课题组所有研究人员一并表示感谢！同时要特别感谢在课题实施过程中，中国环境科学研究院金相灿研究员对课题组的不遗余力的悉心指导，以及太湖流域水资源保护局陈荷生教授、环保部南京环境科学研究所张永春研究员、中国科学院水生生物研究所谢平研究员等一批著名专家的大力支持与指导！

本书编撰过程中，作者力求做到科学性、前沿性和应用性的有机结合，但由于本书涉及太湖全流域的各个方面，又与多学科交叉，加之缺乏可以借鉴的经验，对于疏漏之处，恳请读者不吝赐教，予以指正。

著　者

2014 年 5 月

目　　录

第1章 国内外湖泊水环境治理现状与趋势

1.1 世界湖泊面临的六大环境问题

湖泊是地球表面的一种水体。按其科学的涵义，指的是陆地上的一类洼地，其内蓄积一定的水量，与海洋又不发生直接联系的一种天然水体。湖泊是地表特殊的自然综合体，同时又是重要的国土资源，它与河流、森林和土壤一样，是自然资源的重要组成部分。湖泊能调节河川径流、防洪减灾；湖水可用于农田灌溉、沟通、航运、进行发电、提供工农业生产以及饮用水源，还能繁衍水生动物、植物，发展水产品生产。湖泊水体的存在，可改善湖区生态环境，提高环境质量（中国科学院网络化科学传播平台，http://www.lake.ac.cn）。

湖泊对人类具有重要作用，但其结构和功能已经受到人类活动的严重干扰，并导致严重的负面影响。国际湖泊环境委员会（ILEC）对世界主要湖泊（包括水库形成的人工湖）所作的调查结果显示，湖泊普遍存在的环境问题有如下六个方面：泥沙淤积、水位下降、有毒物质及农药污染、富营养化、湖水酸化和土著生物及生态系统的破坏(图 1.1)。

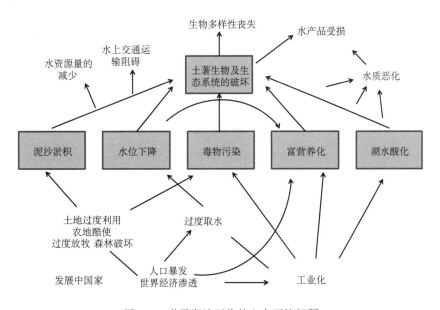

图 1.1 世界湖泊面临的六大环境问题

1.1.1 泥 沙 淤 积

泥沙淤积主要是指河水挟带的泥沙在湖泊、水库的堆积。通常情况下水流进入湖泊、水库后，由于水深沿流程增加，水面坡度和流速流程减小，导致水流挟沙能力降低，进而出现泥沙淤积。湖泊、水库上游的人类活动和自然环境的变化，如农业活动引起的土壤表面侵蚀，亚洲、非洲、中美洲地区人口增加导致的森林破坏，原为牧场的农耕地荒废之后出现的土壤侵蚀等，使河流挟带大量泥沙注入湖泊和水库。

我国的鄱阳湖和洞庭湖就受到了泥沙淤积的严重影响。长江含沙量虽然不算高，仅 $0.54kg/m^3$，但由于水量丰沛，年沙量也近 5 亿 t（钱宁和万兆惠，1983）。长江大量水沙涌入洞庭湖，造成了湖盆迅速淤高，加之由此诱发的人类大规模湖泊垦殖活动，湖泊急剧萎缩。洞庭湖区多年平均淤积量为 1.1427×10^8 t，由于受三峡工程等的影响，洞庭湖区泥沙淤积量呈逐期减少趋势，尽管如此，淤积量仍占入湖沙量的 70% 左右，近几十年来洞庭湖区始终处于淤积状态（李景保等，2008）。严重的泥沙淤积，造成了湖泊调蓄长江中游洪水的功能严重衰退，危及长江中下游地区的防洪安全（姜加虎和黄群，2004）。另外，它还会造成一系列生态环境问题，比如鱼类资源枯竭、生物多样性减少等，危害着洞庭湖的健康（李景保等，2008）。鄱阳湖也面临着类似的情况。鄱阳湖港汊及赣江三角洲区，湖泊淤积严重。其特征主要表现为：入湖口河流消失及改道，湖区尾部沼泽化，芦苇、杂草丛生，一片荒芜（马逸麟等，2003）。鄱阳湖的泥沙淤积也对湖区环境造成了一系列影响：①汛期抬高洪水水位，引起受灾面积扩大；②枯水期受风沙危害，并形成滨湖沙丘；③引起河床改道，阻碍航运交通；④湖区水产资源受到破坏，渔获量迅速减少（左长清，1989）。

1.1.2 水 位 下 降

来水量减少，水位下降是由自然和人为活动共同造成的复合结果。人为活动在湖泊水位下降过程中的作用，直接耗水量并不是主要的，关键在于人为活动对生态系统的破坏，使生态系统失去平衡，生态环境日益恶化，从而逐渐形成生态灾害，诸如森林破坏、草场退化、土地沙化等引起的综合性自然灾害，所以人为活动在湖水位下降过程中的作用既是间接因素，也是诱导因素。

由于人为原因导致水位下降的典型例子如咸海。咸海的来水量主要由阿姆河和锡尔河的径流组成，但在其上游大规模地开垦棉田和水田之后，这两条河流还没流到咸海便消失在沙漠之中。如今咸海水面已下降 13m，海岸线后退 100km，含盐量增加，引起严重的生态灾害。由于气候变化引起水位下降的典型例子如北非的乍得湖。自 1960 年以来，乍得湖在短短 40 多年间面积萎缩 90% 以上，除了大旱灾等自然因素，还要归因于乱砍滥伐、大规模灌溉以及在注入乍得湖的河流上修建水库等人为因素，使乍得湖来水量骤减，水位下降。湖区生态环境严重失调，干旱程度愈演愈烈，农业收成和渔业产出持续减少，湖区 2000 万人面临饥荒威胁。若不采取任何措施，乍得湖可能在 20 年后消失。近年来，由于气候变暖和人类不合理地开发利用，中国若干内陆湖泊濒临绝境，甚至消亡，如罗布泊、玛纳斯湖等；有些湖泊面积锐减，如位于新疆的艾比湖，20世纪50年代湖泊面积为 $1100 km^2$，至80年代末面积已减小一半。湖泊水位下降与面积收缩，致使湖滨地区大片沼泽干涸、森林消失，沙漠迅速发展（秦伯强和张运林，2001）。

1.1.3 有毒物质及农药污染

化学物质、农药等污染湖水、库水的现象，越来越频繁。第四届世界水论坛提供的联合国水资源世界评估报告显示，全世界每天约有数百万吨垃圾倒进河流、湖泊和小溪中，每升废水会污染8升淡水。仅城市地区一年排出的工业和生活废水就达500多立方千米，而每一滴污水将污染数倍乃至数十倍的水体。由于湖泊水交换周期长，与江河海洋相比对污染物的稀释能力较弱，是一种脆弱的生态系统，生态平衡容易遭到破坏且不容易恢复。

有毒物质污染较为典型的湖泊是俄罗斯境内的贝加尔湖。它是世界上最古老和最深的湖泊，位于西伯利亚南部，对于俄罗斯人而言，贝加尔湖象征着美与力量。然而，湖泊周边造纸厂的污染严重威胁着贝加尔湖及其周边的原始生态环境，污染扩散到200多平方千米的湖面，造纸厂排放的大量有害化学物质及污水威胁到湖泊的1500个物种。

目前，持久性有机污染物（POPs）的相关研究已成为世界研究的热点问题。它以环境持久性、生物蓄积性、半挥发性和高毒性特性对生态环境造成严重的影响和破坏。1962年，美国的雷切尔·卡逊在其《寂静的春天》中讲述，北美5大湖区由于DDT和PCBs等物质对白头雕的生殖发育产生严重影响，致使其蛋壳变薄、孵化率下降、雄鸟雌化种群数量急剧增加，引起了一场环境问题的轩然大波。我国对有机氯农药研究相对较多，不过主要集中于海湾及河口一带（张秀芳等，2000；吕景才和徐恒振，2002；杨清书等，2005），对湖泊的研究较少（龚香宜等，2009）。

1.1.4 富营养化

富营养化本是湖泊演化过程中的一种自然现象，这种演化是十分缓慢的，但由于人类经济活动的迅速发展，大大加速了湖泊的这一进程，它严重影响到湖泊的功能，破坏了湖泊的生态平衡，造成经济损失。

从20世纪30年代首次发现富营养化现象到现在，全世界已有30%～40%的湖泊和水库受到不同程度的富营养化的影响（朱育新等，2002）。湖泊富营养化、水库富营养化在自然条件下极为缓慢，但由于生活污水、工业废水、农牧业排水和雨水径流等携带的营养物质（氮、磷）流入湖泊、水库，富营养化过程便大大加速。当前，我国的湖泊富营养化状况十分严峻。根据《2010年中国环境状况公报》，我国26个国控重点湖泊（水库）中，满足Ⅱ类水质的1个，占3.8%；Ⅲ类的5个，占19.2%；Ⅳ类的4个，占15.4%；Ⅴ类的6个，占23.1%；劣Ⅴ类的1个，占38.5%。大型水库水质好于大型淡水湖泊和城市内湖。26个国控重点湖泊（水库）中，营养状态为重度富营养的1个，占3.8%；中度富营养的2个，占7.7%；轻度富营养的11个，占42.3%；其他均为中营养，占46.2%。

湖泊富营养化破坏了湖泊原有的生态系统的平衡,导致水生植物的生长被抑制,生物多样性下降,甚至引起沉水植物的急剧消失和大规模的水华暴发,对周围的环境产生极大的危害。主要体现在以下几个方面:①影响水质。处于富营养化的水体中,常常蓝藻大量繁殖,水体色度增加,透明度大大降低,水质变坏,并散发出腥臭味,污染居住环境。②影响渔业等生物资源利用,水体经济价值降低。虽然一定程度的水体富营养化可能导致渔业产量的增加,但严重的富营养化的水体会因为藻类释放的毒素和溶解氧的短缺,导致鱼类种类和数量减少,并直接影响鱼类质量,导致经济效益大大降低。③严重影响湖泊水体的生态环境。处于富营养化污染的水体,正常的生态平衡遭到破坏,导致水生生物的稳定性和多样性降低。异常增殖的藻类还会分泌一些能够使人体致癌的毒素(如微囊藻毒素等),不仅威胁水生生物的生存,还会直接或间接地影响人类健康(中国科学院网络化科学传播平台,http://www.lake.ac.cn/topics_con_1431.html)。

1.1.5 湖水酸化

天然水体中含有碳酸氢根离子,因此它们有中和酸的能力,即碱度。水体碱度数值上为碳酸氢根离子浓度,加上两倍的碳酸根离子的浓度,再加上氢氧根离子浓度。当酸性物质进入碳酸氢盐水体,首先中和氢氧根离子,然后中和碳酸根离子形成碳酸氢根离子,最后中和碳酸氢根离子形成碳酸,再增加氢离子,水体的酸性将明显提高。因此,水体碱度大,酸中和能力大,其对酸性的缓冲能力大,可容纳更多额外增加的酸。据碱度定义,湖泊完全失去碱性叫酸化。当某水体接受氢离子量超过其本身中和离子量(通常是碳酸氢盐),便发生了酸化。

湖泊的酸化主要是酸雨而致,酸雨是通过以下途径进入湖泊,造成湖泊酸化的:干湿酸沉降可直接进入湖水内;降入河内再流入湖内;落到植被上,雨水冲刷形成径流,注入河湖;渗入土壤,进入地下水,流入湖内。欧美国家等地由于酸雨长年不断,20世纪70年代,数以千计的湖泊被酸化。瑞典近4000个湖泊,其pH下降到0.5以下,导致湖中生物大量死亡。投放石灰之后,pH有所上升。在日本,高山地区的湖泊和水库由于周围没有森林,挡不住酸雨的袭击而发生酸化现象。美国东北部及加拿大东南部地区的湖泊水质酸化,pH一度低到1.4,污染程度较弱的湖泊pH仍有3.5,依然带有较强的酸性。

湖泊酸化使得沉积物中的碱金属、碱土金属和重金属阳离子很快地被溶解和流失,毒害鱼类,使其繁殖和发育受到严重影响(朱育新等,2002)。酸化环境中铝含量的增加被普遍认为是生物受水体酸化危害的重要原因之一(Myllynen et al.,1997)。一般认为有机螯合铝没有毒性,而无机铝有毒(Driscoll et al.,1980)。随着pH的降低,加上水体酸化引起底部淤泥对铝的释放,导致水体中的Al^{3+}浓度升高,毒性变大(彭金良等,2001)。研究表明,湖泊酸化可改变微生物的组成和代谢活性、毒害藻类、水生维管植物、浮游动物、软体动物、鱼和两栖动物等。从酸化的湖泊中摄取食物和水的鸟类与哺乳动物可能也会遭受食物短缺和有毒金属的危害(杜宇国,1992)。随着水体pH降低,细菌总数减少,各种生物作用减缓,加速了水体的贫营养化过程(王云飞等,2001)。另外,水体酸化会使水生生物的多样性下降,结构简单化,食物链和种间关系遭到破坏。一般当 pH＜6.5 时，水体酸化对生物的影响开始显现，随着水体酸化程度的进一步加大，对水生态系统的影响也越明显（彭金良等，2001）。

1.1.6 土著生物及生态系统的破坏

湖泊生态系统是一个复杂的综合体系，它是盆地和流域及其水体、沉积物、各种有机和无机物质之间相互作用、迁移、转化的综合反映（濮培民等，2001）。上述 5 种环境变化，或单独、或组合起来引起生态系统的变化和破坏。

至今规模最大的湖泊生态破坏发生在咸海。20 世纪 60 年代初，咸海湖面海拔 53m，面积 6.45 万 km^2，为世界第四大湖。此后，由于阿姆河和锡尔河的河水大量用于农业和工业，加之 70 年代以来气候持续干旱，导致湖面水位下降、湖面积急剧下降和湖水盐度增高，鱼产量减少，多种鱼类灭绝，湖盆附近地区有大量干盐堆积，植物受到破坏，沿岸居民的健康受到威胁。由于湖泊生态的脆弱性，加上人们不合理地利用湖泊资源，我国绝大多数湖泊的良性生态系统，也遭受到不同程度的破坏，乃至整个湖泊的消亡（张兴奇等，2006）。这其中最为突出的就是湖泊的富营养化导致湖泊生态系统的退化问题：沉水植物的衰退和大规模蓝藻水华的暴发。

另外生物入侵也是湖泊生态系统面临的一个很严峻的问题。当某种动物、植物或微生物进入新的生态群落后，有可能破坏其原有的物种平衡关系形成优势种群，导致生态群落的物种组成和构成发生改变，最终彻底破坏整个生态系统。外来种往往具有生长迅速、抗逆性强、食物广谱和繁殖率高的优点，它们的引入会对当地生物种群间的关系，如捕食、竞争、牧食、寄生和互惠等产生影响，会与土著生物争夺水、肥、光能等，侵占湖泊地下和地上空间，影响光合作用，干扰湖泊土著生物的正常生长（Javier et al.，2005）。

1.2 世界各国的湖泊水环境治理

随着人口的大量增长、城市化进程的加剧及工农业生产的大力发展，湖泊生态系统的健康也相应地受到威胁，出现了严重的湖泊富营养化、水体萎缩、生态功能下降等现象，严重威胁着湖泊的生态环境。湖泊富营养化已经持续了 60 余年，日本和欧美的一些发达国家，围绕湖泊富营养化发生的机制，生态学和生物地球化学多年来进行的一些基础研究，也取得了一些研究成果，在治理方面做了很多的探讨和实践，为大型湖泊富营养化的研究积累了许多的经验。发展中国家目前都面临相似的经济社会发展困难和挑战。最严峻的问题是发展中国家日益增长的人口及其城市和工业化对资源与环境的需求，特别是对水资源的需求大量增加，导致水资源供需矛盾突出以及与之相关的生态环境恶化。

湖泊治理是全球性的水环境难题，世界各国都曾出现或都正在面临着种种顽疾，如何借鉴国外的研究治理经验为中国湖泊的治理保驾护航，成为湖泊领域一些专家学者们讨论的热点话题。

1.2.1 日本琵琶湖（Lake Biwa）——完善的污水处理系统

1. 湖泊概况

琵琶湖位于日本本州岛中部滋贺县（日本行政区划中县相当于我国的省）境内（图 1.2），有 400 多万年历史，是世界上第三大古老的湖泊。琵琶湖流域面积占该滋贺县行政区总面积的 93%，琵琶湖面积约占滋贺县面积的 1/6，为 670km²，分为南北相连的两湖。北湖最大水深达 104m，平均水深 43m，是典型的大中型深水湖，而南湖平均水深仅 4m，具有浅水湖泊特征。北湖与南湖的面积比为 11∶1，贮水量差异巨大，分别为 273×10⁸m³ 和 2×10⁸m³。由于南北湖盆不同，南湖和北湖在水质和水生物等方面差异甚大。琵琶湖四面环山，集水域约有 460 条大小河流汇入琵琶湖，而出口只有唯一

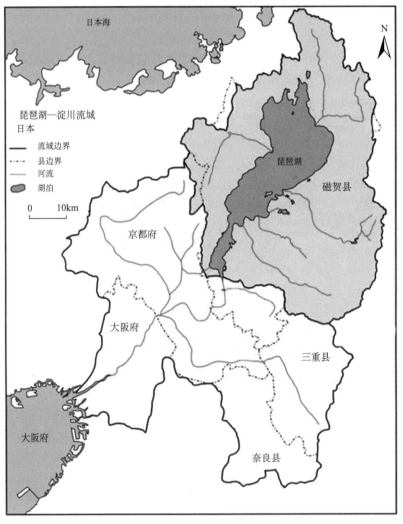

图 1.2 琵琶湖的地理位置

（修改自 http://www.worldlakes.org/uploads/LBMI_Main_Report.pdf）

的濑田川，经由淀川最终流入大阪湾。琵琶湖因其独特的湖泊构造形态，在湖泊生态学、湖泊地形与地质学及陆地水文学研究领域有极高的研究价值而著称于世。

2. 治理历程

琵琶湖流域的治理始于 20 世纪 70 年代，经历了长期而艰巨的历程，从国家、地方政府到地域居民共同付出了 30 余年的艰辛努力，耗资 1800 亿元，使琵琶湖从 20 世纪 70～80 年代的富营养化、蓝藻水华暴发严重的水体修复到 21 世纪初的具有健康水生态系统的水体，取得了举世瞩目的成绩（余辉，2013）。

20 世纪 60 年代前，琵琶湖还处于贫营养化状态，但从 20 世纪 60 年代后的近 30～40 年间，湖周环境发生了极大变化，产业结构剧变，第一、二、三产业的从业人数由 20 世纪 60 年代的 51％、21％和 28％变为现在的 6％、32％和 62％。20 世纪 70 年代随着工业废水及生活污水的排入，琵琶湖水质急剧恶化，南湖从中营养逐渐向富营养转变，北湖已处于中营养水平。1977～1985 年连续 9 年暴发淡水赤潮，从 4 月末持续到 6 月初，水温范围为 15～20℃，鞭毛藻大量暴发引起湖水变成红棕色，湖水透明度剧减，并伴有腐鱼气味。1983 年 9 月，在琵琶湖首次暴发蓝藻水华，之后蓝藻水华频发，水华漫延水域及累积发生日数不断增加（图 1.3）（余辉，2013）。

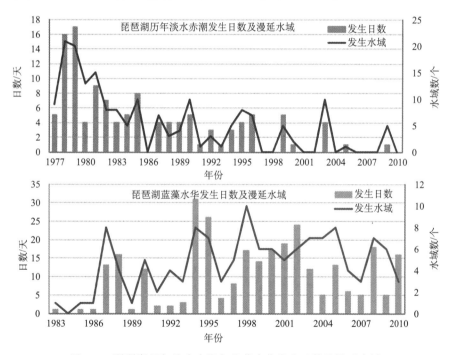

图 1.3　琵琶湖历年淡水赤潮与蓝藻水华发生日数及漫延水域

研究发现磷为琵琶湖浮游植物增殖的限制因子，是引起湖体富营养化的关键因素，提出了以控磷为主导的流域控源策略，在此时发动的著名的"洗涤剂禁磷运动"也是该策略的有力体现。流域磷污染负荷的削减主要得力于城市污水处理系统的完善，琵琶湖流域城市下水道普及率已达 85.8％（2010 年），高于全日本 73.7％的平均水平。琵琶湖流域的污水处理设施已全面实现"除磷脱氮"深度处理，污水深度处理人口普及率高达85.0%（2010年），遥遥领先于日本18.1%的平均水平，在世界上名列前茅。流域全面普及"脱磷除氮"深度处理技术与工艺，大型污水处理设施三级深度处理率TN约为80%，而TP高达98%（余辉，2013）。

图1.4及图1.5分别为1979～2010年琵琶湖南湖主要入湖河流及湖体主要水质指标的历年变化。随着下水道普及率的提高，入湖河流污染负荷显著减少。从20世纪60年代起，琵琶湖水质开始恶化，70年代水质污染最严重，从80年代中期起，水质恶化趋势得到明显遏制，并逐渐呈现好转趋势，进入90年代后期，水质已有了根本改善，尤其是富营养化严重的南湖，TP及TN迅速下降，透明度明显提高，TP减少了近一半，Chla也由1979年的14μg/L锐减至现在的4.7μg/L，水质得到极大改善（余辉，2013）。

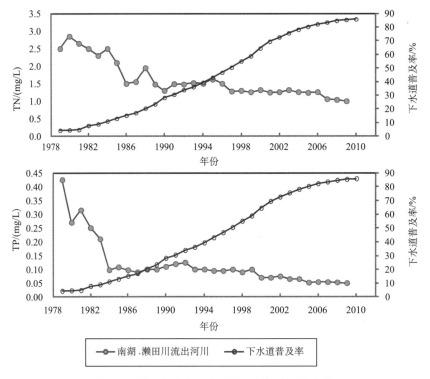

图1.4　琵琶湖南湖入湖河流历年氮磷浓度变化
及流域下水道普及率（1978～2010年）

截至2006年，经过35年长期的综合整治，琵琶湖富营养化已得到有效控制，20世纪80年代频发的淡水赤潮与蓝藻水华已不见踪影，琵琶湖水质得到显著改善，以我国的水质标准来看，占琵琶湖绝大部分面积的北湖水质维持在Ⅰ类水平，污染最严重的琵琶湖南湖已由Ⅲ～Ⅳ类水，恢复到Ⅰ～Ⅱ类水质，琵琶湖富营养化进程得到了有效控制，水质得到极大改善，取得了世人瞩目的成功（余辉，2013）。

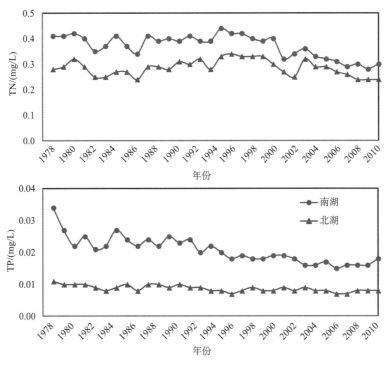

图 1.5　琵琶湖湖体水质历年氮磷浓度变化（1978～2010 年）

1.2.2　德国康斯坦茨湖（Lake Constance）——治理大型水域的典范

1. 湖泊概况

康斯坦茨湖位于阿尔卑斯山的北部，德国南部（图 1.6），与奥地利和瑞士的交界处。德文叫 Bodensee，英文称为 Lake Constance，是德语区最大的淡水湖，欧洲大陆中心第二大淡水湖，每年为当地 450 万居民提供 1800 万 m³ 饮用水。其集水面积的 28％位于德国境内，48％位于瑞士和列支敦士登境内，24％位于奥地利境内。来自阿尔卑斯山脉的莱茵河是康斯坦茨湖最重要的输入水源。康斯坦茨湖的水位受莱茵河来水水量的影响，在年循环期间水位波动大约在 2m 左右，容量为 48.50km³，湖面积 571.50km²，集水面积 11 480.00km²，平均深度 85m，最大深度 253m，滞留时间 4.3年，目前处于中等营养水平（Werner，2009）。

2. 环境问题

由于流域内人口的成倍增长、社会经济结构的剧烈变化，康斯坦茨湖从 20 世纪 50年代末开始水质急速恶化。大量的磷的流入使得总磷浓度显著升高，1951 年湖体总磷浓度为 0.008mg/L，而到了富营养化最为严重的 1979 年增加了近 11 倍。伴随着总磷浓度的升高，叶绿素浓度也显著上升，浮游植物的生物量 1978 年较 1951 年增加了近 6倍。同时水体透明度下降。康斯坦茨湖的生物多样性保护也是重要的生态环境问题之

图 1.6 康斯坦茨湖流域范围

（修改自 http://www.worldlakes.org/uploads/LBMI_Main_Report.pdf）

一。康斯坦茨湖有超过 30 种鱼类栖息，250 000 只水禽在湖区附近繁殖。芦苇湿地的变迁是备受关注的问题，因为芦苇湿地是维系康斯坦茨湖几种濒危鸟类的栖息地，其中包括鹬（*Gallinago*）。

3. 治理措施及效果

康斯坦茨湖开始全面治理的时期是以 1959 年成立国际水域保护委员会（Igbo）为标志。国际水域保护委员会的国际义务主要包括水域状态观测、水域污染原因研究、共同处理措施建议与湖泊利用规划讨论等四个方面。通过国际合作，全面开展了对康斯坦茨湖的水污染治理，包括在各自的流域内装备污水处理设施以实施除磷处理工艺与技术，使用无磷洗剂等。康斯坦茨湖目前有 223 个净化厂，每年流入量约 2% 是经净化的污水（3 亿 m³）。流域采取的其他措施还包括：建立环境信息交流机制，以利于更广泛的合作；构建完成了康斯坦茨湖流域信息系统（BOWIS），其中在 1990 年建立湖泊观测系统，1994 年成立了湖泊情况交流系统，1998 年建立了 GIS 中心数据库（康斯坦茨湖水域的信息系统）；制定相关法律，在 1967 年建立了康斯坦茨湖洁净保护法，对各个有关国家的污染控制与治理的义务进行了详细的规定，实施依法治湖。经过 40 多年的努力，康斯坦茨湖的水污染逐渐得到有效控制，最近 20 年间水质得到了极大改善，总磷浓度 1999 年减少至 20 年前的六分之一，湖内浮游植物生物量随着磷浓度的降低也大大减少（图 1.7）。目前正处在向生态友好型体系的转型中。

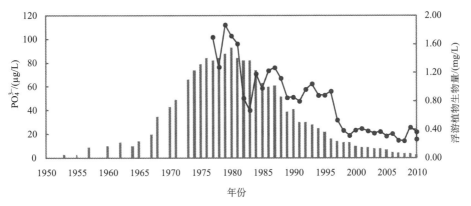

图 1.7　德国康斯坦茨湖历年可溶性磷酸盐浓度及浮游植物生物量的变化

（数据来源于 International Commission for Water Conservancy for Lake Constance）

1.2.3　美国阿波普卡（Apopka）湖——控制外源营养输入为核心的案例

1. 湖泊概况

阿波普卡湖位于美国佛罗里达州中部（28.37°N，81.37°W）（图 1.8），属亚热带气候，年平均水温 25℃，湖泊面积 124km²，平均水深 1.7m，主要水源是降雨，其次是农业排放水和地下泉。1947 年以前，阿波普卡湖是一个清水湖，水生植物区系由沉水植物美洲苦草和伊利洛斯眼子菜组成，覆盖水面 70% 左右。目前，阿波普卡湖属超富营养型，浮游蓝藻和滤食性鱼类砂囊鲥是该湖动植物区系的优势种类。2003 年水体中平均总磷浓度为 100μg/L，平均叶绿素 a 浓度 59μg/L，透明度为 0.35m。然而人类的活动逐步改变了湖泊的生态环境。由于水位降低，同时开垦种植和农业水排放造成阿波普卡湖逐步富营养化，外源营养输入也刺激了浮游植物和附生藻类生长，沉水植物因得不到足够的光照而大量死亡，大口鲈失去了繁殖基质和幼鱼逃避凶猛鱼类的庇护所，产量大幅度下降，大口鲈游钓渔业不复存在。另外，1963 年，由于气体泄漏，导致 1400t 砂囊鲥死亡，鱼死亡后无人清理，遗弃在湖里腐烂分解，阿波普卡湖的问题开始引起政府重视（古滨河，2005）。

图 1.8　阿波普卡湖区域示意图

2. 治理措施

圣约翰斯河水资源管理局制定了 5 大阿波普卡湖恢复措施。首先是降低外源磷输入，这是阿波普卡湖整治方案的核心之一，耗资巨大。主要措施是购买湖北岸的农场，并将其改造成为湿地，以切断农业径流（图 1.9）；其次是建造人工湿地，过滤湖水中的悬浮物（Reddy and Graetz，1991）。建造了试验湿地，利用湿地去除悬浮物，经过滤后再排回湖中，使 98％的湖水得以过滤；第三是捕获砂囊鲥和生物操纵，捕捞砂囊鲥有多方面的积极作用，如可以除去部分有机磷、改善湖水透明度、降低营养循环和减轻鱼类对浮游动物的摄食压力；第四是种植水生植物增加鱼类栖息地；第五是提高水位变动幅度，水位变动是自然生态系统的标志之一（Schelske，1997），干旱期的低水位可以帮助巩固沿岸带沉积物，为埋在沉积物里的植物种子提供萌芽机会。

3. 治理效果

近年来，阿波普卡湖实施了具体有效的治理。比较 1987～1995 年（恢复前）和 1995～2003 年（恢复期）两个阶段，它的水质有了明显和持续性的改善，使人们看到了生态恢复的希望（Shumate et al.，2002）。通过降低藻类的现存量以及营养盐，给沉水植物

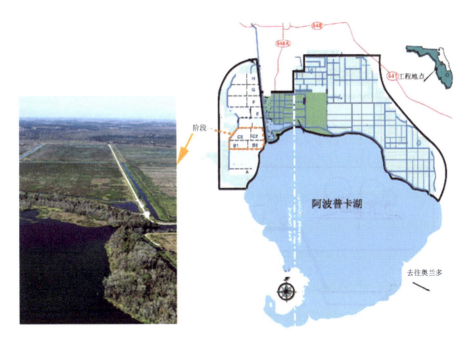

图 1.9　阿波普卡湖生态修复区示意图

提供了足够的光照条件。切断外源磷的输入，降低叶绿素的浓度，显著提高水体透明度，使得大口鲈渔业得到很快的恢复。

1.2.4　瑞典杜鲁梅湖（Lake Trummen）——底泥疏浚的典型成功案例

1. 湖泊概况

杜鲁梅湖（$56°52'$N，$14°50'$E）是瑞典南部的一个小湖，面积 $1km^2$，平均水深 1.6m，最大水深 2.5m，湖岸线长 6.6km。

2. 水污染与富营养化概况

在 20 世纪初之前，杜鲁梅湖一直处于贫营养状态。随着人口的增长，生活污水和工业废水大量排放，该湖逐步富营养化，每年均发生严重的蓝藻水华。由于氧气的缺乏，鱼类大量死亡，同时芦苇不断扩张，沉水植物消失。

3. 治理历程

在 1958 年采取了污水截流措施，没有达到预期的效果。其后隆德大学湖沼学研究所的科学家与 Vaxjo 当局合作，开始杜鲁梅湖修复项目的研究。在杜鲁梅湖受到污染的时期，湖底底泥厚度的增加速度从每年 0.4mm 增长到了 8mm。底泥疏浚作为修复工程的主要组成部分，在 1970~1971 年实施。大约 60cm 厚富含铁和硫的表层底泥被从湖底移除，并通过管道转移到专门准备的沉积池中。为了减小回流入湖的水的磷浓度，事先用硫酸铝进行处理（图 1.10）。工程完成之后，水体总磷浓度从 0.75mg/L 降到了 0.06mg/L，总氮浓度从 7.0mg/L 降到了 1.2mg/L，而且再没有发生水华现象。沉积池占地面积大约 18.5hm²，周围的堤岸总长约 4.8km。工程的总成本，包括开始的调查，底泥疏浚，筑堤和其他处理，总计约 2 575 000 瑞典克朗。杜鲁梅湖工程，作为第一个在湖泊中使用大规模清淤并取得成功的案例，引起了世界的广泛关注。世界各个地方的管理人员和科学家对这个应用湖沼学的优秀成果表现出了浓厚的兴趣，纷纷前来参观杜鲁梅湖（国际湖泊环境委员会，http://www.ilec.or.jp/database/eur/eur-12.html）。

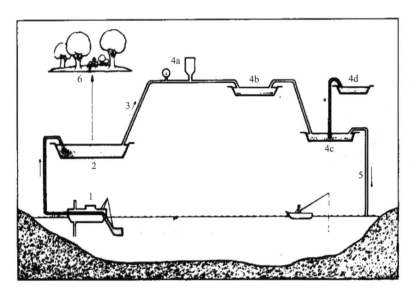

图 1.10　杜鲁梅湖工程流式图

1. 底泥疏浚；2. 沉淀池；3. 水流；4. 磷和悬浮物质的沉淀；4a. 剂量自动调节，4b. 曝气，4c. 沉淀，
4d. 淤泥池；5. 澄清的水流；6. 干燥的底泥用于公园和池塘的肥料（修改自 Bjork，1972）

1.2.5　巴尔喀什湖（Lake Balkhash）——水位下降，濒临消失

1. 湖泊概况

巴尔喀什湖，又名巴勒喀什池（图 1.11）。地处哈萨克斯坦共和国的东部。在世界众多的湖泊中，它因湖水一半为咸一半是淡而独具特色。巴尔喀什湖是一个内陆冰川堰塞湖，是世界第四长湖。它东西长约 605km，南北宽 8～70km，西部宽 74km，面积 1.83 万 km²。萨雷姆瑟克（Sarymsek）半岛从南岸伸向北岸，把湖面分为两个水域，西半部广而浅，东半部窄且深。西湖宽 27～74km，水深不超过 11m，东湖宽 10～19km，水深达 26m。流经中国新疆的伊犁河，大量来自天山的冰雪融水注入巴尔喀什湖西部，而湖东部因缺少河流注入，加之湖区气候干旱，远离海洋，湖水大量蒸发而使湖水含盐量增多，因而形成了西淡东咸的一湖两水现象。整个湖区属大陆性气候。西部年平均气温 10℃，东部 9℃，年降水量 430cm，11 月底到 4 月初湖面结冰。

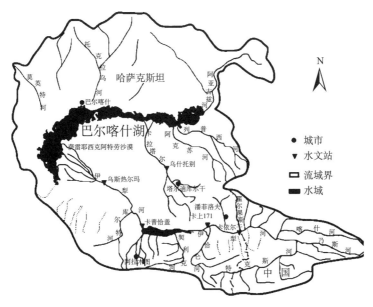

图1.11 巴尔喀什湖流域水系分布图（修改自王姣妍等，2011）

伊犁河从南面注入湖的西半部，占总流入水量的80%~90%，直至20世纪末一项水电站的建设，减少了河水流入的水量。此外还有卡拉塔尔（Karatal）、阿克苏（Aksu）、阿亚古兹（Ayaguz）等小河流入湖的东部。由于西半部注入水量多，因此湖水常年自西向东流。西半部湖水清澈，东半部含盐分较高，两湖之间有一狭窄的水道相连。北岸是岩石高地，有古代阶地的痕迹；南岸是低凹的沙地，芦苇丛生，其中多小湖沼，经常被湖水淹没。湖区是哈萨克斯坦旅游疗养地，东西两端湖滨有铁路干线通过。湖沿岸蕴藏有铜矿和铁矿，湖中产芦苇和鲤、鲈等鱼类。

2. 环境问题及控制措施

自1970年以来，由于Kapchagay水库蓄水，致使伊犁河水量减少了2/3，进而导致湖体以15.6cm/a的速度退化，远远大于1908~1946年期间的自然退化速度（9.2cm/a）。这一现象在巴尔喀什浅水区最为明显。从1972年到2001年，位于巴尔喀什湖以南8km的小盐湖Alakol几乎消失，其中湖体南部失去了约150km²的水面，约1/3盆地已经沙漠化。

渔业资源正在遭到前所未有的严重破坏。由于对违规捕鱼打击不力，偷渔者屡禁不止，在水产业上缺乏合理的规划，每年的捕捞量大大超过了生态警戒线。巴尔喀什湖流域只有9家合法的捕鱼公司，但是这些企业通过转让捕捞权坐收渔利。通过转让得到捕鱼权的公司则肆意打捞。沿岸企业的污水排放严重地污染了水域。目前水中的铜含量超过正常标准的数十倍。如此下去，该湖的渔业资源将面临枯竭。

采矿和冶金行业污染物排放也是巴尔喀什盆地生态破坏的重要因素。在20世纪90年代初，排放水平是280~320万t，每年76万t铜，68万t锌和66万t铅。从那时起，排放量几乎翻了一番。同时，污染也导致了沙尘暴天气。

在 2000 年"巴尔喀什湖 2000"会议召开，参加人员包括不同国家的环境科学家，以及企业和政府的代表。会议呼吁国际组织和哈萨克斯坦政府，在巴尔喀什湖流域生态系统管理过程中采用新的生态系统管理办法。具体措施如下：①发展节水农业；②提高工业科技含量，减少大气污染；③提高水资源利用率，建设蓄水工程；④绿化保护植被，防止沙漠化。

1.2.6 维多利亚湖（Lake Victoria）——水葫芦泛滥成灾

1. 湖泊概况

维多利亚湖（如图 1.12）是世界第二大淡水湖，位于非洲中东部，该湖大部分在坦桑尼亚和乌干达境内，是乌干达、坦桑尼亚与肯尼亚三国的界湖。水面积为 68800km²，流域面积 193000km²，是非洲人口最稠密的地区之一。湖域呈不规则四边形，南北最长 412km，东西最宽 355km，湖岸线长逾 3460km，海拔 1134km，平均水深 40m，已知最大深度 82m（Andjelic，1999）。

图 1.12 维多利亚湖地理位置

（修改自 http://www.worldlakes.org/uploads/LBMI_Main_Report.pdf）

维多利亚湖流域大体上反映了东部非洲的整体气候模式：3 月、4 月和 5 月以及 10 月、11 月和 12 月为两个相对温暖的雨季；1 月、2 月炎热并干燥，而 6 月、7 月和 8 月则寒冷干燥。维多利亚湖流域部分地区在 8 月会出现第 3 次降雨高峰。短暂的雨季降水量年际变化最大。东非的降水量变化具有显著的周期性，一般为 5~6 年，特别是在短雨季期间，非常易受南大洋波动所引起的厄尔尼诺事件的影响（Ole and Egbert，2003）。

2. 环境问题及其控制措施

自 20 世纪 50 年代起，尼罗河鲈鱼被引入湖中，原意是想增加湖区渔业的产出，但是由于尼罗河鲈鱼的食物——小丽鱼科鱼类的充足，同时生长空间的扩大，使得尼罗河鲈鱼大量繁殖。与此同时，它与其他土著生物的竞争造成了慈鲷物种等土著生物的大量死亡，以致基因多样性下降（Witte and Goldschmidt，1991），原本食物网中的二级和三级消费者的生态位都发生变化了，影响了整个湖泊的食物链。湖泊生态系统崩溃。当地政府不得不大量捕捞尼罗河鲈鱼，才使得这种困境稍微缓解。

目前维多利亚湖的环境问题已逐渐恶化，影响到本地生态问题的是原产于美洲热带的水葫芦。1988 年，肯尼亚政府为了美化水体环境从南美引进了水葫芦，却没料到它很快泛滥成灾，成为维多利亚湖的最大祸害。这些生物聚集而生，耐污能力强，所以水葫芦在维多利亚湖也"疯长"。由于水葫芦限制了水体的流动，又挡住了阳光对水体的照射，维多利亚湖水开始变得发臭，直接污染了饮用水源。发臭的湖水导致蚊蝇滋生并肆虐，增加了湖岸居民患传染病的概率。此外，水葫芦大量覆盖湖面还阻塞了湖面航道，致使许多船只无法航行。到 1995 年，90% 的乌干达沿岸都被这种植物阻塞。从 20世纪 60 年代起，伴随区域内人口的增加、渔业养殖、耕地开垦比重大幅提高，每天大量的工业废水和生活污水流入，导致湖泊富营养化加剧（Hecky，1993；Silsbe et al.，2006）。这也促进了水葫芦的大量繁殖。

维多利亚湖水体质量的日趋恶化引起了肯尼亚、坦桑尼亚和乌干达政府的高度重视。2001 年，由上述三国组成的东非共同体成立了一个研究机构——维多利亚湖流域委员会，对湖水进行水体研究与检测，并为"还清"维多利亚湖水、减少污染物向湖中排放和有效地促进湖岸地区的扶贫与可持续发展出谋划策。当地政府曾采用生态方法治理，即在湖内种植一种以水葫芦为食的象鼻虫，取得了良好的效果。另外，结合机械的方法，如动用大型设备对水葫芦进行清理，也是很有必要的。当然从长远来看，控制污染源才是最根本的方法。

1.2.7　纳库鲁湖（Lake Nakuru）——保护鸟类的乐园

1. 湖泊概况

纳库鲁湖位于东非大裂谷纳库鲁境内（图 1.13），海拔 1754m。气候多变，是一个典型的热带浅水盐碱湖。世界著名的纳库鲁湖是为保护禽类建立的公园，占地面积188km²，流域面积 1800km²（Livingstone and Melack，1984）。园内有约 200 多万只火烈鸟，占世界火烈鸟总数的 1/3，被誉为"观鸟天堂"。此外，公园中还有多种大型动物，如疣猴、跳兔、无爪水獭、岩狸、黑犀牛等。

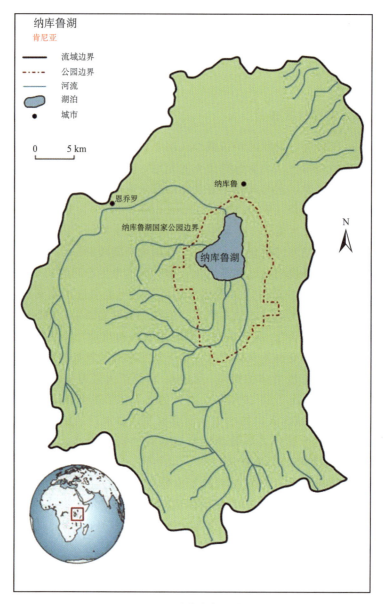

图 1.13　纳库鲁湖示意图

（修改自 http://www.worldlakes.org/uploads/LBMI_Main_Report.pdf）

2. 环境问题

1960 年，肯尼亚政府把该湖划为鸟类保护区，1968 年扩建为国家公园（Odada et al.，2005）。起初只划定湖南部 46km² 的保护地，包括南部湖面的 2/3。后来把北边陆地、南边大片金合欢林地也划了进去。使公园面积达 188km²。这里气候温和，湖面如镜，水草丰茂，是鸟类的天堂乐园。纳库鲁湖以火烈鸟（也称红鹤鸟）闻名于世。火烈鸟是纳库鲁国家公园最主要的旅游看点，对国家和区域的经济发展与贡献显著。然而最近一直备受关注的火烈鸟在纳库鲁湖频繁死亡。火烈鸟死亡的原因主要是由于水体重金属、农药、藻类毒素污染以及细菌感染等原因（Ndetei R. and Muhandiki，2005）。环境恶化的原因与人口增加，森林砍伐，种植业和城市化进程等有关。1962 年至 1999 年，纳库鲁人工林增加了近六倍（JBIC，2002），而与此同时天然森林面积大大减少（图 1.14）。

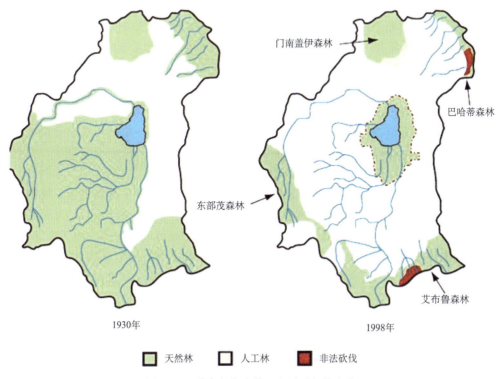

1930年   1998年

□ 天然林   □ 人工林   ■ 非法砍伐

图 1.14　纳库鲁湖森林面积随时间的变化

（修改自 http://www.worldlakes.org/uploads/LBMI_Main_Report.pdf）

3. 纳库鲁湖地区生态环境保护规划及展望

纳库鲁湖采取的生态环境保护措施包括成立野生生物保护组织，通过与其他组织机构合作保护湖泊与区域的生物多样性，保护农耕和森林并且增强湖泊河流的自净和恢复能力。最早的湖泊管理措施是在 1961 年，将纳库鲁湖定为国家保护地但受保护的区域只包括 2/3 的湖泊，1968 年保护区域扩展至全湖泊，1974 年沿湖区域设置缓冲区，公园保护面积也增加到 188km²。1970 年世界自然基金会（WWF）成立巴哈利雅野生动物保护组织，开始研究纳库鲁湖的鸟类学与生态学，促进了湖泊的管理。

1.3　我国湖泊水环境治理现状与发展

1.3.1　湖泊治理现状与总体形势

水是生命之源，孕育了人类的文明。湖泊是淡水资源的重要载体，维持着自然生态平衡。20世纪50年代以来，我国湖泊在自然和人为的双重胁迫下，功能发生了剧烈变化，总体趋势是：湖泊大面积萎缩甚至消亡，湖水咸化，可利用水量减少，湖泊富营养化加剧，湖泊生态系统退化，严重威胁区域社会经济的可持续发展（李世杰，2007）。有关资料显示（王苏民和窦鸿身，1998），我国东部平原湖区的长江中下游地区70％以上的湖泊已经富营养化，水质型缺水严重。西部高原湖泊富营养化现象也日益加剧，以滇池最为严重。西部干旱半干旱地区，由于受近期气候暖干化影响及人类农业灌溉引水量的不断增加，内陆尾闾湖普遍出现水位下降、湖水咸化、湖盆萎缩、甚至部分干涸的现象（杨川德和邵新媛，1993），资源型缺水严重，导致区域生态环境严重恶化。

近年来，中国政府高度重视湖泊污染治理，积极探索湖泊流域治理新道路，并不断创新机制，采取各种措施开展湖泊治理。自"六五"起，中国就全面开展了富营养化湖泊的研究和治理工作，1994年，"三湖"（巢湖、太湖和滇池）被列入我国首批流域治理重点项目（王金南等，2009）。随着各项工程的开展，研究方法也不断进步，引入了容量总量控制方法，提出了大规模系统优化等思路（郁亚娟等，2012）。

"九五"期间，国家耗资上百亿元对太湖、滇池和巢湖开展了重点整治，湖泊治理首次列入国家级流域水污染防治规划。以滇池为例，利用总量控制模式，"九五"期间滇池流域开展了包括城市污水处理、工业污染源治理、面污染源治理、内污染源治理、水资源调配等5大方面的治理工程措施（和丽萍和赵祥华，2003），滇池水质得到一定的控制，但由于多方原因水质并未达到理想目标。和丽萍等认为，像滇池这样的浅水高原湖泊，面源污染所占比例较大（2000年TN、TP的面源负荷量分别占滇池总污染负荷的27％和45％），是造成水质恶化的重要原因。此外，党啸（1998）、李有志等（2011）分别认为巢湖流域、洞庭湖流域也具有类似的特点，并提出下一阶段的湖泊治理中应加强面源治理及湖泊水生态修复工程。

"十五"期间，国家投资96亿元，在"三湖"新建、扩建29座城市污水处理厂及配套管网，新增污水处理能力263万t/d。太湖流域共实施255个项目，其中城市污水处理工程147项；2003年太湖流域工业废水治理设施能力比2002年增加9.3％，工业废水排放达标率为98.1％；重污染行业废水治理设施处理能力为455万t/d，重污染行业废水排放达标率为98.6％。巢湖流域共实施49个项目，其中城市污水处理工程17项；2003年巢湖流域工业废水治理设施处理能力与2002年持平，工业废水排放达标率为97.6％；重污染行业废水治理设施处理能力为55万t/d，重污染行业废水排放达标率为98.1％。滇池流域共实施45个项目，污水处理厂改扩建工程及排水管网改造与建设项目3项；2003年滇池流域工业废水治理设施处理能力比2002年增加近2.5倍，工业废水排放达标率为92.1％；重污染行业废水治理设施处理能力为51万t/d，重污染行业废水排放达标率为92.6％（汪秀丽，2005）。

"十一五"期间，国家制定了《滇池水污染防治规划（2006～2010年）》、《巢湖水污染防治规划（2006～2010年）》、《太湖流域水环境综合治理总体方案》，共投资1278亿元用于"三湖"的工业污染治理、污水处理厂建设和区域综合治理。"十一五"至今，各地方政府也针对当地湖泊污染现状开展各种整治工作。

2007年中旬，太湖蓝藻暴发，对于太湖的治理更是迫在眉睫，国家及地方先后共投入百余亿元，采取了一系列的治污措施，主要体现在以下几个方面：①实行流域内污染排放达标制度，重点关停污染严重企业；②实施引调水工程；③实施太湖生态修复工程（黄漪平等，2001）。其具体表现为：在入湖源头实施更加严格的污染排放标准和区域环境准入条件；实现城镇生活污水处理设施建设全覆盖；农村生活污水接管与独立处理设施并建；农业面源的治理力度也在逐步加大，开展大范围的氮磷拦截工程；全面推进水产养殖污染治理，2007年完成了东太湖西侧全部围网养殖的拆除工作；在太湖主要入湖口门、京杭运河等重点水域、航道，规划建设22座船舶垃圾收集站和28座油废水回收站。此外，生态修复也是太湖流域治理工作的重要举措，湖底清淤、水生植物种植等工程持续开展。经过一系列的治理，至2009年，太湖流域已实现水源地安全供水，蓝藻的爆发程度得到了控制，太湖年均TP由2006年0.103mg/L改善到0.062mg/L，改善程度达39.8%，TN则由3.2mg/L改善到2.26mg/L，改善程度达29.4%（朱喜，2011）。

1998年特大洪水以及三峡工程建设，对洞庭湖的调蓄能力提出了新的要求，社会发展和污染加剧则对其纳污能力提出更高的要求。近年来对洞庭湖的治理一方面体现在筑堤防洪、蓄洪安全、洪道整治、长江护岸、傍山撇洪、机电排灌、城市防洪、通信预警等方面的建设（卢承志，2009）；另一方面体现在水土保持的维护与入湖污染物控制及生态系统保护上（沈新平，2011）。"十一五"期间洞庭湖水质整体为优，出湖口水质相对较好，2008～2010年洞庭湖水质进一步改善；西洞庭湖、南洞庭湖营养状态指数小于50，属中营养；东洞庭湖营养状态指数2008年以前小于50，属中营养，2008～2010年大于50，属轻度富营养（周泓等2011）。鄱阳湖作为长江沿线及三峡工程影响范围内湖泊，其治理也围绕防洪排涝与湖区生态系统保护开展（郭泽杰和李珍，2010）。

除长江中下游地区在开展各项湖泊治理工程之外，西部地区湖泊的整治也在持续开展。"十一五"至今，云南省九大高原湖泊继续开展一系列湖泊治理与保护工作：城市污水处理厂、截污管道、垃圾处理场、底泥疏浚、工业污染源治理、河道整治、工程造林、封山育林、退耕还林、退田退塘、退房还湖等项目以及建设湖滨带、建沼气池、恢复湿地及水生植物、取缔非法采石采矿点、取缔养鱼网箱等工作陆续开展。"十一五"期间，九湖水质总体保持稳定，主要污染物稳中有降，部分湖泊水环境有所改善（张召文，2012）。

针对西北部地区湖泊面积减小、湖水盐化的现象，国家也采取了一系列措施。以青海湖为例，截止2010年国家已下拨3.5亿元。主要用于青海湖流域退化草地综合治理、河道整治、沙漠化土地治理、生态林建设、湿地保护、生态监测6大类工程。

《2008年中国环境状况公报》显示，巢湖、太湖和滇池水质总体为劣V类，主要污染指标为总氮和总磷，三湖的污染防治工作自"九五"始就作为重点流域列入五年规划，水质状况目前依然堪忧（王金南等，2009）。"十二五"期间，三湖仍然将是水污染防治重点区域，污染源治理、水资源调配及生态修复将仍然是湖泊流域治理的重点。随着研究的深入，长江中下游的洞庭湖、鄱阳湖、固城湖、洪泽湖等湖泊的治理力度也会越来越大，西北部新疆的乌伦古湖、博斯腾湖、艾比湖，内蒙古的岱海等也将会出现新的治理思路与治理模式。总体而言，湖泊治理需要树立明确的治理目标，经过长时间的研究，采取更有效的治理措施，付出艰苦的努力才能有所成效。

1.3.2　湖泊流域治理理念的发展与创新

我国的湖泊水污染治理与富营养化防治工作已经有几十年的历史。湖泊流域水污染治理及富营养化防治理论不断完善，大致经历了如下阶段：20 世纪 80 年代，在借鉴国外湖泊富营养化治理思路的基础上，提出了湖泊富营养化治理的"污染源控制＋流域管理"理念。湖泊治理要从全流域出发的概念初步形成。

随着认识和研究的深入，结合云南省昆明市滇池、我国第三大淡水湖泊太湖、安徽省巢湖、云南省大理州洱海等湖泊水污染防治的实践经验（张凤保，2001；王晓蓉和郭红岩，2001；程文明，2001；尚榆民，2001；屠清瑛，2001；刘鸿亮，1997），于 20 世纪 90 年代提出了"污染源控制＋生态修复＋流域管理"的理念，并在此基础上提出了中国湖泊生态修复的"流域侵蚀区＋湖滨区＋湖内生态系统"即"三圈"修复理论（金相灿和胡小贞，2010）。在之后的 10 多年时间里，该理念和治理思路在云南省大理州洱海、我国第三大淡水湖泊太湖、安徽省巢湖等湖泊的富营养化治理中得到验证。

结合云南省玉溪市抚仙湖、星云湖和杞麓湖、云南省大理州洱海及重庆市长寿区长寿湖的水污染防治工作，以及湖泊水污染防治领域长期的经验积累，提出了"以污染源系统治理＋流域清水产流机制修复＋湖泊水体生境改善＋流域管理"为主的湖泊水污染防治的总体思路（金相灿和胡小贞，2010）。构建了湖泊绿色流域六大体系，即"产业结构调整控污减排、污染源工程治理与控制、低污染水处理与净化、清水产流机制修复、湖泊水体生境改善、流域系统管理与生态文明建设"。（金相灿等，2011）

结合太湖生态安全评估及太湖水专项的研究成果，提出太湖流域富营养化控制的"一湖四圈"新理念。其中四圈包括水源涵养林、湖荡湿地、河流水网和湖滨缓冲带，而且要实现水质监管向水生态监管转变（余辉，2012）。

第2章 太湖流域水环境与生态特征

2.1 太湖及其流域环境分析

2.1.1 太 湖 概 况

太湖古名震泽，又名笠泽、具区和五湖，为我国第三大淡水湖泊。据1984年测量结果，湖泊面积2427.8km²，湖中岛屿51个，实际水面面积为2338.1km²，湖岸线总长405km；属于长江干流水系，我国东部湖泊区（金相灿等，1999）。

太湖位于江苏省南部，跨苏州市辖吴中、吴江，无锡市辖锡山、宜兴，常州市辖武进和浙江省湖州市辖吴兴、长兴等市区县。太湖的北界和西界分别为无锡市、常州市、武进县、宜兴市，东及东南为苏州市、吴江市，南为浙江省的长兴县与湖州市。湖区面积占全国面积的0.38%，人口占全国的3.08%，是全国经济发达、人口密集的"金三角"地区。湖区是全国著名的粮仓，素有"鱼米之乡"美称。

太湖在水位2.99m时的库容为44.23亿m³，平均水深1.89m，在水位4.65m时的库容约83亿m³。太湖不仅接纳上游百川来水，下游湖东地区或遇暴雨，河水也会倒流入湖。当长江水位高涨而通江港口无水闸控制时，江水也会分流入湖。由于湖面大，每上涨1cm，可蓄水2300多万m³，故洪枯水位变幅小。一般每年4月雨季开始水位上涨，7月中下旬达到高峰，到11月进入枯水期，2~3月水位最低。一般洪枯变幅在1~1.5m之间。1991年太湖平均水位4.79m，为历史最高；1934年瓜泾口1.87m，为历史最低。由于太湖的调蓄，其下游平原虽然地势比较低洼，一般年份仍可免受洪水威胁。

太湖汛期蓄水，不仅下游地区依赖太湖水灌溉，上游大部分地区也依赖太湖水灌溉，太湖水可一直灌到西部山脚边。一般年份，灌溉水源都可满足，特殊干旱年份水源不足时，需从长江引水。现已在通江河口陆续增建翻水站，引江入湖，使水源更为丰盈。

太湖对流域城乡供水有重要作用。不仅沿湖无锡、苏州等城市可取用，黄浦江以太湖为源，清水长流，对冲淤、冲污、冲咸和上海城市用水有着重要意义。由于有太湖水的调蓄和长江水源补充，使太湖流域整个平原河网能保持一定的通航水深。自古以来，太湖流域航运事业就十分发达。目前全区有干支航线900余条，通航里程1.2万km，形成了一个江河湖海直达、干支相连、四通八达的航运网。据不完全统计，全流域有各类船舶4.7万艘、134万t。货运量相当于长江干流货运量的3.3倍。上海港通过内河集疏的货物约占70%，苏州、无锡、常州三市水运量占江苏全省水运量的44%。

太湖宽浅的水域还为各种鱼类洄游、产卵生长提供了良好场所。太湖鱼虾多达

30多种，其中银鱼、白壳虾、鲚鱼为水产珍品。太湖流域是我国重点淡水渔业基地，全区淡水鱼产量约占全国的10％。20世纪90年代末在东太湖还大量发展了螃蟹养殖。

太湖范围大，景点多，人文古迹多，有极好的风景旅游资源。太湖碧波万顷，朝晖夕雨，雾霭晴光，自然景色变化万千，加上周围群山和湖中小岛，融娇艳、神秀于一体，使人心旷神怡。目前著名风景点有无锡蠡园、鼋头渚和苏州洞庭东山、洞庭西山等。从总体上说，太湖与"人间天堂"苏州、杭州两个风景游览城市及整个锦绣江南联系在一起。随着我国"四大名著"电视剧的拍摄，无锡相继建成了"三国城"、"水浒城"等，成为新旅游热点。目前，苏州至洞庭西山已架起了跨湖长桥，西山不再是"孤岛"，从苏州、无锡到湖州已开有旅游客班，穿越太湖。随着旅游业的发展，太湖的旅游效益是不可估量的。新中国成立以后，苏、浙、沪两省一市在太湖流域做了大量的水利工作，建了不少水利工程。1984年12月成立太湖流域管理局，归水利电力部和国务院长江口及太湖流域综合治理领导小组双重领导。现由水利部直接领导。

1991年，太湖流域发生了暴雨洪水，太湖出现了有实测记录以来的最高水位4.79m，灾害造成的损失上百亿元。灾后，在国务院的统一部署下，两省一市合作，加快了太浦河、望虞河、杭嘉湖南排、环湖大堤等太湖治理"十大骨干工程"建设。目前，太湖洪水的主要通道已基本畅通，治太工程总体框架已经形成，初步改善了流域防洪除涝条件。

2.1.2　流域自然环境概况

1. 自然地理

太湖流域面积36900km²，行政区划包括江苏省苏南地区，浙江省的嘉兴、湖州二市及杭州市的一部分，上海市的大部分。其中江苏省占53％，浙江省占33.4％，上海市占13.5％，安徽省占0.1％。太湖流域以平原为主，占总面积的4/6，水面占1/6，其余为丘陵和山地。三面临江滨海，西部自北而南分别以茅山山脉、界岭和天目湖与秦淮河、水阳江、钱塘江流域为界。地形特点为周边高、中间低。中间为平原、洼地，包括太湖及湖东中小湖群、湖西洮滆湖及南部杭嘉湖平原，西部为天目山、茅山及山麓丘陵。北、东、南三边受长江口及杭州湾泥沙淤积的影响，形成沿江及沿海高地，整个地形成碟状。流域内太湖及主要湖泊湖底高程一般为1.0m，中东部洼地包括阳澄淀泖、青松、嘉北等地区，地面高程一般为3～4.5m，最低处仅2.5～3m，其他平原区地面高程为5～8m，西部山丘区丘陵高程约10～30m，山丘高程一般200～500m，最高峰天目山主峰高程约1500m。属亚热带季风气候，夏季高温多雨，冬季温和。

2. 气候土壤植被

太湖流域位于中纬度地区，属湿润的北亚热带气候区。气候具有明显的季风特征，四季分明。冬季有冷空气入侵，多偏北风，寒冷干燥；春夏之交，暖湿气流北上，冷暖气流遭遇形成持续阴雨，称为"梅雨"，易引起洪涝灾害；盛夏受副热带高压控制，天气晴热，此时常受热带风暴和台风影响，形成暴雨狂风的灾害天气。流域年平均气温15～17℃，自北向南递增。多年平均降水量为1181mm，其中60%的降雨集中在5～9月。降雨年内年际变化较大，最大与最小年降水量的比值为2.4倍；而年径流量年际变化更大，最大与最小年径流量的比值为15.7倍。由于气候地带性变化的影响，太湖流域丘陵山区的地带性土壤为亚热带的黄棕壤与中亚热带的红壤。非地带性土壤有三类，其中滨海平原盐土分布于杭州湾北岸与上海东部平原，冲积平原草甸土分布于沿江广大的冲积平原；沼泽土分布于太湖平原湖群的沿湖低地。耕作土壤主要为水稻土。太湖流域的自然植被主要分布于丘陵山地。丘陵山地的现存自然植被，从北向南植被组成与类型渐趋复杂，常绿树种逐渐增多。北部为北亚热带地带性植被落叶与常绿阔叶混交林，宜溧山区与天目山区均有中亚热带常绿阔叶林分布，但宜溧山区的常绿阔叶林含有不少落叶树种，不同于典型的常绿阔叶林。

3. 太湖流域水系

太湖流域河道总长约 120 000km，河道密度达 3.25km/km²，河流纵横交错，湖泊星罗棋布，是全国河道密度最大的地区，也是我国著名的水网地区。流域内河道水系以太湖为中心，分上游水系和下游水系两个部分。上游主要为西部山丘区独立水系，有苕溪水系、南河水系及洮滆水系等；下游主要为平原河网水系，主要有以黄浦江为主干的东部黄浦江水系（包括吴淞江）、北部沿江水系和南部沿杭州湾水系。京杭运河穿越流域腹地及下游诸水系，全长 312km，起着水量调节和承转作用，也是流域的重要航道。

1）苕溪水系

苕溪水系分为东、西两支，分别发源于天目山南麓和北麓，两支在湖州汇合，东苕溪流域面积为 2306km²，西苕溪流域面积为 2273km²，东、西苕溪长分别为 150km 和143km。苕溪水系是太湖上游最大水系，地处流域内的暴雨区，入湖水量约占总水量的 50%。

长兴片杨家浦港、长兴港、合溪新港等位于浙西北端，紧靠苏、浙、皖交界处，发源于长兴西部山丘区，汇集各路山水，由长兴入太湖。长兴片面积为 1352km²。

2）南河水系

南河水系发源于茅山山区，沿途纳宜溧山区诸溪，串联东氿、西氿和团氿 3 个小型湖泊，于宜兴大浦港、陈东港、洪巷港入太湖，干流长 50km，下游北与洮滆水系相连。南河水系入湖水量约占太湖上游来水总量的 25%。

3）洮滆水系

洮滆水系是由山区河道和平原河道组成的河网。以洮、滆湖为中心，纳西部茅山诸溪，后经东西向的漕桥河、太滆运河、殷村港、烧香港等多条主干河道入太湖；同时又以越渎河、丹金溧漕河、扁担河、武宜运河等多条南北向河道与沿江水系相通，形成东西逢源、南北交汇的网络状水系。洮滆水系入湖水量约占太湖上游来水总量的20%左右。

4）黄浦江水系

黄浦江水系是太湖流域的主要水系（包括大部分平原），北起京杭运河和沪宁铁路线，与沿江水系交错，东南与沿杭州湾水系相连，西通太湖，面积约14000km²；非汛期沿江沿海关闸或引水期间，汇水面积可达23000km³。黄浦江水系是太湖流域最具代表性的平原河网水系，湖荡棋布，河网纵横。全水系地面高程2.5～5.0m，是流域内的"盆底"。河道水流流程长、比降小、流速慢，汛期流速仅0.3～0.5m/s；水系内包罗了流域内大部分湖泊，主要有太湖、淀山湖、澄湖、元荡、独墅湖等大中型湖泊，湖泊水面约2600km²，占流域内湖泊总面积的82%；受东海潮汐影响，黄浦江水系下段为往复流。

本水系以黄浦江为主干，其上游分为北支斜塘、中支园泄泾和南支大泖港，并于黄浦江上游竖潦泾汇合，以下称黄浦江。黄浦江自竖潦泾至吴淞口长约80km，水深河宽，上中段水深7～10m；下段水深达12m，河宽400～500m。黄浦江是流域重要的排水通道，也是全流域目前唯一敞口的入江河流。

5）沿江水系

沿江水系主要由流域北部沿长江河道组成，大都呈南北向，主要河道有九曲河、新孟河、德胜河、澡港、新沟河、夏港、锡澄运河、白屈港、十一圩港、张家港、望虞河、常浒河、杨林塘、七浦塘、白茆塘和浏河等，为流域沿江引排通道，入江口门现已全部建闸控制。

6）沿长江口、杭州湾水系

沿长江口、杭州湾水系包括浦东沿长江口和杭嘉湖平原南部的入杭州湾河道，自北向南有浦东的川杨河、大治河和金汇港等河道，以及杭嘉湖平原的长山河、海盐塘、盐官下河和上塘河等河道。杭嘉湖平原入杭州湾河道为流域南排主通道。

2.1.3 流域社会经济特征

1. 太湖流域分区

"十一五"期间，课题调查研究涉及的太湖流域面积为31 491.2km²，划分为5大污染控制区及32个控制单元，5大污染控制区分别是（图2.1）：北部重污染控制区、湖西重污染控制区、浙西污染控制区、南部太浦污染控制区及东部污染控制区（详见章节4.3）。

2. 社会经济概况

太湖流域自然条件优越，物产丰富，交通便利。历史上是著名的富庶之地，有"上

图 2.1　调查研究范围及太湖流域分区

有天堂，下有苏杭"之美誉。改革开放后，凭借良好的经济基础、强大的科技实力、高素质的人才队伍和日益完善的投资环境，社会经济得到了高速发展，太湖流域成为我国经济最发达、大中城市最密集的地区之一。流域内除特大城市上海外，还有杭州、苏州、无锡、常州、镇江、嘉兴和湖州等大中城市以及迅速发展的众多城镇。

　　太湖流域是我国经济最发达的地区之一，其经济总量在全国占有举足轻重的地位。流域的土地面积仅占全国的 0.4%，人口占全国的 2.9%，人口密度约为全国平均水平的 8 倍，国内生产总值（GDP）占全国的 10%，人均 GDP 为全国平均人均的 3 倍多，工业总产值占全国的 12.2%，财政收入占全国的 15.7%。随着社会经济的发展，太湖流域的城镇建设速度明显加快，目前已形成一个由特大、大、中、小城市、建制镇等级齐全的城镇体系，建制镇的数目增多，城市的群体结构趋于合理。

　　流域内工业门类齐全，生产水平高、规模大。冶金钢铁、石油化工、机械电子、轻纺、医药、食品等工业在全国占有举足轻重的地位。近年来，上海浦东新区、虹桥开发区、闵行开发区、漕河泾开发区相继对外开放，兴建了杭州高新技术开发区，形成了苏州—无锡—常州开发带等，高新技术产业发展迅猛，国民经济保持持续、高速、健康发展的良好势头。

　　流域内农业生产广泛采用新技术，集约化程度不断提高，除粮食、棉花生产稳定在高水平外，水产、生猪、桑蚕、茶叶、油菜子、食用菌、柑橘等产量都有明显增长。大宗农产品除就近供应本区消费外，加工后还远销外地或出口海外，对保证太湖流域地区国民经济持续、稳定发展起着重要的作用。农村经济改革和产业结构调整成效显著，乡镇已进入了城市化快速发展时期。

　　太湖流域交通发达，京沪高铁、沪宁、沪杭铁路贯穿全流域，高铁途经流域内苏州、杭州、无锡、常州等城市；沪宁、沪杭、宁杭、沿江、乍嘉苏等高速公路构筑了流域快速交通网络；内河航运发达，京杭运河贯穿南北并与长江相连，苏申内港、苏申外港、杭申、长湖申、芜申等重要航线以及其他诸多航道交织如网，已形成完善的内河航运网络；上海港、大小洋山深水港、太仓港、乍浦港、长江口深水航道等形成了面向国内外的港口系统；电力、通信等基础设施完备，2010 年上海世博会也促进了基础设施建设，为流域经济社会发展创造了良好的环境。

随着经济社会的发展，太湖流域的城镇建设不断加快，目前已经形成了由特大、大、中、小城市，以及建制镇等组成的城镇体系，初步形成了以特大城市上海市为中心的城市群体，城市化率达 73.0%。

太湖流域地理位置优越，经济与科技实力强，交通、通信、公用设施、商业、服务业、金融业等条件良好，自然风光、历史古迹等旅游资源丰富，发展前景十分诱人（中国环境统计年鉴，2012）。

流域境内人口增长趋势较为平稳，尤其是近年来增长趋势相对放缓，长兴、安吉等地出现负增长。2007 年总人口约 3718.64 万人，人口密度 1236.3 人/km²，分布稠密，同期全国人口密度为 130 人/km²；现状人口分布超过 200 万的有苏州市区、常州市区、无锡市区和杭州市区。从流域整体来看，绝大部分地区 2008 年、2009 年常住人口数量高于 2007 年，人口增长率在 3% 以内。2010 年太湖流域总人口 3811.87 万人。

从图 2.2 可见，流域人均 GDP 为 5.35 万元，东部区域最高；流域单位面积 GDP 为 6623 万元/km²，也以东部区域为最高。

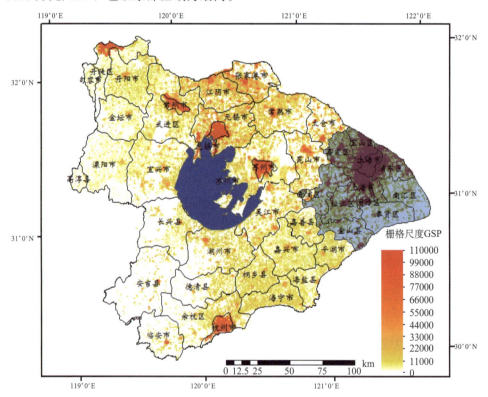

图 2.2　太湖流域各分区 GDP 分布

近些年来流域境内生产总值总体呈稳定增长趋势，2007 年国民生产总值 19359.4 亿元。其中，太湖流域浙江部分 2007 年 GDP 为 6351.75 亿元，第一产业产值最高的为余杭区，其次为湖州市区，最低为杭州主城区；第二产业产值最高依次为杭州主城区、余杭区和湖州市区，较低的为安吉县和德清县；第三产业产值最高依次为杭州主城区、嘉兴市区和湖州市区，较低的为海盐县和安吉县。太湖流域江苏部分 2007 年 GDP 为 13569.18 亿元，第二产业所占比重最大，约占 GDP 总量的 60%。

通过对太湖流域社会经济状况及产业结构的调查，汇总了各城镇上万条统计数据，形成了 2007～2008 年太湖流域社会经济整体情况及三大产业产值情况，如表 2.1 所示。太湖流域三大产业比重分别为：第一产业占 3%，第二产业占 58%，第三产业占 39%。第二产业占主导，第三产业发展滞后（引自《太湖流域水环境综合治理总体方案》，2008）。

表 2.1　太湖流域三大产业比重分布

分区名称	第一产业比重/%	第二产业比重/%	第三产业比重/%
	3.0	58.0	39.0
北部重污染控制区	0.6	19.2	11.4
湖西重污染控制区	0.6	6.2	3.8
浙西污染控制区	0.8	9.9	10.6
南部大浦污染控制区	0.6	5.8	3.3
东部污染控制区	0.4	16.9	10.1

根据《江苏省统计年鉴》（2007），江苏地区太湖流域经济情况见图 2.3：2007 年 GDP 为 13569.18 亿元，第一产业占 2%，第二产业占 61%，第三产业占 37%。浙江省

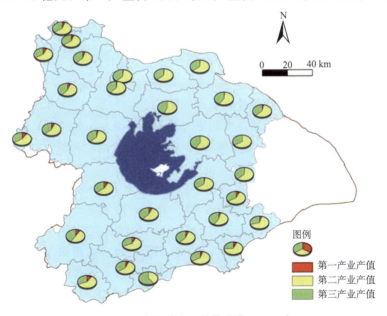

图 2.3　太湖流域产业结构分布（2007 年）

太湖流域 2007 年三大产业比重如下：第一产业占 4.41％，第二产业占 52.84，第三产业占 42.76％。

流域 2007～2010 年社会经济整体情况如表 2.2，各区经济情况呈上升趋势，总体 GDP 增长在 54.1％，东部控制区经济增长最快，增长率为 62.5％；湖西和北部控制区经济增长较快，增长率分别为 60.8％和 53.6％。

表 2.2　2007～2010 年太湖流域社会经济整体情况表

分区	县级行政区数/个	镇数/个	街道/条	土地面积/km²	2007 年 GDP/亿元	2008 年 GDP/亿元	2009 年 GDP/亿元	2010 年 GDP/亿元	2007～2010 年 GOD 增长率/％
北部重污染控制区	6	59	14	6341	7502	8866	9971	11525	53.6
湖西重污染控制区	8	67	54	6921	2284	2714	3127	3672	60.8
浙西污染控制区	7	89	53	8334	4772	5555	5943	6968	46.0
南部太浦污染控制区	6	53	21	3915	1584	1815	1918	2298	45.1
东部污染控制区	5	43	26	808	4921	5976	6726	7997	62.5
合计	32	311	168	26319	21063	24926	27685	32460	54.1

2.2　流域湖体与生态圈层特征

2.2.1　湖体生态特征

1. 近 15 年来，太湖水质恶化趋势有所遏制，但污染程度总体上仍较高

由于经济的活跃和人口的激增，太湖流域大量的城乡生活污水排入湖体，使湖区水环境恶化，最终导致太湖水体富营养化。按照《地表水环境质量标准》（GB3838-2002）评价，太湖水质在 20 世纪 60 年代属Ⅰ到Ⅱ类水，到 70 年代为Ⅱ类水，80 年代早期开始由Ⅱ类水转变成Ⅲ类水，到 80 年代末期时全湖已变成Ⅲ类水，甚至有些区域已恶化成Ⅳ和Ⅴ类，90 年代水质恶化尤其严重，1/3 的湖区达到Ⅴ类水，2001～2007 年，太湖水质均为Ⅴ类到劣Ⅴ类［《太湖健康状况报告（2008）》]；2008 年至 2010 年"十一五"水专项实施期间调查结果显示，太湖绝大部分水体仍为Ⅴ类或劣Ⅴ类。

太湖水质在过去 40 年中，大概是每 10 年恶化一个等级，在最近 10 年中恶化速度尤其快。1981 年 TN 和 TP 分别是 0.9mg/L 和 0.02mg/L。1994～2009 年 TN 和 TP 变化趋势如图 2.4 所示。2000 年，太湖湖体总氮浓度为 1.86mg/L，超过Ⅳ类标准，总磷浓度为 0.11mg/L，也超过Ⅳ类标准。2001～2007，总氮年均浓度均高于 2.0mg/L，超过Ⅴ类标准。总磷的年均浓度均高于 0.05mg/L，超过Ⅲ类标准。2007 年以来，总氮浓度居高不下，总磷浓度呈现逐年下降的趋势（图 2.4）。太湖西北部湖区水质较差，东南部湖区水质相对较好，在空间分布上呈现出由北向南、由西向东水质逐渐变好的状态。其中竺山湖、梅梁湖水质最差，总体为劣于Ⅴ类，东太湖和东部沿岸区水质最好（图 2.5）。

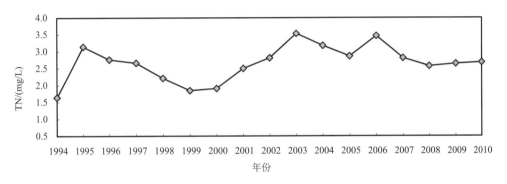

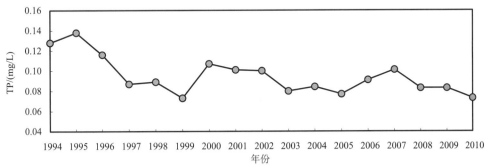

图 2.4　1994～2010 年间太湖水体总氮（TN）和总磷（TP）含量的趋势变化

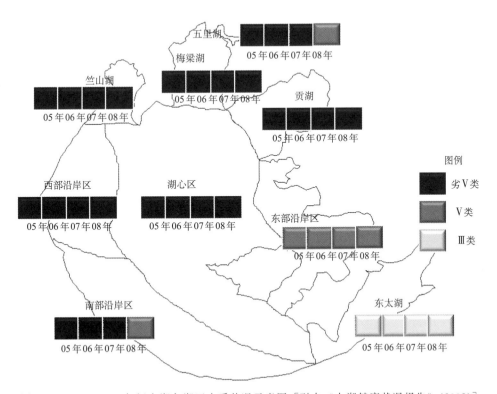

图 2.5　2005～2008 年间太湖各湖区水质状况示意图［引自《太湖健康状况报告》（2008）］

2008～2010 年太湖水体受总氮、总磷与 COD 污染影响仍不容乐观，总体水质为劣Ⅴ类，除湖心区水质为Ⅴ类外，其余湖区水质均劣于Ⅴ类。其中，西部沿岸区和竺山湾水域污染最为严重，其次为梅梁湖，湖心区和东部沿岸区水质相对较好。2008～2010 年太湖水体主要水质指标的空间分布及时间变化特征分别见图 2.6 和图 2.7。

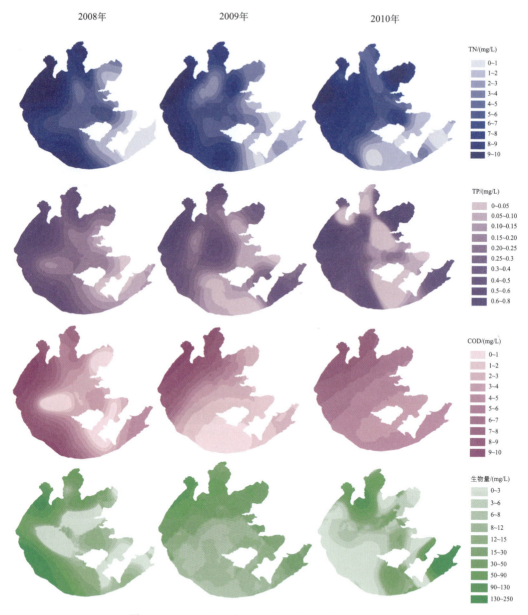

图 2.6　2008～2010 年间太湖水质时空分布变化特征
图中生物量指代藻类生物量

2000～2007 年的富营养化指数变化呈波动式下降。2000 年，太湖水体富营养化指数由 1999 年的低于 60 迅速上升，而后，呈下降趋势，2003 年富营养化指数降至最低，恢复到 60 以下；2003～2006 年，富营养化指数逐年上升，2006 年升至最高；2007 年

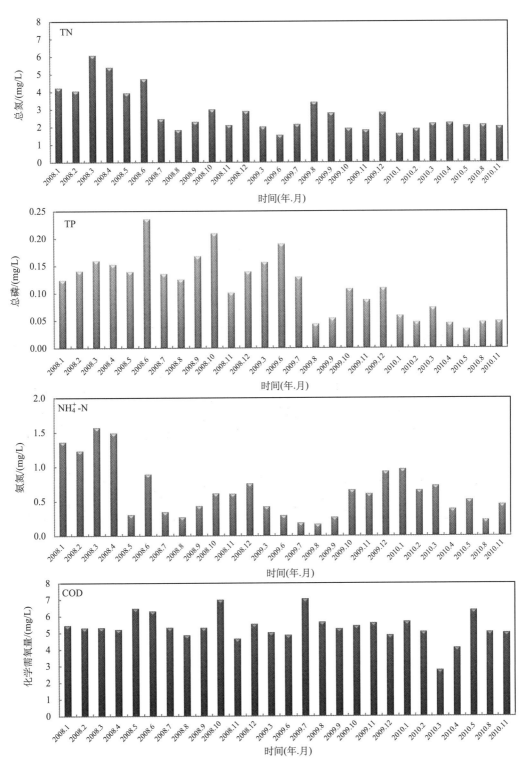

图 2.7 2008～2010 年间太湖水体主要营养指标含量的时间变化特征（全湖平均）

以后，水体污染状况略有好转，富营养化指数逐年下降，2009～2010 年再次恢复到 60
以下（图 2.8）。

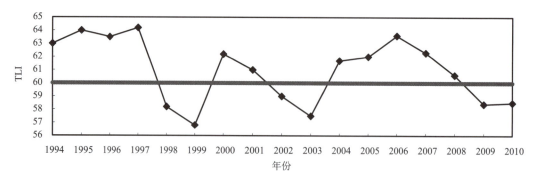

图 2.8　1994～2010 年太湖水体富营养化指数的历史变化特征

2008 年太湖营养状况总体评价为中度富营养。其中东太湖和东部沿岸带为轻度富
营养，占太湖总面积的 18.8%；其余湖区为中度富营养，占 81.2%（图 2.9）。

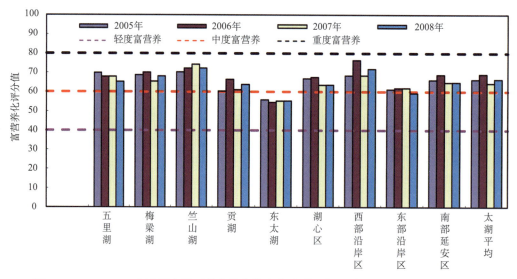

图 2.9　2005～2008 年太湖各湖区的营养指数变化图〔引自《太湖健康状况报告》（2008）〕

总的来说，"十一五"水专项实施的近三年（2008～2010 年）太湖水质呈好转趋
势，这主要是太湖流域实施了严格的排污标准，并进行了生态恢复工程，这些措施发挥
了重要的作用，使得太湖水质在短短的近几年时间内发生好转的趋势。

2. 以蓝藻为优势的水华暴发呈常态化，发生频次高、范围大

随着富营养化水平急剧上升，近二三十年来太湖每年都会出现水华，且面积越来越
大。20 世纪 80 年代梅梁湖 3/5 的湖区每年夏季出现水华，90 年代水华已覆盖整个梅梁
湖，以及竺山湖、西部沿岸带和北部湖区（陈荷生等，1997）。在最近的几十年，严重
的蓝藻水华已经呈现出不断恶化的态势，其中在温暖季节太湖的水华面积有不断扩大的

趋势，有时高达 1 000km²（1998 年前的数据），使太湖水生态系统进一步恶化（Pu et al.，1998）。在蓝藻暴发的 7、8 月份，梅梁湖、北部湖区表层浮游藻类数量可达到 13.2×10⁸ 个/L，生物量高达 108.2mg/L，水华的持续时间可达半年之久，直接影响沿岸带城市的工业和生活用水（陈荷生等，1997），使梅梁湖成为太湖富营养化最严重的湖区之一（Cai et al.，1997），蓝藻水华常在气温较高的 4 月至 9 月覆盖在其水面上。从历史上来看，太湖水质的不断下降导致太湖水体已经处于中富营养化水平，太湖蓝藻发生的频次在增加，发生范围也从北部湖区扩到梅梁湖、竺山湖、西部沿岸区、南部沿岸区等湖区，时间跨度在延长、分布范围在逐渐扩大，影响程度也在不断增加（图 2.10）。

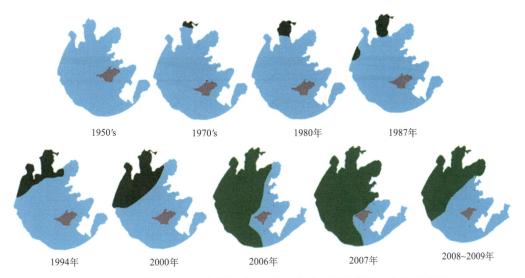

图 2.10　20 世纪中叶以来太湖夏季蓝藻水华分布情况的历史变化示意图
（修改自中国科学院地理与湖泊研究所范成新研究员所提供的原始图）

　　基于 2008 年至 2010 年太湖全湖的浮游植物季节变化统计数据（图 2.11），太湖浮游植物的优势门类主要是蓝藻门和硅藻门。蓝藻门（主要是微囊藻）从 5 月份开始大量出现并占据优势，之后一直维持在较高的水平直到年末，而硅藻门一般在冬春季占据优势。

　　从藻类演替角度来分析，从 20 世纪 60 年代到 90 年代，变化最大的是绿藻门，60 年代有记录的 20 个属的绿藻现在基本从太湖消失了，而现在采集的有 18 个属是 20 世纪 60 年代没有的属；其次是蓝藻门，60 年代见到的一个属现在基本从太湖消失了，而现在存在的 9 个属是 60 年代没有的属；另外，20 世纪 60 年代只有五里湖才有的隐藻门种类现在可在全湖不同区域见到。自 20 世纪 60 年代以来，太湖藻类的优势门（种）和常见门（种）基本相似（图 2.12）。

　　太湖浮游藻类现有蓝藻、硅藻、绿藻、金藻、裸藻、甲藻、黄藻和隐藻 8 门，113 属，共计 228 种；蓝藻门的铜绿微囊藻（*Microcystis aeruginosa*），硅藻门的小环藻（*Cyclotella* spp.）属和颗粒直链藻（*Melosira granulata*）等为优势类群（严小梅等，1996；陈荷生等，1997）。目前太湖在春季含藻量均值在 1×10⁸ cell/L 以上。在种类组成上，太湖以啮蚀隐藻（*Cryptomonas erosa*）和铜绿微囊藻（*M.aeruginosa*）为主，亚

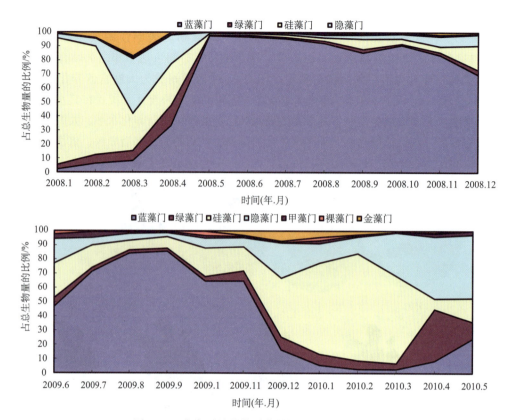

图 2.11 太湖浮游植物群落结构的时间动态变化

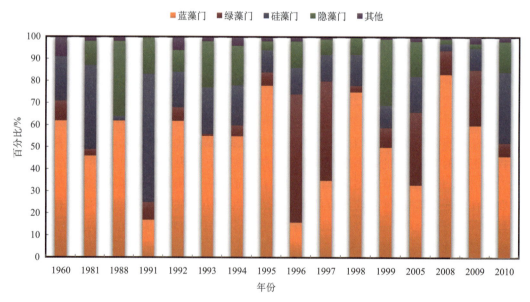

图 2.12 近 50 年间太湖湖区浮游植物群落结构年际变化特征

优势种是颗粒直链藻（*M. granulate*）、衣藻（*Chlamydomonas* spp.）。太湖水体中全年均能采集到蓝藻门的物种有铜绿微囊藻（*M. aeruginosa*），水华微囊藻（*Microcystis aquae*）和粉末微囊藻（*Microcystis pulverea*），这标志着太湖水体处于富营养化水平。2009 年调查数据表明，梅梁湖优势种为微囊藻（*Microcystis* spp.）和啮蚀隐藻（*C. erosa*），亚优势种为小环藻（*Cyclotella* spp.）。梅梁湾浮游植物个体数达 355×10^6 cell/L，属富营养型，梅梁湖是整个湖区富营养化程度最高的区域。因为该区域承接大量的城市污水，相对封闭，水流慢，加上夏季盛行东南风，污染物不易稀释，导致浮游植物大量繁殖。湖岸区的含藻量高于湖心区，为 473×10^6 cell/L，达到富营养化水平。湖心区含藻量为各区最低，仅为 212×10^6 cell/L，属于中度富营养化水平，说明太湖水体具有一定的自净能力。

从历史上看，太湖水质下降导致水体处于中度富营养化水平，太湖藻华发生的频次在增加，发生范围也从北部湖区扩到梅梁湖、竺山湖、西部沿岸区、南部沿岸区等湖区，时间跨度在延长、分布范围在扩大，影响程度也在不断增加。

3. 浮游动物小型枝角类和桡足类占优势

太湖浮游动物由原生动物、轮虫、枝角类、桡足类组成，共 73 属 101 种（陈荷生等，1997）。目前太湖轮虫的平均密度已达到 343.3ind./L，且有采样点超过 1000ind./L，说明梅梁湖区在早春季节轮虫较多。枝角类的优势种是长刺溞（*Daphnia longispina*）和象鼻溞（*Bosmina* sp.），长刺溞数量最多的达到 2.8ind./L，象鼻溞数量最多为 1ind./L。枝角类数量较多的采样点均出现在 3 月 30 日（非水华期），这与水温相对较高有关。桡足类的优势种除无节幼体与桡足幼体外，为汤匙华哲水蚤 *Sinocalamus dorii*、中华窄腹剑水蚤 *Limnoithona sinensis*、广布中剑水蚤 *Mesocyclops leuckarti*，指状许水蚤 *Schmackeria imopinus* 的数量较少。无节幼体 *Nauplius* 数量超过 20ind./L，均出现在 7 月，最多的达到 88.61ind./L。桡足幼体数量最多的出现在 8 月份（水华期），有相当部分的采样点，其数量超过 5ind./L。汤匙华哲水蚤数量最多的为 22.86ind./L，出现在 10 月份（水华末期）。剑水蚤的数量相对少一些，数量最多为 124.63ind./L，出现在 6 月份（水华前期）。

太湖浮游动物在蓝藻水华期和非水华期的群落结构特征表明，蓝藻水华期间枝角类占据明显优势，其中小型枝角类，如简弧象鼻溞和角突网纹溞较适宜在蓝藻水华的环境下生存，对生物量贡献较大。而在非蓝藻水华期枝角类生物量有所下降，桡足类所占比例上升，大型的溞状溞凭借其较大的体型和体重，在生物量组成中占据了一定地位（图 2.13）。

小型枝角类和桡足类在湖泊中占有优势地位，是太湖富营养化的一个重要特征。大型的枝角类溞属种类如透明溞、长刺溞、溞状溞只在春季在贡湖占有一定的优势，而此阶段是湖泊水质的较好阶段。

4. 水生高等植物分布面积不断缩小

太湖主体湖区近 60 年来水生植物的分布面积不断缩小，单位面积生物量有增加的趋势。然而，水生植物的分布区域逐渐斑块化，挺水植物带退化严重。总体来看，水生植物的分布变化最为明显的区域是贡湖区、东太湖南部区以及西北部沿岸带（图

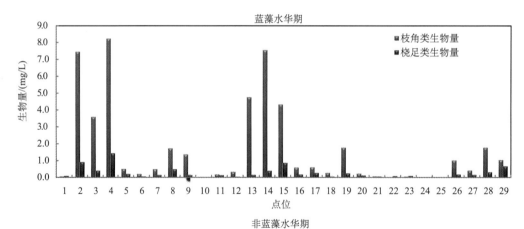

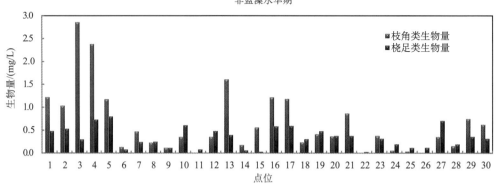

图 2.13　太湖浮游动物在蓝藻水华期和非水华期的群落结构特征

2.14)。沉水植物呈现如下演替过程：苦草 → 微齿眼子菜 → 伊乐藻 → 苦草＋轮叶黑藻 → 马来眼子菜（表 2.3）。从 20 世纪 80 年代开始，东太湖湖体挺水植物的比重不断缩小，所有类群水生植物的分布面积有下降的趋势；东太湖沉水植物生物量的比重在所有类群的植被中不断增大（图 2.14 和图 2.15）。

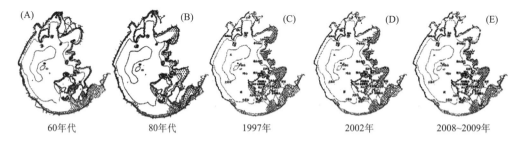

图 2.14　太湖水生植物空间分布的历史变化（修改自 Qin et al.，2007）

课题组在 2008～2010 年间调查发现太湖主体湖区分布有水生植物 47 种，隶属于39 科 39 属。张寿选等（2008）采用 2002 年 7 月 15 日的 Landsat ETM 卫星遥感影像结合水体透明度进行分类，解译出当时太湖以沉水植被为主导的水生植被面积约407.6km²，以浮叶植被为主导的水生植被面积约 82.2km²。

表 2.3 太湖优势物种的时间序列上的演替特征、沉水植物生物量
及其比重的变化（修改自谷孝鸿等，2005）

年份	主要植物种类的替代过程	沉水植物生物量/(g/m²)	沉水植物生物量比例/%
1959	马来眼子菜＋苦草＋黑藻＋菱草＋芦苇	504	无数据
1980	苦草＋马来眼子菜＋微齿眼子菜＋菱草＋芦苇	3656	19.9
1986	苦草＋马来眼子菜＋沼针蘭 ＋微齿眼子菜＋菱草＋芦苇	5926	43.6
1993	苦草＋马来眼子菜＋微齿眼子菜 ＋浮叶植物＋菱草＋芦苇	12101	48.9
1997	微齿眼子菜＋浮叶植物＋菱草＋芦苇	8550	44
2002	伊乐藻＋金鱼藻＋菹草＋荇菜＋微齿眼子菜＋苦草	4052	75.3
2003	微齿眼子菜＋轮叶黑藻＋苦草＋伊乐藻	2306	67.3
2004	伊乐藻＋轮叶黑藻＋苦草＋金鱼藻	2516	75.2
2007	苦草＋轮叶黑藻＋马来眼子菜＋金鱼藻	2782	86.2
2008～2009	马来眼子菜＋轮叶黑藻＋苦草＋微齿眼子菜	5190	73.2

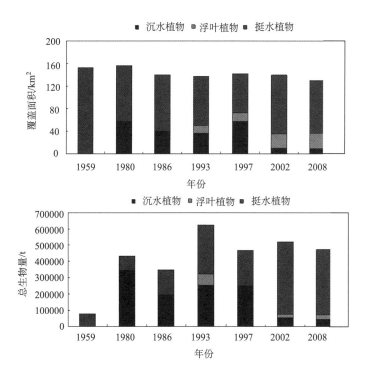

图 2.15 东太湖各生活型水生植物生物量与分布面积的历史变化（修改自谷孝鸿等，2005）

沿贡湖北岸向东和向南，水草分布呈北疏南密的特点，硬质底质着生。沉水植物优势种群为竹叶眼子菜（*Potamogeton malaianus*）。贡湖北岸，水生高等植物覆盖率约为 1%～10%，以芦苇（*Phragmites communis*）和菹草（*Potamogeton crispus*）为主，

而贡山至虞河口沿线以东，水生高等植物植被发育较为成熟，水草覆盖率在40％以上，其中70％面积覆盖率高达90％以上（表2.4）。

表 2.4　环太湖各湖区水生植物覆盖率

湖区	挺水植物盖度/％	沉水植物和浮叶植物盖度/％	优势种或群系
竺山湖	1	0	芦苇和菰
梅梁湖	2	0.1	芦苇和荇菜
贡湖	3	2～5	芦苇、菰、菹草（冬春季优势种）、竹叶眼子菜
西湖沿岸	0.1	0	芦苇
东太湖	5～8	40	菰、芦苇、荇菜、竹叶眼子菜、微齿眼子菜、轮叶黑藻和苦草
湖心区	0	0	无

东太湖水生高等植物植被还有向湖心蔓延的趋势。东茭咀西部到泽山以南以及洞庭东山南部水域，该水域的水草覆盖度达5％～90％，水草覆盖率由西向东逐渐增大，优势种为竹叶眼子菜（*P. malaianus*）及局部湖区为轮叶黑藻（*Hydrilla. verticillata*）。西部及北部湖区的沿岸带主要以芦苇（*P. communis*）占优势的挺水植物。另外，还伴生竹叶眼子菜（*P. malaianus*）、苦草（*Vallisneria. natans*）、微齿眼子菜（*Potamogeton. maackianus*）、穗花狐尾藻（*Myriophyllum spicatum*）等沉水植物和荇菜（*Nymphoides peltatum*）、二角菱（*Trapa bispinosa*）等浮叶植物。总的来看，优势水生植物中，挺水植物为芦苇（*P. communis*）和菰（*Zizania caduciflora*），浮叶植物为荇菜（*Nymphoides peltatum*），沉水植物为竹叶眼子菜（*P. malaianus*）、轮叶黑藻（*H. verticillata*）和苦草（*V. natans*）。沉水植物和浮叶植物优势种主要分布于东太湖苏州市辖区域，挺水植物优势种芦苇和菰主要分布于东太湖和贡湖。

5. 太湖底泥污染加重、释放风险增加

太湖平均水深2m左右，除湖心区外，太湖主要湖区均有较大范围的底泥分布，根据范成新于2000年对全湖底泥覆盖面积计算的结果，全湖底泥分布面积约1632.9km²，其中五里湖、梅梁湖、竺山湖、西部沿岸区、南部沿岸区、贡湖、东太湖和其他区底泥面积分别为5.6km²、61.9km²、29.7km²、216.9km²、313.8km²、74.8km²、134.2km²和796km²。

太湖底泥主要以块状或带状分布。全太湖底泥深度大于20cm的面积为1251.2km²，占太湖总面积的53.8％，底泥深度大于30cm的湖区面积为969km²，占太湖总面积的比例为41.6％；底泥深度大于80cm的湖区面积为527km²，占太湖总面积的23％。太湖底泥主要分布在竺山湖、梅梁湖、月亮湾、太湖西岸及湖心北区，东太湖有少量底泥分布，同时可以看出，底泥深度小于20cm的湖区主要分布在湖心及南岸区。竺山湖污染底泥深度平均为27cm，月亮湾为16.9cm，太湖西岸为29.04cm，湖心北岸为41.9cm，梅梁湖为29cm，东太湖为23cm。

2009年中国环境科学研究院、"十一五"水专项"重污染区入湖主要污染源控制与污染物减排"课题组以及太湖流域管理局于不同时间分别对太湖底泥沉积物进行了采样测定。中国环境科学研究院在整个太湖布设了 35 个底泥沉积物采样点;"十一五"水专项"重污染区入湖主要污染源控制与污染物减排"课题组又对竺山湖及西部沿岸区等重点湖区和河口水域进行了加密测量,补充了 22 个测量点;同时,太湖流域管理局对梅梁湖、竺山湖、西部及南部沿岸区等主要湖区和河口选取了 11 个点也进行了采样测量,全部采样点共 57 个,并按《湖泊富营养化调查规范》的标准分析了底泥总磷(TP)、总氮(TN)和有机质(TOC)项目。对采集的底泥总磷、总氮和有机质分析表明,全湖表层底泥平均含量分别为:总磷 0.048%,总氮 0.129%,有机质 3.46%。表2.5 列出了太湖 1960 年以来历次大面积底质调查结果。由表 2.5 可见,太湖底泥中总磷、总氮和有机质的含量自 20 世纪 60 年代及 80 年代以来均有较大幅度的增加,表明太湖底泥污染程度在逐步加重。

表 2.5　历年来太湖底泥总氮、总磷、有机质含量(单位:%)

年份	TN		TP		TOC	
	范围	均值	范围	均值	范围	均值
1960	—	0.044	—	0.067	0.540~6.23	0.68
1980	0.037~0.067	0.052	0.022~0.147	0.065	0.241~2.78	1.04
1990	0.028~0.280	0.058	0.022~0.618	0.089	0.310~15.73	1.81
2009	0.015~0.086	0.048	0.056~0.387	0.129	0.141~7.66	3.46

综合太湖各个湖区每日营养盐的悬浮沉降量,计算得到太湖春夏秋冬 4 个季节的再悬浮污染物释放量(表 2.6)。结果显示,太湖底泥再悬浮污染物年均进入水体的净底泥量有 31.87 万 t;就营养物质释放量而言,COD 约 1.37 万 t、总氮约 766.03t、总磷约 376.23t,其中夏季营养物质释放量最大,这也可能是夏季水华暴发的原因之一。

表 2.6　太湖年平均再悬浮污染物释放量估算结果表

季节	再悬浮污染物/万 t	COD/万 t	总氮/t	总磷/t
春季	2.97	0.23	130.54	20.65
夏季	20.05	0.84	354.96	241.96
秋季	2.17	0.06	92.13	20.15
冬季	6.67	0.25	188.40	93.46
全年	31.87	1.37	766.03	376.23

2.2.2　流域生态圈层特征

1. 水源涵养林覆盖率偏低、林相结构不尽合理

基于课题组近三年的实地勘察与取样调查,太湖流域森林植被类型主要有针叶林、针阔混交林、常绿阔叶林、常绿落叶阔叶混交林、毛竹林、灌草丛、经济林等。

针叶林按其建群种或优势种分为马尾松林、杉木林和黄山松林，杉木林在该区域内呈弥散状分布，面积较小，一般分布在海拔 800m 以上的山体上部；马尾松林是本区植被的优势类群，广泛分布于该区海拔 800m 以下的山体中下部及低山丘陵（图 2.16 和图 2.17）。

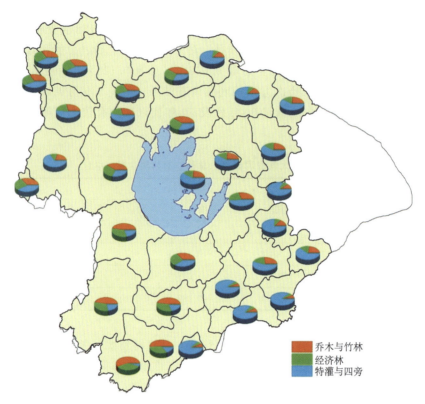

乔木与竹林
经济林
特灌与四旁

图 2.16　太湖流域水源涵养林的空间分布与盖度区域分布特征示意图

图 2.17　太湖流域水源涵养林的典型种类照片

针阔混交林是原有马尾松林和黄山松林经多年封山育林后向常绿阔叶林恢复演替的过渡类型，是本区的主要植被类型之一，广泛分布于区域内，尤其是立地条件相对较好的山体中下部及沟谷地带。次生常绿阔叶林是本区的地带性森林植被类型，但由于长期的人为干扰，原生的常绿阔叶林已荡然无存，现有的常绿阔叶林是经封山以后恢复而成，在该区周围的山坡下部也有零星分布，面积不大。常绿落叶阔叶混交林分布于海拔800m以上地段，为次生的过渡类型。毛竹林是人工栽培后无性繁殖起来的植被类型，多在山体的中下部，呈片状分布，在宜兴市周围分布较多。灌草丛在低山丘地带有较大面积的分布，多为森林反复遭受破坏后形成的先锋群落。经济林在湖区周围有大量分布，主要是在村庄附近自留地，及靠近库区低矮山坡的开垦地，主要类型有橘林、枇杷林、杨梅林、桃林和茶林，而以橘林、杨梅林所占面积最大。

流域森林总面积为5000km²左右，占流域总面积的14%～15%。其中涵养林植被共有针叶林、针阔混交林、常绿落叶阔叶混交林、常绿阔叶林、竹林、灌草丛、经济林等七大类型，而以针叶林、针阔混交林分布面积最大，分布范围最广；常绿落叶阔叶混交林分布面积小，而且是森林演替过程中的过渡类型；常绿阔叶林是本区的地带性植被，但由于长期以来受到人工干扰，原生植被已极少；竹林主要为毛竹林，在宜兴毛竹面积较大；灌草丛分布面积较大，主要集中在村庄周围的低山坡上；经济林主要为果林，而以橘林、杨梅为多，分布于村庄附近和湖区周围。本区的森林植被大多数恢复时间很短，生态系统比较脆弱，水源涵养和水土保持功能都不强，尤其是灌草丛。太湖流域水源涵养林区年来的空间分布特征见图2.18。

2. 湖荡湿地面积锐减、湿地退化、水质恶化

太湖湖荡湿地是泛指太湖流域除太湖湖体以外与太湖水系存在关联的湖泊，主要包括在太湖流域的大小湖泊、水库等湿地系统。流域内湖荡湿地面积大于0.5km²的水体189个，面积40km²以上的6个。近50年来，苏南地区湖荡面积发生了明显的改变。1958～1985年的36年间，苏南地区湖荡由于围湖种植和围湖养殖等，共建圩600余座，面积760km²，涉及的湖荡数量共242个，其中因围湖利用而消失或基本消失的湖荡166个，合计351.31km²。由于太湖上游地区水系发达，湖荡湿地密布，对太湖流域污染物拦截和水质净化具有重要作用。但由于受太湖城市化、水体高密度养殖、污染排放量增加等影响，流域湖荡生态系统功能退化，对污染物净化和拦截能力下降，水生生物多样性全面衰退。湖荡生态系统的退化势必会削弱和降低其污染物转化和拦截功能。目前，太湖湖荡湿地面积约1300km²，苏锡常三市辖区分布最为密集。流域东部区域湖荡湿地所占比例最大，超过50%，其次为流域西北部、流域西南部及南部区域（图2.19）。

课题组在"十一五"期间对太湖流域的200多个湖荡湿地进行了生态环境综合调查，调查内容涵盖水质、底质和生态各个方面。调查共抽样湖荡86个，采集监测样点178个（图2.20）。在抽样调查的湖荡中，湖荡湿地水质富营养化污染状况大致可划分为4大类（图2.21、图2.22），其中1类分布在PCO分析两环境因子轴的得分值大于0.65的湖荡，是水质污染最为严重的湖荡，高锰酸钾指数和氨氮严重超标的样点，地理上主要分布于太湖流域西北部；2类分布在PCO两环境因子轴原点左侧的第一、三象限，是水质污染次严重的湖荡，部分指标严重超标，地理上主要也分布于太湖流域西

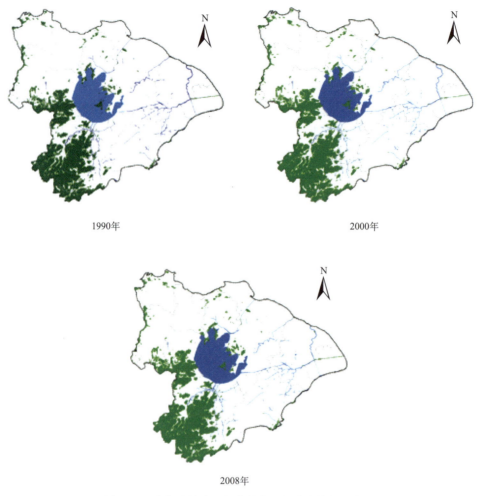

1990年   2000年

2008年

图 2.18   太湖流域水源涵养林的空间分布特征示意图

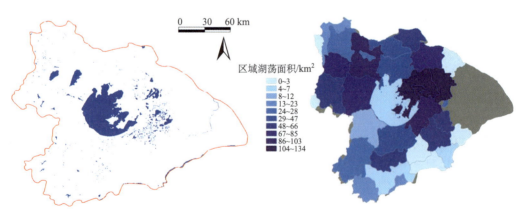

图 2.19   太湖流域湖荡分布概况图

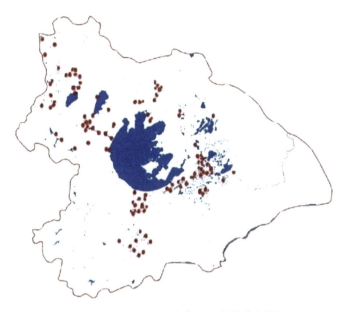

图 2.20　太湖流域湖荡调查点位分布图

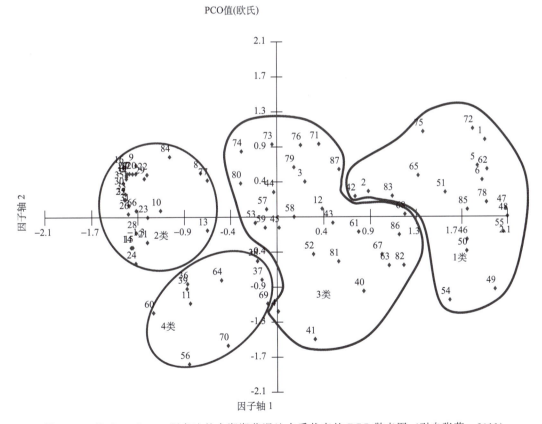

图 2.21　基于 Eucliuean 距离法的太湖湖荡湿地水质状态的 PCO 散点图（引自张萌，2011）

北部；3类分布于PCO环境因子轴第一、二和四象限，是污染相对较轻的湖荡，主要分布于太湖流域东南部；第4类分布在环境因子两轴得分小于−0.5的第三象限，是污染最轻的湖荡，主要分布于太湖流域东南部，还有流域西北部的深水水库。

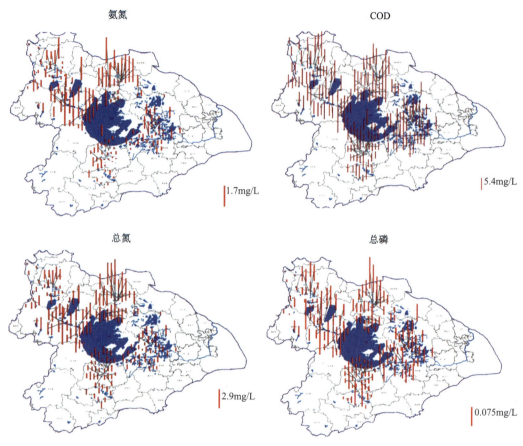

图2.22　太湖流域湖荡水质空间差异概图

太湖湖荡湿地水生植物空间分布特征见图2.23。水生高等植物是浅水湖泊生态系统的重要组成，在湖泊生态系统中具有十分重要的作用。它们不仅是湖泊鱼类的主要天然饵料，而且是湖荡演化和湖泊生态平衡的重要调控者；水生高等植物不仅是湖泊重要的初级生产者，而且对水生态系统的结构和功能具有决定性的影响。在20世纪60年代末开发前，太湖流域水体水生植被的群落处于原生演替阶段，此后由于人类污染物不断排放、围湖造田和渔业生产等人为干预，其群落结构发生显著变化，突出表现为沉水植物类群退化。目前水生植物主要为挺水植物和浮叶植物，沉水植物和漂浮植物较少。挺水植物以芦苇（*P. communis*）和水花生（*Alternanthera philoxeroides*）为主，尤其是水花生（*A. philoxeroides*）所占比重很大；浮叶植物中，菱（*Trapa bispinosa*）和水鳖（*Hydrocharis dubia*）所占比重很大，尤其是水鳖（*H. dubia*）占相当优势。沉水植物以金鱼藻（*Ceratophyllum demersum*）、黑藻（*Hydrilia verticillata*）等占该层片优势，但分布面积和覆盖度均不高。

水生植物覆盖率

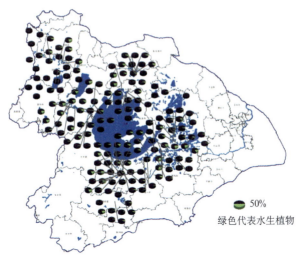

50%

绿色代表水生植物

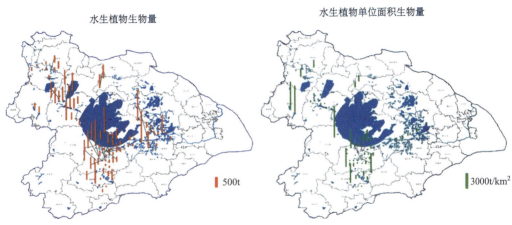

水生植物生物量

水生植物单位面积生物量

500t

3000t/km²

图 2.23　太湖湖荡湿地水生植物空间分布图

2009 年夏，野外调查发现，太湖湖荡湿地常见水生植物有 66 种，隶属于 31 科 49 属。在所调查的湖荡中，芦苇（*P. communis*）、菰（*Z. latifolia*）、水花生（*A. philoxeroides*）、水鳖（*H. dubia*）、浮萍（*Lemna minor*）、荇菜（*N. peltatum*）、紫萍（*Spirodela polyrhiza*）、稀脉萍（*Lemna. paucicostata*）、槐叶萍（*Salvinia natans*）、满江红（*Azolla imbricata*）以及金鱼藻（*C. demersum*）出现频率最高，分布区域最广，生物量较大的物种有芦苇、菰、水花生和水鳖。常见群系有 11 个，如芦苇单优群系、菰单优群系、水花生单优群系、狭叶香蒲（*Typha augustifolia*）单优群系、荇菜单优群系、菱（*Trapa sp.*）单优群系（包括耳菱、冠菱和菱三种，其中菱 *T. bispinosa* 最为常见）、金鱼藻（*C. demersum*）单优群系、水鳖＋紫萍（*S. polyrhiza*）共优群系、紫萍＋稀脉萍（*L. paucicostata*）共优群系和水鳖＋槐叶萍（*S. natans*）－金鱼藻共优群系。在所调查的湖荡湿地中，水生植物的多样性指数在静水湖荡和污染相对较轻的水体较高（张萌等，2010；张萌，2011）。

太湖流域湖荡湿地主要以芦苇、菰和水花生为湖荡沿岸带的常见种类，且分布面积广、出现频率高、生物量大和耐污能力强，能形成较为稳定的群落，水花生作为入侵种有侵占河道和湖岸的趋势，盖度较大，并且对菰群落构成较大的威胁。因此，污染严重的区域需要加强水花生的收割与管理。

湖荡湿地的漂浮植物以水鳖和紫萍占优势，伴生有槐叶萍、浮萍、稀脉萍和满江红，深秋季节水葫芦在某些湖荡中占优势，呈现出季节演替的特点。湖荡的沉水植物以耐污种金鱼藻和水盾草占优势。在重度污染控制区的许多湖荡中，沉水植被已完全退化，呈现大片次生裸地。这些重度污染控制区的水质较差，水生植被群落结构简单，并呈严重的逆行演替。

总的来看，芦苇和菰为挺水植物类群中的优势物种，其中生物量最大的是芦苇，水花生为浮水植物类群的优势物种，但在部分湖荡湿地浮叶植物荇菜占优势，漂浮植物水鳖和浮萍占优势，水葫芦和满江红占次优势地位，而在沉水植物中金鱼藻占优势，入侵种水盾草在局部湖荡生物量大，有更替为优势种的趋势。从生物多样性角度来看，太湖湖荡每个湿地的水生植物物种多样性较低，并且真性水生植物种类稀少，而且主要以耐污种为主。目前多数湖荡湿地已退化成次生裸地，其中沉水植物种类稀少，分布区域狭小，群落盖度以及现存量均较小。在流域西北部重污染区的湖荡湿地中，多数湖荡的沉水植物已完全衰退，除了水质污染、营养胁迫作为主要胁迫因子外，水体利用方式、高密度养殖或养殖模式也不可忽视，如滆湖自 2001 年以来以高度集约化养殖模式放养了高密度的食草鱼类如草鱼、团头鲂等以及高度集约化围栏养殖模式，使得该湖的沉水植被的分布面积骤减。因此，渔业水产养殖、景观破碎等人类活动的直接干扰也是水生植物群落退化不可忽视的原因。

3. 河网水质和底质污染严重、水生植被退化

1）环湖河流水质

河网密集又是太湖流域独特的自然特点，纵横交织的河流水网不仅是重要的交通航运枢纽，连接城镇与村落的重要纽带，而且是水体交换和资源共享的重要通道。随着人类活动的干扰增强，交织成网的河流水质不断恶化。根据 2003 年至 2011 年《中国环境质量公报》（图 2.24），可见太湖流域环湖河流水质劣 V 类水质改善较为明显，从 2003 年的 42.2% 下降到 8%。IV 类及以上水质依然占据较大比重，且 I、II 类水质河流几近消失。

在 2008～2010 年课题实施期间，连续开展了环太湖 53 条出入湖河流逐月调查。主要水质指标空间分布特征见图 2.25。TN 浓度在 4.12mg/L，波动范围 0.62～9.90mg/L；TP 浓度在 0.18mg/L，波动范围在 0.06～0.48mg/L；COD_{Mn} 浓度为 6.19mg/L，波动范围为 3.92～16.26mg/L。通过对监测的 53 条河流聚类分析，将水质特征相似的河流分为三类：

第 I 类共 22 条河，包括直湖港、武进港、汇水入湖口、太滆运河、漕桥河、百渎港、殷村港、新渎港、定化港、烧香港、沙塘港、茭渎港、社渎港、官渎港、洪巷港、陈东港、大浦港、黄渎港、乌溪港、大港口、长丰港、合溪新港。这一类河流常年以入

湖为主，主要分布在无锡南部地区和宜兴地区，该地区工业污染突出，化工、纺织业污染的贡献较大，对太湖水质影响较大；农业发展不足，水田排放水污染较重，缺乏农田排水集中收集渠道，湿地保护不健全，面源入河削减程度较低；养殖业入河污染量占流域总养殖业入河的比重较高。此外，在调查过程中该类河流也是对太湖污染负荷较强区域，水质类别达到Ⅴ类或劣Ⅴ类。因此，加强入湖河流水质改善，对太湖富营养化控制具有重要意义。

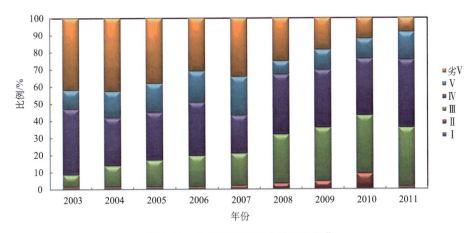

图 2.24　太湖环湖河流水质历史变化

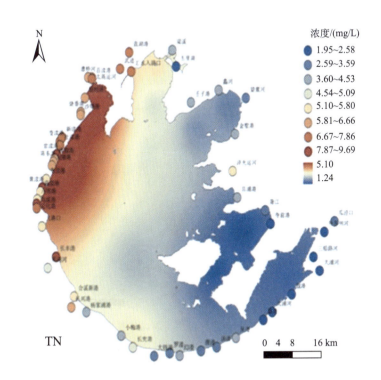

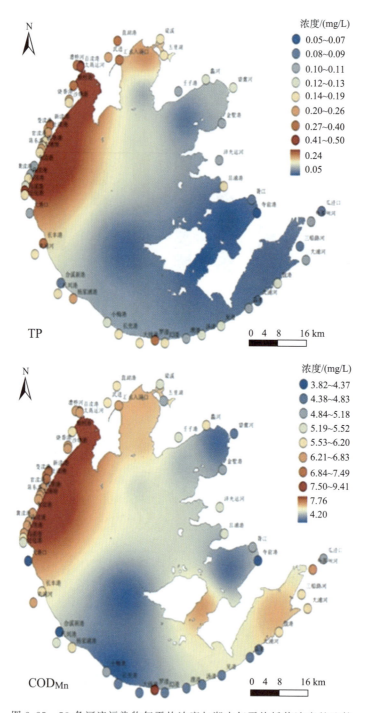

图 2.25　53 条河流污染物年平均浓度与湖内年平均插值浓度的比较

　　第Ⅱ类共 17 条河，包括朱渎港、八房港、庙渎港、夹浦港、长兴港、杨家浦港、小梅港、外苏州河、瓜泾口、寺前港、吕浦港、浒光运河、金墅港、望虞河、蠡河、壬子港、梁溪河。这一类河流主要分布在宜兴南部地区与湖州以及苏州与无锡的交界地带，水质较第一类好。

第Ⅲ类共 14 条河，包括长兜港、大钱港、罗溇、幻溇、濮溇、汤溇、吴溇、庙港、太浦河、戗港、大浦河、三船路河、胥江、五里湖。除五里湖外，这一类河流主要分布在湖州以及苏州地区，常年以出湖为主，监测年度水质类别维持在Ⅲ类水平。

依据江浙两省河流水质保护目标，研究期间出入湖河流水质达标率见图 2.26。出入湖河流水质达标率为 36.90%（以 TP、NH_4^+-N、COD_{Mn} 计）。河流 TP 达标率为 73.17%，COD_{Mn} 达标率为 72.31%，NH_4^+-N 达标率为 61.43%，NH_4^+-N 污染较为严重。将每条河流监测时间段内达标率绘制成百分比图（图 2.26），无锡常州地区河流水质达标较少，湖州苏州交界地带水质达标率较为理想。

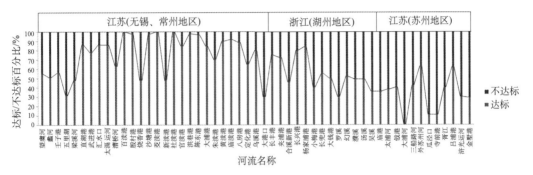

图 2.26　53 条河流监测年度水质达标率

2）环湖河流底质

所监测的环湖河流河口沉积物 TN 平均浓度为 1584.7mg/kg，范围在 213.90 ～ 3125.50mg/kg。在所监测河口中陈东港 TN 污染最高，含量约为 1900mg/kg，寺前港最低。区域间比较 TN 污染顺序依次为：北部重污染控制区（2264.02mg/kg）、湖西重污染控制区（1963.32mg/kg）、南部污染控制区（1146.21mg/kg）、东部污染控制区（883.49mg/kg）（图 2.27）。

河口沉积物 TP 平均浓度为 588.1mg/kg，范围在 147.63～1290.32mg/kg。在所监测河口中直湖港 TP 污染最高，含量约为 900mg/kg，杨家浦港最低，约为 400mg/kg。区域间比较 TP 污染顺序依次为：北部重污染控制区（864.06mg/kg）、湖西重污染控制区（701.20mg/kg）、南部污染控制区（484.20mg/kg）、东部污染控制区（303.18mg/kg）（陈雷等，2011）。

3）河流水生植物

河网区域除了水环境质量恶化外，出入湖河流作为污染物削减长廊，其水生植物结构与功能退化也非常突出。自 2007 年以来，太湖流域水生植物调查结果表明，江苏滆湖以及滆湖联通太湖的主要河道——太滆运河与漕桥河里的水生植物共有 10 科，16 属，19 种，从该段流域来看，以挺水型、漂浮型和浮叶型植物为主，偶见沉水型植物。

优势水生植物有菰（*Z.latifolia*）、芦苇（*P.communis*）、空心莲子草（*Alternanthera philoxeroides*）和凤眼莲（*Eichhornia crassipes*）。物种出现频度较高的有禾本科的菰

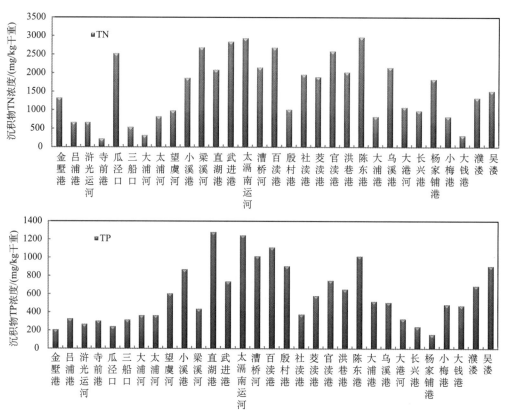

图 2.27 环湖河口底质 TN、TP 污染特征

（*Z. latifolia*）、芦苇和大芦（*Phragmites karka*），苋科的空心莲子草，雨久花科的凤眼莲
（*E. crassipes*），眼子菜科的篦齿眼子菜（*Potamogeton pectinatus*）以及水盾草科的水盾草
（*Cabomba caroliniana*）。在本次调查中未见浮叶植物，所见的漂浮植物仅见浮萍
（*L. minor*）、紫萍（*S. polyrrhiza*）、凤眼莲和水鳖（*H. dubia*）。部分样点沉水植物生物
量较大，如眼子菜科的篦齿眼子菜（*P. pectinatus*）达到 2300 g 鲜重/m²，以及水盾草科的
水盾草达 660g 鲜重/m²。在所调查的水域，因航运繁忙，河流附近的化工、印染工厂繁
多，周围居民密集，人类活动干扰强度大，所以河岸带植物分布片断化非常严重，在该段
流域中游河区尤其为甚，沉水植物在河道区分布狭窄，入侵耐污种如漂浮植物凤眼莲和浮
叶植物空心莲子草分布广泛（张萌等，2010）。

　　太湖的直湖港和武进港河岸带出现水生植物12科，18属，20种，以挺水植物和浮叶
植物为主，也分布有一定数量的沉水植物，常见的植物有禾本科、蓼科、莎草科和菊科。
本次调查中漂浮植物仅有浮萍、紫萍、水鳖和水葫芦（*E. crassipes*）。由于两河流平行入
湖，两河存在多处网络交织结构，河岸的冲积滩面积较小且两岸多人工筑堤，自然河岸毁
坏较为严重，周围居民密集，厂矿较多，人类干扰强度很大，所以河岸带植物分布片断化
严重，沉水植物分布狭窄，但入侵耐污种漂浮植物凤眼莲和浮叶植物水花生
（*A. philoxeroides*）分布广泛。真性水生植物优势种仅有金鱼藻（*C. demersum*）和黑藻
（*H. verticillata*），金鱼藻种群出现频度较高，其次为黑藻，河道下游河段偶见竹叶眼子菜

（*P. malaianus*）；漂浮植物紫萍、稀脉萍（*L. paucicostata*）、凤眼莲和水鳖分布较广，紫萍种群出现频度很高，凤眼莲为该生活型的优势种；挺水植物优势种为芦苇、菰、荻（*Miscanthus sacchariflorus*）和大芦，主要分布于河岸破坏较轻的河港中游。浮叶植物空心莲子草为该层片的优势种；京杭大运河与太湖间的重要连接纽带——直湖港和武进港，其沿岸频繁的人类活动增加了大量人类废弃物质的输入，河内的繁忙航运带动了河道上下游水体充分混合以及京杭大运河可能污染的河水也大量输入了两河港内，水生植物却只有在中游段分布最为广泛，多样性最高，可能反映出水质变化的情况，在中游以下是人口较为稠密的河段，人类干扰严重，水生植物多样性骤减，种群偏向单一化。入梅梁湖的河口达到最小，基本无大型植物分布。望虞河共出现水生植物 12 种。水生植物优势种为芦苇和苦草（*V. natans*）。

人类活动的过度干扰已经很大程度上导致了河流水生植被，尤其是起重要稳定作用的沉水植被的大面积丧失。淡水生态系统中有"水下森林"之称的沉水植物群落的破坏会导致一系列物种灭绝，有学者曾指出草食性鱼类的过度放养往往会导致水草顶级群落的极度破坏及由此会诱发一系列次生性灭绝。对太滆运河与漕桥河而言，太滆运河航运繁忙，河内的航运带动了河道上下游水体充分混合以及加快水生植物凤眼莲（*E. crassipes*）向下游飘动，漕桥河河岸两侧化工、印染、棉纺等轻工行业较多，人口密集，沿岸频繁的人类活动大量增加人类废弃物质的输入，水质极差，水生植物在两河的中游河段种类极少，群落偏向单一化，却只有在靠近河口的河段种类最多，多样性最高，反映出水质和生境的变化情况。此外，水质恶化导致本地种水生植被大肆衰退，耐污能力超群的入侵种乘虚而入，对整个生态安全也造成了严重的隐患（张萌等，2010）。

4. 湖滨带挺水植物带退化严重

太湖湖滨带岸线总长 405km，与自然状态的湖滨带相比，太湖湖滨带有以下三个特点：①典型的大堤型湖滨带：太湖湖滨带大部分被防洪大堤所包围，其余部分临近山体，属于典型的大堤型湖滨带。②不涵盖陆向辐射带：由于湖滨带基本被环湖大堤及山体所包围，原来的水陆物质交换也随之阻隔，因此太湖湖滨带的范围不再涵盖陆向辐射带。③湖滨带范围窄：根据对太湖湖滨带的水下地形、水文特征、植物群落分布考察，将太湖湖滨带的范围界定为大堤以内（水向）50～100m 的环形区域（叶春等，2012）。按照湖滨带地形地貌的不同，可将太湖湖滨带划分为大堤型、山坡型和河口型三类，再根据水文条件和露滩情况，又将大堤型分为长期露滩、间歇露滩、无滩地型，将山坡型分为有滩地型、无滩地型，形成 6 种类型的湖滨带，即长期露滩—大堤型、间歇露滩—大堤型、无滩地—大堤型、有滩地—山坡型、无滩地—山坡型、河口型（李春华等，2012）。

由于太湖水域面积宽广，湖周岸线距离长，历年对太湖湖滨带水生植物群落的调查多以东太湖、西太湖以及梅梁湖等局部区域开展。本研究收集整理了以往不同湖区所开展的调查数据，从零散资料中分析不同湖区湖滨带水生植物群落的历史演变趋势。整体来看，全太湖自 20 世纪 80 年代末以来，由于污染物排放不断增加，水体已处于重度富营养化状态，造成藻类竞争优势扩大而沉水植物面积和种类大幅度缩减，大部分沿岸仅剩下零星的芦苇丛。目前，除沿岸生长有芦苇和少量湿生植物外，距岸 40m 之外，水体中已无任何大型水生植物生长。20 世纪 90 年代太湖大堤工程的建设，使太湖滨岸区的湿地生态系统受到破坏。筑堤和围垦改变了湖滨湿地的水文过程和浅滩环境，不仅使湖滨带景观破碎、湿生植物群落萎缩，而且也破坏了适合大型水生植物生长的环境条件，造成滨岸区的水生植物群落类型较为单一，覆盖度较低，生物量大幅下降。水生植被优势种发生一定的变化，适应富营养化的种类逐步成为优势种，生存空间逐步向东部湖区扩展。东太湖水体呈中等营养化趋势，水生植物生物量迅速增加，水体有沼泽化趋势，这加剧了湖底的淤积，致使东太湖湖底抬高、沼泽化趋势已经十分明显。太湖水体富营养化程度不断加重，水生植物的生态系统严重退化，健康状况整体呈下降趋势。

近几十年来，太湖流域经济不断快速发展，湖滨带挺水植物分布面积不断缩小，如图 2.28 所示。20 世纪 80 年代初湖滨带挺水植物面积为 64.6km²，20 世纪 90 年代下降趋势较快，到 2008 年，挺水植物面积相对 20 世纪 80 年代缩小了 90%。在东太湖，挺水植物面积缩小尤为剧烈；20 世纪 90 年代中期东太湖挺水植物面积为 40.5km²，之后面积迅速减少，到 2008 年仅为 20 世纪 90 年代中期的 0.2%（图 2.28a）。

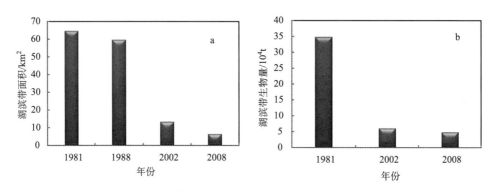

图 2.28　太湖湖滨带植被面积（a）及生物量（b）的历史变化

在生物量变化上，由于挺水植物分布面积的大量减少，挺水植物总生物量也不断缩小。20 世纪 80 年代初的总生物量达到 34.8 万 t，后不断减少，2008 年下降至 4.8 万 t，仅为 1981 年的 14%。东太湖挺水植物生物量下降也很快，特别是 90 年代后期，到 2002 年为 4.33 万 t，相比 20 世纪 80 年代初减少了 84%，到 2008 年，挺水植物生物量仅为 0.07 万 t（图 2.28b）。

归其原因，可能是近些年来，局部水域的高度富营养化，导致大型水生植物死亡；围湖造田使湖泊生物资源的再生循环过程受到严重影响；环太湖大堤工程的建设，使太湖湖岸带的湿地生态系统受到破坏；沿岸区域渔业养殖的超常规发展以及旅游业的过度发展加速了太湖湖滨带生态系统的退化。

自 20 世纪 70 年代以后，太湖北部的无锡市是江苏省工业经济发展速度最快的地区之一，但是，大量的未经处理的工业废水就近排入周围的河流及湖泊，从而导致竺山湖、梅梁湖及五里湖等水域水质快速下降、富营养化程度加剧。到了 20 世纪 80 年代中后期，上述水域的水生生态系统已经遭到严重破坏，导致大型水生植物死亡，浮游藻类增加而浮游动物减少并伴有物种小型化，使湖泊水体由"草型"水体转变为"藻型"水体。

太湖流域人多地少的矛盾历来比较突出，因此，在 20 世纪 50~70 年代期间，太湖流域的湖泊都受到不同程度的围垦。据统计，1950~1985 年间太湖流域围垦建圩

498个，占用湖泊面积528.5km²，其中，太湖及其上游的长荡湖、滆湖等湖泊沿岸共建圩218个，丧失湖泊面积299.2km²。太湖的围垦主要发生在东太湖两侧以及北部的竺山湖、梅梁湖及五里湖两侧。太湖的围垦虽然造就了大量良田，但是，它却破坏了湖泊边缘浅水滩地生态系统，使湖泊沿岸的大型水生植物减少，湖泊鱼类栖息、生长、索饵、产卵地丧失，湖泊生物资源的再生循环过程受到严重影响。另外，太湖的围垦也使太湖蓄洪滞水的功能大大减弱。环太湖大堤工程对湖滨地带生态系统的破坏也是十分巨大的。据调查大堤建成后，太湖南部及西部沿岸地带芦苇带的宽度均窄于大堤建成以前，有些地段原有数百米的芦苇滩地，环湖大堤建成以后，大堤内部芦苇滩地的宽度仅剩数10m甚至消失。

太湖湖滨带具有丰富的旅游资源，由于各个旅游区在开发建设的过程中没有对生态环境的保护引起重视，致使开发区的水土流失严重，破坏了原有的湖滨生态系统。另外，度假区内产生的生活污水直接排入太湖，导致湖滨带水体受到污染，产生富营养化，使水生植物的生态系统受到破坏。

2.3 流域土地利用格局变化特征

通过收集太湖流域1985年以来的Landsat TM（ETM）多光谱遥感影像数据、太湖流域地形数据等流域基础空间信息数据，利用地理信息系统技术与遥感技术，结合多期土地利用图，按照耕地、林地、草地、水域、建设用地与未利用地六类土地利用分类标准，解译了太湖流域多期土地利用数据，分析了太湖流域近20年来的土地利用变化特征，分析太湖流域土地利用格局演变趋势并基于2010年的太湖流域土地利用数据分析了土地利用现状（图2.29）。

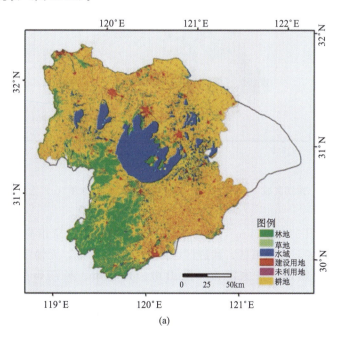

(a)

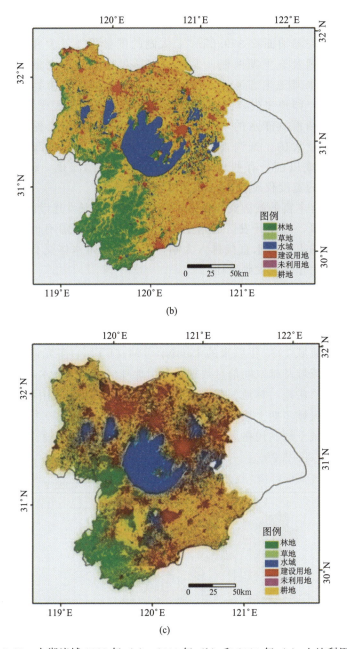

图 2.29　太湖流域 1985 年（a）、2000 年（b）和 2010 年（c）土地利用图

　　太湖流域总面积 31491.2km²，江苏省内太湖流域包括南京市高淳县，镇江市句容市、丹阳市、丹徒区，常州市区、武进、溧阳市、金坛市，无锡市区、江阴市、宜兴市，苏州市区、常熟市、张家港市、昆山市、太仓市、吴江市的行政区域，面积 19208km²，城镇化率达 73%。浙江省太湖流域跨湖州市、嘉兴市、杭州市主城区、余杭区及临安市（不含钱塘江流域部分），面积 12224.7km²，城镇化率达 50.4%。上海市青浦区，包括练塘镇、朱家角镇和金泽镇，面积 58.7km²，城镇化率达 54.7%。

2.3.1　农业用地变化分析

同 1995 年土地利用数据相比，流域内耕地面积减少了 $4616.4 km^2$（图 2.30），耕地面积减少主要发生在江苏省太湖流域，苏南乡镇企业的快速发展占用了大量宝贵的耕地资源，同时，苏南又是我国城市化加速发展的地区，城镇建设用地需求旺盛。过去 10 余年间，苏州市太湖流域部分共减少耕地 $1337 km^2$，无锡市减少 $877 km^2$，常州市减少 $1139 km^2$。

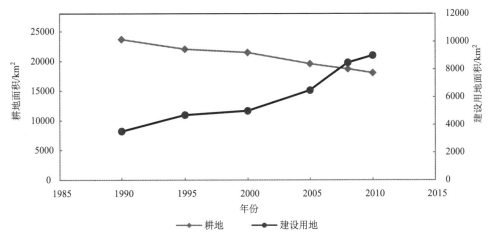

图 2.30　太湖流域耕地及建设用地变化情况

相比而言，太湖流域浙江省部分耕地资源控制较好，耕地面积总体减少不多，其变化最明显的是嘉兴市，10 年间耕地减少 $628 km^2$，海宁和长兴两个县市耕地不减反增，其他县市耕地减少的数量均比较少。这表明，浙江省在耕地控制方面比较严格，同江苏相比，浙江省土地整理和土地复垦力度较大，因此，耕地资源没有明显减少。

2.3.2　建设用地变化分析

20 世纪 80 年代以来，快速增长的城市化过程严重干扰了流域的地表土地利用景观格局和自然生态过程。城市化与生态环境之间各种矛盾与胁迫的凸显引起国内外众多学者的关注。

同 1995 年相比，太湖流域建设用地增加 $4304.35 km^2$。过去 10 余年间，太湖流域上海市部分建设用地变化很小，太湖流域江苏省部分建设用地增加 $2020.5 km^2$，太湖流域浙江省部分建设用地增加 $1649.8 km^2$，增加幅度都在 130% 左右。

从省市看，太湖流域浙江省部分建设用地增加最多的是杭州城区，增加 $203.45 km^2$，太湖流域江苏省部分建设用地增加最快的是苏州市区。整个太湖流域建设用地增加 $100 km^2$ 以上的有杭州市区、无锡市区、苏州市区、常州市区、湖州市区和嘉兴市区。

2.3.3　水域面积变化分析

2005 年太湖流域水域面积为 5333.14km²，同 1995 年相比，水域面积减少 218.26km²，10 年来水域面积减少约 4％。

从水利分区来看，水域面积减少主要发生在阳澄淀泖区的淀泖片，其中阳澄淀泖区水域面积减少 166.91km²，该区水域面积减少与上海和苏州市区在淀泖片区围垦有一定关系。据苏州市调查，前几年，由于土地围垦，部分水面用于水产养殖，导致水域面积减少，实地调查发现其近年，养殖水面已经进行生态修复，恢复为水域面积，但目前还没有作为水域面积来统计，因此，苏州市水域面积实际减少量比统计上减少量要小。总体来看，太湖流域水域基本保持稳定，面积略有下降。

根据上海水资源普查报告，上海市水域面积 485.16km²，其中浦东片区 188.34km²，浦西片区 174.14km²，另外还有 71.5km² 在阳澄淀泖区的淀泖片，51.18km² 在杭嘉湖区的运东片。同 1995 年数据相比，浦东区水域面积减少 36.39km²，浦西片区水域面积减少 70.69km²，上海市水域面积减少 127.84km²，其中浦东、浦西片水域减少 90.42km²。

2.3.4　太湖流域土地利用变化的问题诊断

太湖流域处于长江中下游的亚热带湿润地区，自然条件十分优越，光、热、水土等资源搭配较协调，农业以精耕细作和集约化程度高而闻名，曾经是我国重要的商品粮基地，也是棉花、油菜、蚕豆、毛竹和淡水水产品等多种商品型农产品的产地。流域内的轮作制度以稻麦（油菜）两熟，水旱轮作为主，复种指数高达 200％，远高出全国平均水平，并且每公顷耕地产出的农业产值超过全国平均值的 1 倍以上。近 20 年太湖流域 GDP 年均增长率为 11.6％，城市化率提高 31 个百分点，工业总产值增长了 13 倍，与此同时，超标河长的比例在 20 世纪 90 年代上升了 23 个百分点，太湖水质下降了两个级别（靳晓莉等，2006）。

太湖流域土地利用变化总趋势是在经济和人口飞速增长背景下，耕地面积迅速减少，主要向建设用地转化，向林地和水域转化也占有一定的比例。建设用地面积持续增加，并呈现蔓延扩张的态势。人口、GDP 的增长对土地利用变化影响深远，首先分析太湖流域人口以及 GDP 变化：

太湖流域境内人口增长趋势较为平稳，尤其是近年来增长趋势相对放缓。2007 年总人口约 3718.64 万人，人口密度 1236.3 人/km²，分布稠密，同期全国人口密度仅为 130 人/km²；现状常住人口分布超过 200 万的有苏州市区、常州市区、无锡市区和杭州市区。从流域整体来看，绝大部分地区 2008 年常住人口数量高于 2007 年，人口增长率在 3％以内。

从图 2.31 可以看出，流域人均 GDP4.58 万元，其中东部区的最高；流域单位面积 GDP 为 5657 万元/km²，其中东部污染控制区的最高。近年来流域境内生产总值总体呈稳定增长趋势，2007 年国民生产总值 17015.9 亿元。其中，太湖流域浙江部分 2007

年 GDP 为 5082.83 亿元，第一产业产值最高的为余杭区，其次为湖州市区，最低为杭州主城区；第二产业产值最高依次为杭州主城区、余杭区和湖州市区，较低的为安吉县和德清县；第三产业产值最高依次为杭州主城区、嘉兴市区和湖州市区，较低的为海盐县和安吉县。太湖流域江苏部分 2007 年 GDP 为 12098.14 亿元，第二产业所占比重最大，约占 GDP 总量的 60%。

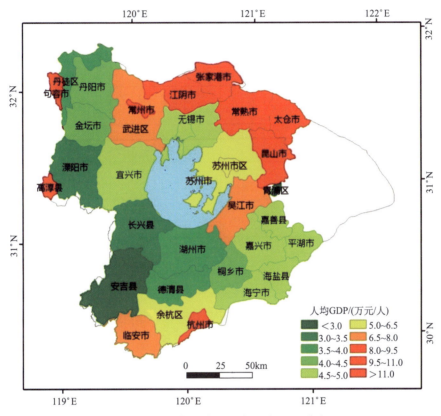

图 2.31　太湖流域 2009 年人均 GDP 分布

1）太湖流域土地利用时间变化

1985 年至 2010 年耕地面积减少 4354.04km²，同期建设用地增加了 4248.23km²，其他土地利用类型面积变化幅度相对较小。尤其是近 10 年来，耕地面积退缩速度明显高于前 10 年，耕地减少量约为 3006km²，为前 15 年的 2.23 倍。耕地年变化面积由 1985～2000 年的每年 8984.33hm² 变化为 2000～2010 年的每年 20042.60hm²，建设用地年变化面积由 1985～2000 年的每年 8243.467hm² 变化为 2000～2010 年的 20078.07hm²。

2）太湖流域土地利用空间变化

空间分布上，东部区土地利用变化较西部区大，城市周边变化较大，其中上海市周边土地利用变化最大，其次为苏锡常地区，而在南部的嘉兴市则变化相对小，东部区土

表 2.7 缓冲带土地利用面积（km²）（1988 年）

区段	林地面积			草地面积			水域湿地面积			耕地面积		建筑用地面积			未利用地面积			
	有林地	灌木林地	疏林地和其他林地	高覆盖度草地	中覆盖度草地	低覆盖度草地	河流	湖泊	滩涂湿地	水田	旱地	城镇建设用地	农村居民点	其他建设用地	沙地	盐碱地	裸地	裸岩石砾
无锡滨湖区（320201）	43.37	0.34	0.35	2.94	1.47	0.00	0.00	0.00	179.87	10.67	19.54	29.19	27.51	6.05	0.07	0.00	0.07	43.37
苏州吴中区（320222）	10.69	2.82	0.66	0.07	0.76	0.00	0.00	2.75	162.66	3.59	849.99	4.85	4.05	6.66	0.00	0.00	0.00	10.69
无锡宜兴市（320282）	246.52	0.00	0.30	0.31	0.23	0.00	0.00	0.00	238.91	4.22	878.99	18.09	0.57	0.13	0.00	0.00	0.00	246.52
湖州长兴县（330522）	233.11	0.00	0.00	0.66	0.00	0.00	0.00	0.23	2.47	3.37	595.36	0.62	0.52	3.02	0.09	0.00	0.00	233.11
湖州市辖区（330501）	13.93	0.00	0.00	7.93	0.00	0.00	0.00	12.07	0.20	3.76	232.22	1.42	0.85	5.39	0.27	0.00	0.00	13.93
常州武进区（320421）	8.75	0.00	3.39	0.00	0.00	0.00	0.00	0.00	38.50	3.39	809.20	3.09	0.52	1.04	0.00	0.00	0.00	8.75
苏州吴江市（320584）	0.11	0.00	0.00	0.54	0.23	0.00	0.00	10.46	42.97	36.43	768.92	16.67	0.00	3.33	0.00	0.00	0.00	0.11
苏州高新区（320524）	59.11	3.40	14.12	40.11	1.79	0.00	0.00	0.01	1675.73	75.93	875.43	5.78	6.34	20.06	1.63	0.55	3.88	59.11

表 2.8 缓冲带土地利用面积（km²）（2000 年）

区段	林地面积			草地面积			水域湿地面积			耕地面积		建筑用地面积			未利用地面积			
	有林地	灌木林地	疏林地和其他林地	高覆盖度草地	中覆盖度草地	低覆盖度草地	河流	湖泊	滩涂湿地	水田	旱地	城镇建设用地	农村居民点	其他建设用地	沙地	盐碱地	裸地	裸岩石砾
无锡滨湖区（320201）	42.47	0.34	0.32	2.85	1.42	0.00	0.00	0.00	179.87	10.66	17.76	20.95	37.31	9.86	0.29	0.00	0.07	42.47
苏州吴中区（320222）	10.63	2.75	0.66	0.07	0.76	0.00	0.00	2.75	162.66	3.59	766.41	3.97	10.80	8.44	0.04	0.00	0.00	10.63
无锡宜兴市（320282）	243.97	0.00	0.30	0.17	0.23	0.00	0.00	0.00	238.91	10.69	775.88	15.29	2.37	17.51	0.00	0.00	0.00	243.97
湖州长兴县（330522）	234.48	0.00	0.00	0.66	0.00	0.00	0.00	0.23	2.47	3.37	594.45	0.62	0.62	3.11	0.09	0.00	0.00	234.48
湖州市辖区（330501）	14.06	0.00	0.00	7.93	0.00	0.00	0.00	12.07	0.20	3.76	229.84	1.29	1.29	5.39	0.43	0.00	0.00	14.06
常州武进区（320421）	8.75	0.00	3.39	0.00	0.23	0.00	0.00	0.00	38.50	3.39	724.44	3.03	1.11	1.37	0.05	0.00	0.00	8.75
苏州吴江市（320584）	0.11	0.00	0.00	0.54	0.23	0.00	0.00	10.46	42.97	39.63	683.95	15.35	0.00	7.31	0.00	0.00	0.00	0.11
苏州高新区（320524）	57.81	3.32	13.85	37.54	1.56	0.00	0.00	0.01	1675.51	83.10	782.90	4.81	11.24	29.61	2.18	0.55	3.88	57.81

表 2.9　缓冲带土地利用面积（km²）（2010 年）

区段	林地面积			草地面积			水域湿地面积			耕地面积		建筑用地面积			未利用地面积			
	有林地	灌木林地	疏林地和其他林地	高覆盖度草地	中覆盖度草地	低覆盖度草地	河流	湖泊	滩涂湿地	水田	旱地	城镇建设用地	农村居民点	其他建设用地	沙地	盐碱地	裸地	裸岩石砾
无锡滨湖区（320201）	10.63	2.75	0.66	0.07	0.76	0.00	0.00	2.75	162.66	165.41	766.41	3.97	10.80	8.44	0.04	0.00	0.00	10.63
苏州吴中区（320222）	34.16	1.03	0.67	1.01	0.00	0.00	0.00	24.52	338.70	363.21	45.27	0.00	11.35	28.32	3.62	0.00	0.00	34.16
无锡宜兴市（320282）	381.95	0.00	4.90	0.00	0.00	0.00	0.00	4.22	1894.98	1899.20	148.05	0.00	3.87	28.70	14.89	0.00	0.00	381.95
湖州长兴县（330522）	344.95	0.12	0.00	0.59	0.00	0.00	0.00	6.28	1659.00	1665.28	138.36	0.00	2.12	12.10	0.92	0.00	0.00	344.95
湖州市辖区（330501）	0.28	0.00	0.54	0.00	0.00	0.00	0.00	18.89	0.45	19.34	110.10	0.00	1.69	10.03	0.65	0.06	0.00	0.28
常州武进区（320421）	11.76	0.35	0.00	0.36	0.00	0.00	0.00	8.90	216.08	224.99	39.10	1.31	2.48	3.60	0.56	0.00	0.63	11.76
苏州吴江市（320584）	0.22	0.00	0.06	0.00	0.02	0.00	0.00	28.46	1691.61	1720.07	52.36	0.00	16.26	17.61	8.70	0.88	0.00	0.22
苏州高新区（320524）	54.11	6.08	32.96	33.95	0.52	0.00	0.00	20.62	1663.74	1684.37	130.75	0.00	21.71	63.71	19.63	1.95	1.49	54.11

地转出的地类以耕地为最多,其次为建设用地,再次为水域和林地,草地和未利用地转换面积相对较小;土地转入的地类则以建设用地为最多,其次为耕地,再次为水域和林地,草地和未利用地转换面积最小。西部区中,参加变化的土地面积小,空间分布范围小,零散分布,土地转出的地类以耕地为最多,其次为林地,再次为建设用地和水域,草地和未利用地转换面积相对较小;土地转入的地类则以建设用地为最多,其次为耕地,再次为草地和水域,草地和未利用地转换面积最小。

1980～2000年苏锡常地区土地利用变化主导类型是城乡建设用地的大量扩张和耕地资源的急剧减少,其中建设用地对水田的占用在区域分布上较为分散,而其他用地类型间的转换则相对集中,土地利用变化类型趋于多样化,土地利用结构具有不同程度的差异性,土地利用有序性和综合变化速度也具有明显的空间分异特征,土地利用系统趋向于复杂无序和加速演变,生态环境质量整体呈现下降趋势,且对土地利用变化的时空分异也表现出明显的响应特征。

太湖流域土地利用变化主要特征是,耕地资源被大量占用,主要集中在太湖流域江苏部分,水域面积稳中有降,但幅度较小,三大区域建设用地均大幅度增加。

2.3.5 太湖缓冲带土地利用

为了更好的研究土地利用与水质变化之间的关系,对太湖沿湖岸线向陆地延长2km做缓冲区分析,分区段、分时间段对各种土地覆被面积进行统计分析,得出各个区段、各个时间段的植被覆盖率和土地退化面积。同时依据一定的退化比例划分了退化程度(表2.7、表2.8、表2.9)。

根据以上数据,算出各个区段上的植被覆盖度(表2.10)。

表 2.10　各区段植被覆盖率（单位:%）

区段	1988年	2000年	2010年
无锡滨湖区（320201）	30.24	26.56	69.16
苏州吴中区（320222）	82.88	80.66	9.64
无锡宜兴市（320282）	82.44	79.36	12.21
湖州长兴县（330522）	98.84	98.82	12.63
湖州市辖区（330501）	91.90	91.63	68.58
常州武进区（320421）	94.99	94.34	10.30
苏州吴江市（320584）	89.41	87.46	1.50
苏州高新区（320524）	35.91	33.30	6.92

由表2.10可知,2000～2010年间的植被覆盖率变化度高于1988～2000年间变化情况,但是植被覆盖率普遍呈现一种降低趋势,苏州吴中区和高新区是植被退化最严重的地区,湖州市辖区区段的植被保护比较好,基本达到60%以上,但是降低的幅度也很大。植被覆盖率降低的主要驱动力是经济发展,这些区域是经济高速发展地区,同时也是耕地、水资源保护区,经济发展与环境保护的矛盾比较尖锐起来,如何在保持经济发展的同时加强植被的保护,进而促进水质的改善,是一项重要的课题。

2.3.6 太湖流域土地利用变化的水环境效应分析

随着城市化进程的加快、工农业生产的快速发展和人口的急剧增长，人类活动越来越频繁和深刻地影响着入湖污染负荷的输入，进而威胁着流域水生态系统健康与流域饮用水供水安全，成为制约流域社会经济可持续发展的瓶颈。流域指一个湖泊或河流的集水区域，是以水为媒介，由人与自然共同构成的复合系统，赋存着较多的物质与能量流动，系统内部湖泊-河流-流域之间各种事件的发生和变化存在着共生和因果联系，因此只有以湖泊及流域系统为整体单元进行资源开发、环境整治和社会经济发展的统一规划与综合管理，充分尊重自然规律，才能达到人与自然的协调可持续发展。流域是人-地关系复杂的地理单元，流域内小的地貌单元又由于其地形、资源等的丰度而呈现出不同的人类活动强度，厘清流域范围内不同单元的水环境污染物负荷量，识别相应影响因素及空间性特征，从空间差异性出发针对性地解决人类活动强度与环境压力的矛盾，为流域水环境污染物的总量控制及容量的区域分配提供科技支撑。空间计量学发端于空间相互作用理论及其研究进展。尽管空间相互作用关系一直是人们研究中所关注的问题，但空间关系理论分析框架直到 20 世纪末才逐渐提出。例如，Paelinck 论文中强调空间相互依存的重要性、空间关系的渐进性和位于其他空间适当因素的作用。Akerlof 提出了相互作用粒子系统模型（interacting particle），Durla 阐述了随机域（random field models）模型，Aoki 提出均值域相互作用宏观模型，Durlanft 提出相邻溢出效应模型和 Rujlt 等提出报酬递增、路径依赖和不完全竞争等新经济地理模型，等等。正是这些理论创新使空间相互作用研究的可能性成为现实。随着计算技术和计算机模拟技术的发展，空间计量学取得了突飞猛进的发展，已成为解析空间关系、分析空间作用机制的主要技术方法。

流域单元内水文特性相近，但同时其他因素可能复杂，尤其在太湖流域内，地形破碎，地貌的土壤性状、植被覆盖、土地利用开发强度等空间差异较大，而这些因素是造成流域内湖泊水环境污染来源不确定和污染负荷空间变异大的重要原因。太湖流域是中国传统的人口密集区和土地高度集约化利用地区，河网水系复杂，河道流向不稳，没有明显上下游边界，加之闸站众多使水流受人为控制影响明显的特点（张万顺等，2011）。制约太湖水生态系统健康的主要污染物有 TN、TP、NH_3-N 等，且污染物具有排放时间、排放数量和排放途径不确定，分布范围广，影响因素多，潜伏周期不定且危害大，空间差异显著等特点（王淑莹等，2003；苑韶峰等，2004）。基于监测数据对 49 条环太湖出入湖河流的水量以及水质数据进行分析，发现 TN、TP 在入出河流以及湖内的分布均表现出西北部浓度偏高，由西北至东南浓度逐步降低的规律，Ⅰ类水质河流是总氮污染为主导因素，Ⅱ类水质河流是以氮污染为主导因素，磷污染次之，Ⅲ类河流主要受到有机污染和磷污染控制，其次为氮污染，主要集中于浙江地区（余辉等，2010）。入河的陆源生态系统的污染物排放强度具有显著的空间差异性，对比开展基于空间差异性分析为湖泊营养物氮、磷的分区控制策略提供明确的目标与管理单元的划分提供科学依据。

因此，基于空间计量分析模型对流域内不同行政区域湖泊营养物负荷的定量识别以及对其影响因素进行空间识别，并在此基础上对流域控制区划剔除区域间的空间自相关的影响，对流域湖泊营养物负荷的影响因素进行控制管理具有重要意义。

1. 研究方法

空间计量的基本思想是将地区或机构的相互关系引入模型，对基本线性回归模型引入一个空间权重矩阵 W 进行修正：

$$y = X\beta + \varepsilon \tag{2.1}$$

根据模型设定时对空间方法体现的不同，空间计量模型主要分为两种。一种是空间滞后模型，主要用于研究相邻地区的行为对整个系统内其他地区的行为都有影响的情形：

$$y = \lambda Wy + X\beta + \varepsilon \tag{2.2}$$

式中，W 是 $n \times n$ 阶的空间权重矩阵，也就是 n 个地区之间相互网络结构的一个矩阵，实证估计时对其进行了标准化，使得权重矩阵中每行的和为 1；Wy 为空间滞后变量，λ 是空间自回归系数。

另一种是空间误差模型，地区的相互关系通过误差项来体现。当地区之间的相互作用因所处的相对位置不同而存在差异时，则采用这种模型。具体而言，对于误差项的空间相关模型形式如下：

$$y = X\beta + \varepsilon, \quad \varepsilon = \rho W\varepsilon + \mu \tag{2.3}$$

$$y = X\beta + (I - \rho W)^{-1}u \tag{2.4}$$

式中，ρ 是空间误差相关系数，$W\varepsilon$ 是空间滞后误差项。

依照研究的目的，我们设定用于空间滞后和空间误差模型检验的空间权重矩阵 W。探索性空间数据分析主要使用两类工具：第一类用来分析空间数据在整个系统内表现出的分布特征，通常将这种整体分布特征称为全局空间相关性，一般用 Moran's I 统计量、Geary's c 统计量来测度；第二类用来分析局部子系统所表现出的分布特征，又称为局部空间相关性，具体表现形式包括空间聚集区、非典型的局部区域、异常值或空间政区（spatial regimes）等，一般用 G 统计量、Moran's I 散点图和 LISA（Local Indicator Spatial Association）来测度。空间自相关指数趋势分析应用的是 Moran's I 指数，其具体算法如下：

$$I = \frac{\sum_{i=1}^{n}\sum_{j=1}^{n}W_{ij}(x_i - \bar{x})(x_j - \bar{x})}{S^2 \sum_{i=1}^{n}\sum_{j=1}^{n}W_{ij}} \tag{2.5}$$

式中，$S^2 = \frac{1}{n}\sum_{i=1}^{n}(x_i - \bar{x})^2$，$\bar{x} = \frac{1}{n}\sum_{i=1}^{n}x_i$；$W$ 为空间权重矩阵，x_i 为 i 地区的观测值，n 为地区总数。空间权重矩阵采用的是空间一阶相邻权数矩阵，为了更好地反映 31 个县市间的空间关系，具体计算用 Moran's I 指数时是把空间一阶相邻矩阵转化成标准矩阵之后求得的。利用流域各县市所处的地理位置，根据相邻与否构造出空间加权矩阵，相邻城市对应的元素为 1，否则为 0（表 2.11）。Moran's I 指数的取值范围为 $-1 \sim 1$。

若 $I>0$，则各地区间为空间正相关，且值越大表示空间分布相关性越强；反之，若 $I<0$，则各地区间为空间负相关。根据上述方法算得 2009 年太湖流域 31 个县市的 TN、TP、NH₃-N、COD 的 Moran's I 指数分别为：0.318、0.359、0.309、0.226（图2.32），说明太湖流域各县市湖泊水环境同一污染物存在显著的空间正相关性，同样也说明构建空间计量模型的方法分析太湖流域水环境污染物差异及其原因具有可行性。

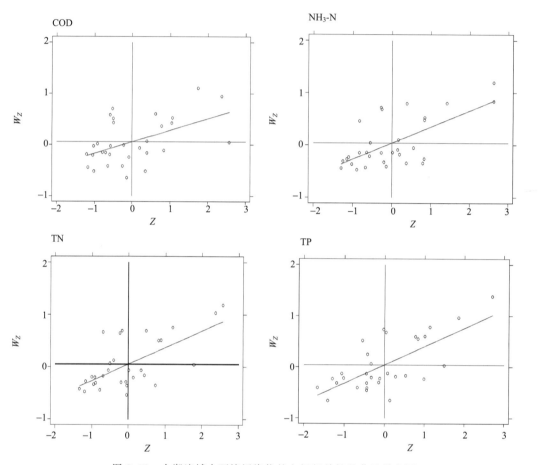

图 2.32　太湖流域水环境污染物的空间相关性的莫兰散点图

　　流域入湖污染物负荷量受人类活动强度、生产与生活方式、地形地貌特征及流域宏观生态系统结构等多个因素影响，且不同因素对污染物的入湖量可能具有不同的作用方向，然而，从长时间尺度探讨湖泊营养状态演化过程，理清在自然变化的背景上人类活动的影响，区分自然变化与人为影响各自对富营养化的贡献，仍是环境科学家需要解决的主要问题之一（秦伯强和张运林，2001）。土地利用类型与结构对流域水环境污染物的流失有显著的影响。不同的土地利用类型具有不同的地表覆被，影响降水-产流过程，进而影响污染物的输出量，导致不同土地利用类型的非点源污染负荷差异显著。张大弟等（1997）对上海市郊 4 种（稻田、旱田、村、镇）地表径流污染负荷调查的结果显示农村径流的总磷和氨氮浓度最高分别为 1.68mg/L、3.28mg/L。于兴修等（2002）在太湖上游西苕溪流域模拟试验结果表明，在相同的降雨条件下，氮、磷的流失速率和流

表 2.11 太湖流域空间一阶相邻矩阵构造表

	安吉	长兴	常熟	常州	丹徒	丹阳	德清	高淳	海宁	海盐	杭州	湖州	嘉善	嘉兴	江阴	金坛	句容	昆山	溧阳	临安	平湖	青浦	苏州	大仓	桐乡	无锡	吴江	武进	宜兴	余杭	张家港
安吉	1	1	0	0	0	0	1	0	0	0	0	1	0	0	0	0	0	0	0	1	0	0	0	0	0	0	0	0	0	1	0
长兴	1	1	0	0	0	0	0	0	0	0	0	1	0	0	0	0	0	0	0	0	0	0	1	0	0	0	0	0	1	0	0
常熟	0	0	1	0	0	0	0	0	0	0	0	0	0	0	1	0	0	0	0	0	0	0	1	1	0	1	1	0	0	0	1
常州	0	0	0	1	0	0	0	0	0	0	0	0	0	0	0	0	0	1	0	0	0	0	0	0	0	0	0	1	0	0	0
丹徒	0	0	0	0	0	1	0	0	0	0	0	0	0	0	0	0	1	0	0	0	0	0	1	0	0	0	0	0	1	0	0
丹阳	0	0	0	0	1	1	0	0	0	0	0	0	0	0	0	1	1	0	0	0	0	0	0	0	0	0	0	1	0	0	0
德清	1	0	0	0	0	0	1	0	0	0	0	1	0	0	0	0	0	0	0	0	0	0	0	0	1	0	0	0	0	0	0
高淳	0	0	0	0	0	0	0	1	0	0	0	0	0	0	0	0	0	0	0	0	0	0	0	0	0	0	0	0	0	1	0
海宁	0	0	0	0	0	0	0	0	0	1	1	0	0	1	0	0	0	0	0	0	0	0	0	0	1	0	0	0	0	0	0
海盐	0	0	0	0	0	0	0	0	1	1	1	0	0	1	0	0	0	0	0	0	1	0	0	0	1	0	0	0	0	1	0
杭州	0	0	0	0	0	0	1	0	1	0	0	0	0	1	0	0	0	0	0	0	0	0	1	0	1	0	1	0	0	0	0
湖州	1	1	0	0	0	0	1	0	0	0	1	1	0	1	0	0	0	0	0	0	0	0	1	0	1	0	1	0	0	0	0
嘉善	0	0	0	0	0	0	0	0	0	1	0	0	1	1	0	0	0	0	0	0	1	0	0	0	0	0	1	0	1	0	0
嘉兴	0	0	1	0	0	0	0	0	0	0	0	0	1	1	0	0	0	0	0	0	0	0	1	0	0	0	1	0	0	0	0
江阴	0	0	0	0	0	0	0	0	0	0	0	0	0	0	1	0	0	0	1	0	0	0	0	0	0	1	0	1	0	0	1
金坛	0	0	0	0	1	1	0	0	0	0	0	0	0	0	0	0	1	0	1	0	0	0	0	0	0	0	0	0	0	0	0
句容	0	0	0	0	1	1	0	0	0	0	0	0	0	0	0	1	1	1	1	0	0	0	1	1	0	0	0	0	0	0	0
昆山	0	0	1	0	0	0	0	0	0	0	0	0	0	0	0	0	0	1	0	0	0	1	1	0	0	0	1	0	1	0	0
溧阳	0	0	0	0	0	0	0	1	0	0	0	0	0	0	0	1	0	0	1	0	0	0	0	0	0	0	0	0	1	0	0

	安吉	长兴	常熟	常州	丹徒	丹阳	德清	高淳	海宁	海盐	杭州	湖州	嘉善	嘉兴	江阴	金坛	句容	昆山	溧阳	临安	平湖	青浦	苏州	太仓	桐乡	无锡	吴江	武进	宜兴	余杭	张家港
临安	1	0	0	0	0	0	0	0	0	0	0	0	0	0	0	0	0	0	0	1	0	0	0	0	0	0	0	0	0	1	0
平湖	0	0	0	0	0	0	0	0	0	1	0	0	1	0	0	0	0	0	0	0	0	0	0	0	0	0	0	0	0	0	0
青浦	0	0	0	0	0	0	0	0	0	0	0	0	0	0	0	0	0	1	0	0	0	0	1	0	0	0	1	0	0	0	0
苏州	0	1	1	0	0	0	0	0	0	0	1	1	0	0	0	0	0	1	0	0	0	1	0	0	0	1	1	0	1	0	0
太仓	0	0	1	0	0	0	0	0	0	0	0	0	0	0	0	0	0	1	0	0	0	0	0	1	0	0	0	0	0	0	0
桐乡	0	0	0	0	0	0	1	0	1	1	1	1	1	1	0	0	0	0	0	0	0	0	1	0	0	1	1	0	0	1	0
无锡	0	0	1	0	0	0	0	0	0	0	0	0	0	0	1	0	0	0	0	0	0	0	1	0	0	0	0	0	0	0	1
吴江	0	0	0	0	0	0	0	0	0	0	1	1	1	1	0	0	0	1	0	0	0	1	1	0	1	0	0	0	0	0	0
武进	0	0	0	1	0	1	0	0	0	0	0	0	0	0	1	1	0	0	1	0	0	0	0	0	0	0	0	0	1	0	0
宜兴	0	1	0	0	0	0	0	0	1	0	0	0	0	0	0	1	0	0	0	0	0	0	1	0	1	0	0	0	0	1	0
余杭	1	0	0	0	0	0	1	0	0	0	0	0	0	0	0	0	0	0	0	1	0	0	0	0	0	0	0	0	0	0	0
张家港	0	0	1	0	0	0	0	0	0	0	0	0	0	0	1	0	0	0	0	0	0	0	0	0	0	1	0	0	0	0	0

失量随土地利用/土地覆被类型的不同表现出明显差异，地表径流水相总氮的流失量桑林最大，水田最小，总磷的流失量也是桑林最大，高出水田和松林的5倍。对苏州河不同土地利用类型研究显示，水田、旱地、苗园、村、镇等的平均单位 TN 污染年负荷量分别为 19.19kg/hm²、19.48kg/hm²、6.30kg/hm²、24.81kg/hm²、14.96kg/hm²，TP 单位污染负荷量分别为 2.86kg/hm²、3.19kg/hm²、2.24kg/hm²、9.60kg/hm²、4.26kg/hm²。由此分析，不同的土地利用类型对非点源污染物的流失影响较大，进入太湖的污染物中，总氮排放量最多的是太湖流域的农业非点源污染，总磷排放量最多的是城镇居民的生活污水。

2. 研究数据处理

基于 2010 年 9 月份美国 Landsat-TM 空间分辨率为 30m×30m 的影像数据解译，获取太湖流域宏观生态系统结构数据。利用遥感和地理信息系统（GIS）技术，将形态相对稳定的、图斑大小连片的建设用地、林地、草地加总到流域尺度。流域行政单元的人口、经济数据及农畜产品数据来源于 2010 年江苏、浙江及上海市统计年鉴；地形地貌数据来源于国家基础地理信息数据制备；水环境污染物排放量数据来源于国家水体污染控制与治理重大专项太湖流域水环境污染物综合调查课题。利用 stata 统计分析软件对 31 个行政区划的指标数据进行统计分析发现，指标数据差异性较大，通过了正态分布检验（表 2.12）。

表 2.12　变量的均值（简单平均数）和标准差

变量名称	观测值个数	均值	标准差	最小值	最大值
大牲畜头数	31	2.56×10^6	2.55×10^6	2.08×10^5	1.32×10^7
GDP	31	624	701	81	3257
废水排放量	31	17413	11652	1451	45632
COD 排放量	31	20884	14842	3090	59148
氨氮排放量	31	2372	1422	535	6112
总氮排放量	31	5330	3006	1324	13068
总磷排放量	31	425	202	90	973
耕地面积比	31	43.57	22.16	6.38	76.09
林地面积比	31	11.04	17.56	0.01	83.16
草地面积比	31	0.28	0.47	0.01	1.81
水域面积比	31	18.26	13.80	0.47	55.26
建设用地面积比	31	26.73	16.26	0.83	78.03
未利用地面积比	31	0.12	0.27	0.01	1.29
平原面积比	31	0.83	0.26	0.09	1
平均高程	31	53	109	0	426
人口	31	118	109	9	483

表 2.13　四种水环境污染物影响因素的空间滞后、空间误差、OLS 模型结果对比

变量名称	(1) TP	(1) NH₃-N	(1) COD	(1) TN	(2) TP	(2) NH₃-N	(2) COD	(2) TN	(3) TP	(3) NH₃-N	(3) COD	(3) TN
耕地所占面积比	0.07 (0.09)	0.03 (0.66)	−1.92 (3.96)	0.44 (0.97)	0.08 (0.09)	0.41 (0.62)	6.17 (5.50)	1.26 (1.15)	0.06 (0.11)	0.29 (0.77)	4.72 (6.87)	0.96 (1.44)
林地所占面积比	0.06 (0.08)	0.67 (0.59)	−10.36*** (3.18)	0.80 (0.81)	0.16 (0.10)	0.96 (0.68)	−3.69 (5.80)	1.88 (1.24)	0.14 (0.12)	0.73 (0.81)	−5.13 (7.25)	1.38 (1.52)
草地所占面积比	−3.67 (3.83)	−47.77* (27.65)	−406.90** (174.20)	−74.20* (42.61)	−6.07 (4.49)	−56.70* (31.35)	153.20 (265.20)	−94.01* (56.65)	−4.84 (5.48)	−45.15 (37.17)	224.80 (331.00)	−69.28 (69.17)
水域所占面积比	−0.24** (0.12)	−2.13** (0.88)	−7.081 (4.88)	−3.92*** (1.25)	−0.29** (0.13)	−1.95** (0.89)	−11.03 (7.78)	−4.25** (1.63)	−0.27 (0.16)	−1.816 (1.11)	−10.36 (9.86)	−3.93* (2.06)
建设用地所占面积比	0.09 (0.12)	0.71 (0.85)	2.38 (4.86)	1.22 (1.22)	0.09 (0.14)	0.79 (0.91)	−0.97 (8.12)	1.50 (1.70)	0.05 (0.17)	0.58 (1.12)	−3.84 (10.00)	0.85 (2.09)
平原面积比	−143.6 (162.6)	−810.0 (1196)	−21300*** (6613)	−4161** (1677)	−130.8 (187.6)	−592.0 (1270)	−11416 (11221)	−3052 (2339)	−135.5 (235.5)	−598.0 (1597)	−11433 (14224)	−2957 (2972)
平均高程	−0.80* (0.43)	−3.62 (3.17)	−64.15*** (17.07)	−15.25*** (4.35)	−0.79 (0.48)	−2.70 (3.280)	−34.69 (28.97)	−11.71* (6.05)	−0.77 (0.61)	−2.57 (4.121)	−33.33 (36.70)	−10.93 (7.67)
总人口	0.19 (0.28)	−2.124 (2.154)	52.19*** (12.59)	3.32 (3.11)	0.19 (0.28)	−1.72 (1.912)	55.53*** (16.39)	4.762 (3.46)	0.23 (0.34)	−1.182 (2.33)	57.29** (20.73)	5.67 (4.33)
GDP	−0.04 (0.04)	−0.0378 (0.248)	−8.13*** (1.55)	−1.05*** (0.39)	−0.02 (0.04)	0.0117 (0.250)	−5.52** (2.20)	−0.65 (0.46)	−0.02 (0.0461)	−0.0197 (0.313)	−5.42* (2.79)	−0.68 (0.58)
废水排放量	0.01*** (0.00140)	0.118*** (0.00949)	0.93*** (0.06)	0.22*** (0.01)	0.02*** (0.00165)	0.127*** (0.0116)	1.08*** (0.09)	0.25*** (0.02)	0.02*** (0.00191)	0.121*** (0.0130)	1.02*** (0.12)	0.23*** (0.02)

变量名称	(1) TP	(1) NH₃-N	(1) COD	(1) TN	(2) TP	(2) COD	(2) NH₃-N	(2) TN	(3) TP	(3) NH₃-N	(3) COD	(3) TN
大牲畜头数	8.89e-03 (6.41e-03)	6.62e-05 (4.41e-05)	-1.58e-05 (0.31)	0.13* (0.07)	6.99e-03 (6.46e-03)	0.13 (0.39)	4.99e-05 (4.38e-05)	0.08 (0.08)	8.33e-03 (7.98e-03)	5.90e-05 (5.41e-05)	0.27 (0.48)	0.10 (0.10)
常数项	308.1* (181.9)	1562 (1408)	2628*** (7545)	6117*** (1910)	340.3 (209.2)	1488 (12321)	1357 (1400)	4996* (2608)	276.0 (253.5)	1026 (1719)	1111 (15310)	3922 (3199)
λ	-1.24 (0.78)	-0.628 (0.671)	-2.55*** (0.49)	-2.05*** (0.60)								
ρ					-0.20 (0.17)	-0.24 (0.16)	-0.180 (0.163)	-0.23 (0.15)				
观测值个数	31	31	31	31	31	31	31	31	31	31	31	31
R-squared									0.89	0.86	0.90	0.89

*** $p<0.01$，** $p<0.05$，* $p<0.1$

λ 和 ρ 分别是指空间滞后效益、空间误差效应

3. 认识与分析

太湖流域水环境污染物 COD、NH$_3$-N、TN、TP 经空间自相关性 Moran's I 检验，表明存在空间上的自相关性，因此，使用空间计量估计的极大似然法对流域污染负荷影响因素估计是必要的。据此，对四种污染物分别构建了空间滞后、空间误差、普通 OLS 三种回归分析模型。在空间滞后回归分析模型中，流域水环境污染物 COD 与 TN 都呈显著的负相关关系，p 值均小于 0.01，说明其随着行政区划的空间离散而有降低趋势。

空间滞后模型与普通 OLS 模型的计量结果进行对比分析发现（表 2.13），流域宏观生态系统结构指标变量在空间滞后模型结果中凸显显著性，林、草及水域生态系统随着空间聚集效应能对流域水环境污染物入河量起削减作用。从另外两个变量林地与草地的影响效应来看，对湖泊营养状态有一定负影响。林地具有一定的水源涵养能力，林地面积比重的增大，在一定程度上能确保水源头的水质清洁和净化能力。草地生态系统的营养盐多处于赤字状态，在一定程度上吸收了地表径流带来的氮磷负荷。流域林地生态系统具有较强的入渗机制、接近自然的生态沟谷汇流网络，对面源污染物 TN、TP 有较强的削减作用。三类模型的四种污染物的核算估计中废水排放量能较好的一致呈显著性，污染物入湖量负荷与流域生产、生活的废水排放量密切相关。

从地形地貌特征考虑其与污染物入湖量负荷，可以发现在空间滞后模型中平原面积比、高程呈显著负相关关系，说明平原面积比增大，影响了地表径流及水文循环特征，而单元高程的增加在一定程度缩小了耕地占流域面积比重，减小了非点源污染的负荷量。对于 COD 污染物，三类模型都呈显著的正相关关系，人口数量的增加加强了人口密度，单元内的水环境压力将进一步增强。

第3章　太湖流域产业结构现状及污染源排放量特征解析

3.1　流域产业结构现状及问题诊断

3.1.1　产业结构现状

20世纪80年代以来,是太湖流域社会经济高速发展的时期,这主要体现在三个方面:一是经济总量的持续增长,二是产业结构的调整,三是收入水平的提高和消费结构的变化。这三方面的变化,都不可避免地对流域生态环境产生了巨大影响。从太湖流域整体来看,第一产业增加值为923亿元,占区域GDP总量的3%;第二产业增加值为18118亿元,占区域GDP总量的58%;第三产业增加值为12714亿元,占到区域GDP总量的39%。(表3.1)对太湖流域不同污染控制区三次产业进行统计结果表明北部重污染控制区GDP总量最高(36%),其次为东部污染控制区(25%),然后依次为浙西污染控制区、湖西重污染控制区和南部太浦污染控制区,图3.1(a)。

表 3.1　2009 年太湖流域三大产业结构（单位：亿元）

控制区	县市区	第一产业	第二产业	第三产业	小计
北部重污染控制区	常州市武进区	30.18	867.63	522.10	1419.91
	无锡市区	18.40	1206.86	937.66	2162.92
	江阴市	18.37	749.54	422.65	1190.56
	常熟市	18.46	574.35	379.01	971.83
	张家港市	13.65	668.86	367.51	1050.02
	小计	99.07	4067.24	2628.93	6795.24
湖西重污染控制区	丹徒区	6.84	62.94	35.47	105.25
	丹阳	18.10	211.26	127.41	356.77
	金坛市	15.50	121.60	85.90	223.00
	溧阳市	17.74	154.21	94.56	266.51
	宜兴市	18.25	299.96	186.85	505.06
	句容市	12.20	91.60	49.25	153.05
	高淳县	14.85	79.36	45.24	139.45
	小计	103.48	1020.93	624.68	1749.09

控制区	县市区	第一产业	第二产业	第三产业	小计
浙西污染控制区	杭州市	9.44	754.50	1218.37	1982.31
	余杭区	30.63	248.12	146.68	425.42
	临安	20.05	117.16	58.19	195.39
	湖州市	26.82	237.52	149.24	413.58
	德清县	12.84	103.32	48.83	164.99
	长兴县	17.74	108.78	66.25	192.77
	安吉县	12.17	61.56	48.27	122.00
	小计	129.69	1630.96	1735.82	3496.46
南部太浦污染控制区	嘉兴市区	20.46	219.25	164.78	404.49
	嘉善县	15.11	107.53	58.81	181.45
	海盐县	13.66	119.82	46.59	180.07
	海宁市	15.89	191.03	97.97	304.89
	平湖市	12.82	158.86	68.92	240.60
	桐乡市	19.14	152.90	100.82	272.86
	小计	97.08	949.39	537.89	1584.36
东部污染控制区	苏州市区	20.22	1359.62	915.45	2295.29
	昆山市	11.25	762.15	378.40	1151.80
	吴江市	16.69	393.67	207.65	618.00
	太仓市	16.73	265.48	158.06	440.27
	小计	64.89	2780.92	1659.55	4505.36
合计		923.52	10445.75	7188.78	18132.52
比例/%		3	58	39	100

同时，不同污染控制区内部产业结构也存在着较大的差别，北部重污染控制区和东部污染控制区经济总量较大，农业占区域 GDP 比重相对较小，而第二产业则占到 GDP 总量的 60% 以上；湖西重污染控制区和南部太浦污染控制区第二产业也占到 GDP 总量的 60% 左右；浙西污染控制区的第三产业占 GDP 比重在太湖 5 个污染控制区为最高，达到 GDP 总量的 47%（图 3.2）（江苏省统计局，2010）。

太湖流域第一产业增加值最大的区域为浙西污染控制区，占到全流域第一产业总产值的 26%，其次为湖西重污染控制区、南部太浦污染控制区、北部重污染控制区和东部污染控制区见图 3.1（b）。

太湖流域第二产业增加值最大的污染控制区为北部重污染控制区，占到全流域的 38%，其次为东部污染控制区、浙西污染控制区、湖西重污染控制区、南部太浦污染控制区，见图 3.1（c）。

太湖流域第三产业增加值最大的污染控制区为北部重污染控制区，占到全流域的 34%，其次为浙西污染控制区、东部污染控制区、湖西重污染控制区、南部太浦污染控制区，见图 3.1（d）。

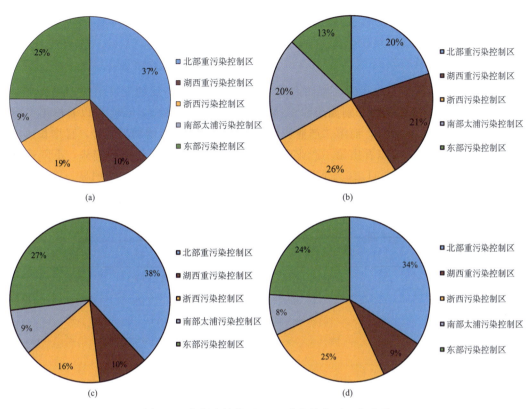

(a)　　　　　　　　　　　　　　　(b)

(c)　　　　　　　　　　　　　　　(d)

图 3.1　太湖流域分区 GDP 分布及各区三产比重

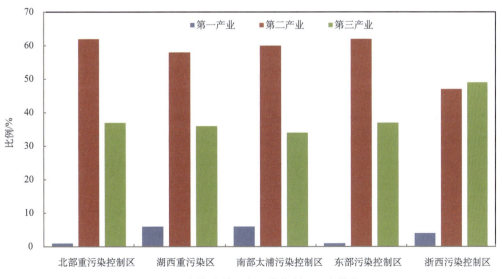

图 3.2　太湖流域五大污染控制区三产结构

3.1.2 产业结构发展趋势

1. 杭嘉湖地区

1996～2007 年的十二年间，浙江太湖流域三大产业总产值的发展情况、三大产业总产值占 GDP 的变化趋势分别如图 3.3、图 3.4 所示。由图 3.1（c）可以看出第一产业产值增长速度相对缓慢，而第二产业和第三产业产值呈逐年增加的趋势，且增长速度逐年加快；由图 3.4 可以看出第一产业产值占 GDP 的比例呈逐年下降趋势，下降速度比较均匀，由 1996 年的 11.20% 下降到 2007 年的 4.53%，下降趋势很明显；第二产业产值占 GDP 的比例总体呈现波动式下降趋势，由 1996 年的 53.30% 下降到 2007 年的 50.69%；第三产业产值占 GDP 的比重逐年升高，由 1996 年的 35.50% 上升到 2007 年的 44.79%（浙江省统计局，1997～2008；卢瑛莹等，2011）。

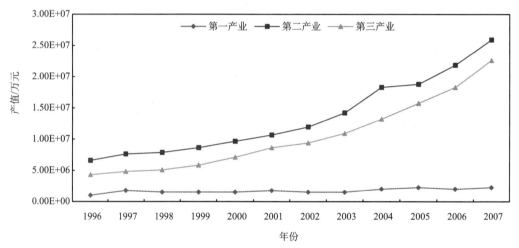

图 3.3　浙江太湖流域三大产业产值变化趋势图

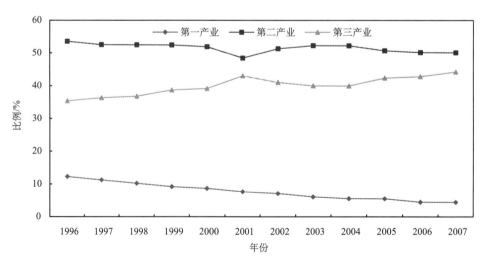

图 3.4　浙江太湖流域杭嘉湖地区三大产业产值占 GDP 的比例图

2. 苏锡常地区

苏锡常三市是环太湖地区的重要经济区域，进入 21 世纪以来经济总量保持着迅速增长。就三市加总的产业规模来看（见表 3.2），从 2001 年至 2008 年，第二产业增加值保持迅速增长，且增长幅度位居三次产业之首，2008 年增加值已超过 2001 年的三倍；第三产业紧随其后，虽然增加值较第二产业还有一定差距，但是自 2005 年开始增速明显上升，已经连续三年接近第二产业的增长速度，表现出很强的发展势头，2008 年增加值比 2001 年增长了约两倍；第一产业增加值则一直处于很低的水平，在这八年里经历了波动变化，即先上升后下降再上升的过程，2008 年增加值仅比 2001 年增长 1.8%（江苏省统计局，2002～2009；贾晓峰，2010；谢红彬等，2004）。

表 3.2　环太湖苏锡常三市三大产业增加值的历年变化（亿元）

年份	2001	2002	2003	2004	2005	2006	2007	2008
第一产业	192.91	197.09	174.49	169.72	178.06	185.37	187.62	196.43
第二产业	2131.76	2573.06	3391.58	4017.02	4746.24	5483.98	6176.72	6739.00
第三产业	1468.61	1741.16	2057.23	2381.40	2635.78	3203.56	3792.98	4350.83
GDP 总量	3793.28	4511.31	5623.31	6568.14	7560.07	8872.92	10157.32	11286.26

数据来源：江苏省统计年鉴（2002～2009）

就太湖流域苏锡常三市的产业结构来看（图 3.5），由于工业投资和服务业投资总量的逐步加大，三市的农业比重呈现出逐年下降、第二产业比重呈现出"由升到降"、服务业比重则呈现出稳步攀升的态势。到 2008 年，除了常州第一产业增加值比重在 3% 以上以外，苏州、无锡两个城市的农业已基本上退出发展舞台。具体来看，第一产业增加值比重从 2001 年的 5.1% 逐年下降至 2008 年的 1.7%，呈现出不断萎缩的趋势，对地区生产总值的贡献越来越小；第二产业历年来一直处于三大产业增加值比重之首，在 2001 年至 2008 年这八年里先上升后下降，从 2001 年的 56.2% 升为 2008 年的 59.7%，变动幅度较小且趋势比较平缓；第三产业较前者变动更为平缓，经历了先下降

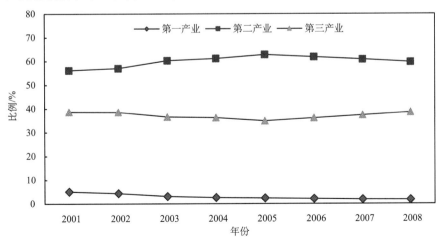

图 3.5　环太湖苏锡常三市三大产业增加值的历年变化趋势图

后上升的过程，2008 年的增加值比重则恢复到 2001 年水平，在三大产业中大约占据 38％的比重。

可见，苏锡常三市的产业结构仍处于工业化阶段，第一产业增加值比重几乎可以忽略，第二产业比重最高，第三产业比重与第二产业还有一定差距。

自 1978 年改革开放以来，苏锡常三市依据自身的资源禀赋和区位优势，面向国内外集中优势发展三大产业，其中，第一产业保持稳定增长，为整个经济的快速增长奠定坚实的基础，第二产业发展迅速，一直是经济增长的主要贡献者，在产业产值和产业增加值上均稳占地区总量的五成以上，在这 30 年时期内成为苏锡常地区名副其实的主导产业；与此同时，日益扩大的市场规模又为第三产业的发展壮大提供了良好的环境，进入 21 世纪以来，苏锡常地区第三产业的结构比重已达到四成左右，表现出强劲的发展势头（图 3.6）。

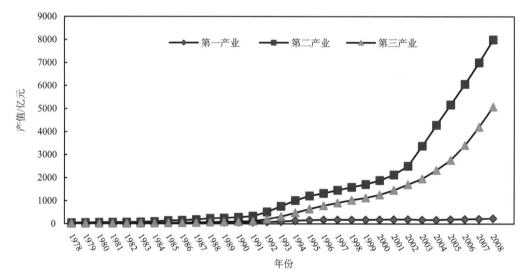

图 3.6　太湖流域江苏部分地区三大产业生产总值趋势图

改革开放初期（1978～1990）苏锡常地区北临长江、东接上海，自然环境优越，区位优势突出，同时城镇密集、人才众多，历史文化科技的积淀使该地区在改革开放初期具备了工农业齐头并进的优势。按照自身比较优势和主导产业的选择原则，苏锡常地区在改革开放初期实施了以纺织业、机械工业为主导的产业发展策略。从投入和产出的角度来看，纺织和机械工业有利于发挥地区的劳动力优势、原材料优势，同时紧靠上海的区位优势也带来了技术扩散的优势，这些最终都提高了产品的质量优势；从产业发展角度来看，这些产业的产品具有稳定增长的市场需求，也可以实现较多的出口，有利于吸收大量劳动力就业，同时对上游的农业发展也具有良好的带动作用。在这段时期里，纺织业在工业总产值中稳占三成以上的比重，机械工业约占二成的比重，轻重工业比例相差不大。

改革开放中期（1991～2000）进入 20 世纪 90 年代，苏锡常地区在轻纺工业的发展过程中积累了大量资本，资本优势明显，在市场经济条件下有能力更多地购买先进设备和技术，开始适宜发展资本密集型工业，因此，在这段时期内，苏锡常三市的产业结构更多地表现出以重化工业为主导的态势，其中机械工业、化学工业、金属冶炼及压延工业和电气器材制造业开始占据主导产业位置。由于轻纺工业产品的需求收入弹性不高，随着国民收入水平的提高，轻纺工业的市场需求因此不会同等提高；相比之下，重化工业产品在最终消费品市场具有不断增长的需求，在生产过程中更容易引入先进技术来提高生产率，而且对关联产业的带动作用十分显著。从统计数据来看，尽管该地区的纺织工业产值在不断增长，但是在整个工业中的比重开始下降，由超过 20% 逐渐降至大约 15%，同时，机械、化学、金属冶炼及压延和电气工业的比重则明显上升，各占大约 8%，可见，在这段时期，苏锡常三市是以重化工业作为主导，以纺织业作为支柱，前者在经济中的影响力远高于后者。

深化发展时期（2001 年至今）进入 21 世纪，信息技术向经济活动中不断渗透，曾经作为苏锡常地区主导产业的重化工业也不可避免地卷入信息化潮流中，无论是其生产技术还是其产品技术，其所蕴含的信息技术水平都在不断提高。作为工业中的新秀，以通信设备、计算机以及其他电子设备制造业为代表的信息科技型工业正是顺应了主导产业的三个重要特征：一是其产品具有较高的需求收入弹性，即人们收入的提高能够产生对其产品的较高需求，二是能够积极吸收先进技术并提高生产率，三是可以在生产过程中影响较多的相关产业，促进上下游产业的发展。从 2001 年至今，信息科技型工业在苏锡常地区的发展速度远超传统的重化工业，其产值占工业总产值中逐年上升，在近两年已达 20%，成为名副其实的主导产业；相比改革开放的前两个阶段，如今纺织工业产值只占工业总产值的大约 7%，重化工业约占两成以上，虽然还是苏锡常地区的支柱产业，但已褪去了主导产业的色彩。可见，苏锡常地区当前的重化工业阶段与传统意义上的重化工业阶段已有不同，是一个生产要素以资本技术密集为主，并向知识技术密集方向发展的新型的重化工业阶段，是一个以信息化带动工业化的重化工业阶段。

值得注意的是，随着经济活动信息化程度的提高、日趋复杂的生产环节对社会分工要求的提高以及人们生活水平的提高，在第三产业中诞生了一大批新兴产业，它们不仅为地区贡献出巨大产值，广泛地吸收各类劳动力，而且在市场中的各项交易中扮演着必不可少的角色，显示出对整个地区经济的重要影响力。近年来在苏锡常地区，以软件业、物流业、金融业和房地产业等为代表的第三产业发展尤为迅速，在三次产业结构中已占到 40% 的比重，充分满足了生产和生活的各种需求，隐约显出成为主导产业的趋势。

3.1.3　分区产业结构特征分析

1. 杭湖地区

1996～2007 年的十二年间，杭湖地区三大产业总产值的发展情况、三大产业总产值占 GDP 的变化趋势分别如图 3.7、图 3.8 所示，由图 3.7 可以看出杭湖地区第一产业产值增长速度相对比较缓慢，而第二产业和第三产业产值呈逐年增加的趋势，且增长速度很快；由图 3.8 可以看出杭湖地区第一产业产值占 GDP 的比例呈逐年下降趋势，下降速度均匀，由 1996 年的 9.03% 下降到 2007 年的 3.80%，下降趋势比较明显；第二产业产值占 GDP 的比例总体呈现波动式下降趋势，由 1996 年的 51.63% 下降到 2007

年的 46.50％；第三产业产值占 GDP 的比重呈波动式上升趋势，由 1996 年的 39.34％上升到 2007 年的 49.70％。

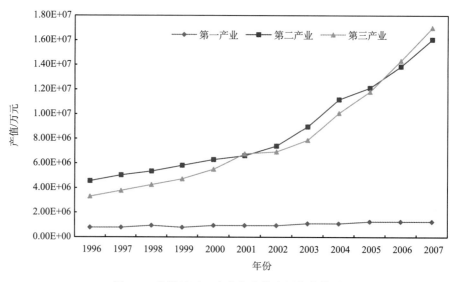

图 3.7　杭湖地区三大产业产值发展化趋势图

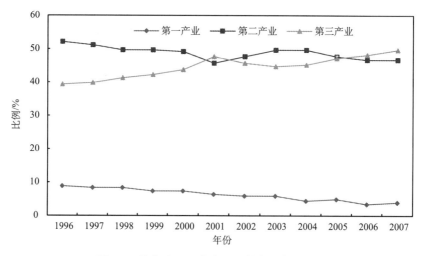

图 3.8　杭湖地区三大产业比例发展化趋势图

2. 嘉兴市

图 3.9、图 3.10 分别表示的是嘉兴市三大产业总产值的发展情况、三大产业总产值占 GDP 的变化趋势情况，由图 3.9 可以看出嘉兴地区第一产业产值逐年增加，但增长速度相对比较缓慢，而第二产业和第三产业产值也呈逐年增加的趋势，且增长速度很快，其中第二产业增长趋势最为明显；由图 3.10 可以看出嘉兴市第一产业产值占 GDP 的比例呈波动式下降趋势，由 1996 年的 16.31％下降到 2007 年的 6.13％，下降趋势比

较明显；第二产业产值占 GDP 的比例总体呈现波动式上升趋势，变化不明显，由 1996
年的 57.23％上升到 2007 年的 59.92％；第三产业产值占 GDP 的比重总体呈上升趋势，
由 1996 年的 26.46％上升到 2007 年的 33.95％。

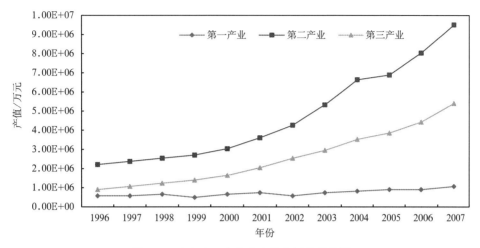

图 3.9　嘉兴市三大产业产值发展化趋势图

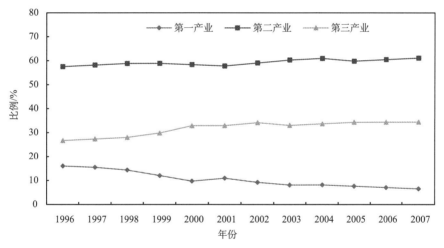

图 3.10　嘉兴市三大产业比例发展化趋势图

3. 苏州市

经过多年发展，苏州已成为国内外知名的、以外向型经济为主导的制造业大市，初
步形成了比较完整的工业体系，整体上进入到工业化后期阶段。近年来，在传统产业持
续发展的同时，苏州的一批高新技术工业和服务业迅速成长，一定程度上促进了全市产
业结构的优化。

在快速工业化进程中，苏州形成了电子信息、机械装备制造、纺织、冶金、轻工和
石化等六大支柱产业。从企业结构上看，2008 年，苏州市规模以上企业中外资、民营

以及国有集体等企业所占比重分别为 42.2％、57.2％、0.6％，外向型经济发展特征较为显著；从产品结构上看，苏州市工业结构不断优化，先进制造业规模不断扩大，产品科技含量提升显著，尤其是消费电子、电子机械、通用及专用设备等产品的规模不断扩大，在国际国内市场的占有率不断提升，其中笔记本电脑、光纤光缆、数码相机占全国产量的比重分别达到 41.2％、31.0％、20.1％；从工业内部结构上看，全市轻重工业比为 1∶2.45，其中重工业增长速度较快，高出轻工业 12.2 个百分点。作为新的经济增长点和产业调整着力点，苏州近年来大力发展战略性新兴产业和生产性服务业，前者主要以新医药、新能源、智能电网、新型平板显示、新材料和传感网为代表，其中新医药和新能源产业发展最为迅速；后者主要以现代物流业、软件外包业、金融业和科技信息咨询服务业为代表，其中现代物流业、金融业和软件外包业表现出蓬勃的发展趋势。

从数据上来看（图 3.11），2001 年至 2008 年，苏州市第一产业增加值呈现波动式下降，最终的降幅很小，但是其比重在三次产业中下降明显，到 2008 年仅为 1.6％；第二、三产业规模一直在持续扩大，从结构来看，第二产业比重先上升后下降，比较平缓的倒"U"型，从 2003 年开始保持在 60％以上，最终有所上升，第三产业则先下降后上升，比较平缓的"U"型，增加值比重始终未突破 40％，2008 年较 2001 年还有所下降。

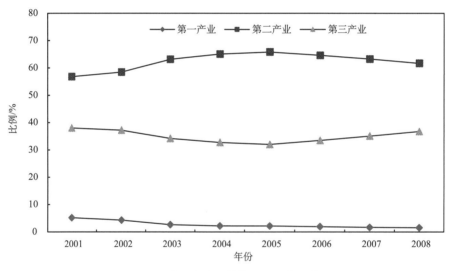

图 3.11　苏州市产业结构比重变化趋势图

4. 无锡市

无锡是江苏省的纺织大市和制造大市，工业经济的历史基础较为扎实，目前已经形成高档纺织及服装加工、精密机械及汽车配套工业、电子信息及高档家电业、特色冶金及金属制品业、精细化工及生物医药业等几大支柱产业类型。从企业组织结构上看，无锡市 2009 年销售收入超 10 亿元的企业 120 家，超 100 亿元的企业 20 家，初步形成大中企业合理分工的格局；从产业集聚效应上看，无锡全市工业集中区亩均投入为 256 万元，亩均产出 259 万元/年，产业集聚化程度较高；从技术创新上看，2009 年全市高新技术产业占 GDP 比重高达 43.6%，研发机构多达 40 家，技术创新在工业经济发展过程中起到了至关重要的作用；从产业内部结构上看，一批新兴产业迅速发展，主要以传感网、新能源、新材料、软件及服务外包、工业设计和文化创意为代表，有力地推进了产业结构的升级。值得一提的是，在加快发展生产性服务业方面，无锡采取了促进企业主辅分离的措施，着重推进分离科技研发服务、现代物流服务、贸易营销服务、专业配套服务以及设计策划服务，从而将资源向各行业优势企业集中，提高了各行业的运行效率，因此，近几年无锡生产总值中的服务业比重不断攀升，总体产业结构得到明显提高。

从数据上来看（图 3.12），2001 年至 2008 年，无锡市产业变动的情况与苏州较为类似，第一产业增加值呈现波动式下降，2008 年与 2001 年相比变化不大，但是增加值比重下降明显，到 2008 年仅为 1.4%，萎缩趋势明显；第二、三产业增加值在八年里不断增长，且增速非常接近，二者增加值比重都经历了波动式的增长，历年变化幅度较小，2008 年较 2001 年稍有增加，与苏州不同的是，无锡的第二、三产业比重差距要小于苏州，第二产业比重已经低于 60%，而第三产业比重已经高于 40%。

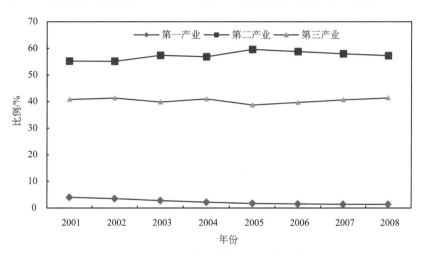

图 3.12　无锡市产业结构比重变化趋势图

5. 常州市

常州市是江苏省传统的制造业大市，更有"装备制造城"的美誉。2008 年全市工业增加值为 1191.03 亿元，主营业务收入达到 5067.74 亿元，利税总额为 369.81 亿元。"十一五"以来，常州市着力调整制造业产业内部结构，重点发展装备制造、新能源、电子信息、新材料、生物医药等五大产业，到 2009 年，五大产业完成产值 3690.8 亿元，占全市规模以上工业总产值的 61.7%，其中装备制造占 34.1%、新能源占 3.3%、电子信息占 6.4%、新材料占 15.2%、生物医药占 2.7%，五大产业已经成为常州市工业产业发展的主导方向。2009 年，五大产业的增速高达 24.1%，高于全市平均水平 9.1 个百分点；完成投入 608.6 亿元，增长 14.3%，占全市工业投入的比重高达 62.7%。

与此同时，常州把加快发展现代服务业作为产业提升战略的重要突破口，软件、动漫、物流等现代服务业得到了迅速发展，其中，常州软件园嵌入式软件基地已形成工程机械、电子仪器仪表、通信导航和煤矿自动化四大嵌入式软件产业集群，常州动画产业基地形成了动画游戏原创、生产制作、衍生产品研发和市场运作相互链接的格局。

尽管五大产业呈现出快速的发展态势，在工业经济中的地位逐步提高，但是，常州市的传统产业仍然占有一定的份额。据2009年1～11月的统计数据，全市冶金行业占工业总产值的比重为19.7％、化工行业占比12.8％、纺织服装行业占比12％、建材行业占比3.5％，仍然占据一定的主导地位。

从数据上来看（图3.13），常州市的经济发展阶段后于苏州和无锡。其第一产业仍处于增加值上升阶段，虽然增加值比重呈现下降趋势，但是到2008年仍高于3％；第二、三产业增加值连续八年保持增长，增加值比重则呈现波动式增长趋势，且变化幅度较小，从2001年到2008年，第二产业比重由56.6％增至58.6％，第三产业比重由36.4％增至38.4％。

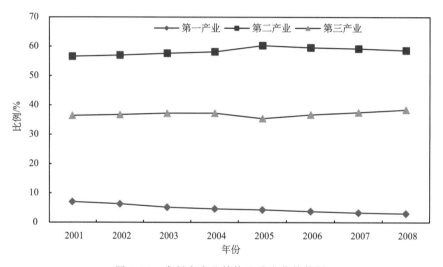

图3.13　常州市产业结构比重变化趋势图

综上可见，苏锡常各市已处于工业化中后期，三市的产业结构仍以第二产业为主，第三产业比重都有不同程度的上升，第二、三产业比重呈现波动式变化，第一产业比重减少趋势明显，其比重与第二、三产业相比甚小。

3.1.4　产业结构合理性分析

1. 分析方法

采用Hamming贴近度域模型诊断研究区域的产业结构合理性，采用典型相关分析方法研究产业结构演变对研究区水环境的影响（许新宜，1997）。

Hamming贴近度是贴近度计算方法中的一种，是对两个模糊集彼此靠近程度的一种度量。研究区产业结构与钱纳里三次产业结构模式（产业结构合理程度参照标准）的Hamming贴近度域计算公式如下（崔志清和董增川，2008）：

$$T_H = 1 - \frac{\sum\limits_{i=1}^{3} |S_i^d - S_i^r|}{3} \qquad (3.1)$$

式中，T_H 为 Hamming 贴近度；S_i^r 为钱纳里三次产业结构模式中各产业产值比例；S_i^d 为研究区域产业结构中各产业产值比例；i 为产业类型。

2. 太湖流域产业结构合理性分析

以 2007 年浙江太湖流域的三大产业产值为基础数据，以钱纳里三次产业结构模式为参照标准（表 3.3），根据式（3.1）计算出 2007 年浙江太湖流域产业结构的 T_H，并对照产业结构合理性判别规则（表 3.4），对产业结构的合理性进行分析。其中浙江太湖流域三大产业间的结构比例 4.53：50.68：44.79，人均 GDP 大于 4000 美元。结算结果 T_H 为 0.97，远远大于 0.90，可见在目前的经济发展水平下，浙江太湖流域产业结构合理。江苏太湖流域三大产业间的结构比例 1.91：51.01：35.38，人均 GDP 大于 4000 美元。通过计算 T_H 为 0.924，大于 0.90，可见太湖流域产业结构合理。

表 3.3　钱纳里三次结构产业模式（陆凯旋，2005）

人均 GDP/美元	第一产业产值比例/%	第二产业产值比例/%	第三产业产值比例/%
<300	48.0	21.0	31.0
300	39.4	28.2	32.4
500	31.7	33.4	34.6
1 000	22.8	39.2	37.8
2 000	15.4	43.4	41.2
4 000	9.7	45.6	44.7
>4 000	7.0	46.0	47.0

表 3.4　产业结构合理性判别规则

T_H	合理程度
$T_H > 0.90$	合理
$0.85 < T_H \leqslant 0.90$	较为合理
$T_H \leqslant 0.85$	不合理

3.1.5　工业内部结构性污染特征分析

《国民经济行业分类》（GB/T4754-2002）将工业分为采矿业、制造业、电力燃气及水的生产和供应业，共计 3 个门类 39 个行业。以此为基础，同时根据研究需要以及各行业的污染排放强度特征，将排污量较小的采矿业门类和电力、燃气及水的生产和供应业门类分别作为一个单独分析对象，制造业门类中每个行业作为单独分析对象。因此工业内部合计 32 个分析对象（行业）。

1. 经济贡献率分析

引入经济贡献率和环境污染贡献率的概念，将各产业对经济的贡献与对环境影响的贡献进行对比分析，探讨各产业的经济与环境之间的内在联系与矛盾（王贵明，2008）。在此经济贡献率以某行业总产值占全部行业总产值的比重表示。太湖流域浙江部分经济贡献率较大的四个行业依次为纺织业、电子设备制造业、电气机械及器材制造业和通用设备制造业，前四位行业经济贡献率合计为 35.58%。江苏部分经济贡献率较大的四个行业依次为通信设备制造业、黑色金属加工业、电气机械及器材制造业和化学原料及化学制品制造业，前四位行业经济贡献率合计为 53.08%（图 3.14、图 3.15）。

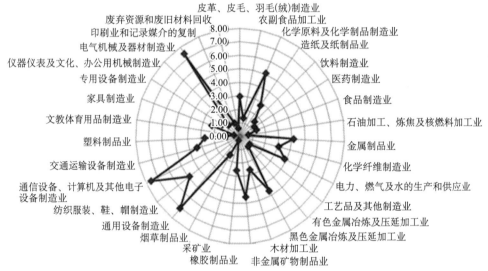

图 3.14　浙江省太湖流域工业内部各行业（不含纺织业）经济贡献率分布图

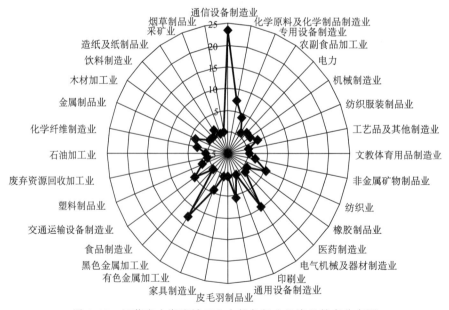

图 3.15　江苏省太湖流域工业内部各行业经济贡献率分布图

2. 污染贡献率分析

根据 2007 年太湖流域不同行业工业废水、化学需氧量（COD）、氨氮的排放量以及污染贡献率情况分析，不同行业的废水排放量和污染贡献率相差很大，其中太湖流域浙江部分废水排放量贡献率最大的行业为纺织业，贡献率为 43%，之后依次为造纸及纸制品业、化学业、电力燃气及水的生产供应业，前四位行业工业废水贡献率合计达到 75.57%；江苏部分废水排放量贡献率最大的行业为纺织业，贡献率为 36.61%，之后依次为化工、黑色金属加工业、通信设备制造业，前四位行业工业废水贡献率合计达到 73.58%。

污染贡献率（R_e）是指该行业污染物的排放量占工业排放总量的比例，在此取化学需氧量和氨氮贡献率的平均值。浙江部分污染贡献率最大的为纺织业，污染贡献率达到 34.68%，之后依次为化工、皮毛羽制品业。相对经济贡献率而言，污染贡献率的分布比较集中，前三位行业污染贡献率合计达到 77.06%。江苏部分污染贡献率最大的为纺织业，污染贡献率达到 44.04%，之后依次为化工、通信设备制造业。相对经济贡献率而言，污染贡献率的分布比较集中，前两位行业污染贡献率合计达到 70.53%。说明了太湖流域各行业间污染物排放量差异明显且集聚性较强，重污染行业较为集中。在一定范围内通过合理调整工业行业结构可以在一定程度上减少污染物的排放量（图 3.16、图 3.17）。

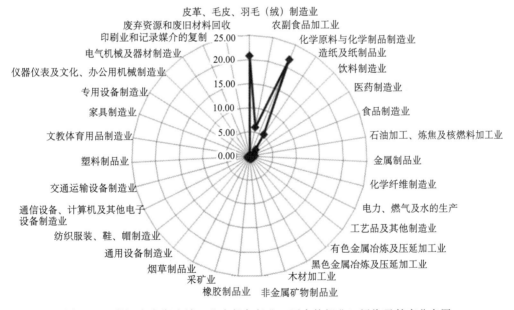

图 3.16　浙江省太湖流域工业内部各行业（不含纺织业）污染贡献率分布图

3. 资源消耗贡献率分析

在此以工业用水量来体现各行业的资源消耗情况。与 COD 和氨氮排放量情况相似，不同行业用水量也存在着巨大差别，水资源消耗贡献率（R_s）是指行业工业用水量占工

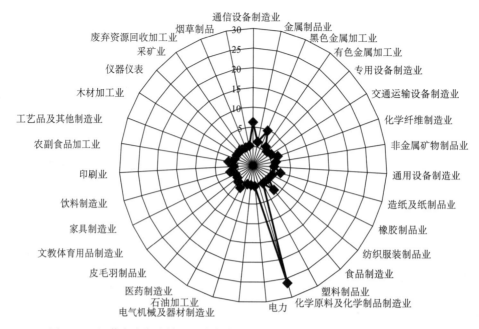

图 3.17　江苏省太湖流域工业内部各行业（不含纺织业）污染贡献率分布图

业用水总量的比例。2007 年太湖流域浙江部分水资源消耗贡献率最大的是电力行业，达 44.12％，其后依次为化工、黑色金属加工业和纺织业。前四位行业用水贡献率达到 79.51％。2009 年太湖流域江苏地区水资源消耗贡献率最大的是电力行业，达 52.25％，其后依次为黑色金属加工业、化工和通信设备制造业。前四位行业用水贡献率达到 89.40％。这说明江省太湖流域不同行业用水量差异明显且集聚性强（图 3.18、图 3.19）。

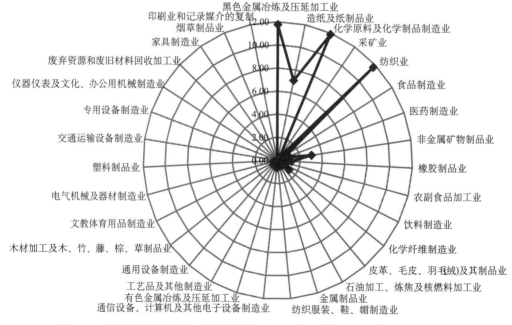

图 3.18　浙江省太湖流域工业内部各行业（不含电力行业）水资源消耗贡献率

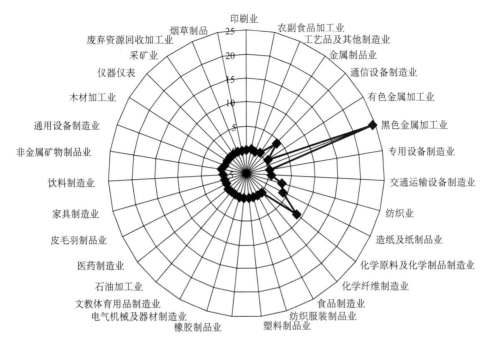

图 3.19　江苏太湖流域工业内部各行业（不含电力行业）资源消耗贡献率

4. 产业竞争力分析

产业竞争力是指在一定条件下，产业所具有的开拓市场，占据市场并获得比竞争对手更多利润的能力。通过对工业内部各行业产业竞争力的分析，可以为产业结构调整的重点领域和主要方向提供依据。评价产业竞争力的方法主要有综合评价法和区位商评价法（李辉，2006）。在此采用区位商评价法对太湖流域的产业竞争力进行分析。

区位商反映了某一产业在某地区的专业化程度，其计算公式如下：

$$P_i = (M_i / \sum_i M_i)/(M'_i / \sum_i M'_i) \tag{3.2}$$

式中，P_i 表示 i 行业在 M 方面的区位商；M_i 代表某省（市）i 产业某一方面的业绩表现，如市场销售额、工业增加值和工业总产值等；M'_i 代表全国 i 行业的业绩表现。本书以工业总产值来体现，如果区位商大于 1，则说明 i 行业供给能力除满足本地区需求外，还可以对外提供产品，有对外扩张的能力，意味着 i 行业在该地区有显著优势地位；如果区位商小于 1，说明 i 行业供给能力不能满足本地区的需求，产品需要由区外调入；如果区位商等于 1，说明该地区 i 行业供给平衡。

按区位商评价法，太湖流域浙江部分产业竞争力评价结果如图 3.20 所示：区位商大于 1 的行业共有 15 个，区位商最高的是烟草制造业和食品制造业，区位商最低的是石油加工业和有色金属冶炼和压延加工业。江苏部分产业竞争力评价结果如图 3.21 所示：区位商大于 1 的行业共有 10 个，区位商最高的是化学纤维制造业、通信设备制造业及金属制品业，区位商最低的是采矿业和烟草制品业。区位商最高的行业说明这些行业在全国同行业中有相对较强的竞争力，或者已经有条件取得竞争优势，有进一步发展的后劲。区位商低的行业说明这些行业处于相对竞争劣势，太湖流域地区缺少这些行业所需的相应资源。

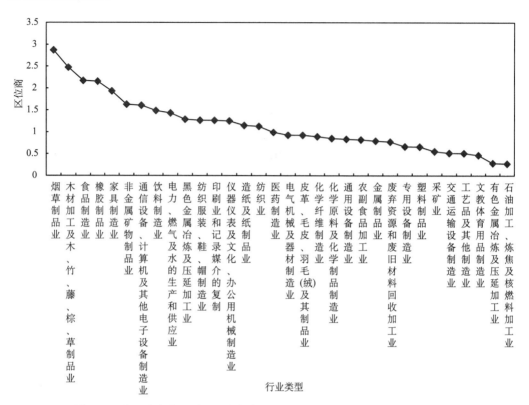

图 3.20　浙江省太湖流域工业内部各行业（不含纺织业）产业竞争力分析图

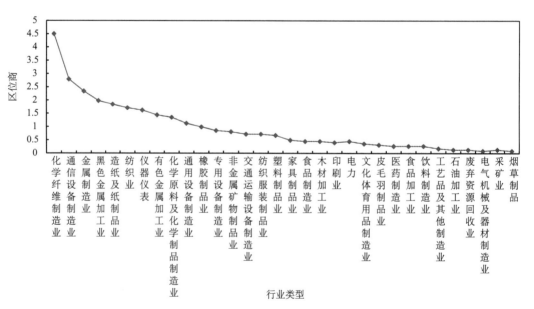

图 3.21　江苏太湖流域工业内部各行业（不含纺织业）产业竞争力分析图

5. 相对环境绩效分析

相对环境绩效主要反映在取得同等经济效益的前提下，各行业所要付出的环境代价的大小或者说占有环境资源的多少。计算公式如下（王治民，2007）：

$$P_e = R_I / R_e \qquad (3.3)$$

式中，P_e 表示某行业相对环境绩效，之所以称之为"相对环境绩效"，是因为该公式的计算结果仅反映浙江太湖流域不同工业行业之间环境绩效的优劣程度；R_I 表示某行业经济贡献率；R_e 表示某行业污染贡献率。

分析结果显示（表3.5、表3.6），太湖流域浙江部分相对环境绩效较好的行业依次为废弃资源回收加工业、印刷业、电气机械制造业等。相对环境绩效较差（以 P_e 小于1为标准）的行业按严重程度由大到小的顺序依次为皮毛羽制品业、农副食品加工业、化工业、纺织业、造纸业和饮料制造业六个行业，此六个行业 COD 贡献率达到 86.91%，氨氮贡献率达到 93.52%，而经济贡献率仅有 27.30%。太湖流域江苏部分相对环境绩效较好的行业依次为机械加工、木材加工业、废弃资源回收加工业等。相对环境绩效较差（以 P_e 小于1为标准）的行业按严重程度由大到小的顺序依次为农副食品加工业、造纸及纸制品、医药制造业、皮毛羽制品、化工、烟草制品业、纺织业和饮料制造业、食品制造业九个行业，此九个行业污染贡献率达到 81.32%，而经济贡献率仅有 16.35%。说明在取得同等经济效益的情况下，发展该行业需要付出更大的环境代价，结构性污染问题十分严重。

表 3.5 2007 年浙江太湖流域不同行业相对环境绩效

行业名称	经济贡献率/%	污染贡献率/%	相对环境绩效
废弃资源和废旧材料回收加工业	0.60	0.00	218.56
印刷业和记录媒介的复制	1.05	0.01	106.26
电气机械及器材制造业	7.44	0.10	76.20
仪器仪表及文化、办公用机械制造业	1.19	0.02	69.53
专用设备制造业	1.61	0.04	36.45
家具制造业	2.28	0.11	20.77
文教体育用品制造业	0.47	0.02	18.96
塑料制品业	2.68	0.15	17.80
交通运输设备制造业	3.38	0.20	17.15
通信设备、计算机及其他电子设备制造业	7.55	0.50	15.03
纺织服装、鞋、帽制造业	4.86	0.33	14.67
通用设备制造业	7.05	0.60	11.79
烟草制品业	1.58	0.15	10.25
采矿业	0.32	0.03	9.61
橡胶制品业	2.54	0.36	7.04
非金属矿物制品业	4.53	0.65	6.93

行业名称	经济贡献率/%	污染贡献率/%	相对环境绩效
木材加工及木、竹、藤、棕、草制品业	2.60	0.38	6.81
黑色金属冶炼及压延加工业	4.64	0.72	6.44
有色金属冶炼及压延加工业	1.00	0.19	5.24
工艺品及其他制造业	0.96	0.21	4.59
电力、燃气及水的生产和供应业	3.82	0.86	4.46
化学纤维制造业	3.07	0.71	4.33
金属制品业	4.12	1.13	3.65
石油加工、炼焦及核燃料加工业	0.67	0.28	2.34
食品制造业	1.36	0.87	1.56
医药制造业	1.31	1.14	1.15
饮料制造业	1.56	1.80	0.87
造纸及纸制品业	2.79	5.33	0.52
纺织业	13.54	34.68	0.39
化学原料及化学制品制造业	5.08	21.65	0.23
农副食品加工业	1.37	6.03	0.23
皮革、毛皮、羽毛（绒）及其制品业	2.96	20.73	0.14

表 3.6 2007 年江苏省太湖流域地区不同行业相对环境绩效

行业名称	经济贡献率/%	污染贡献率/%	相对环境绩效
电气机械及器材制造业	9.79	0.01	698.00
废弃资源回收加工业	0.22	0.00	506.98
家具制造业	0.26	0.00	81.31
专用设备制造业	3.86	0.14	26.68
仪器仪表	1.49	0.07	21.23
纺织服装制品业	2.98	0.27	10.88
文教体育用品制造业	0.38	0.03	10.85
交通运输设备制造业	4.85	0.48	10.06
通用设备制造业	5.51	0.57	9.63
木材加工业	0.34	0.04	8.07
塑料制品业	1.88	0.24	7.78
采矿业	0.03	0.01	6.32
有色金属加工业	3.95	0.77	5.14
电力	1.77	0.38	4.62
石油加工业	0.46	0.11	4.16
通信设备制造业	23.29	6.07	3.84
印刷业	0.38	0.11	3.45

行业名称	经济贡献率/%	污染贡献率/%	相对环境绩效
金属制品业	3.59	1.30	2.77
黑色金属加工业	12.76	4.64	2.75
工艺品及其他制造业	0.17	0.06	2.65
非金属矿物制品业	2.08	0.99	2.11
橡胶制品业	0.83	0.43	1.94
化学纤维制造业	2.77	1.94	1.43
农副食品加工业	0.84	1.45	0.58
造纸及纸制品业	1.40	2.42	0.58
医药制造业	0.91	1.70	0.53
皮毛羽制品业	0.32	0.64	0.50
化学原料及化学制品制造业	7.24	26.49	0.27
烟草制品	0.00	0.01	0.20
纺织业	5.28	44.04	0.12
饮料制造业	0.11	1.14	0.09
食品制造业	0.25	3.42	0.07

6. 相对资源绩效分析

采用如下公式计算行业的相对资源绩效（黄和平等，2010）：

$$P_r = R_I / R_s \tag{3.4}$$

式中，P_r 表示某行业相对资源绩效，R_I 为经济贡献率，R_s 为资源消耗贡献率。

本书所指"相对资源绩效"是相对于太湖流域其他行业而言，是太湖流域各市各行业相互比较的依据。P_r 大于 1，标示该行业在取得同等经济效益的情况下可以更多地节约新鲜水资源，且 P_r 越大说明相对资源绩效越好；P_r 小于 1，则说明在取得同等经济效益的情况下，发展该行业需要付出相对更多的水资源代价。

太湖流域浙江部分工业行业的相对资源绩效计算结果见表 3.7，江苏部分计算结果见表 3.8。计算结果表明，在不同行业之间，相对资源绩效差异明显；以 P_r 小于 1 为标准，浙江部分相对资源绩效较差的行业按严重程度由大到小的顺序依次为电力行业、黑色金属加工业、造纸业、化工业和采矿业五个行业；相对资源绩效较好的行业依次为印刷业、烟草制造业、家具制造业等。江苏部分相对资源绩效较差的行业按严重程度由大到小的顺序依次为化工、饮料制造业、黑色金属加工业、造纸及纸制品业、电力五个行业；相对资源绩效较好的行业依次为废气资源回收加工业、印刷业、专用设备制造业、电气机械及器材制造等。

表 3.7　2007 年浙江太湖流域不同行业相对资源绩效

行业名称	经济贡献率/%	资源消耗贡献率/%	相对资源绩效
印刷业和记录媒介的复制	1.05	0.01	169.18
烟草制品业	1.58	0.02	72.53
家具制造业	2.28	0.07	34.73
废弃资源和废旧材料回收加工业	0.60	0.02	32.07
仪器仪表及文化、办公用机械制造业	1.19	0.04	28.06
专用设备制造业	1.61	0.07	24.33
交通运输设备制造业	3.38	0.14	24.19
塑料制品业	2.68	0.13	20.63
电气机械及器材制造业	7.44	0.37	19.86
文教体育用品制造业	0.47	0.03	14.66
木材加工及木、竹、藤、棕、草制品业	2.60	0.18	14.28
通用设备制造业	7.05	0.53	13.26
工艺品及其他制造业	0.96	0.08	12.44
有色金属冶炼及压延加工业	1.00	0.08	12.11
通信设备、计算机及其他电子设备制造业	7.55	0.65	11.69
纺织服装、鞋、帽制造业	4.86	0.49	9.95
金属制品业	4.12	0.51	8.01
石油加工、炼焦及核燃料加工业	0.67	0.12	5.56
皮革、毛皮、羽毛（绒）及其制品业	2.96	0.60	4.96
化学纤维制造业	3.07	1.31	2.35
饮料制造业	1.56	0.74	2.10
农副食品加工业	1.37	0.66	2.08
橡胶制品业	2.54	1.26	2.02
非金属矿物制品业	4.53	3.06	1.48
医药制造业	1.31	0.91	1.45
食品制造业	1.36	0.99	1.38
纺织业	13.54	11.74	1.15
采矿业	0.32	0.36	0.90
化学原料及化学制品制造业	5.08	11.90	0.43
造纸及纸制品业	2.79	7.07	0.39
黑色金属冶炼及压延加工业	4.64	11.76	0.39
电力、燃气及水的生产和供应业	3.82	44.12	0.09

表 3.8　2009 年太湖流域地区不同行业相对资源绩效

行业名称	经济贡献率/%	资源消耗贡献率/%	相对资源绩效
废弃资源回收加工业	0.22	0	163.11
印刷业	0.38	0	88.79
专用设备制造业	3.86	0.05	81.68
电气机械及器材制造业	9.79	0.13	73.38
家具制造业	0.26	0	72.91
纺织服装制品业	2.98	0.05	60.19
仪器仪表	1.49	0.03	57.01
文教体育用品制造业	0.38	0.01	49.11
通用设备制造业	5.51	0.17	33.38
塑料制品业	1.88	0.06	31.21
木材加工业	0.34	0.02	19.76
石油加工业	0.46	0.02	19.63
皮毛羽制品业	0.32	0.02	13.70
工艺品及其他制造业	0.17	0.02	11.13
金属制品业	3.59	0.33	10.88
交通运输设备制造业	4.85	0.47	10.24
有色金属加工业	3.95	0.43	9.12
化学纤维制造业	2.77	0.31	8.86
橡胶制品业	0.83	0.12	7.03
通信设备制造业	23.29	4.06	5.74
医药制造业	0.91	0.20	4.58
非金属矿物制品业	2.08	0.56	3.73
采矿业	0.03	0.01	3.53
农副食品加工业	0.84	0.34	2.50
烟草制品	0	0	1.99
纺织业	5.28	2.94	1.80
食品制造业	0.25	0.20	1.25
化学原料及化学制品制造业	7.24	8.94	0.81
饮料制造业	0.11	0.19	0.58
黑色金属加工业	12.76	24.15	0.53
造纸及纸制品业	1.40	3.93	0.36
电力	1.77	52.25	0.03

3.1.6 太湖流域产业结构问题分析

1. 第三产业发展相对滞后

太湖流域在保证经济快速发展的同时，产业结构呈良性变化趋势，第三产业比重逐年升高，第二产业比重逐年下降，但离"三二一"型产业结构仍有较大差距。现状太湖流域长期重制造业、轻服务业，导致传统产业比例较大，第三产业长期徘徊于35%左右而严重滞后于经济发展。国际发达的中心城市，其第三产业在GDP中比重一般为70%~80%；国内主要中心城市，如京、广、沪等第三产业比重都超过45%；相比之下该区中心城市第三产业比重偏低、影响其功能发挥，成为区域经济、结构调整、产业升级的一个重要限制因素，从第三产业内部结构看，该区商贸餐饮业占较大比重，为39.9%；而代表新兴第三产业的交通邮电、金融保险业、房地产业和社会服务业比重偏低。由于传统产业污染物排放量较大，第三产业排污量较小，因此现有的产业格局就造成了太湖流域的污染物排放量较多，减排压力逐年增大。

2. 在行业竞争力分析中，低污染贡献率、高经济贡献率的行业竞争力不高

经济增长方式依然粗放，面临资源供应和环境保护的巨大压力，物耗高、能源高、污染高的"三高"问题依然突出，且没有摆脱先污染后治理的老路，已经存在着相当程度的环境透支，应转变经济增长方式，走科技含量高、经济效益好、资源消耗低、环境污染少、资源优势得到充分发挥的新型工业化道路，真正实现节约发展、清洁发展、安全发展和可持续发展。

3. 工业经济-环境协调性不高

工业内部行业间污染贡献率差异明显且集聚性较强，重污染行业较为集中，但其经济贡献率与污染贡献率不相对称。例如浙江地区污染贡献率占75%以上的纺织业、化工、皮毛羽制品业、农副食品加工四大行业，其经济贡献率仅占35.58%。

4. 太湖流域产业区域趋同性较高

由于影响区域经济开发的自然、经济社会、技术、历史、人口生态环境等因素基本一致造成现状流域内各市均是以制造业为主体的产业结构。各市竞相发展门类齐全、自成体系的产业结构，往往是你上我也上，你有我也有，造成外延扩大再生产，重复布点，在同一水平上竞争。1979年以后，改革扩大了计划外的支配权，放松了对地方工业的限制，并实行财政收入分成的措施，地方政府为了增加收入，进一步促进选择高利、高税收的行业和产品的生产。正是以上这些原因，造成了太湖流域产业结构的趋同性不断增强。

5. 产业结构减负与环境质量的协调机制尚未建立

经济发展与资源环境的矛盾，是太湖流域经济和环境建设中需要长期面对的重大挑战。改革开放30多年来，太湖流域经济持续快速发展，成为长三角地区具有重要影响的新兴经济区域和工业与制造业重镇。但同时，太湖流域的发展也付出了很大代价，经济结构不合理的矛盾长期积累，发展不平衡、不协调、不可持续的问题日益显现。产业结构和环境质量之间的协调机制尚未得到有效建立，而这一机制是太湖流域在保持良好经济发展态势的同时实现环境目标的重要保障。

3.2　流域污染源结构及区域特征解析

3.2.1　太湖流域污染源分类

1. 流域污染源分类

将太湖流域污染源分为工业源、城镇生活、农村生活、种植业、畜禽养殖及其他污染源等六大类源。在此基础上，将城镇生活源中接管部分、农村生活源中接管部分以及养殖源中的集中处理部分作为点源，而将城镇生活源中未接管部分、农村生活源中未接管部分以及养殖源中的分散处理部分作为面源。

2. 污染源排放量调查方法

1）工业污染源

工业源排放量为企业内部处理后未经污水处理厂的处理直排以及接入污水厂的污染物量，该排放量仅为经企业内部处理的一次排放量。由各行业的废水排放量乘以各自的排污系数得到。

2）城镇生活污染源

城镇生活源排放量依据调查得到的城镇生活人口和人均污染物产生量计算得到。城市人口生活污染产生当量来源于《全国污染普查第一次全国污染源普查城镇生活源产排污系数手册》（国务院第一次全国污染源普查领导小组办公室，2008），并结合了太湖流域主要河流沿河镇区污染产生量的调查结果。

3）农村生活污染源

农村生活源排放量根据各行政区农村人口数量和人均污染物产生当量计算得到。农村人口生活污染产生当量根据太湖流域主要河流沿河村落污染产生量调查得出。

4）种植业污染源

种植业污染源排放量参考《全国水环境容量核定技术指南》（中国环境规划院，2003）中有关农田污染排放量测算公式：

$$W_{农P} = (M_旱 \times \alpha1 + M_水 \times \alpha2 + M_园 \times \alpha3) \times \theta \times \beta$$

式中，$M_旱$ 为旱地面积；$M_水$ 为水田面积；$M_园$ 为园地面积；θ 为标准农田排污系数；$\alpha1$、$\alpha2$、$\alpha3$ 分别为旱地、水田、园地的农作物类型修正系数；β 为流失修正系数，$\beta =$ 坡度修正×土壤类型修正×化肥用量修正×降水量修正；

数据利用各区县统计年鉴及第一次全国污染物普查数据，调查流域各区域各类种植类型面积、土地坡度、农作物类型、轮作类型、土壤类型、化肥施用量、年降水量等基础数据。

5）畜禽养殖

畜禽养殖源排放量根据饲养量和畜禽污染物年排放系数计算得出。污染物排放系数以国家环境保护总局提供的畜禽养殖排泄系数为基础，并借鉴其他研究成果，包括太湖流域水污染防治"十一五"规划、国家科技攻关项目、污染源普查系数手册，在对已有研究成果对比分析的基础上确定。

3.2.2 污染源排放量构成及区域分布特征

1. 污染源组成及贡献率

各污染源的COD，氨氮，总氮和总磷排放量见表3.9。

表3.9 各污染源的COD，氨氮，总氮和总磷排放量（单位：t）

	COD	氨氮	TN	TP
工业	508706	12331	28761	1502
城镇生活（接管）	409416	50635	73351	6118
城镇生活（未接管）	134528	16539	23632	1957
农村生活（处理）	19858	1986	3944	266
农村生活（未处理）	314931	31493	62986	4199
种植业	227597	45519	159318	11380
养殖（规模化）	242156	20202	50911	16882
养殖（散养）	76995	4788	11836	3683
其他	290	18	33	3

COD排放量中各污染源所占的比例见图3.22（a）。其中以城镇生活源、工业源所占比例最大，合计贡献率超过50％。

氨氮排放量中各污染源所占的比例见图3.22（b）。其中以城镇生活源、种植业源所占比例最大，合计贡献率超过60％。

总氮排放量中各污染源所占的比例见图3.22（c）。其中以种植业源、城镇生活源所占比例最大，合计贡献率超过60％。

总磷排放量中各污染源所占的比例见图3.22（d）。其中以畜禽养殖源、种植业源所占比例最大，合计贡献率达到70％。

2. 污染源排放量的区域分布特征

太湖流域各行政区的COD，氨氮，总氮和总磷排放量见表3.10。

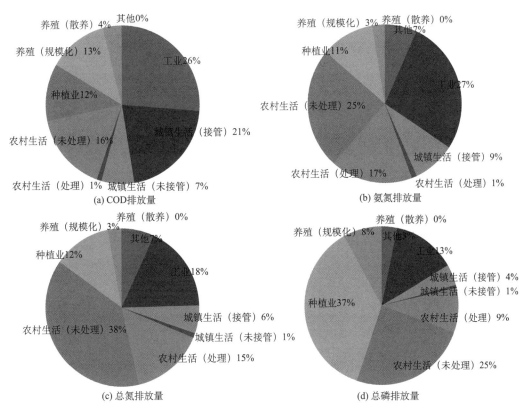

图 3.22　流域污染排放量中各污染源所占比例

表 3.10　太湖流域各行政区的 COD，氨氮，总氮和总磷排放量（单位：t）

行政区	COD	氨氮	总氮	总磷
常州市	230223	21494	50355	5058
无锡市	350065	30342	66032	6254
苏州市	499924	43175	90700	8696
镇江市	94443	11790	30000	2842
南京市	12016	1762	5693	588
杭州市	210686	20935	45376	5324
湖州市	177834	19173	49667	6445
嘉兴市	367765	33968	80965	11179
上海市	3535	2635	1677	192

　　COD 排放量中各行政区所占的比例见图 3.23（a）。其中以苏州市、嘉兴市和无锡市所占比例最大，合计贡献率超过 60%。

　　氨氮排放量中各行政区所占的比例见图 3.23（b）。其中以苏州市、嘉兴市和无锡市所占比例最大，合计贡献率接近 60%。

总氮排放量中各行政区所占的比例见图 3.23（c）。其中以苏州市、嘉兴市和无锡市所占比例最大，合计贡献率接近 60%。

总磷排放量中各行政区所占的比例见图 3.23（d）。其中以嘉兴市和苏州市所占比例最大。

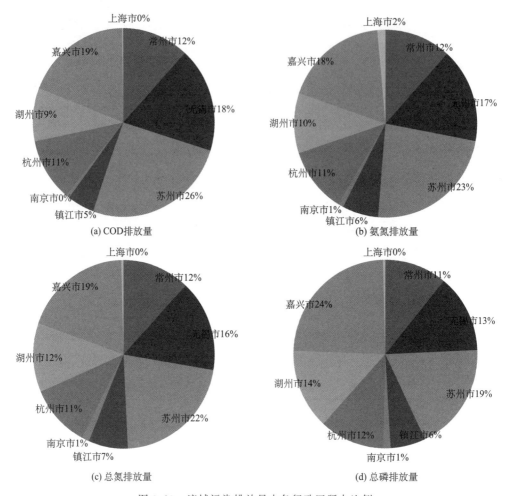

(a) COD排放量   (b) 氨氮排放量

(c) 总氮排放量   (d) 总磷排放量

图 3.23　流域污染排放量中各行政区所占比例

太湖流域各类污染源的具体区域分布特征见表 3.11。

表 3.11 流域污染源区域分布特征

区名	区域范围	污染源	主要特征	主要环境问题
北部污染控制区	常州市区（包括戚墅堰区、天宁区、钟楼区、武进区、新北区）、无锡市区（包括滨湖区、惠山区、锡山区）、江阴市、常熟市、张家港市	工业源	工业发达，年排放废水63635.6万t，其36.5%接入污水处理厂。纺织业COD比重较大，占75%；化工业、纺织业氨氮比重较大，各占37%、24%；化工业TN比重较大，各占33%、20%；纺织业、化工业TP比重较大，各占36%、11%；各县市污染排放量均较大	工业污染突出，排污量列居流域第一；化工、纺织业污染贡献率较大，对太湖水质影响较大
		种植业源	种植业以水田为主，占本区种植面积的69%，园地以果园为主；污染物排放量占流域种植业的17.6%	种植业面积较小，农业发展不足、水田排放不足、缺乏农田排水集中收集渠道，湿地保护不健全，面源入河削减程度较低
		畜禽养殖源	位于太湖北部，是太湖流域污水排放量最大的区域，养殖业发达程度一般	养殖业入河污染占流域总养殖业入河的16%左右
		城镇生活源	位于太湖北部，是太湖流域污水排放量最大的区域	人口密度最大，生活污水入河量占总入河量的33%，污水集中处理率在60%以上
		农村生活源	位于太湖北部，是太湖流域污水排放量最大的区域	生活污水入河量占总入河量的34%，污水集中处理率7%～10%
		陆域其他源		
湖西污染控制区	镇江丹徒区、丹阳市、句容市、金坛市、溧阳市、宜兴市、高淳县	工业源	太湖主要入湖河流的小流域，年排放工业废水8905.4万t，其中18.2%接入污水处理厂。COD比重较大，各占32%、25%；化工业、纺织业、食品业氨氮比重较大，各占54%、23%；化工业、纺织业TN比重较大，各占51%、17%；化工业、纺织业TP比重较大，各占35%、23%；污染物主要分布在丹阳、金坛、溧阳、宜兴	工业污水接管率较低，化工业污染贡献率最大，对太湖水质影响较大

区名	区域范围	污染源	主要特征	主要环境问题
湖西污染控制区		种植业源	种植业以水田为主，占本区种植面积的73%，园地以茶园和果园为主；污染物排放量占流域种植业的30.0%	种植业面积在5区中最大，种植业发达，但属于传统农业，污染排放量较大，农田尤其水田多建于河道及湖荡边，排水分散、削减路径较短，湿地屏障薄弱
		畜禽养殖源	位于太湖西部，是太湖主要入湖河的小流域，养殖业发达程度一般	养殖业入河占流域总养殖业入河的15%左右
		城镇生活源	位于太湖西部，是太湖主要入湖河流的小流域，生活污水入河量较低	人口密度最低，生活污水入河约占总入河量的12%，污水集中处理率平均在40%左右
		农村生活源	位于太湖西部，是太湖主要入湖河流的小流域，生活污水入河量较低	生活污水入河量约占总入河量的15%，污水集中处理率约为5%
		陆域其他源		
浙西污染控制区	杭州市区、余杭区、临安市、湖州市区、德清县、长兴县、安吉县	工业源	工业污染物排放以氨氮为主，工业氨氮排放量占杭嘉湖地区总量的73.8%；污染行业以纺织业、农副食品加工业、皮革、毛皮、羽毛（绒）及其制品业、化学原料及化学制品制造业为主，此五个行业的COD排放量占89%，氨氮排放量占97%	与南部太浦污染控制区比，浙西污染贡献率较高，氨氮污染贡献率较高，重污染行业相对集中
		种植业源	种植业以水田为主，占本区种植面积的62%，园地以茶园和桑园为主；污染物排放量占流域种植业的23.7%	种植业面积较大，农业发展程度较高，属于传统农业，磷排放比重较高，碳氮农村面积大，环境管理及综合治理不高，缺少面源收集及处理系统
		畜禽养殖源	位于太湖西南部，养殖业发达	养殖业入河占流域总养殖业入河的25%左右

区名	区域范围	污染源	主要特征	主要环境问题
浙西污染控制区		城镇生活源	位于太湖西南部，污水排放量位于中等水平	生活污水入河量约占总入河量的21%，污水集中处理率平均在60%左右
		农村生活源	位于太湖西南部，污水排放量位于中等水平	生活污水入河量约占总入河量的16%，污水集中处理率在7%以下
		陆域其他源		
南部大浦污染控制区	嘉兴市区、嘉善县、海盐县、海宁市、平湖市、桐乡市	工业源	工业污染物排放以COD为主，工业COD排放量占杭嘉湖地区工业COD排放总量的57%；污染行业以纺织业、造纸业及化学原料品业、农副食品加工业和饮料制造业为主，此五个行业的COD排放量占82%，氨氮排放量占78%	与浙西区比，本区COD污染贡献率较高，经济环境协调性较差；水环境质量较差，兴河网水质以Ⅴ类为主，劣Ⅴ类水为主，占断面总数89.5%；运河水系全为Ⅴ类、劣Ⅴ类
		种植业源	种植业以水田为主，占本区种植面积的66%，园地以桑园为主；污染物排放量占流域种植COD排放量的20.7%	种植业面积较大、种植规模较大，但规模化、科学化生产程度较低，肥料施用不科学、水田污染严重，湿地保障不健全，缺乏面源集中处置渠道
		畜禽养殖源	位于太湖东南部。畜禽养殖业发达区。	养殖业入河污染占流域总入河污染30%左右
		城镇生活源	位于太湖东南部，是太湖流域排污量相对较小的控制区	生活污水入河量占总入河量的9%，污水集中处理率为46.6%
		农村生活源	位于太湖东南部，是太湖流域排污量相对较小的控制区	生活污水入河量占总入河量的16%，污水集中处理率在7%以下
		陆域其他源		

区名	区域范围	污染源	主要特征	主要环境问题
东部污染控制区	苏州市区、昆山市、吴江市、太仓市和上海市青浦区的三个镇（练塘镇和金泽镇、朱家角镇）	工业源	太湖主要出流区。年排放工业废水37855.5万t，其中35.8%接入污水处理厂。纺织业COD比重较大，占59%；化工业氨氮比重较大，占69%；化工业TN比重较大，分别占32%、23%；化工业TP比重较大，分别占37%、13%；污染物主要分布在苏州市区、昆山、吴江。	工业污染较严重，排污量列居流域第二；纺织、化工业污染贡献率较大，对太湖水质影响较小
		种植业源	种植业以水田为主。占本区种植面积的70%，园地以果园和桑园为主；污染物排放量占流域种植业的8.0%	种植业面积最小，农业发展比重小，统农业、分散，发展缓慢
		畜禽养殖源	位于太湖东部，是太湖的主要出流区，养殖业发达程度一般	养殖业入河量约占总养殖业入河的10%左右
		城镇生活源	位于太湖东部，是太湖的主要出流区，污水排放量约占太湖流域各区域区域的四分之一	生活污水入河量约占总入河的26%，污水集中处理率平均在60%左右
		农村生活源	位于太湖东部，是太湖的主要出流区，污水排放量约占太湖流域各区域区域的四分之一	生活污水入河量约占总入河量的18%，污水集中处理率在7%～10%
		陆域其他源		

第4章 太湖流域"一湖四圈"富营养化综合控制总体理念

4.1 太湖流域"一湖四圈"生态环境问题诊断

4.1.1 湖泊流域治理思路的认识与理解

1. "十五""十一五"太湖流域治理状况

太湖治理在"十五"与"十一五"期间以截污控源、总量减排为主,并把削减污染物总量作为流域治理的核心任务,实施了一系列工业点源、生活污水、农业面源、生态修复等治理工程,包括严格控制新污染源、淘汰落后产能、强化铁腕治污、排污权交易试点和区域环境资源补偿等措施。此外还建立了重点湖泊水污染与蓝藻监测预警与应急制度。虽然太湖流域治理已取得了阶段性成效,但是太湖水环境仍没有得到根本性改善,突出表现为总氮控制难度较大、流域水质改善不明显、面源治理和生态修复相对滞后,太湖治理仍是一项长期、艰巨而复杂的任务。在强化落实控源截污、铁腕治污各项措施条件下,太湖流域水污染防治理念与方法仍需进一步提升。

2. 国内外湖泊流域治理思路借鉴

湖泊富营养化与蓝藻水华问题是现今世界最为关注的环境问题之一,湖泊流域水污染的综合治理也成为各国环境政策的主要内容。20世纪60年代末以来,世界各国相继开始了湖泊富营养化形成机理及其防治对策研究,进行了大量试验、实践与探索。

不同国家、不同地区水体富营养化的成因不同,国家或地区发展情况不同,因而采取的措施也有差异。美国在20世纪70年代根据《清洁水法》的要求,提出了控制流域污染的综合地表水管理方法(TMDL最大日允许排放量),并在管理制度上进行了有效的改革,建立了一个科学的流域污染物控制策略(Houck,2002;邢乃春和陈捍华,2005;梁博等,2004;谢刚等,2006)。日本在针对湖泊富营养化的流域治理上积累了许多成功的经验,20世纪70年代,日本引入环境容量概念,在重点水域实施了总量控制对策(福岛武彦,1988;原沢英夫,1988;盛冈通,1988)。欧盟的大部分成员国制定了常规地表水监测过程,以对水质进行分类,从而对症下药(Griffiths,2002)。澳大利亚采用了典型流域整体开发和管理模式,并在墨累-达令河流域的治理实践中取得了很好的效果(Murray Darling Basin Commission,2001)。近年来,关于湖泊富营养化的治理思路与措施发展很快,但大多还都未完全成熟,很多问题有待深入的研究,同时各种方法、措施都有一定的适用范围,很多治理技术、治理思路并不能进行简单的移植。根据地区特点，研究适宜区域特征的治理措施，是区域水体修复过程中不可或缺的一步。

近 20 年来，我国湖泊水污染的治理得到进一步提升，实施了各类水污染控制与水体修复技术及工程，包括水源地水质改善、面源污染控制、底泥疏浚、引水调控和流域水污染控制管理措施等，积累了大量的相关研究数据，取得了一定成效（金相灿等，1999；陈荷生，2001；郭怀成和孙延枫，2002；殷福才和张之源，2003）。以"十一五"国家水体污染控制与治理科技重大专项为契机，我国湖泊流域治理理念有了一定的创新，实现了从"区域"治理到"流域"治理的转变，并且提出了基于流域污染控制与生态修复的"清水产流""绿色流域"等新理念（金相灿和胡小贞，2010，金相灿等，2011）。

4.1.2　太湖流域生态环境问题认知诊断

1. 湖体生态系统受损严重，生态灾变风险高

（1）近 15 年来，太湖富营养化水平在中度与轻度之间波动，近年来水质恶化趋势有所遏制，但总氮居高难下，水华暴发呈常态化。

2007 年以来，水体污染状况略有好转，2009～2010 年的富营养化指数降至 60 以下，整体呈波动下降趋势；总氮、总磷浓度总体水平依然较高，尤其是总氮居高不下；20 世纪 90 年代以来，太湖蓝藻水华暴发呈常态化，近年来暴发面积呈下降趋势，2007 年为 1200km²，2011 年为 500km²。

（2）内源污染物释放与湖泛生态灾变风险高。全太湖淤泥厚度大于 30cm 的湖区面积为 969km²，占太湖总面积的 41.6%；太湖淤泥营养物含量最大值可达到全湖水体平均值的 7～8 倍，内源污染物释放风险高；沿岸大量河汊、渔港以及芦苇丛区域为水华堆积腐烂提供了条件，易形成"湖泛"。

（3）食物网结构简化，生物控藻能力降低。鱼类洄游通道阻隔和沉水植物大面积消失导致太湖鱼类种类大幅度减少。以浮游动物为食的湖鲚、银鱼产量达到总渔业产量的70% 以上；对藻类摄食压力弱的小型枝角类和桡足类占有优势地位；而食藻型鱼类鲢、鳙产量逐年下降，不足总产量的 5%，生物控藻能力减弱。

2. 流域生态四圈功能退化，污染物拦截与净化能力下降

1）水源涵养林结构不尽合理，水源涵养功能较弱

太湖流域森林植被面积 5000km²，只占全流域面积的 14%～15%。近 30 年来面积保持稳定，常绿阔叶林是本区的地带性植被，但由于长期以来受到人工干扰，原生植被已极少。本区的森林植被大多数恢复时间很短，生态系统比较脆弱，水源涵养和水土保持功能弱。

2）湖荡湿地面积锐减，植被退化严重，污染物拦截净化能力下降

太湖流域湖荡湿地密布，总面积约为 1300km²，相当于太湖湖体面积的 58% 左右，

在太湖流域污染物拦截和水质净化中发挥重要作用。近50年来，湖荡湿地数量与面积锐减，由于围湖利用而消失或基本消失的湖荡多达200个左右，面积高达400km²。受太湖流域城市化、水体高密度养殖、污染排放增加等影响，现存的湖荡水体生态退化严重，水生生物多样性全面衰退，污染物转化和拦截功能严重退化。

3）河湖联通不畅、河流水质污染依然严峻，清水通道与生态回廊受阻

太湖通湖河道有140条，目前有111条出入湖口建有控制建筑物；环湖水利工程对河湖水系自然生态的影响逐步凸显，降低了河湖的水系连通性；入湖河流水质及河口底泥的磷、氮、有机质污染重；太湖50余种常见洄游性和半洄游性鱼类难觅踪影；河流作为清水通道与生态回廊的功能受阻严重。

4）湖滨缓冲带生态破坏严重，入湖最终保护屏障生态功能削弱

围湖造田与防洪大堤破坏了太湖湖滨带原有的湿地生态系统。太湖湖滨带开发利用强度过高，环境污染和生态退化加剧。湖滨带挺水植物分布面积不断缩小，到2008年，挺水植物面积相对20世纪80年代缩小了约90%，总生物量2008年仅为1981年的14%。缓冲带内总人口34.23万，工业企业2537家，约4/5以上面积被侵占（农田、村落、鱼塘），人为干扰与生态破坏严重。

5）流域土地利用格局巨变，生态环境质量呈现整体下降趋势

1985年至2010年耕地面积减少4354.04km²，同期建设用地增加了4248.23km²。尤其是近10年来，耕地面积退缩速度明显高于前10年，为前10年的2.23倍，而建设用地近10年的增长量为前10年的3.2倍。耕地作为流域陆生生态系统的重要组成部分，耕地面积的大幅减少影响流域整体生态环境质量。

3. 流域产业结构和发展模式不尽合理，环境压力巨大

太湖流域第一、二、三产业GDP所占比例为3/58/39。第一产业比重逐年降低，第二产业占主导地位，第三产业发展相对滞后。第一产业内部种植业以传统种植模式为主，农田肥料投放量大，利用率低，氮磷流失严重；畜禽养殖业养殖模式不尽合理，排污严重。第二产业内部结构和布局不尽合理，传统高污染行业比重偏高。"十一五"以来太湖流域经济增长迅速，年均GDP增速超过15%，但经济增长模式仍未根本转变，产业结构不尽合理，造成湖泊流域环境承受巨大压力。

4. 流域污染负荷大，远超太湖水环境承载力

在第一次全国污染源普查数据基础上开展了流域污染源调查并解析了流域污染源排放量—入河量—入湖量全过程污染特征。太湖流域2007年总氮、总磷、COD、氨氮排放总量分别为41万t、4.6万t、193万t、18万t；总氮、总磷、COD、氨氮入河总量分别为17万t、1.4万t、65万t、7.5万t。总氮、总磷、COD、氨氮入湖总量分别为3.9万t/a、0.21万t/a、20.4万t/a、2.1万t/a。根据太湖水环境承载力、考虑大气沉降及内源污染影响计算得到的流域总氮、总磷允许入湖总量分别为0.9万t/a、

0.06万t/a。主要污染物总氮、总磷的入湖负荷量需作较大削减，才能满足太湖水环境承载力的要求。入湖污染负荷中总氮城镇与农村生活源占50%、农业种植污染源占30%；总磷城镇与农村生活源占33%、农业种植污染源占42%。

4.2 "一湖四圈"综合治理理念及综合控制技术体系

4.2.1 流域"一湖四圈"综合治理理念

基于全流域多学科综合调查，深入认知太湖流域生态系统各生态圈层在维持太湖流域生态健康过程中的重要作用及其相互关系，研究提出以"水源涵养林—湖荡湿地—河流水网—湖滨缓冲带—太湖湖体"为构架的太湖流域"一湖四圈"治理理念。"一湖四圈"构架通过流域水系连通，将流域整体有机统合，并涵盖陆域五大污染控制区及32个行政控制单元，突显了太湖流域特有的地元特征。太湖流域"一湖四圈"构架如图4.1所示。

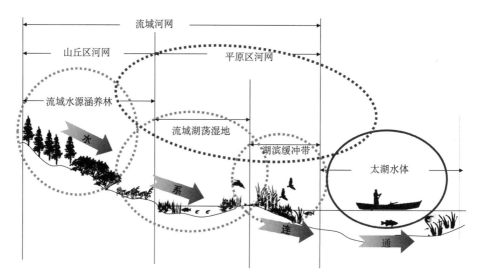

图4.1　太湖流域"一湖四圈"构架

4.2.2 太湖流域水污染与富营养化综合控制技术体系

太湖流域水污染与富营养化综合控制方案，在流域"一湖四圈"总体构架下，以"污染源系统控制-流域生态圈修复-湖泊水体生境改善-太湖生态安全保障"为总体思路，实施四大体系的建设：①污染源系统控制，包括流域产业结构调整、工业污染源控制、城镇生活污染源控制、农村生活污染源控制、养殖污染源控制及种植业污染源控制；②"流域四圈"生态修复，包括水源涵养林修复、湖荡湿地修复、河流水网修复及湖滨缓冲带修复；③湖泊水体生境改善，包括太湖蓝藻水华控制及湖泊水体中长期修复；④湖泊流域综合管理，包括流域污染源监管、流域生态环境监控及环境教育与公众参与。形成以"一湖四圈"为主线的流域综合控制中长期方案。太湖流域水污染与富营养化综合控制技术体系如图 4.2 所示。

图 4.2　太湖流域综合治理中长期控制方案技术体系

4.2.3　强化流域综合管理的大方向、大思路与大格局

1. 实现从"水质目标"向"水生态目标"的流域综合管理模式的转变

湖泊流域治理最终应以恢复湖泊及其流域健康生态系统为目的。构建以"一湖四圈"流域生态健康为核心的太湖流域生态安全保障与管理体系，实现以湖泊水质改善为管理与防治目标的传统模式向以全流域水生态系统健康为目标的生态安全管理模式的转变，是流域综合管理的大方向。

2. 实现从"一湖"到"一湖四圈"的流域综合整治思路的转变

湖泊的治理最终是湖泊流域的治理。湖泊流域的治理应实现从"区域"到"全流域"的过渡，从"一湖"到"一湖四圈"的转变。太湖流域"一湖四圈"涵盖了流域主要生态圈层与五大污染控制区及 32 个县市级控制单元，符合太湖流域生态结构特征和污染分布特征，是太湖流域治理规划的大思路。

3. 着力建设"共感-共存-共有"的太湖流域环保文明，形成全民参与的大格局

着力于政府与民众对太湖环境问题及保护的必要性等形成共通理解与认识达成"共感"；谋求太湖流域环境保护与经济发展活力的"共存"；最终实现与子孙后代对太湖宝贵自然财富的"共有"。也即对太湖认知的一致性、发展与保护的并存及将来可持续性。加强政府部门与流域民众的沟通；逐步推进全民环保教育，形成综合环保教育体系；打造太湖流域环保文明建设，形成"全民参与、共治太湖"的大格局。

4.3 流域综合控制分区

4.3.1 分区原则

从太湖流域整体出发，以流域综合控制方案目标可达性为核心，对太湖及其流域开展区划，流域分区是制订更具符合各分区区域特征的具有针对性的控制与修复方案的重要基础。在分区时遵循如下原则：

（1）充分考虑污染源分布特征的原则；

（2）充分考虑流域水利分区的原则；

（3）行政区划控制单元的完整性原则；

（4）流域生态圈构成与水系连通原则；

（5）与太湖流域其他主体功能分区保持一定的一致性。

4.3.2 分区控制

1. 流域污染源控制分区

（1）五大污染控制区：北部重污染控制区（6327km²）、湖西重污染控制区（6636km²）、浙西污染控制区（8272km²）、南部太浦污染控制区（3953km²）及东部污染控制区（6304km²），如图 4.3 所示。

图 4.3　太湖流域污染源控制分区

（2）行政控制单元：流域五大污染控制区涵盖 32 个行政控制单元，详见表 4.1。

表 4.1 流域污染控制 32 个行政控制单元

分区名称	区域范围
北部重污染控制区	常州市的部分区域（常州市区（包括戚墅堰区、天宁区、新北区、钟楼区）、武进区），无锡市的部分区域（无锡市区（包括滨湖区、惠山区、锡山区），江阴市），苏州市的部分区域（常熟市、张家港市）
湖西重污染控制区	镇江市的部分区域（丹徒区、丹阳市、句容市），常州市的部分区域（金坛市、溧阳市），无锡市的部分区域（宜兴市），南京市的部分区域（高淳县）
浙西污染控制区	杭州市的部分区域（杭州市区、余杭区、临安市），湖州市的部分区域（湖州市区、德清县、长兴县、安吉县）
南部太浦污染控制区	嘉兴市的部分区域（嘉兴市区、嘉善县、海盐县、海宁市、平湖市、桐乡市）
东部污染控制区	苏州市的部分区域（苏州市区、昆山市、吴江市、太仓市）和上海市青浦区的三个镇（练塘镇、朱家角镇和金泽镇）

2. 流域生态修复"一湖四圈"分区

流域"一湖四圈"包括：水源涵养林、湖荡湿地、河流水网、湖滨缓冲带、太湖湖体（表 4.2）。

表 4.2 太湖流域圈层生态功能区划汇总

生态圈层	功能分区	范围	生态问题	功能定位
流域水源涵养林	宜兴溧阳低山丘陵常绿栎林、杉木林区	江苏省溧阳市、宜兴市、高淳县与浙江省长兴县，总面积 937km²	原生植被已极少；竹林主要为毛竹林；林下植被退化；水源涵养和水土保持功能差	生态林业
	太湖南部丘陵平原栎类典型混交林、马尾松林区	浙江省余杭、临安市、湖州市、德清县、长兴县、安吉县，总面积 3293km²	原生植被少；部分区域保存较为完好的天然林和天然次生林；水源涵养和水土保持功能较好	丘陵林地生态旅游区
	太湖东岸丘陵平原木荷林、马尾松林区	江苏省武进区、无锡市、苏州市，总面积 355km²	原生植被已极少；经济林主要为果，以橘林、杨梅为多；分布于湖区周围	生态经济林地休闲度假旅游区
	太湖流域城镇（两点）与生态林廊道（网络）	流域内各市县	改善城市和村镇生态环境，绿化美化，并具有一定水土保持能力；铁路、公路、河渠及重要堤防生态林廊道，绿化美化，并具有一定水土保持能力	周边居民休闲绿化带

生态圈层	功能分区	范围	生态问题	功能定位
湖荡湿地	生态退化湖荡区	江苏省常州市、武进区、无锡市、江阴、常熟市、张家港市、镇江市、丹徒区、丹阳市、金坛市、溧阳市、宜兴市、句容市、高淳县，总面积 633km²	水质底质重度污染；渔业活动频繁；重污染水生植物被适应类群；耐污种与挺水植物为优势；植被覆盖率低	城市与城镇景观湖泊区
	中度干扰湖荡区	浙江省余杭区、临安市、湖州市、德清县、长兴县、安吉县，总面积 473km²	水质底质中度污染；渔业活动频繁；人工养殖水体的水生植被适应类群，以中等耐污种为主	城市景观湖泊与城郊生态养殖湖泊湿地区
	水土涵养湖荡区	江苏省苏州市、昆山市、吴江市，总面积 164km²	水质底质轻度污染；渔业活动适中；清水河流和湖泊的水生植被适应类群，以清洁种和轻度耐污种为主	高端湖泊度假旅游区
河网	生态退化河网区	江苏省常州市、武进区、无锡市、江阴市、常熟市、张家港市、镇江市、丹徒区、丹阳市、金坛市、溧阳市、宜兴市、句容市、高淳县，总面积 633km²	水质底质污染重度污染；航运活动频繁；河岸带植物盖度极低；耐污种与挺水植物为优势	城市与城镇景观河道区与农业生态沟渠网络区
	中度干扰河网区	浙江省嘉兴市、嘉善县、海盐县、海宁市、平湖市、桐乡市，江苏省苏州市、昆山市、吴江市、太仓市，上海青浦区，总面积 685km²	水质底质中度污染；渔业活动频繁；人工养殖水体的水生植被适应类群，以中等耐污种为主	城市与城镇半自然景观河道区
	水土涵养河网区	浙江省余杭区、临安市、湖州市、德清县、长兴县、安吉县，总面积 164km²	水质底质轻度污染；渔业活动适中；清水河流和湖泊的水生植被适应类群，以清洁种和轻度耐污种为主	生态自然景观河道区
湖滨缓冲带	缓冲带外圈	外圈（大堤外 200m 至 2km 左右）	不同产业生产活动频繁，潜在污染来源风险高；耐污种与挺水植物为优势；	绿色经济区
	缓冲带内圈	内圈（200m 以内）	存在一定水平的人类干扰；尚未形成生态隔离地带	湖岸保护区
	湖滨带	太湖大堤内侧	湖滨带挺水植物分布面积不断缩小；总生物量也不断缩小	湖滨带保护区

1) 流域水源涵养林生态分区

流域水源涵养林划分为三区两点一网络：宜兴溧阳低山丘陵常绿栎林、杉木林区、太湖南部丘陵平原栎类典型混交林、马尾松林区、太湖东岸丘陵平原木荷林、马尾松林区及太湖流域城镇（两点）与生态林廊道（一网络）。

A. 宜兴溧阳低山丘陵常绿栎林、杉木林区

范围：江苏省溧阳市、宜兴市、高淳县与浙江省长兴县，总面积937km²。

生态特征：原生植被已极少；竹林主要为毛竹林；林下植被退化；水源涵养和水土保持功能差

生态服务功能定位（规划方向）：生态林业区

B. 太湖南部丘陵平原栎类典型混交林、马尾松林区

范围：浙江省余杭区、临安市、湖州市、德清县、长兴县、安吉县，总面积3293km²。

生态特征：原生植被少；部分区域保存较为完好的天然林和天然次生林；水源涵养和水土保持功能较好；

生态服务功能定位（规划方向）：丘陵林地生态旅游区

C. 太湖东岸丘陵平原木荷林、马尾松林区

范围：江苏省常州市武进区、无锡市、苏州市，总面积355km²。

生态特征：原生植被已极少；经济林主要为果林，而以桔林、杨梅为多；分布于湖区周围；

生态服务功能定位（规划方向）：生态经济林地休闲度假旅游区

D. 太湖流域城镇（两点）与生态林廊道（一网络）

范围：流域内各市县。

生态特征：改善城市和村镇生态环境，绿化美化，并具有一定水土保持能力；铁路、公路、河渠及重要堤防生态林廊道，绿化美化，并具有一定水土保持能力。

生态服务功能定位（规划方向）：居民休闲绿化带

E. 流域水源涵养林生态分区总体特征

见图4.4。

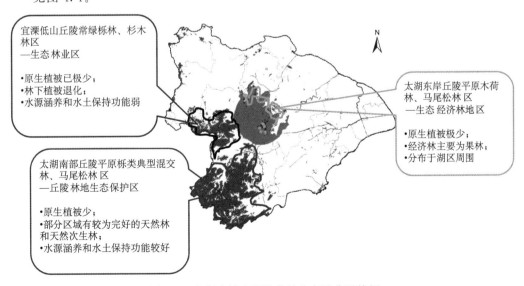

图4.4　太湖流域水源涵养林分布及分区特征

2）流域湖荡湿地生态分区

流域湖荡湿地划分为三个区：上游生态退化湖荡区、下游中度干扰湖荡区及水土涵养湖荡区。

A. 生态退化湖荡区

范围：江苏省常州市、武进区、无锡市、江阴市、常熟市、张家港市、镇江市、丹徒区、丹阳市、金坛市、溧阳市、宜兴市、句容市、高淳县，总面积633km²。

生态特征：水质底质重度污染；渔业活动频繁；重污染水生植被适应类群；耐污种与挺水植物为优势；植被覆盖率低；

生态服务功能定位（规划方向）：城市与城镇景观湖泊区

B. 中度干扰湖荡区

范围：江苏省苏州市、昆山市、吴江市和浙江省嘉兴市、嘉善县，总面积473km²。

生态特征：水质底质中度污染；渔业活动频繁；人工养殖水体的水生植被适应类群，以中等耐污种为主。

生态服务功能定位（规划方向）：城市景观湖泊与城郊生态养殖湖泊湿地区

C. 水土涵养湖荡区

范围：浙江省余杭区、临安市、湖州市、德清县、长兴县、安吉县。

生态特征：水质底质轻度污染；渔业活动适中；清水河流和湖泊的水生植被适应类群，以清洁种和轻度耐污种为主。

生态服务功能定位（规划方向）：高端湖泊度假旅游区

D. 流域湖荡湿地生态分区总体特征

见图4.5。

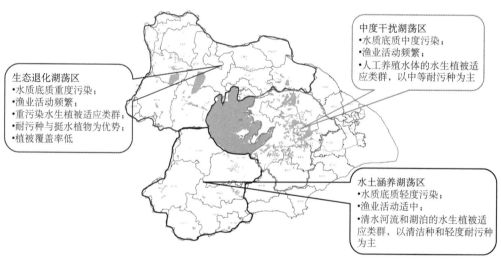

图4.5　太湖流域湖荡湿地分布及分区特征

3）流域河网生态分区

流域河网划分为三个区：上游生态退化河网区、下游中度干扰河网区及水土涵养河网区。

A. 生态退化河网区

范围：江苏省常州市、武进区、无锡市、江阴市、常熟市、张家港市、镇江市、丹徒区、丹阳市、金坛市、溧阳市、宜兴市、句容市、高淳县。

生态特征：水质底质重度污染；航运活动频繁；河岸带植物盖度极低；耐污种与挺水植物为优势；

生态服务功能定位（规划方向）：城市与城镇景观河道区与农业生态沟渠网络区

B. 中度干扰河网区

范围：浙江省嘉兴市、嘉善县、海盐县、海宁市、平湖市、桐乡市，江苏省苏州市、昆山市、吴江市、太仓市、上海青浦区。

生态特征：水质底质中度污染；渔业活动频繁；人工养殖水体的水生植被适应类群，以中等耐污种为主；

生态服务功能定位（规划方向）：城市与城镇半自然景观河道区

C. 水土涵养河网区

范围：浙江省余杭区、临安市、湖州市、德清县、长兴县、安吉县。

生态特征：水质底质轻度污染；渔业活动适中；清水河流和湖泊的水生植被适应类群，以清洁种和轻度耐污种为主。

生态服务功能定位（规划方向）：生态自然景观河道区

D. 流域河网生态分区总体特征

见图 4.6。

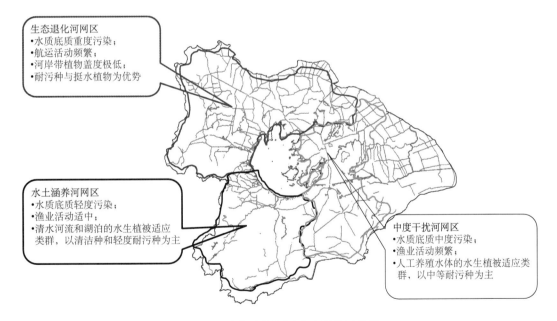

图 4.6 太湖流域河网分布及分区特征

4）湖滨带缓冲区生态分区

湖滨带缓冲区划分为缓冲带外圈、缓冲带内圈及湖滨带。

A. 缓冲带外圈

范围：外圈（大堤外 200m 至 2km 左右）。

生态特征：不同产业生产活动频繁，潜在污染来源风险高；耐污种与挺水植物为优势；

生态服务功能定位（规划方向）：绿色经济区

B. 缓冲带内圈

范围：内圈（200m 以内）。

生态特征：存在一定水平的人类干扰；尚未形成生态隔离地带。

生态服务功能定位（规划方向）：湖岸保护区

C. 湖滨带

范围：太湖大堤内侧。

生态特征：湖滨带挺水植物分布面积不断缩小；总生物量也不断缩小。

生态服务功能定位（规划方向）：湖滨带保护区

D. 缓冲区湖滨带生态分区总体特征

见图 4.7。

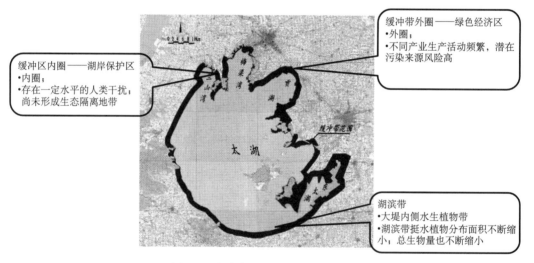

图 4.7　太湖湖滨带分布及分区特征

5）太湖湖体分区

将太湖湖体分为九个水域：梅梁湖、五里湖、贡湖、竺山湖、东太湖、东部沿岸区、西部沿岸区、南部沿岸区、湖心区（图 4.8）。

图 4.8　太湖湖体分区

4.4　控制方案总体目标与阶段目标

4.4.1　总体目标

从流域整体出发，遵循"系统控源为主—清水产流流域生态圈修复—湖泊水体生境改善—太湖生态安全保障"的总体思路，经过近、中、远期 20 多年的综合治理，完成太湖流域"一湖四圈"四大体系的建设，各规划期，规划范围内污染物排放总量能满足各个时期总量控制要求，河流及湖体水质基本达到各时期水质目标。到 2030 年，主要入湖河流和主要支流水质全部达标，太湖湖体水质达到功能区水质目标。遏制太湖富营养化状况恶化趋势，并在中长期内逐步改善，太湖生态系统健康状况趋于好转，流域社会经济优化协调发展，污染负荷大幅削减，饮用水源地水质稳定趋好，水华发生面积明显减少。最终达到人与环境的和谐及社会、经济、生态的可持续发展。

4.4.2　阶段目标——近中远期目标

近期目标（2008～2015 年）：以控源减负为主，着力污染负荷削减，遏制太湖富营养化恶化趋势，改善流域生境。到 2015 年，规划范围内污染物排放总量基本满足总量控制要求。主要入湖河流和主要支流水质基本达标，太湖湖体主要水源地满足取水水质要求，各功能区水质基本达标。

中期目标（2016～2020 年）：实现流域产业结构调整，太湖富营养化趋势明显好转，生态服务功能有效恢复。到 2020 年，规划范围内污染物排放总量满足总量控制要求。主要入湖河流和主要支流水质全部达标，太湖湖体水质达到功能区水质目标。

远期目标（2021~2030）：可持续发展的健康太湖流域生态系统的维持。到 2030 年，规划范围内污染物排放总量满足总量控制要求。主要入湖河流和主要支流水质明显改善，太湖湖体水质达到功能区水质目标。

4.5　流域控源重点区域与方向

针对太湖流域污染的特点，流域控源的重点主要是找出污染物主要来源区域及污染源类型，从源头削减污染物的排放量和入湖量，提出有针对性的工程措施和非工程措施。对主要入湖河流实施治理，有效减少入湖污染负荷量，遏制湖泊水质下降。

4.5.1　重点控制的污染因子

根据太湖近年来的水质监测结果，2010 年及 2011 年近两年的高锰酸盐指数分别为 4.4mg/L 及 4.4mg/L，已接近Ⅱ类水水质目标；氨氮分别为 0.36mg/L 及 0.37mg/L，已达到Ⅱ类水水质目标要求；而总氮分别为 2.68mg/L 及 2.37mg/L，为劣Ⅴ类，总磷分别为 0.072mg/L 及 0.079mg/L，为Ⅳ类。因此太湖湖体水质目标确定的难点是总氮和总磷，其中以总氮控制难度最大。

4.5.2　污染源控治的重点区域

根据太湖流域污染源解析表明，太湖流域污染物入湖来源主要为流域西北部上游区域与控制单元。因此太湖流域的控源重点区域为湖西重污染控制区和北部重污染控制区，重点控制单元以宜兴和常州为主。太湖湖体西北部沿岸区以及陈东港、漕桥河、太滆南运河、大浦港等 4 条河流是水体控源关注的重点。

4.5.3　污染源控治的重点方向与行业

目前太湖流域污染治理的优先顺序是生活污染源、工业污染源及农业污染源。城镇生活及农村生活污染源对太湖水质影响的贡献率较大，是流域控源的重点，农业污染源是控源的难点；太湖流域工业废水排放量贡献率最大的行业为纺织业，之后依次为化工、黑色金属加工业、通信设备制造业，此四个行业工业废水贡献率合计高达 73.58%，是流域行业控源的重点。目前太湖流域废水处理设施对氮磷去除效率低，造成氮磷污染物排放量大，加强污水处理设施中脱氮除磷能力建设将是"十二五"期间乃至今后需要重点加强的工作之一。

4.5.4　重点河流

西部沿岸区是整个太湖湖体中污染最为严重、湖泛和蓝藻发生频率最高、湖泊生态系统退化最严重的湖区。主要入湖河流中，直接汇入西太湖湖区的有 13 条之多，在这其中陈东港、漕桥河、太滆南运河、大浦港等 4 条河流入湖污染物量所占比重较大，且总氮浓度较高，是重点控源的主要入湖河流。

4.6 流域"一湖四圈"生态修复重点区域

4.6.1 生态圈层修复的重点区域与方向

流域生态圈层（水源涵养林、湖荡湿地、河流水网、湖滨缓冲带）修复的重点区域为湖荡湿地，维护湖荡湿地生态平衡和功能完整是生态圈层修复的重点。流域湖荡湿地分为生态退化湖荡区（西北部）、中度干扰湖荡区（东部）和水土涵养湖荡区（西南部），目前生态退化湖荡区水质与底质污染严重、渔业活动频繁、水生植被严重退化，是修复的重点区域。

4.6.2 太湖流域"一湖四圈"修复的主要措施

水源涵养林实施封山育林，林相结构改造；湖荡湿地实施植被恢复，截污清淤；入湖河流实施河岸带修复，保持水系联通；湖滨缓冲带实施生态保护带建设，提高挺水植被覆盖率；湖泊水体实施水华防控，提高湖体沉水植被盖度。如图 4.9 所示。湖荡湿地作为流域生态修复的重点区域，还应加强相关的管理措施：制定和实施湖荡湿地保护和利用规划；加强湖荡湿地的水质保护，维护环境质量；加强湖荡湿地生态环境管理；探索和建立湖荡湿地保护的补偿机制。

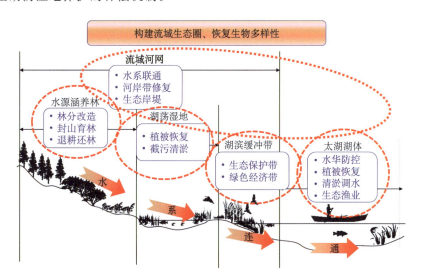

图 4.9　太湖流域"一湖四圈"生态修复主要措施

4.7 综合控制方案指标体系

4.7.1 水环境质量指标

太湖湖体不同规划阶段的水质指标主要包括高锰酸盐指数、氨氮、TN 和 TP，各阶段各指标相应值见表4.3。太湖流域入湖河流不同规划阶段的控制指标主要是水功能区达标率，各阶段相应值见表4.4。

表4.3 太湖水体总体水质目标（单位：mg/L）

时间		水质目标			
		TN	TP	COD	氨氮
基准年	2007年	2.81	0.101	5.20	0.91
现状年	2009年	2.64	0.083	4.80	0.47
规划年	2015年	2.00	0.070	Ⅱ类	Ⅱ类
	2020年	1.50	0.050	Ⅱ类	Ⅱ类
	2030年	1.00	0.050	Ⅱ类	Ⅱ类

表4.4 太湖流域入湖河流水功能区达标率（单位：%）

指标名称	2007年	2015年	2020年	2030年
水功能区达标率	60	75	85	90～95

4.7.2 总量控制指标

太湖流域不同规划阶段的总量指标主要包括COD、氨氮、TN和TP，各阶段各指标相应值见表4.5。

表4.5 太湖流域总量控制指标（单位：t/a）

指标	控制区名称	2015年	2020年	2030年
TN	北部重污染控制区	24798	20080	15813
	湖西重污染控制区	11164	7447	4207
	浙西污染控制区	15572	11933	8534
	南部太浦污染控制区	15511	12194	9213
	东部污染控制区	14973	12404	9825
TP	北部重污染控制区	1358	829	829
	湖西重污染控制区	703	317	317
	浙西污染控制区	1121	651	651
	南部太浦污染控制区	1072	687	687
	东部污染控制区	846	545	545
COD	北部重污染控制区	87422	82285	82285
	湖西重污染控制区	32439	29813	29813
	浙西污染控制区	55069	52284	52284
	南部太浦污染控制区	58579	55839	55839
	东部污染控制区	62119	59314	59314

指标	控制区名称	2015 年	2020 年	2030 年
氨氮	北部重污染控制区	7011	6986	6986
	湖西重污染控制区	3808	3793	3793
	浙西污染控制区	5051	5035	5035
	南部太浦污染控制区	3843	3827	3827
	东部污染控制区	4842	4828	4828

4.7.3 污染防治指标

太湖流域不同规划阶段的污染防治指标主要包括工业废水集中处理率，中水回用率，城镇生活污水集中处理率，乡村生活污水处理率，生活垃圾无害化收集处理率，畜禽养殖业粪便资源化利用率，农药化肥减施率，各阶段各指标相应值见表 4.6。

表 4.6 太湖流域污染防治指标（单位：%）

污染源	指标名称	2007 年	2015 年	2020 年	2030 年
工业	工业废水排放稳定达标率	—	90	95	98～100
	工业园区尾水回用率	3～5	20	30	40
城镇生活	城镇生活污水集中处理率①	58	90	95	95～100
	污水处理厂中水回用率	4	20	30	40
农村生活	乡村生活污水处理率②	5～10	50	70	90
	农村生活垃圾收集处理率	55	80	90	95～100
养殖业	规模化畜禽养殖场粪便资源化利用率	50	90	95	98～100
种植业	农药化肥减施率	—	30	50	80
	三品种植面积占农田面积比例③	40～50	85	90	95

①近期主要以提高收集率为重点，中远期主要以提高处理率为重点；

②近期主要以提高管网覆盖率为重点，中远期主要以提高处理率为重点；

③三品系指无公害农产品、绿色食品和有机食品

4.7.4 "一湖四圈"生态指标

太湖流域不同规划阶段的生态指标主要包括涵养林、湖荡湿地、河网修复与保护、湖滨缓冲带生态修复及湖体生境改善五大子系统共 11 项指标，各阶段各指标相应值见表 4.7。

表 4.7　太湖流域生态指标

子系统	序号	指标	单位	2007 年现状	2015 年	2020 年	2030 年
涵养林修复与保护	1	涵养林覆盖率	%	14	15	16	18
	2	林相结构（乔灌林比例）	%	20～30	40	45	60
	3	郁闭度	%	20～40	50	60	80
湖荡湿地修复与保护	4	沉水植物生物量	t/km²	100～200	400	600	1000
	5	湿地植被覆盖率	%	6	15	20	30
	6	湖荡总体水质（Ⅴ类及劣Ⅴ类比例）	%	30	25	15	0
河网修复与保护	7	城市河道清淤率	%	20	50	80	100
	8	河体岸带植物覆盖率	%	＜20	30	50	70
	9	河网修复生态护岸占比	%	30	＞40	＞50	＞60
缓冲区湖滨带生态修复	10	生态防护林带封闭水平	%	＜40	＞50	＞90	100
	11	挺水植被覆盖率	%	15	20	30	50
湖体	12	富营养化指数	—	62	55	50	45
	13	蓝藻水华影响指数	—	0.6	＜0.45	＜0.25	＜0.10
	14	沉水植被盖度	%	15	20	30	40

4.8　太湖流域水污染治理与富营养化控制的时间表及路线图

4.8.1　流域污染源控制时间表与路线图

结合污染削减状况及流域污染负荷趋势分析，综合考虑方案总量控制目标及水质目标可达性分析，提出了以太湖水环境承载力为依据的流域控源"时间表-路线图"（图 4.10）。太湖水质 2015 年目标：总氮 2011 年为 2.37mg/L，为劣 Ⅴ 类，2015 年控制在 2.0mg/L，为 Ⅴ 类，污染物削减率 51.2%；总磷 2011 年为 0.079mg/L，为 Ⅳ 类，2015 年控制在 0.07mg/L，为 Ⅳ 类，污染物削减率 59.7%。2015 年总量控制目标：总氮控制在 82018t/a，其中江苏区域控制在 50776t/a，浙江区域控制在 31083t/a，上海青浦区控制在 159t/a；总磷控制在 5100t/a，其中江苏区域控制在 2893t/a，浙江区域控制在 2193 吨/年，上海青浦区控制在 14t/a。总氮控制是太湖水质达标的难点，为达到 Ⅲ 类水质目标，"十二五""十三五"均需持续的开展总氮污染物的削减工作。若将 2015 年总氮指标控制在 2.3mg/L（仍为劣 Ⅴ 类），则总氮污染物削减率需要达到 42%。若要消除劣 Ⅴ 类，达到 2.0mg/L 有一定难度，为达到 2015 年总氮控制目标，应加强对流域生活污染源的治理力度，重点应放在城镇生活污水管网的配套建设，增大污水收集率，主要入湖河流重点小流域进一步推广脱氮除磷深度处理工艺，提高排放标准。另外加强对工业污染源达标及总量控制的管理力度。

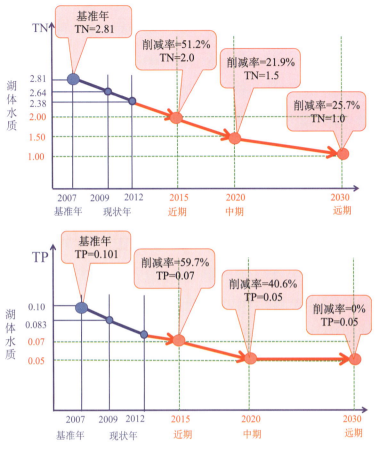

图 4.10　太湖水质达标方案氮磷控源"时间表-路线图"

4.8.2　流域"一湖四圈"生态修复时间表与路线图

　　根据太湖流域生态圈层的现状特征与问题，太湖流域生态修复指标主要包括水源涵养林、湖荡湿地、河流水网、湖滨缓冲带及湖体五大子系统。流域生态修复在短期内难以取得成效，应着眼于中长期目标的实现。流域"一湖四圈"修复各圈层核心指标的中长期修复目标：水源涵养林林相结构（乔灌林比例）：2009 年为 20％～30％，2015 年恢复至 40％，中长期（2030 年，以下同）恢复至 60％；湖荡湿地植被覆盖率：2009 年为 6％，2015 年恢复至 15％，中长期恢复至 30％以上；河岸带植被覆盖率：2009 年不足 20％，2015 年恢复至 30％，中长期恢复至 70％；湖滨带挺水植被覆盖率：2009 年为 15％，2015 年恢复至 20％，中长期恢复至 50％；太湖湖体沉水植被盖度：2009 年为 15％，2015 年恢复至 20％，中长期恢复至 40％。太湖流域"一湖四圈"生态修复通过中长期持续努力，使太湖流域生态系统逐步达到健康状态。

　　湖荡湿地是流域生态修复的重点区域，除植被覆盖率修复目标外，还需着力改善湖荡水体水质、底质的污染状况。

以水源涵养林、湖荡湿地、河流水网、湖滨缓冲带及太湖湖体水生态系统为修复与保护对象，通过生态圈层"重建－修复－复育－保育"的一系列措施和多部门联动的管理保护，恢复生物多样性，增强水体生态系统自我调节能力和污染物拦截能力；通过中长期持续努力，使太湖生态安全健康状况逐渐由不健康状态提升到健康状态。流域"一湖四圈"生态修复的"时间表-路线图"如图 4.11。

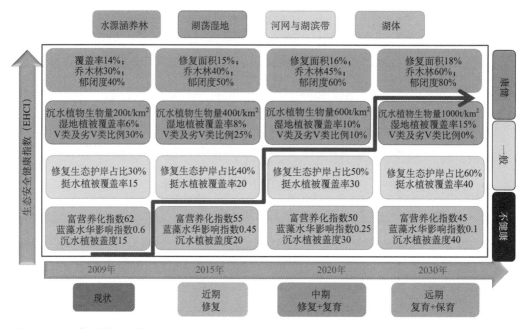

图 4.11　太湖流域"一湖四圈"生态修复"时间表-路线图"（蛇形线表示流域生态健康发展趋势）

第5章 太湖流域复合模型构建及污染物入河-入湖量全过程解析

本章通过建立太湖流域河网模型，对流域水体运动和污染物输移转化进行模拟，为陆域主要入湖河道污染物开展溯源研究提供技术支持，也为湖体流场、浓度场模拟提供必要的边界条件；通过对污染物入河-入湖量全过程解析，定量了解太湖流域污染负荷空间特征，为太湖流域水环境治理和污染控制对策制订提供科学依据。

5.1 太湖河网区水环境数学模型构建

5.1.1 河网概化

由于河网内部河道多而复杂，一般都属天然河道。为了便于计算，首先必须将内部河道进行概化，形成一个有河道、有节点的概化河网。河网概化主要是把一些对水力计算影响不大的小河道进行技术合并，概化成若干条假想的河道，并将天然河道的不规则断面概化成规则的梯形断面。概化后的每一条河段，需要确定以下几个参数：河底宽度、河底高程、边坡系数、糙率及降水（灌溉）宽度、雨区和灌区的划分。

太湖流域河网概化图见图5.1。太湖模型计算的边界条件分为长江沿线、宜溧山区、太湖边界等。

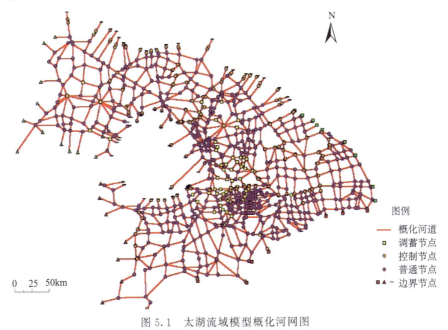

图 5.1 太湖流域模型概化河网图

5.1.2 河网水环境数学模型

1. 产流模型

根据研究区域下垫面特点，分为水面、水田、旱地及城镇四种下垫面类型（程文辉等，2006）进行产流计算。

1）水面产流

分区逐日水面产流（净雨深）为分区日平均雨量与日平均蒸发量之差：

$$R_{水面} = P - \beta E \tag{5.1}$$

式中，P 为分区日平均雨量（mm）；E 为分区日平均蒸发皿蒸发量（mm）；β 为蒸发皿折算系数；$R_{水面}$ 为水面日净雨深（mm/d）。

2）水田产流

根据作物生长期的需水过程，水稻田适宜通过水深上下限及耐淹水深等参数，逐日进行水量调节计算，以此推求水稻田产流 R。

3）旱地产流

在平原水网地区，地下水位比较高，土壤含水量易于得到补充，故可以采用单层蒸发的蓄满产流模式计算旱地产流。

4）城镇产流

城镇、道路的特点是下垫面覆盖的透水性较差，所以采用简单的径流系数计算城镇产流。

2. 汇流模型

汇流模型分山区、圩区及非圩区三种情况。

1）圩区

圩区产水先在圩区内部进行调蓄，圩区的水面起到调蓄作用。一般圩区内水位变化控制在 40cm 以下，当圩区水面蓄水量超过 40cm 时，将多余水量排出圩区，但排涝时要考虑排涝模数的限制。

2）非圩区

非圩区汇流采用已设定的汇流曲线，将日净雨按比例分配汇入河网。

3）山区

山区汇流计算采用综合的瞬时单位线将净雨过程在时间上进行再分配，以求得出流过程。

3. 河网水量模型

河道控制方程：描述明渠一维非恒定流的基本方程，为一维的 Saint-Venant 方程组（张二骏等，1982）：

$$\begin{cases} \dfrac{\partial Q}{\partial x} + B_w \dfrac{\partial Z}{\partial t} = q \\ \dfrac{\partial Q}{\partial t} + 2U\dfrac{\partial Q}{\partial x} - U^2 \left.\dfrac{\partial A}{\partial x}\right|_z + (gA - U^2 B)\dfrac{\partial Z}{\partial x} + g\dfrac{n^2 Q|Q|}{AR^{1.33}} = 0 \end{cases} \quad (5.2)$$

式中，t 为时间坐标；x 为顺河向长度坐标；Q 为流量；Z 为水位；U 为断面平均流速；n 为糙率；A 为过流断面面积；B 为主流断面宽度；BW 为水面宽度（包括主流宽度 B 及仅起调蓄作用的附加宽度）；R 为水力半径；q 为旁侧入流流量。上述微分方程组采用 Preissman 四点隐式差分格式数值求解（张书农，1988）。

4. 河网水质模型

河网对流传输移动问题（韩龙喜等，1994）的基本方程表达如下：

$$\frac{\partial(AC)}{\partial t} + \frac{\partial(AUC)}{\partial x} = \frac{\partial}{\partial x}\left(AE_x \frac{\partial C}{\partial x}\right) - KAC + S \quad (5.3)$$

式中，t 为时间坐标；x 为空间坐标；C 为污染物质的断面平均浓度；U 为断面平均流速；A 为断面面积；E_x 为纵向分散系数；S 为污染物质源汇项；K 为污染物降解系数。对时间项采用向前差分，对流项采用上风格式，扩散项采用中心差分格式（卢士强和徐祖信，2003）。

5.1.3 模型率定验证

选用 2007 年全年流域实况水情和供排水情况（包括降水、蒸发、水位、流量、潮位及 2000 年基准年的水资源供、用、耗、排等基础资料）进行模型率定。

全流域使用的雨量站数为 114 个（表 5.1），各水利分区的面平均雨量由系统自动生成泰森多边形计算得到（图 5.2 和图 5.3）。全流域使用的蒸发站数为 12 个（表 5.1），计算水利分区（如无蒸发站点则移用邻近蒸发站的资料）。

1）基本资料

2007 年，收集到的实测资料有流域内各站点的水位，沿江沿杭州湾有 12 个潮位站的实测潮位资料，即镇江、新孟河、江阴、天生港、望虞闸（下）、浒浦、吴淞口、高桥、芦潮港、金汇港、乍浦、盐官。

江苏省沿江地区 13 个大闸全年实测水量资料，流域内重点骨干工程望亭水利枢纽、太浦闸全年实测水量资料（以上资料均来自流域内各省市的水文年鉴）。另外，还包括 2000 年基准年水资源综合规划调查资料，即沿长江、沿杭州湾自备水源，自来水厂取水量及其废污水排放量，流域内自备水源和自来水厂取水量及其废污水排放量。

表 5.1　计算中采用的雨量站与蒸发站

类别	站点位置
雨量站	龙上坞，天平桥，递铺，西亩，天锦堂，横湖，长兴，小梅口，临安，莫干山，市岭，百丈，钱坑桥，杭垓，大治河西闸，祝桥，青村，张堰，三和，望新，黄渡，罗店，马桥，夏字圩，青浦，蕴藻浜东闸，淀峰，银坑，河口，西麓，白兔，溧阳，平桥，钱宋水库，大涧，湖汶，善卷，横山水库，沙河水库，薛埠，东岳庙，上沛，茅东闸，小河新闸，九里铺，旧县，大浦口，宜兴，儒林，官林，金坛，丹阳，坊前，成章，王母观，后周，南渡，瓜泾口，湘城，望虞河，望亭，长寿，十一圩港，甘露，青阳，陈墅，洛社，常州，白芍山，漕桥，洞庭西山，太仓，周巷，唯亭，巴城，浏河闸，七浦闸，白茆闸，苏州，陈墓，金家坝，昆山，直塘，常熟，枫桥，平望，余杭，新市，崇德，平湖，钦城，硖石，桐乡，南浔，乌镇，王江泾，双林，嘉兴，胥口，夹浦，梅溪，老石坎，赋石水库，埭溪，对河口水库，德清，瓶窑，青山水库，桥东村，湖州杭长桥，菱湖，临平，嘉善，商塌
蒸发站	洞庭西山，盐官，宜兴，小河新闸，双林，沙河水库，青山水库，青浦，嘉兴，湖州杭长桥，瓜泾口，对河口水库

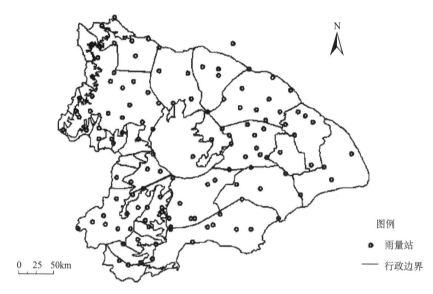

图 5.2　率定计算中采用的雨量站分布图

2）主要闸门运行方式

（1）谏壁枢纽、九曲河枢纽、浦河、新孟河枢纽、魏村枢纽、藻港枢纽。

该 6 闸是湖西区沿江口门的控制工程，其主要功能是控制湖西区的运西片及洮滆片的水位，当该地区水位过高，利用这些闸在低潮位时排水；当该地区水位过低，利用这些闸在高潮位时引水。

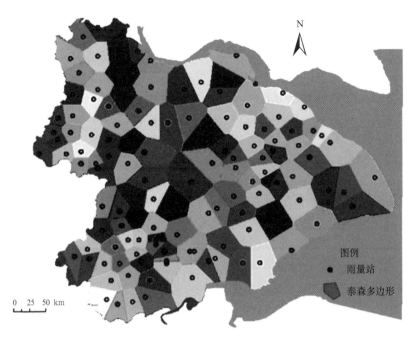

图 5.3　系统自动生成的泰森多边形示意图

i）谏壁枢纽和九曲河枢纽运行时用丹阳站做水位控制：

①当丹阳站日平均水位超过 4.2m 时，排水；

②当丹阳站日平均水位在 3.5m 与 4.2m 之间，关闸不引不排；

③当丹阳站日平均水位低于 3.5m 时，引水。

ii）浦河、新孟河枢纽、魏村枢纽和藻港枢纽运行时用常州站做水位控制：

①当常州站日平均水位超过 4.0m 时，排水；

②当常州站日平均水位在 3.5m 与 4.0m 之间，关闸不引不排；

③当常州站日平均水位低于 3.5m 时，引水。

（2）桃花港、利港、申港、新沟闸、新夏港闸、江阴枢纽、白屈港枢纽、张家港闸、十一圩港闸、福山闸。

该 10 闸是武澄锡虞区沿江口门的控制工程，其主要功能是控制该地区的水位，其控制运行方式如下：

i）桃花港、利港、申港、新沟闸、新夏港闸以青阳站做水位控制：

①当青阳站日平均水位超过 3.7m 时，排水；

②当青阳站日平均水位在 3.3m 与 3.7m 之间，关闸不引不排；

③当青阳站日平均水位低于 3.3m 时，引水。

ii）江阴枢纽、白屈港枢纽、张家港闸、十一圩港闸、福山闸以无锡站做水位控制：

①当无锡站日平均水位超过 3.6m 时，排水；

②当无锡站日平均水位在 3.2m 与 3.6m 之间，关闸不引不排；

③当无锡站日平均水位低于 3.2m 时，引水。

（3）常熟水利枢纽。

常熟水利枢纽是望虞河入江口门控制工程，其主要功能有两个，其一是与望亭水利枢纽联合运行，当太湖水位高时，排太湖洪水入长江；当太湖水位较低时，引长江水入太湖。其二是排泄望虞河西岸地区的涝水，但当望虞河两岸地区需水时，又可通过常熟枢纽从长江引水补充两岸地区用水。

排地区涝水时以无锡站做水位控制，当无锡站水位超过3.6m时，常熟枢纽开闸排涝。

当排泄太湖洪水或向太湖引水时，常熟水利枢纽与望亭水利枢纽联合运行。非汛期，当太湖8时水位超过3.5m，排水；当太湖8时水位低于3.2m，引水；其他情况关闸。汛期，当太湖8时水位超过防洪控制水位时，按防洪调度方案调度；当太湖8时水位低于防洪控制水位时，按引江济太方案调度。

（4）浒浦闸、徐六泾闸、金泾闸、白茆闸、浪港闸、七浦闸、杨林闸、浏河闸。

该8闸是阳澄区通江口门的控制工程，主要作用是控制阳澄地区水位，当地区控制站日平均水位超过3.0m时，开闸排水；当地区控制站日平均水位在2.8m与3.0m之间时关闸；当地区控制站日平均水位低于2.8m时，开闸引水。浒浦、徐六泾和金泾三个闸以董浜镇水位为观察指标，白茆、浪港、七浦、杨林四个闸以直塘水位为观察指标，浏河闸以太仓水位为观察指标。

（5）新川沙闸、练祁闸、新石洞闸。

该3闸是上海市嘉北片的入江口门控制工程，主要作用是控制该地区的水位，当嘉定（当地代表水位）日平均水位超过2.76m时，开闸排水；当嘉定日平均水位在2.56m与2.76m之间，关闸；当嘉定日平均水位低于2.56m时，开闸引水。

（6）五号沟闸、三甲港闸、大治河东闸、石皮泖港闸、芦潮港闸、南门闸、金汇港南闸。

该7闸是上海市浦东地区沿江及杭州湾口门的控制工程，其作用是排泄浦东地区的洪涝水，控制浦东地区的水位不超过2.96m。当东沟日平均水位超过2.96m时，五号沟闸排水；当川沙日平均水位超过2.96m时，三甲港闸排水；当南汇日平均水位超过2.96m时，大治河东闸、石皮泖港闸、芦潮港闸排水；当奉贤日平均水位超过2.96m时，南门闸、金汇港南闸排水。

（7）南台头闸、长山闸、盐官枢纽。

该3闸是杭嘉湖区外排杭州湾的三个主要控制工程，主要作用是将杭嘉湖地区的洪涝水排入杭州湾。

i）南台头闸、长山闸运行方式：

非汛期，当嘉兴站日平均水位超过2.7m时，南台头闸、长山闸排水；当嘉兴站日平均水位低于2.7m时，南台头闸、长山闸关闭。汛期，当嘉兴站日平均水位超过3.1m或崇德水位超过3.7m时，南台头闸、长山闸排水；当嘉兴站日平均水位在2.7m与3.1m之间或崇德水位在3.3m与3.7m之间，南台头闸、长山闸开启半排水；当嘉兴站日平均水位低于2.7m且崇德水位低于3.3m时，南台头闸、长山闸关闸。

ii）盐官枢纽运行方式：

当嘉兴站日平均水位低于2.7m且崇德水位低于3.3m时，盐官枢纽关闸；当嘉兴站日平均水位在 2.7m 与 3.2m 之间或崇德水位在 3.3m 与 3.8m 之间，盐官枢纽用开启度为 0.3 来排水；当嘉兴站日平均水位超过 3.2m 或崇德水位超过 3.8m 时，盐官枢纽排水；当嘉兴站日平均水位超过 3.4m 或崇德水位超过 4.0m 时，盐官枢纽排水，并动用 200m³/s 泵站。

（8）望亭水利枢纽。

望亭水利枢纽是太湖泄洪的两个主要通道之一，同时亦是引江济太的主要控制工程之一。望虞河在历史上曾是澄锡虞地区的主要排涝河道，因此在排出太湖洪水的同时，需要兼顾望虞河下游地区的排涝需求。

非汛期，当太湖 8 时水位超过 3.5m 时排水，但排水时控制琳桥水位不超过 4.15m；当太湖 8 时水位低于 3.2m 时引水，其他情况下关闸。

汛期，当太湖 8 时水位低于 2.9～3.3m，则望亭立交向太湖引水；当太湖 8 时水位高于 3.0～3.5m，则望亭立交排水；其他情况适时引排。

排洪时，当太湖水位不超过 4.2m，控制琳桥水位不超过 4.15m；当太湖水位不超过 4.4m，要控制琳桥水位不超过 4.30m；当太湖水位不超过 4.65m，则控制琳桥水位不超过 4.35m；当太湖水位超过 4.65m，则控制琳桥水位不超过 4.40m。

（9）太浦闸。

太浦闸是另一个排出太湖洪水的主要通道，又是向上海市供水的唯一通道，同时还是杭嘉湖地区洪涝水北排通道。

非汛期，当太湖水位超过 3.5m 时，太浦闸开闸排泄太湖洪水；当太湖水位不超过 3.5m 时，太浦闸开闸向下游供水。

汛期，当太湖 8 时水位高于 3.0～3.5m 时，太浦闸排水，否则向下游供水。

排洪时，如太湖水位不超过 3.5m，则控制下游平望水位不超过 3.3m；若太湖水位不超过 3.8m，则控制平望水位不超过 3.45m；若太湖水位不超过 4.2m，则控制平望水位不超过 3.60m；如太湖水位不超过 4.4m，则控制平望水位不超过 3.75m；如太湖水位不超过 4.65m，则控制平望水位不超过 3.90m；如太湖水位超过 4.65m，则控制平望水位不超过 4.1m。

（10）德清闸、洛舍闸、鲇鱼口闸、菁山闸、吴沈门闸、城南闸。

该 6 闸位于东苕溪导流的右岸，主要作用是确保东苕溪导流大堤的安全。当东苕溪水位较低时，闸门畅开运行；当东苕溪发生洪水时，为了避免洪水进入杭嘉湖平原地区，东导流六闸关闭；当导流水位达到导流大堤高程的限制时，为了确保大堤及尾闾湖州市的安全，东导流闸门开闸向杭嘉湖平原地区分洪。具体运行方式如下：

①德清闸：闸上水位在 3.8～6.0m 时关闸，其他水位时开闸。

②洛舍闸：闸上水位在 3.8～6.0m 关闸，其他水位时开闸。

③鲇鱼口闸：闸上水位在 3.8～5.65m 时关闸，其他水位时开闸。

④菁山闸：闸上水位在 3.8～5.5m 时关闸，其他水位时开闸。

⑤吴沈门闸：闸上水位在 3.8～5.25m 时关闸，其他水位时开闸。

⑥城南闸：闸上水位在 3.8～5m 时关闸，其他水位时开闸。

（11）盐铁塘闸、白龙港闸、虞山船闸、尚湖闸、南湖闸、项泾闸、北桥闸、三梅滨闸、漕湖口闸、西望港闸、观鸡桥闸。

该 11 闸是望虞河东侧控制线上的控制工程，主要功能是控制望虞河与东侧阳澄区之间的交换水量。

调度原则：在望虞河排洪期间，当湘城水位超过 3.7m 时，开启望虞河东岸诸闸分洪，当湘城水位不超过 3.7m 时，望虞河东岸诸闸关闸；在望虞河向太湖引水期间，望虞河东岸诸闸原则上关闭，但向尚湖、阳澄湖供水的尚湖、冶长泾、琳桥三闸可视地区用水情况开闸。

（12）大庙港等闸、倪家港等闸、吴娄、濮娄、幻娄、大钱口。

这些闸门均是杭嘉湖地区环湖口门，主要作用是控制杭嘉湖地区的水位。其运行方式是：当双林日平均水位超过 3.2m 时，开闸向太湖排涝水；当双林日平均水位在 2.8～3.2m 时，关闸；当双林日平均水位低于 2.8m 时，开闸从太湖引水。

3）初始条件和边界条件

初始条件采用 2007 年太湖流域实测水位，河网初始流量设定为 0。

边界条件：为真实地反映 2007 年流域实况水流运动状况，在模型率定中，采用 2007 年沿长江谏壁闸、九曲河闸、小河闸、魏村闸、定波闸、张家港闸、十一圩港闸、常熟枢纽、浒浦闸、白茆闸、七浦闸、杨林闸、浏河闸等 13 个大闸和杭州湾长山闸、南台头、盐官 3 个口门以及望亭水利枢纽和太浦闸实测水量资料作为边界条件；江苏省其他沿江小闸参照邻近大闸，以大闸引排启闭时间来调度小闸；上海地区沿长江各闸根据拟定的调度原则控制。

4）模型率定成果

模型率定时，选取了太湖实测五站日均水位、15 个地区代表站实测水位和 4 个流量代表站，作为模型率定参照值。本次率定对水位资料进行了分析和复核，根据 1999 年两省一市的水准测量成果，对个别代表站进行了水位修正。

（1）太湖水位。

从太湖水位成果分析，2007 年太湖最高及最低日均水位、水位过程线趋势与实测资料相比，拟合情况均较好，详见表 5.2 和图 5.4。

太湖最高计算日均水位 3.97m，比实测水位高 0.12m。太湖最低计算日均水位 2.79m，与实测最低水位比较，低约 0.05m，误差较小。据初步调查，浙江省部分地区水田仍可能种植双季稻，但本次模型率定中全流域均采用单季稻来模拟水田用水，可能对太湖水位产生一定的影响。

从水位过程看，2007 年全年期均拟合较好，计算水位过程线与实测过程线基本一致。尤其是 5 月下旬太湖实测水位达到全年最低值时，模拟计算水位与实测相比仅偏高 0.03m，而这一时期是流域内水田灌溉用水量相对集中的时期，太湖水位受水稻秧田泡田、双季稻以及水田灌溉用水过程的影响较大。非汛期 11 月、12 月，太湖计算水位结果略为偏高。

（2）地区水位。

2007 年，全流域共选取 15 个地区水位代表站进行率定。从 2007 年地区水位率定成果分析可知，除个别站点外，全年期计算水位过程线与实测资料相比，误差较小，拟合情况均较好，详见表 5.2 和图 5.4。

表 5.2　2007 年太湖及地区代表站计算值与实测值比较表（单位：m）

站点名称	最小值			最大值		
	实测	计算	差值	实测	计算	差值
太湖	2.84	2.81	−0.03	3.85	3.87	0.02
金坛	3.21	3.00	−0.21	5.81	6.20	0.39
溧阳	3.02	2.88	−0.14	4.66	5.59	0.93
宜兴	2.95	2.86	−0.09	4.18	4.37	0.19
访前	3.09	2.97	−0.12	4.50	4.77	0.27
无锡	2.90	2.92	0.02	4.50	5.36	0.86
枫桥	2.79	2.73	−0.06	3.89	3.69	−0.2
湘城	2.88	2.76	−0.12	3.57	3.47	−0.1
昆山	2.73	2.59	−0.14	3.54	3.44	−0.1
陈篡	2.66	2.45	−0.21	3.70	3.49	−0.21
王江泾	2.70	2.39	−0.31	4.07	4.15	0.08
嘉兴	2.65	2.26	−0.39	4.00	4.37	0.37
南浔	2.76	2.47	−0.29	4.13	4.51	0.38
桐乡	2.68	2.29	−0.39	4.19	4.72	0.53
乌镇	2.75	2.44	−0.31	4.24	4.68	0.44
新市	2.83	2.52	−0.31	4.49	4.89	0.4

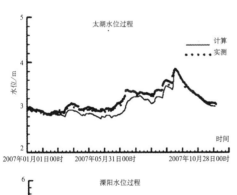

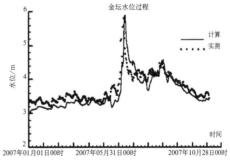

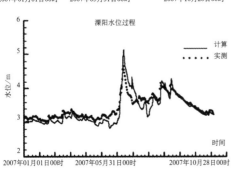

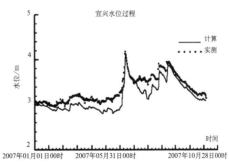

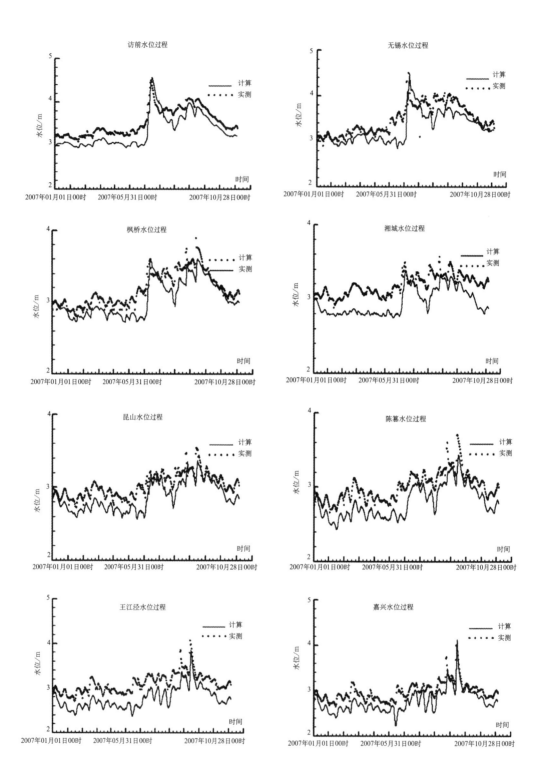

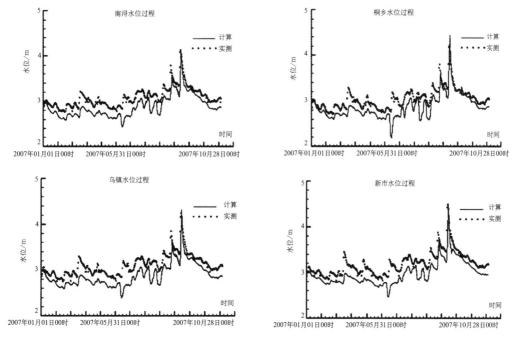

图 5.4　2007 年实测计算水位过程对比图

5.2　污染物入河-入湖量全过程计算分析

5.2.1　主要污染物入河量计算分析

1. 太湖入河通量计算方法

排放量系指污染源排放至源区外部环境的污染物量，流域污染源分类及排放量各源贡献率与区域特征详见 3.2 节。入河量系指排放量扣除污水处理厂处理以及输移至目标水体过程时降解后所剩余的污染物量。

1）工业污染物入河量

$$W_I = (W_{Ip} + \theta_1) \times \beta_1 \tag{5.4}$$

式中，W_I 为工业污染物入河量；W_{Ip} 为工业污染物直接排放量；β_1 为工业污染物入河系数（一般取值为 0.8～1.0）；θ_1 为污水处理厂排放的工业污染物部分的量。

2）农村生活污染物入河量

$$W_{\pm 1} = W_{\pm 1p} \times \beta_2 \tag{5.5}$$

式中，$W_{\pm 1}$ 为农村生活污染物入河量；$W_{\pm 1p}$ 为农村生活污染物排放量；β_2 为农村生活入河系数（一般取值为 0.2～0.5）。

$$W_{\pm 1p} = N_{\bar{x}} \times \alpha_1 \tag{5.6}$$

式中，$N_农$为农村人口数；α_1为农村生活排污系数（表 5.3）。

　　3）城市生活污染物入河量

$$W_{生2} = (W_{生2p} + \theta_2) \times \beta3 \tag{5.7}$$

式中，$W_{生2}$为城市生活污染物入河量；$W_{生2p}$为城市生活污染物直排量；β_3为城市生活入河系数（取值为 0.6～1.0）；θ_2为污水处理厂排放的部分城市生活污染物量。

$$W_{生2p} = N_城 \times \alpha_2 \tag{5.8}$$

式中，$N_城$为城市人口数（未接入城市污水管网的部分）；α_2为城市生活排污系数（表 5.3）。

　　4）农业面源污染物入河量

$$W_农 = W_{农p} \times \beta_4 \times \gamma_1 \tag{5.9}$$

式中，$W_农$为农田污染物入河量；$W_{农p}$为农田污染物排放量；β_4为农田入河系数（取值为 0.1～0.3）；γ_1为修正系数，农田化肥亩施用量在 25kg 以下，修正系数取 0.8～1.0；在 25～35kg 之间，修正系数取 1.0～1.2；在 35kg 以上，修正系数取 1.2～1.5。

$$W_{农p} = M \times \alpha_3 \tag{5.10}$$

式中，M为耕地面积；α_3为农田排污系数（表 5.3）。

表 5.3　各类污染源排污系数表

城市生活排污系数 /[g/（人·日）]		农村生活排污系数 /[g/（人·日）]		农田排污系数 /[kg/（亩·年）]	
COD_{cr}	$NH_3\text{-}N$	COD_{cr}	$NH_3\text{-}N$	COD_{cr}	$NH_3\text{-}N$
70～90	8～10	16.4	4	10	2
TP	TN	TP	TN	TP	TN
0.9～1.2	11～15	0.44	5	0.5	7

　　5）养殖污染物入河量

　　① 畜禽养殖污染物入河量

$$W_{畜禽} = W_{畜禽p} \times \beta_5 \tag{5.11}$$

式中，$W_{畜禽}$为畜禽养殖污染物入河量；$W_{畜禽p}$为畜禽养殖污染物排放量；β_5为畜禽养殖入河系数（取值为 0.1～0.6）。

$$W_{畜禽p} = \delta_1 \times t \times N_{畜禽} \times \alpha_4 + \delta_2 \times t \times N_{畜禽} \times \alpha_5 \tag{5.12}$$

式中，δ_1为畜禽个体日产粪量；t为饲养期；$N_{畜禽}$为饲养数；α_4为畜禽粪中污染物平均含量；δ_2为畜禽个体日产尿量；α_5为畜禽尿中污染物平均含量。上述参数取值见表 5.4 和表 5.5。

对畜禽废渣以回收等方式进行处理的污染源，按产生量的12%计算污染物流失量。

表5.4　畜禽粪尿排泄系数

项目	单位	牛	猪	鸡	鸭
粪	kg/d	20.0	2.0	0.1	0.1
	kg/a	7300	300	6	6
尿	kg/d	10.0	3.3	—	—
	kg/a	3650	495	—	—
饲养周期	d	365	150	60	60

表5.5　畜禽粪便中污染物平均含量（单位：kg/t）

项目	COD_{Cr}	BOD	NH_3-N	总磷	总氮
牛粪	31.0	24.5	1.7	1.2	4.4
牛尿	6.0	4.0	3.5	0.4	8.0
猪粪	52.0	57.0	3.1	3.4	5.9
猪尿	9.0	5.0	1.4	0.5	3.3
鸡粪	45.0	47.9	4.8	5.4	9.8

② 水产养殖污染物入河量

$$W_{水产} = W_{水产p} \times \beta_6 \tag{5.13}$$

式中，$W_{水产}$为水产养殖污染物入河量；$W_{水产p}$为水产养殖污染物排放量；β_6为水产养殖入河系数（取值为 0.1~0.6）。

水产养殖污染物排放量 $W_{水产p}$ 按以下方法测算：

$$W_{水产p} = 排污系数 \times 养殖增产量 \tag{5.14}$$

式中，$W_{水产p}$为养殖排入水体污染物量；养殖增产量＝产量－投放量；

根据养殖产品类别，将排污系数分为两类，即成鱼养殖和苗种培育。在同类养殖产品类别中，根据养殖水体的不同，将排污系数分为两类，即淡水养殖和海水养殖。而对同类水体养殖，主要划分为池塘、工厂化、网箱、围栏、筏式和滩涂养殖几种模式。排污系数具体见 2007 年第一次全国污染源普查水产养殖业污染源产排污系数手册。

2. 污染物入河量计算结果

2007 年太湖流域 5 个污染控制区 32 个行政单元污染源排放量及入河量计算结果见表 5.6 和表 5.7。北部污染控制区的排放量和入河量所占比重最大；TN 和 TP 的入河量主要来自于种植业和城镇生活，COD 和氨氮的入河量主要来自于城镇生活。

表 5.6　32 个行政单元各污染物排放量及入河量计算表（单位：t/a）

污染控制区	行政单元	排放量				入河量			
		COD	氨氮	TN	TP	COD	氨氮	TN	TP
北部重污染控制区	常州市	88938	6054	10990	1003	22061	2098	4913	334
	武进区	68172	6434	15572	1668	28756	3153	6910	566
	无锡市	157827	15338	29289	2669	56088	6104	13036	972
	江阴市	129850	7333	17403	1760	37614	3729	8176	651
	常熟市	92776	7715	16779	1512	32405	3578	7760	584
	张家港市	65247	5851	13786	1235	26047	2876	6612	511
湖西重污染控制区	镇江市	21840	2521	3792	348	9313	1089	1805	141
	丹徒区	14292	1752	4829	506	4881	630	1582	128
	丹阳市	44267	5160	13632	1390	18977	2208	5213	455
	金坛市	33045	3779	10094	1170	12755	1515	3715	342
	溧阳市	40067	5227	13699	1218	17752	2401	5391	443
	宜兴市	62388	7672	19339	1825	26148	3508	7514	627
	句容市	14044	2357	7746	598	3259	774	2418	181
	高淳县	12016	1762	5693	588	2938	582	1816	162
浙西污染控制区	杭州市	117776	12038	20936	2747	39717	4061	7996	651
	余杭区	69280	6177	16682	1714	18513	2746	5928	515
	临安市	23630	2721	7758	864	5725	927	2329	211
	湖州市	76039	7771	20059	2947	32171	3200	7286	631
	德清县	36577	4017	9604	1437	9118	1201	2733	290
	长兴县	42271	4478	12316	1332	10660	1652	3962	350
	安吉县	22947	2907	7688	729	7407	1121	2627	221
南部太浦污染控制区	嘉兴市	99515	9713	21863	3021	62371	4094	11764	740
	嘉善县	46451	4086	10015	1614	12292	1694	3290	341
	海盐县	41361	4044	10116	1578	10803	1634	3276	327
	海宁市	62540	5822	13060	1493	13762	2062	4081	360
	平湖市	45529	4560	10797	1672	13715	2015	3759	365
	桐乡市	72368	5745	15115	1801	13926	2237	4776	424
东部污染控制区	苏州市	161309	15002	27522	2411	52424	6707	13141	881
	昆山市	43268	5170	9757	833	18582	2471	4476	321
	吴江市	91590	4746	11679	1079	34962	2328	5455	427
	太仓市	45734	4691	11179	1626	15690	1498	3593	351
	清浦区	3535	2635	1677	192	3622	122	274	36

表 5.7   5 个污染控制区各污染物排放量及入河量汇总表（单位：t/a）

污染控制区	排放量				入河量			
	COD	氨氮	TN	TP	COD	氨氮	TN	TP
北部控制区	707514	54419	109848	11907	202656	21450	47597	3610
湖西控制区	292344	32748	81344	8651	93312	12251	29172	2444
浙西控制区	440792	42722	97656	12814	111429	14131	31917	2740
南部太浦控制区	419084	36534	83531	12205	126881	13733	30933	2558
东部控制区	403918	34085	66520	7237	117022	12262	26132	1906
合计	2263652	200509	438899	52814	651301	73827	165753	13257

5.2.2   主要污染物入湖量计算分析

1. 太湖入湖通量计算方法

入湖量系指各入湖支流的污染物通量之和。影响入湖量的主要因子有流域内各类污染源的入河量以及流域的水文情势。

根据丰水年、平水年、枯水年的水文资料，以及太湖流域各主要河道纳污量资料，利用经率定验证的太湖河网模型计算出主要入湖河道的丰、平、枯三个典型水文年逐日平均流量（正向、负向和零流量）值和相应的水质浓度，将水质浓度乘以入湖流量得出各入湖河道的入湖通量值。同时考虑平原河网地区往复性河道的特性，往复流河段入湖通量按逐日正向流入湖通量减去负向流出湖通量计算。入湖通量计算公式如下：

$$W = \sum_{i=1}^{n} C_i \cdot Q_i \qquad (5.15)$$

式中，W 为污染物入湖通量（t/a）；C_i 为河道水质监测值（mg/L）；Q_i 为河道流量值（m^3/s）。

2. 入湖通量计算合理性分析

根据 2007 年的水文资料以及 2007 年太湖流域污染源资料和各主要河道纳污量资料，利用经率定的河网水流、水质模型以及污染负荷模型计算出主要入湖河道的逐日平均流量（正向、负向和零流量）值和相应的水质浓度，将水质浓度乘以入湖流量得出各入湖河道的入湖通量值，将计算结果与太湖流域的 20 个入太湖巡测站 2007 年入湖通量实测结果相比较。率定相对误差情况的统计分析见表 5.8 和表 5.9。

表 5.8   不同月份入湖通量相对误差统计（单位：%）

2007 年	COD	氨氮	TN	TP
1 月	−4.7	−42.5	−55.4	30.9
2 月	19.1	−15.7	−26.2	70.5
3 月	−1.8	−31.4	−37.7	17.1

2007 年	COD	氨氮	TN	TP
4 月	−13.4	−21.9	−0.7	35.5
5 月	56.5	58.4	76.1	142.2
6 月	43.9	47	70.4	37.9
7 月	−3.1	41	51.6	25.4
8 月	4.5	30	15	−12.3
9 月	−1.7	25.1	3.8	−19.8
10 月	−22.7	−33.3	−43.8	−44.6
11 月	−37.2	−16.5	−19.4	−33
12 月	−35.1	−5.8	−1	3
全年合计	−0.2	3.6	4.2	12.5

表 5.9　主要入太湖巡测站入湖通量相对误差统计 （单位：%）

测站名	COD	氨氮	TN	TP
长兴（二）段	−6.4	−16	−41.7	98.9
杨家埠站	66.8	22.6	−20	−6.5
望亭（立交）站	23.7	31.9	−10.2	−21.4
龚巷桥站	30.6	−30.2	−35.2	128.7
雅浦桥站	123.3	22.2	20	185
漕桥＋黄埝桥段	−19.4	3.7	24.9	−3.1
陈东港桥段	2.5	5.2	11.5	11.8

　　由表 5.8 可见，全年的相对误差 COD 为 0.2％、氨氮为 3.6％、TN 为 4.2％、TP 为 12.5％。由表 5.9 可见，相对误差小于 20％的比例为 46.4％、相对误差小于 35％的比例为 75％。用于验证的计算过程与大部分实测值相符合，计算得到的入湖污染物量与实测入湖污染物量较为接近，说明入湖河道汇入太湖的污染物通量较好地反映了流域实际情况，计算结果与实测值吻合度较高。图 5.5 是 5 个主要入太湖巡测站入湖通量 2007 年逐月率定结果。

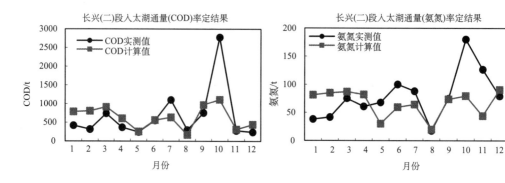

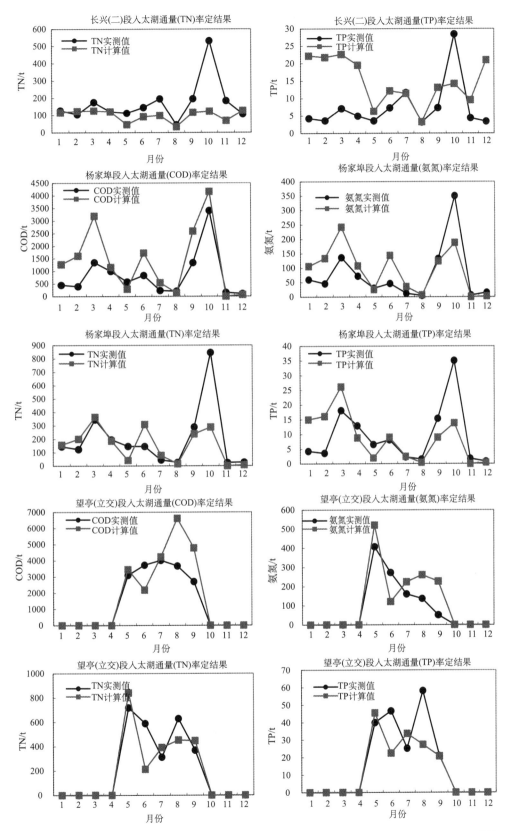

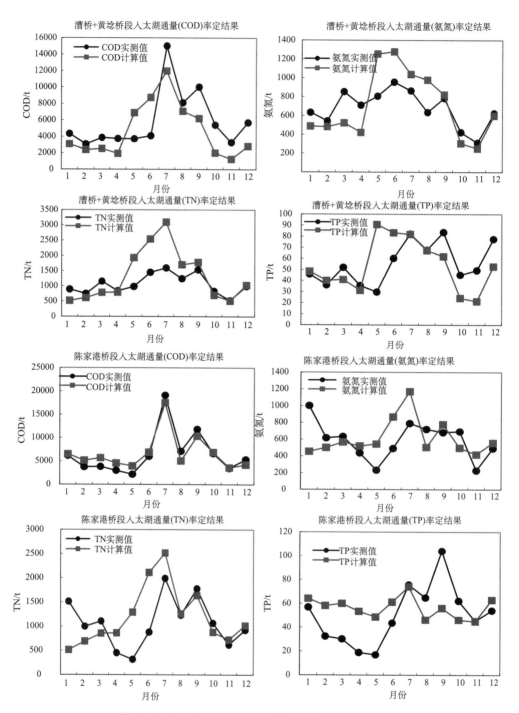

图 5.5　2007 年主要太湖巡测站入湖通量逐月率定结果

3. 太湖流域主要污染物入湖量计算

1）基准年入湖通量计算结果

利用 2007 年流域污染负荷，进行入太湖水量和污染物质通量计算，得到基准年入太湖污染物质通量，逐月过程见图 5.6。

由图 5.6 可知：太湖流域 COD、氨氮、TN 和 TP 主要在汛期（4 月至 10 月）进入太湖。

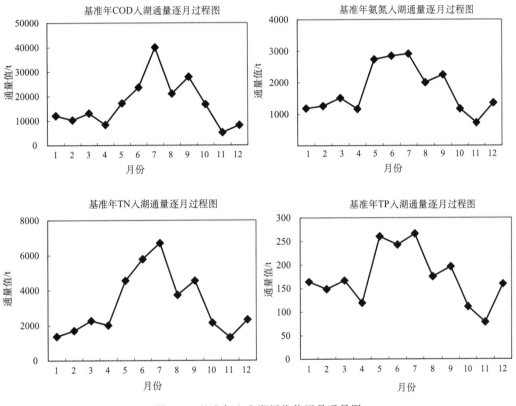

图 5.6　基准年入太湖污染物逐月通量图

基准年，不同入湖河道、入太湖污染物质通量见图 5.7。

由图 5.7 可知：太湖流域 COD、氨氮、TN 和 TP 主要通过武进港以南（含武进港）到苕溪以北（含苕溪）的入湖河道进入太湖，另外，由于望虞河东岸设闸和望虞河调水工程，使得部分通量经望虞河进入太湖。

2）入湖通量计算结果分析

利用 2007 年流域污染负荷，选用不同水文年的入太湖水量和污染物质通量进行计算，得到不同水文年入太湖水量及污染物质总量，见表 5.10。

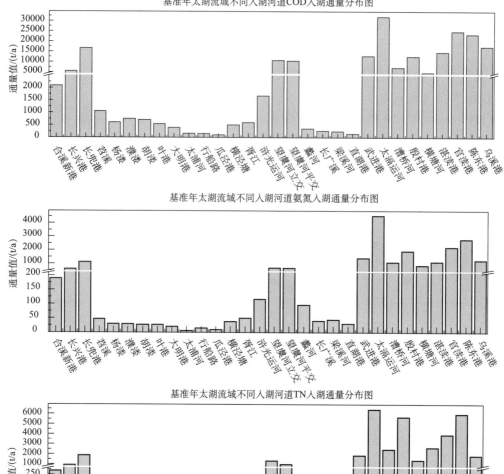

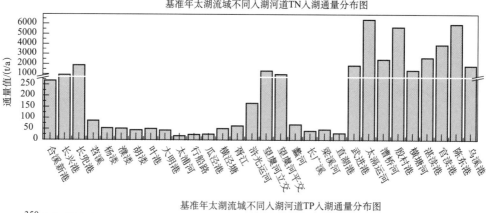

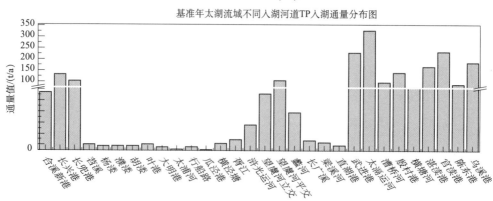

图 5.7　不同入湖河道入太湖污染物通量图

表 5.10 不同水文年入太湖污染物质总量

水文年	入湖水量 /(万 m³/a)	COD /(t/a)	氨氮 /(t/a)	TN /(t/a)	TP /(t/a)
基准年	933905	204085	21137	38555	2091
丰水年	949647	208870	21890	39135	2187
平水年	899017	203760	21020	38420	2109
枯水年	890147	186450	18890	36018	1822

由表 5.10 可知，丰水年入湖水量最大，枯水年入湖水量最小，基准年 2007 年入湖水量介于枯水年和平水年之间，且更接近于平水年入湖水量。枯水年污染物质入太湖总量最小，平水年入湖总量略大于枯水年，丰水年入湖总量最大。

由此可见，基准年 2007 年水情为平水年，污染物质入湖总量与平水年入湖总量较为一致。由于枯水年和平水年入湖总量较为接近，同时考虑到 2007 年太湖蓝藻大规模爆发，太湖污染问题最突出，故采用 2007 年年型作为后续最不利方案的计算条件。

太湖流域 5 个污染控制区的 COD、氨氮、TN、TP 入湖量汇总表见表 5.11。

表 5.11 5 个污染控制区各污染物入湖量（单位：t/a）

污染控制区	COD	氨氮	TN	TP
北部控制区	96180	10209	14502	976
湖西控制区	79649	8857	20701	727
浙西控制区	23503	1693	2745	333
南部太浦控制区	302	35	49	4
东部控制区	4451	342	558	52
合计	204085	21137	38555	2091

5.3 太湖流域污染源排放量、入河量及入湖量汇总

依据太湖流域河网水环境数学模型，以及对模型参数进行的率定验证，在此基础上模拟陆域污染物输移转化规律，并计算得出太湖流域污染物排放量、入河量及入湖量的数据如表 5.12。

表 5.12 太湖流域污染源排放量、入河量及入湖量汇总

污染控制区	污染源排放量/(t/a)			
	COD	氨氮	TN	TP
北部控制区	707514	54419	109848	11907
湖西控制区	292344	32748	81344	8651
浙西控制区	440792	42722	97656	12814
南部太浦控制区	419084	36534	83531	12205
东部控制区	403918	34085	66520	7237
合计	2263652	200509	438899	52814

污染控制区	污染源入河量/(t/a)			
	COD	氨氮	TN	TP
北部控制区	202656	21450	47597	3610
湖西控制区	93312	12251	29172	2444
浙西控制区	111429	14131	31917	2740
南部太浦控制区	126881	13733	30933	2558
东部控制区	117022	12262	26132	1906
合计	651301	73827	165753	13257

污染控制区	污染源入湖量/(t/a)			
	COD	氨氮	TN	TP
北部控制区	96180	10209	14502	976
湖西控制区	79649	8857	20701	727
浙西控制区	23503	1693	2745	333
南部太浦控制区	302	35	49	4
东部控制区	4451	342	558	52
合计	204085	21137	38555	2091

从表 5.12 可知，太湖流域 5 个污染控制区 COD 排放总量为 226.4 万 t/a，入河总量为 65.1 万 t/a，入湖总量为 20.4 万 t/a；氨氮排放总量为 20.1 万 t/a，入河总量为 7.38 万 t/a，入湖总量为 2.11 万 t/a；TN 排放总量为 43.9 万 t/a，入河总量为 16.6 万 t/a，入湖总量为 3.86 万 t/a；TP 排放总量为 5.28 万 t/a，入河总量为 1.33 万 t/a，入湖总量为 0.21 万 t/a。

5 个污染控制区中，北部污染控制区的排放量和入河量、入湖量所占比重最大。

第6章 太湖水环境承载力研究

6.1 太湖水环境承载力计算方法

水环境承载力系指在给定水域范围和水文条件，规定排污方式和水质目标的前提下，单位时间内该水域污染物质的最大允许纳污量。太湖的污染物主要来源于入湖河道，入湖河道的污染物进入湖体后会形成湖区污染带，采用单个污染带面积控制以及污染带长度占岸线长度比例相结合的方法进行太湖的水环境承载力计算。另外，由于太湖流场主要是风生流，入湖河道进入湖区后产生的污染带受风场影响较大，故在太湖水环境承载力计算时还将考虑风向风速联合频率的权重因子进行订正。

采用二维非稳态水量水质数学模型（模型应用守恒的二维非恒定流浅水方程），计算得到不同风向下污染带，形成污染带的允许排污量即为太湖的水环境承载力，太湖水环境承载力计算公式（胡开明等，2011）如下：

$$W = \sum_{j=1}^{b} \left(\alpha_j \sum_{i=1}^{n} W_{ij} \right) + \Delta W \tag{6.1}$$

式中，W 为水环境承载力（t/a）；W_{ij} 为单个排污口在某一风向风速下的水环境承载力（t/a），并以污染带面积控制；α_j 为各个风向风速频率（％）；n 为排污口个数（n）；b 为不同风向风速频率个数（n）；ΔW 为水环境承载力订正值（t/a），用以补充未概化到的河道的水环境承载力。

在计算整个太湖水环境承载力时，控制单个污染带面积为 $1 \sim 3 km^2$；控制污染带总长度为太湖岸线长度的10％。

6.2 太湖水环境数学模型构建

6.2.1 湖流模型

1. 基本方程

假设湖水为均匀不可压的流体，垂直方向上服从静水压力分布。采用笛卡尔左手直角坐标系。x 轴和 y 轴位于湖水的平均水平面上，x 轴向东为正，y 轴向北为正，z 轴向下为正，得其流体动力学方程（胡开明等，2010）为

$$\frac{\partial u}{\partial t} + u\frac{\partial u}{\partial x} + v\frac{\partial u}{\partial y} + w\frac{\partial u}{\partial z} = fv - \frac{1}{\rho}\frac{\partial p}{\partial x} + A_h\left[\frac{\partial^2 u}{\partial x^2} + \frac{\partial^2 u}{\partial y^2}\right] + A_z\frac{\partial^2 u}{\partial z^2} \tag{6.2}$$

$$\frac{\partial v}{\partial t} + u\frac{\partial v}{\partial x} + v\frac{\partial v}{\partial y} + w\frac{\partial v}{\partial z} = -fu - \frac{1}{\rho}\frac{\partial p}{\partial y} + A_h\left[\frac{\partial^2 v}{\partial x^2} + \frac{\partial^2 v}{\partial y^2}\right] + A_z\frac{\partial^2 v}{\partial z^2} \tag{6.3}$$

$$\frac{\partial u}{\partial x} + \frac{\partial v}{\partial y} + \frac{\partial w}{\partial z} = 0 \tag{6.4}$$

$$p = \rho_w g(\eta + z) \tag{6.5}$$

式中，u、v、w 为 x、y、z 轴方向上的流速分量；η 为垂直方向上湖面相对与平均水面的高度；ρ_w 为水体密度；A_z、A_h 分别为垂直和水平涡动粘滞系数；f 为柯氏参数，$f = 7.23 \times 10^{-5}$；g 为重力加速度；p 为水的压强。

2. 差分求解

模型采用的是半隐式有限差分方案，u、v 定义在同一点上，且定义在整数格点上，η、w 定义在半数格点上，网格距在水平方向上是常数，在垂直方向上，由于考虑湖底地形，各层的分界面不是平面。由于运动方程中，u、v 定义在同一点上，所以差分方程中，除柯氏力的符号外，形式上应完全相同。

3. 定解条件

1）边界条件

本书将所有进出入太湖的河道进行概化作为边界条件，在陆地边界上，法向流速为零。

2）水面边界条件

$$\begin{aligned}
W_s &= \left(w + u\,\frac{\partial \eta}{\partial x} + v\,\frac{\partial \eta}{\partial y} \right)\Big|_{z=0} \\
-\rho A_z &\left(\frac{\partial u}{\partial z},\ \frac{\partial v}{\partial z} \right) = (\tau_x^a,\ \tau_y^a) = C_D^a \rho_a \sqrt{v_x^2 + v_y^2}\,(v_x,\ v_y)
\end{aligned} \tag{6.6}$$

式中，τ_x^a、τ_y^a 为作用于湖面的风应力在 x、y 方向上的分量；v_x、v_y 为风速在 x、y 方向上的分量；ρ_a 为空气密度；C_D^a 为风拖拽系数，$C_D^a = 1.3 \times 10^{-3}$；$W_s$ 为湖面垂向流速。

3）湖底边界条件

$$\begin{aligned}
w\,&|_{z=H} = 0 \\
-\rho A_z &\left(\frac{\partial u}{\partial z},\ \frac{\partial v}{\partial z} \right) = (\tau_x^b,\ \tau_y^b) = C_D^b \rho_w \sqrt{u^2 + v^2}\,(u,\ v)
\end{aligned} \tag{6.7}$$

式中，τ_x^a、τ_y^a 为底摩擦力在 x、y 方向上的分量；C_D^b 为湖底摩擦系数，$C_D^b = 2.5 \times 10^{-3}$。

4）初始条件

取水位变幅和初始流速为零。

4. 收敛条件

本书模型采用平均相对准则进行收敛判断（下同），在水量模型中，即为

$$\frac{\sum\limits_{i,j} \left| u_{i,j}^{n+1} - u_{i,j}^{n} \right|}{\sum\limits_{i,j} \left| u_{i,j}^{n+1} \right|} < \varepsilon \tag{6.8}$$

式中，u 为 i、j 网格点上 x 向流速与 y 向流速合成后的数值，取 $\varepsilon = 10^{-5}$。

6.2.2　太湖水质模型

1. 基本方程

水质方程是以质量平衡方程为基础的。由于三维水质输移方程包含很多不可确定的参数，在现有条件下，模型的验证存在困难，考虑到资料及模型计算工作量等因素，采用垂向平均的二维水质模型。二维水质输移方程（胡开明等，2010）为

$$\frac{\partial C_i}{\partial t} + U \frac{\partial C_i}{\partial x} + V \frac{\partial C_i}{\partial y} = \frac{\partial}{\partial x}\left(E_x \frac{\partial C_i}{\partial x}\right) + \frac{\partial}{\partial y}\left(E_y \frac{\partial C_i}{\partial y}\right) + K_i C_i + S_i \tag{6.9}$$

式中，C_i 为污染物浓度；u、v 为 x、y 方向上的流速分量；E_x、E_y 为 x、y 向上的扩散系数；K_i 为污染物降解系数；S_i 为污染物底泥释放项。

为了在模型中引入底泥再悬浮通量与水动力条件的定量化关系式，反映底泥中各污染物再悬浮通量随流速的变化关系，在建立数学模型时利用底泥再悬浮实验得到的关系式来计算底泥再悬浮通量。主要体现在对源汇项 S_i 的处理上（胡开明等，2011），具体如下：

$$S_i = \frac{\alpha_i}{H} \tag{6.10}$$

式中，a_i 为底泥污染物再悬浮通量 $[\text{g}/(\text{m}^2 \cdot \text{d})]$，$\alpha_i = \zeta_i \cdot \beta_i \exp(\xi_i \cdot P)$；$H$ 为水深（m）；β_i 为底泥污染物在 SS 中所占比例（%）；P 为合速度（cm/s），$P = \sqrt{u^2 + v^2}$；ζ_i、ξ_i 为底泥再悬浮参数。

方程包括三大项：物理输移扩散项、生化项及源汇项。

（1）物理过程是指水体中物质的迁移扩散过程，主要由水流流动过程所引起的。其中流速项由前述的水动力学模型解决。

（2）生化项：是模型的核心部分，也是水质模型建立的难点。

（3）源汇项：湖泊周围外环境输入水体中的污染物量。

2. 定解条件

1）初始条件

初始条件为

$$C(x, y, 0) = C^0(x, y)$$

2）边界条件

岸边界：$\dfrac{\partial C}{\partial n} = 0$

水边界：入流边界，$C = C_{进}$；出流边界：$\dfrac{\partial C}{\partial s} = 0$

6.3 湖体水环境功能分区

6.3.1 太湖水环境功能分区现状及问题分析

1. 太湖湖泊水体分区现状

根据江苏省政府批准实施的《江苏省地表水（环境）功能区划》（江苏省水利厅，江苏省环境保护厅，2003），目前太湖水体环境功能区分为五里湖、竺山湾、梅梁湾、贡湖、胥湖以及太湖湖心区六个功能区域（其中，太湖湖心区分属无锡、苏州两个行政区域管理）。具体分区情况见表 6.1 及图 6.1 和图 6.2。

表 6.1　江苏省太湖地表水（环境）功能区划

地市	湖区	水功能	起始～ 终止位置	面积 /km²	控制重 点城镇	功能区 排序	2015 年	2020 年
无锡	湖心区	太湖湖体 保护区	无锡、苏州	1735.2	无锡、 苏州	饮用	Ⅱ	Ⅱ
	梅梁湖	太湖梅梁湖饮用水源、 景观用水区	乌龟山、拖山、 白芍山一线- 东北湖岸	124.0	无锡市区、 滨湖区	饮用、 景观	Ⅲ	Ⅲ
	五里湖	太湖五里湖景观娱乐用水区	无锡市	5.8	无锡市	景观	Ⅳ	Ⅲ
	贡湖	贡湖饮用水水源保护区	无锡市	148.0	无锡市	饮用	Ⅲ	Ⅲ
	竺山湖	太湖竺山湖渔业用水区	无锡市	57.0	无锡市	渔业	Ⅳ	Ⅲ
苏州	胥湖	太湖胥湖饮用水水源、 景观娱乐用水区	苏州市	268.0	苏州市	饮用， 景观	Ⅲ	Ⅲ

2. 水体分区存在的问题分析

目前，江苏省政府批准实施的《江苏省地表水（环境）功能区划》划定的太湖湖心区域（Ⅱ类水体）覆盖到太湖西岸水域。由于沿岸的江苏省宜兴市的社会经济发展，这一区域的水体已经成为全太湖污染最为严重区域，主要存在的问题包括：

（1）太湖西岸重点区域水质劣于Ⅴ类水质标准。TN 是污染最为严重的水质指标，湖西区的 TN 指标均劣于地表水Ⅴ类标准；其次为 TP，竺山湖和太湖西岸 TP 指标劣于地表水Ⅴ类标准，湖西区 TP 为地表水Ⅴ类标准；根据 2009 年 6 月 15～16 日在竺山湖及太湖西岸湖区 24 个监测点现场监测得到的水质浓度来看，TN 浓度均严重超标，超标率为 100%；TP 浓度均严重超标，各监测点超标率为 100%。湖体总体上处于轻度富营养化状态，湖岸的富营养化程度明显高于离岸的湖心区域，其中社渎港到大浦港沿岸为中度富营养，其他沿岸区域为轻度富营养到中度富营养，湖西区基本处于中营养。

（2）内源污染严重。太湖西岸重点区域整个调查区域表层底泥中有机质含量变化于 0.14%～3.51%之间，平均为 1.57%，从时间上看，与历史数据相比，除西沿岸北段清淤区外，竺山湖湖湾东、西部及太湖西沿岸南部区域表层底泥中有机质含量持续升高，表明由于太湖流域工业排放、农村面源污染等因素，近 20 年来调查区沉积物环境持续恶化。

鉴于太湖西岸水体水质已超出太湖湖心区水功能区划所划定的Ⅱ类水体水质，因此有必要将太湖西岸水域划分为独立的功能区，以增强太湖水功能分区管理的可行性。

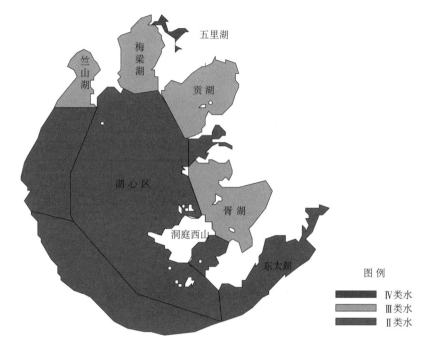

图 6.1　近期（2015 年）太湖地表水功能区划

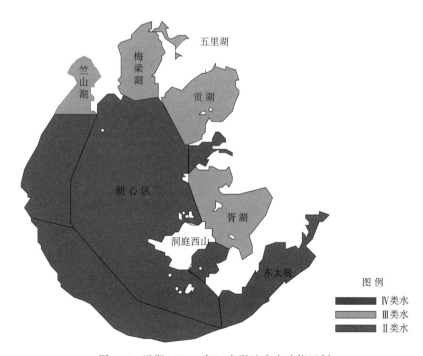

图 6.2　远期（2020 年）太湖地表水功能区划

6.3.2 太湖水环境功能分区调整及合理性分析

1. 太湖水环境功能区划分方法

根据江苏省政府批准实施的《江苏省地表水（环境）功能区划》（江苏省水利厅，江苏省环境保护厅，2003），太湖湖体保护区 1735.2km² 功能区（Ⅱ类水域）范围一致延伸到太湖西部沿岸湖体。鉴于宜兴市主要入湖河道的污染物排放严重，使得太湖西部近岸水域无法满足Ⅱ类水体要求。需在太湖西部沿岸增加污染物控制区域，使得太湖湖体功能区分区具有可达性。

通过对太湖流域西岸主要入湖河道污染物通量与入湖污染物纵向扩散距离进行研究，选取污染物入湖最大通量作为最不利条件，计算该条件下的污染物纵向扩散距离，作为功能区边界划分依据。湖泊水体分区方法概念见图6.3。

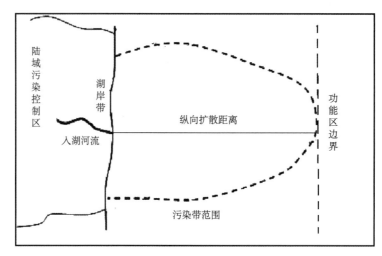

图 6.3　湖泊水体分区方法概念图

2. 最大纵向扩散距离计算研究

1）最不利条件下主要入湖河道入湖水量计算

采用太湖流域河网水量模型对大浦港、太滆南运河、社渎港、官渎港、横塘河、乌溪港、苕溪 7 条主要入湖河道的丰、平、枯水年水量进行模拟计算。

由 7 条主要入湖河道水量过程曲线可见：大浦港枯、平、丰水年流量平均值分别为 $12.92m^3/s$、$21.21m^3/s$ 和 $25.09m^3/s$，最大日流量为 $74.26m^3/s$；太滆南运河枯、平、丰水年流量平均值分别为 $19.45m^3/s$、$25.50m^3/s$ 和 $30.05m^3/s$，最大日流量为 $86.61m^3/s$；社渎港枯、平、丰水年流量平均值分别为 $6.74m^3/s$、$9.65m^3/s$ 和 $11.52m^3/s$，最大日流量为 $35.47m^3/s$；官渎港枯、平、丰水年流量平均值分别为 $9.52m^3/s$、$13.56m^3/s$ 和 $16.05m^3/s$，最大日流量为 $48.66m^3/s$；横塘河枯、平、丰水年流量平均值分别为 $3.11m^3/s$、$4.59m^3/s$ 和 $5.46m^3/s$，最大日流量为 $19.39m^3/s$；乌

溪港枯、平、丰水年流量平均值分别为 $4.02m^3/s$、$7.01m^3/s$ 和$8.56m^3/s$,最大日流量为 $41.13m^3/s$;苕溪枯、平、丰水年流量平均值分别为$39.84m^3/s$、$47.85m^3/s$ 和 $53.53m^3/s$,最大日流量为 $583m^3/s$。

其中,苕溪水量较大,年际波动也比较剧烈,一般情况下流量基本在 $200m^3/s$ 以内,丰水年丰水期有时可以达到约 $600m^3/s$ 左右;其他 6 条河道水量都不超过 $100m^3/s$,且随着丰、平、枯水期逐渐减小。

2)最不利条件下主要入湖河道污染物入湖通量计算

最大日通量的计算采用最不利条件,即流量选取最大日流量,污染物浓度选取水质监测资料与功能区水质指标中较大的数据进行计算。计算结果如表 6.2 所示。

表 6.2 主要入湖河道污染物通量计算结果表(单位:t/d)

河道名称	时期	COD	氨氮	TN	TP
大浦港	枯水年	25.78	1.29	3.22	0.26
	平水年	36.66	1.83	4.58	0.37
	丰水年	43.36	2.17	5.42	0.43
	最大日通量	128.32	6.42	16.04	1.28
太滆南运河	枯水年	39.49	5.55	6.39	0.62
	平水年	51.33	9.69	12.34	0.77
	丰水年	50.64	5.45	7.79	0.78
	最大日通量	149.66	32.93	41.91	2.77
社渎港	枯水年	4.95	1.32	3.62	0.12
	平水年	16.05	2.87	7.89	0.15
	丰水年	19.65	2.53	6.95	0.19
	最大日通量	61.29	10.67	28.99	0.61
官渎港	枯水年	23.76	2.81	5.22	0.16
	平水年	26.45	3.09	6.23	0.25
	丰水年	30.25	2.25	5.15	0.31
	最大日通量	126.12	14.34	26.65	1.26
横塘河	枯水年	8.06	0.40	1.01	0.08
	平水年	11.89	0.59	1.49	0.12
	丰水年	14.15	0.71	1.77	0.14
	最大日通量	50.25	2.51	6.28	0.50
乌溪港	枯水年	6.86	1.29	2.36	0.07
	平水年	10.90	1.40	2.72	0.13
	丰水年	13.87	1.04	2.54	0.14
	最大日通量	71.08	13.26	24.20	0.71
苕溪	枯水年	68.84	0.86	2.15	0.51
	平水年	67.28	1.07	2.69	0.37
	丰水年	75.61	1.33	3.32	0.45
	最大日通量	136.89	6.84	17.11	1.37

由表 6.2 可知，COD 最大日通量排在前三位的分别是太滆南运河、苕溪和大浦港，横塘河的最小；氨氮最大日通量排在第一位的依然是太滆南运河，接着是官渎港和乌溪港，横塘河的最小；对于 TN 最大日通量来说，太滆南运河仍然占据第一位，社渎港和官渎港紧随其后，分列二、三位，横塘河的依旧最小；TP 最大日通量排名和 COD 一样。各污染物最大日通量最大和最小值都在太滆南运河和横塘河，COD、氨氮、TN 和 TP 最大日通量最大值分别是 149.66t/d、32.93t/d、41.91t/d 和 2.77t/d；最小值分别是 50.25t/d、2.51t/d、6.28t/d 和 0.50t/d。

3）污染物入湖通量与纵向扩散距离的响应关系

主要入湖河道流入湖体之后的污染物混合扩散过程采用太湖水量水质模型进行模拟计算，并对主要入湖河道污染物通量和污染带纵向扩散距离二者的相关关系进行了研究，计算结果如图 6.4 至图 6.10 所示。图中标记的点即为最不利条件下的污染物通量及其对应的纵向扩散距离。

4）最不利条件下纵向扩散距离计算结果

通过污染物通量与污染带纵向扩散距离的研究，选取最不利条件下（即污染物最大通量与最不利太湖风场作用）的纵向扩散距离，汇总见表 6.3 所示。功能区边界划分情况见图 6.11。

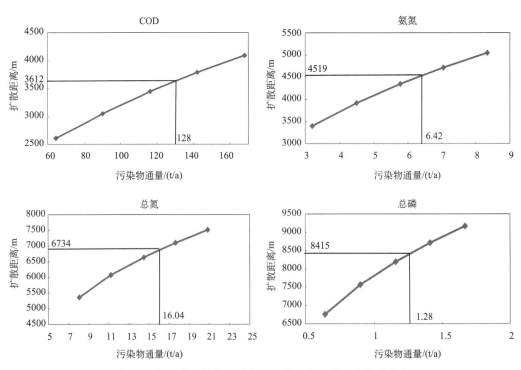

图 6.4　大浦港污染物通量与污染带纵向扩散距离相关曲线

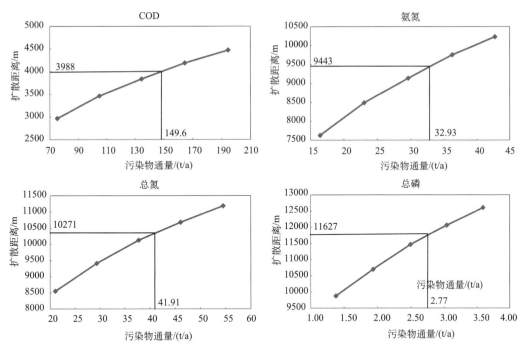

图 6.5　太滆南运河污染物通量与污染带纵向扩散距离相关曲线

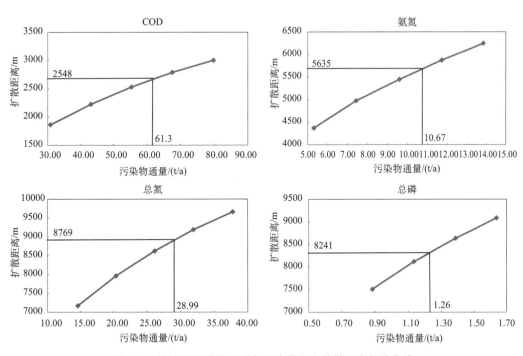

图 6.6　社渎港污染物通量与污染带纵向扩散距离相关曲线

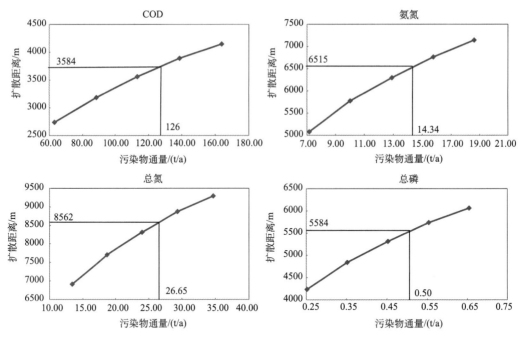

图 6.7　官渎港污染物通量与污染带纵向扩散距离相关曲线

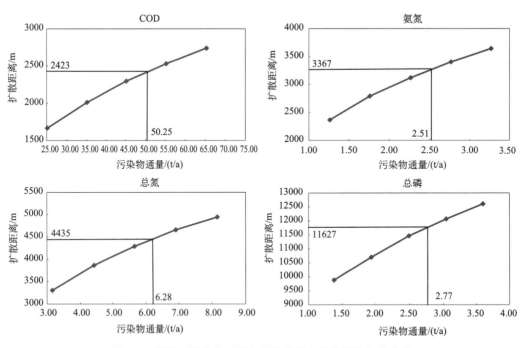

图 6.8　横塘河污染物通量与污染带纵向扩散距离相关曲线

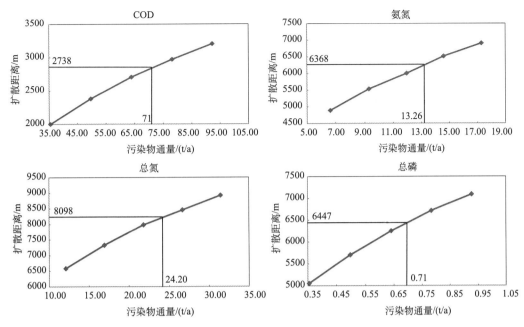

图 6.9　乌溪港污染物通量与污染带纵向扩散距离相关曲线

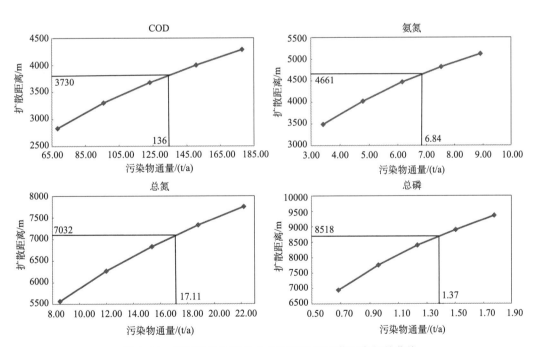

图 6.10　苕溪污染物通量与污染带纵向扩散距离相关曲线

图 6.11　太湖湖体功能区边界划分情况示意图

表 6.3　最不利条件下纵向扩散距离计算结果表（单位：km）

河道名称	最大污染物通量对应扩散距离				最大扩散距离
	COD	氨氮	TN	TP	
大浦港	3.6	4.5	6.7	8.4	8.4
太滆南运河	4.0	9.4	10.3	11.6	11.6
社渎港	2.5	5.6	8.8	6	8.8
官渎港	3.6	6.5	8.6	8.2	8.6
横塘河	2.4	3.4	4.4	5.6	5.6
乌溪港	2.7	6.4	8.1	6.4	8.1
苕溪	3.7	4.7	7.0	8.5	8.5

3. 太湖水环境功能区划分成果

通过模型计算，得到污染物通量与污染带纵向扩散距离的关系，选取最不利条件下的污染物通量，新划分西部和南部沿岸水功能区（Ⅲ类水体），得到的太湖湖体水功能分区如表 6.4 所示。图 6.12 为近期（2015 年）太湖湖体功能区示意图，图 6.13 为远期（2020 年）年太湖湖体功能分区示意图。

表 6.4 太湖各湖区水功能区划分结果表

湖区	面积/km²	水质目标（2015 年）	水质目标（2020 年）
梅梁湖	124.0	Ⅲ	Ⅲ
五里湖	5.8	Ⅳ	Ⅲ
贡湖	148.0	Ⅲ	Ⅲ
竺山湖	57.0	Ⅳ	Ⅲ
胥湖	268.0	Ⅲ	Ⅲ
西部沿岸区	216.9	Ⅲ	Ⅲ
南部沿岸区	313.8	Ⅲ	Ⅲ
湖心区	1 204.5	Ⅱ	Ⅱ
合计	2 338.0	/	/

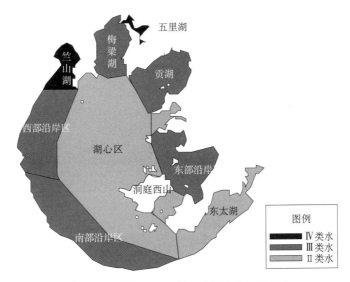

图 6.12 近期（2015 年）太湖水功能区划分

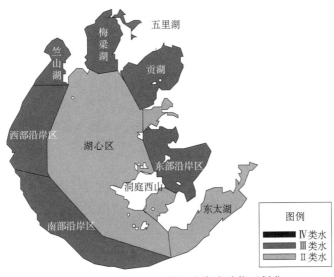

图 6.13 远期（2020 年）太湖水功能区划分

6.4 设计水文条件选取

对太湖这样的大型浅水湖泊而言，湖流是污染物迁移的一个直接输送体，它对湖中污染物浓度的分布具有重要影响，而湖流的成因类型主要属于风生流，因此太湖设计水文条件主要取决于风场。一年内随着不同季节主导风向的变化，受风场影响的湖泊环流也呈现出不同环流方向和形式，在相同污染带面积控制标准下，水体环境承载力随风向风速条件的不同而有所差异。需考虑各风向风速联合频率对设计水文条件进行联合订正。

表6.5为无锡太湖湖泊生态系统研究站1997～2008年风速风向观测资料按天统计获得的太湖地区逐月风向分布的频率和全年风向分布频率。

表6.5 太湖站1997～2008年按月和年统计风向频率表（单位:%）

风向	1月	2月	3月	4月	5月	6月	7月	8月	9月	10月	11月	12月	全年
N	5.98	5.84	2.04	3.56	1.81	1.82	0.91	1.10	3.76	2.28	3.56	2.39	2.92
NNE	3.30	7.85	5.65	5.21	3.50	1.94	1.76	4.23	7.56	6.92	3.32	5.09	4.69
NE	3.52	7.42	6.10	4.99	2.83	3.39	7.02	5.38	8.63	6.43	5.21	2.92	5.32
ENE	12.60	11.10	13.24	6.37	3.49	10.87	11.19	14.46	15.73	14.82	7.54	11.37	11.07
E	3.77	7.80	4.24	7.26	13.48	6.86	9.38	7.55	6.99	7.06	7.58	1.01	6.91
ESE	8.25	10.18	13.40	14.31	12.23	16.70	16.60	19.15	6.49	8.39	9.31	6.52	11.79
SE	8.45	10.43	11.38	13.71	4.91	11.76	8.53	12.69	9.21	10.54	11.40	8.89	10.16
SSE	4.06	3.14	8.03	8.35	15.63	10.28	11.90	8.59	6.52	7.23	5.83	5.14	7.89
S	5.61	4.79	7.17	8.19	6.12	10.75	11.13	3.83	6.53	4.02	4.18	5.92	6.52
SSW	7.17	9.72	5.50	6.99	19.02	12.03	7.77	7.42	5.51	6.86	8.07	6.41	8.54
SW	2.39	3.60	4.64	4.07	3.48	5.49	4.46	2.68	5.38	5.86	5.48	5.06	4.38
WSW	2.22	1.77	3.61	4.55	3.19	2.44	2.35	3.27	2.01	2.40	3.68	5.43	3.08
W	6.07	2.68	2.93	3.88	2.24	0.96	2.30	3.27	1.60	2.33	6.70	5.52	3.37
WNW	10.30	5.09	3.54	5.11	4.10	1.77	1.98	2.17	6.98	4.41	12.28	13.24	5.91
NW	5.75	3.06	4.00	1.52	2.51	1.99	1.47	1.63	1.59	3.54	3.42	4.01	2.87
NNW	10.56	5.53	4.53	1.93	1.47	0.98	1.26	2.58	5.51	6.89	2.44	11.09	4.56

由表6.5可以看出，1月份主导风向为东偏北和西偏北；2、3月份为东；4月份为东偏南；5月份东南及南偏西；6、7月份为东偏南；8月份为东偏南、东、东偏北；9、10月为东偏北；10月份为东偏北、东、东偏南；11月份西偏北；12月份西偏北、北偏西及东偏北，年盛行风向为东偏南、东偏北及东。太湖流场计算所取的风向频率见表6.6，平均风速为3.5m/s。

表6.6 太湖风向计算频率表（单位:%）

风向	N	NE	E	SE	S	SW	W	NW	合计
频率	7.551	13.201	18.344	20.000	14.733	10.190	7.868	8.113	100

设计水流条件为不同风向风速联合频率下的综合水流条件，根据该水流条件计算得到入湖排污口排污量与污染带面积的关系，从而计算得到太湖的水环境承载力。具体

为：首先计算得到不同风向下的太湖流场，在此基础上，计算出污染带的分布，以太湖风向频率作为权重，得到太湖风向风速联合频率订正后的污染带分布，从而计算得到太湖水环境承载力。典型风向下太湖流场计算结果见图 6.14。

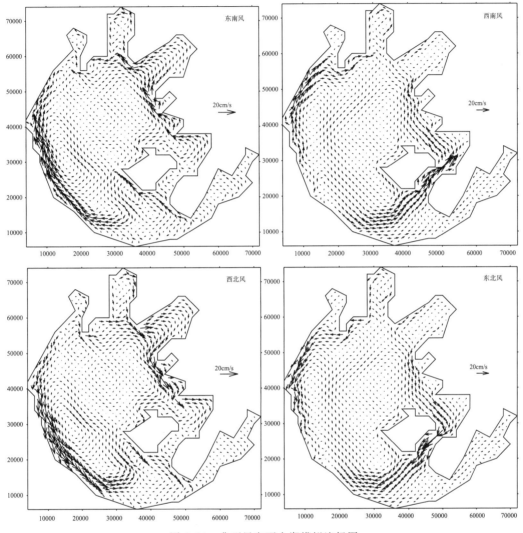

图 6.14 典型风向下太湖模拟流场图

入湖河道设计水文条件根据太湖河网模型计算出丰、平、枯水年各主要入湖河道水量值，由于丰水年水量较大、水质较好，故选取平、枯水年中对湖泊水环境不利时的入湖流量作为设计水文条件。求出主要入湖河道平水年平均流量值作为设计水量。

6.5 水质降解系数求取

太湖环湖进出河道约有 219 条，受潮汐影响，大部分为吞吐流，然而相对于太湖 2338km² 的面积，44.8 亿 m³ 的蓄水量，环湖吞吐流对整体湖流运动的影响比较小，湖流运动主要还是受风生流的影响较多，一年内随着不同季节主导风向的变化，受风场影响的湖泊环流也呈现出不同环流方向和形式。故模型中未考虑吞吐流对太湖湖流的影响，环湖河道只作为边界条件引入。

在模型计算时，将太湖划分为 81×81 个网格。假定初始时刻湖面是静止的，没有扰动，取 $A_z=4cm^2/s$、$A_h=0.5×10^5cm^2/s$，空间步长 $\Delta x=\Delta y=1km$，时间步长 $\Delta t=120s$。风速取 10m 高程的平均风速 3.5m/s，风向取其典型风向东南风和西北风。计算总时长为 80h（此时太湖流场已达到充分稳定状态）（胡开明等，2010）。太湖实测流场根据 1990~2008 年太湖各测点不同风向风速下实测流向流速资料按权重统计得出。太湖湖体水流流场计算值与实测值的对比见图 6.15 与图 6.16。

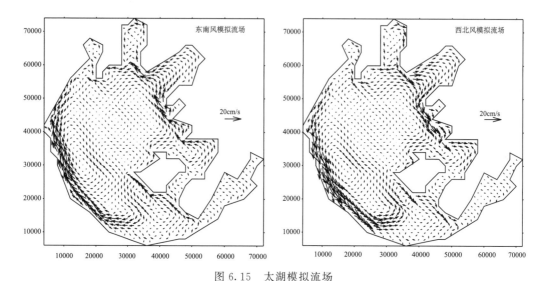

图 6.15 太湖模拟流场

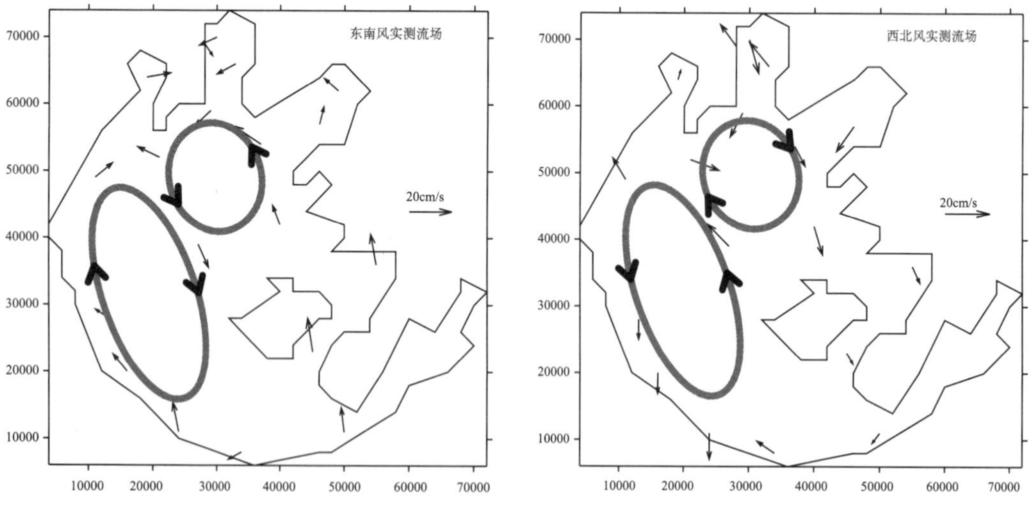

图 6.16 太湖实测流场统计结果

由东南风作用下的实测流场可以看出，在太湖西岸有一个比较明显的大顺时针环流，在平台山和乌龟山之间有一个稍小一点的逆时针环流，且顺时针环流的流速要大于逆时针环流流速。在模拟流场中，也形成了相同形状的环流，环流的大小和方向与实测结果比较一致，两者流速大小也比较接近。

由西北风作用下的实测流场可以看出，太湖环流情况和东南风作用下的正好相反，在太湖西岸有一个比较明显的大逆时针环流，在平台山和乌龟山之间有一个稍小一点的顺时针环流，且逆时针环流的流速要大于顺时针环流流速。在模拟流场中，也形成了相同形状的环流，环流的大小和方向与实测结果比较一致，两者流速大小也比较接近。

计算结果表明：模拟计算所得太湖流场与实测结果在态势及流速量级上基本一致。模型基本参数率定成果为：曼宁系数（湖底糙率）：$n=0.025$；风应力系数：$\gamma_a^2=0.0013$。

利用 2009 年 6 月 15～16 日监测到的竺山湖及太湖西岸湖区水质浓度值（监测点位见图 6.17）进行水质模型参数率定工作，得到的高锰酸盐指数、氨氮、TP 和 TN 模拟浓度场见图 6.18，实测值和计算值的对比见表 6.7。

表 6.7　模型验证结果表（单位：mg/L）

区域位置	序号	高锰酸盐指数			氨氮			TN			TP		
		实测值	计算值	误差率/%	实测值	计算值	误差率/%	实测值	计算值	误差率/%	实测值	计算值	误差率/%
竺山湾	1	5.60	5.00	10.7	2.57	2.43	5.5	7.29	7.09	2.7	0.17	0.19	11.8
	2	6.10	6.50	6.6	2.40	2.54	5.8	6.64	6.34	4.5	0.19	0.20	5.3
	3	7.70	7.20	6.5	0.95	0.87	8.4	4.76	4.70	1.3	0.21	0.24	14.3
	4	5.70	4.70	17.5	1.78	1.72	3.4	6.57	6.76	2.9	0.17	0.16	5.9
	5	13.80	14.80	7.3	0.37	0.39	5.4	4.81	5.39	12.1	0.68	0.62	8.8
	6	11.90	11.20	5.9	0.96	0.86	10.4	4.46	4.76	6.7	0.39	0.42	7.7
	20	7.40	5.70	23.0	0.96	0.90	6.3	4.46	4.40	1.4	0.19	0.18	5.3
	21	12.43	10.20	17.9	1.27	1.21	4.7	5.40	6.34	17.4	0.30	0.33	10.0
	22	8.65	9.50	9.8	1.89	1.76	6.9	5.20	4.72	9.2	0.29	0.25	13.8
	23	10.00	10.30	3.0	1.08	1.23	13.9	4.51	5.23	16.0	0.32	0.34	6.3
湖西区	7	6.10	6.40	4.9	0.14	0.11	21.4	4.28	4.45	4.0	0.21	0.18	14.3
	8	6.60	6.30	4.6	0.66	0.69	4.6	4.82	4.31	10.6	0.11	0.10	9.1
	9	3.30	3.00	9.1	0.19	0.21	10.5	2.48	2.62	5.7	0.13	0.15	15.4
	10	4.20	4.25	1.2	0.18	0.14	22.2	3.44	3.67	6.7	0.15	0.14	6.7
	11	2.90	2.92	0.7	0.14	0.16	14.3	2.10	1.97	6.2	0.10	0.09	10.0
	12	4.00	4.80	20.0	0.20	0.23	15.0	1.65	1.43	13.3	0.13	0.12	7.7
	13	5.40	5.14	4.8	0.42	0.36	14.3	2.73	2.77	1.5	0.16	0.17	6.3
	14	3.30	3.60	9.1	0.12	0.10	16.7	4.84	4.69	3.1	0.12	0.14	16.7
	15	6.90	6.39	7.4	0.19	0.21	10.5	2.62	2.54	3.1	0.11	0.10	9.1
湖西区	16	13.50	11.50	14.8	0.27	0.29	7.4	7.34	7.66	4.4	0.30	0.32	6.7
	17	18.60	17.20	7.5	0.12	0.13	8.3	3.45	3.78	9.6	0.23	0.22	4.4
	18	4.20	4.28	1.9	0.18	0.20	11.1	1.98	2.36	19.2	0.17	0.18	5.9
	19	4.40	4.45	1.1	0.20	0.17	15.0	2.13	2.33	9.4	0.11	0.12	9.1
	24	15.15	13.60	10.2	0.76	0.69	9.2	5.88	5.23	11.1	0.40	0.37	7.5
平均值		—	—	8.7	—	—	10.5	—	—	7.6	—	—	9.1

图 6.17　重点湖区水质监测点位布置图

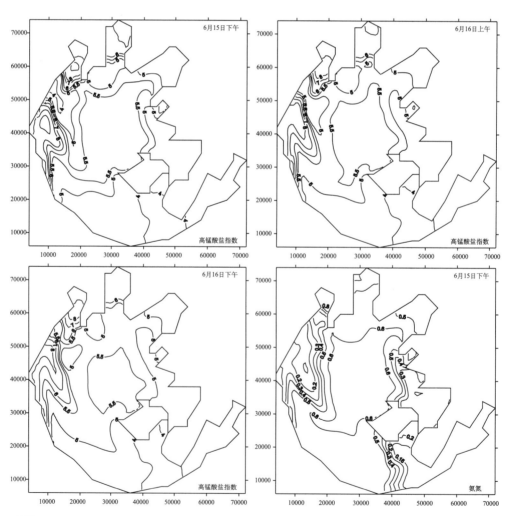

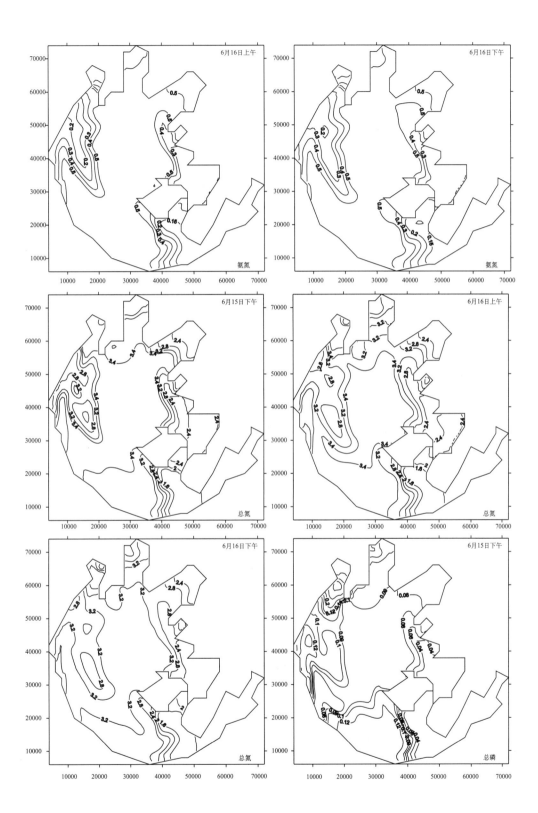

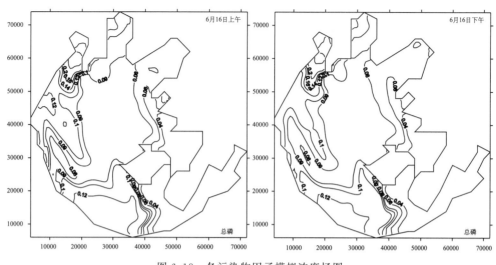

图 6.18　各污染物因子模拟浓度场图

从上述水质的计算结果与实测值验证对比可知，两者均吻合较好，高锰酸盐指数、氨氮、TP 和 TN 的平均误差分别为 8.7％、10.5％、9.1％和 7.6％。因此所建立的太湖水质模型，能较准确地模拟太湖湖体水质分布。模拟得到的水质模型参数见表 6.8。

表 6.8　太湖水质模型参数率定成果表

参数名称	数值
x、y 方向扩散系数（m²/s）	2.0，2.0
COD 污染物降解系数（1/d）	0.06
氨氮污染物降解系数（1/d）	0.04
TN 污染物降解系数（1/d）	0.04
TP 污染物降解系数（1/d）	0.02

6.6　水环境承载力计算结果及分析

6.6.1　不同风向下排放量与污染带响应关系

1. 排污口概化

考虑到太湖主要入湖排污口集中在湖西，将其概化后分别为梁溪河（梁溪河）、白芍山（直湖港）、雅浦桥（雅浦港）、黄埝桥（太滆运河）、殷村港（太滆南运河）、社㳇港（社㳇港）、陈东桥（陈东港）、乌溪港（乌溪港）、长兴（长兴港）9 个。排污口位置见图 6.19。

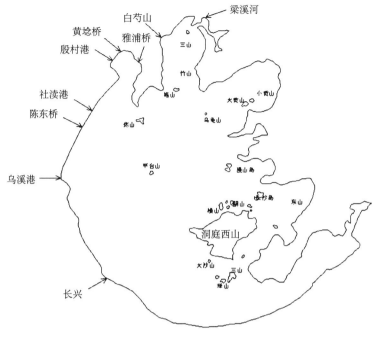

图 6.19　太湖概化排污口位置图

2. 计算方案

运用已建立的太湖风生流水量水质数学模型进行如下方案的计算：计算不同风向风速下各概化排污口在不同排污量下的浓度场分布图，在此基础上，给出风向风速联合频率订正后排污量与污染带面积以及污染带长度的响应关系曲线，由关系曲线得到太湖的水环境承载力。

根据《江苏省地表水（环境）功能区划》得出 2015 年和 2020 年各概化入湖河道水功能区划，设计水量取入湖河道平水年平均流量值，具体见表 6.9。

表 6.9　概化入湖河道参数表

序号	概化河道名称	断面名称	设计水量值/(m³/s)	水质目标（2015 年）	水质目标（2020 年）
1	梁溪河	梁溪河	3.58	Ⅲ	Ⅲ
2	直湖港	白芍山	13.16	Ⅲ	Ⅲ
3	雅浦港	雅浦桥	4.60	Ⅲ	Ⅲ
4	太滆运河	黄埝桥	33.12	Ⅳ	Ⅲ
5	太滆南运河	殷村港	25.50	Ⅲ	Ⅲ
6	社渎港	社渎港	9.65	Ⅲ	Ⅲ
7	陈东港	陈东桥	21.21	Ⅲ	Ⅲ
8	乌溪港	乌溪港	7.01	Ⅲ	Ⅲ
9	长兴港	长兴	55.93	Ⅲ	Ⅲ

3. 计算结果及分析

在不同的风向下，污染带主要受排污口周边的流场的影响而呈现不同形状，且不同排污口形成的污染带大小均不同，污染带的面积及长度随排污量的增大而增大。实际计算时考虑了很多不同风向风速的组合方案，这里仅描述在现状排污量情况下，3.5m/s平均风速（可以代表大多数）时排污口附近代表风向（东南风）下 COD 的污染带分布（图6.20）；氨氮的污染带分布见图 6.21；TN 的污染带分布见图 6.22；TP 的污染带分布见图6.23。图中 COD 污染带分布图仅给出了浓度为 20mg/L、22mg/L 和 24mg/L 时的污染带包络线；图中氨氮污染带的分布仅给出了浓度为 1.0mg/L、1.1mg/L 和 1.2mg/L 时的污染带包络线；图中 TN 污染带的分布仅给出了浓度为 1.0mg/L、1.1mg/L 和 1.2mg/L 时的污染带包络线；图中 TP 污染带的分布仅给出了浓度为 0.20mg/L、0.22mg/L 和0.24mg/L 时的污染带包络线。

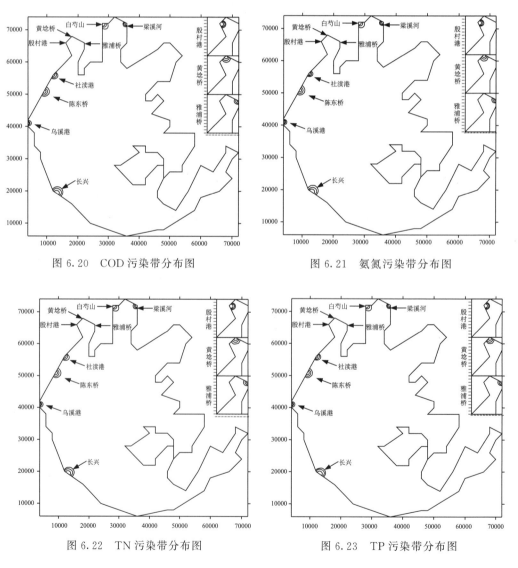

图 6.20　COD 污染带分布图　　　　　图 6.21　氨氮污染带分布图

图 6.22　TN 污染带分布图　　　　　　图 6.23　TP 污染带分布图

由排污量与污染带关系可以看出，各污染物排放所形成的污染带面积随排污口排污量的增大而增大，同时污染带长度也成比例增加。

6.6.2 不同规划年各功能区水环境承载力计算及结果分析

根据污染带面积与排污量响应关系曲线可得排污口污染带面积控制在 $1\sim 3 km^2$ 时的排污量，并且采用控制污染带总长度小于太湖岸线长度的 10% 进行水环境承载力计算，太湖水环境承载力的计算公式（胡开明等，2011）如下：

$$W = \sum_{i=1}^{n} C_i \cdot Q_i + \Delta W \tag{6.11}$$

式中，W 为水环境承载力（t/a）；C_i 为入湖河道水质浓度值（mg/L）；Q_i 为入湖河道设计水量（m^3/s）；ΔW 为水环境承载力订正值（t/a）（ΔW 用以补充未概化到的河道的水环境承载力，所有概化排污口计算得到的水环境承载力按污染带长度取平均后得到单位污染带长度水环境承载力值。若总的污染带长度超过研究区域岸线长度的 10%，则把超出部分的污染带长度乘以上述单位污染带长度水环境承载力值求出总量，取负号；若总的污染带长度不到研究区域岸线长度的 10%，同理计算出差值部分的水环境承载力，取正号）。

取 C_i 为《江苏省地表水（环境）功能区划》中入湖河道功能区水质浓度值进行污染带面积计算：①当污染带面积小于 $3 km^2$ 时，则取该入湖河道的污染物排放量（W_i）；②当污染带面积大于 $3 km^2$ 时，则取污染带面积等于 $3 km^2$ 时该入湖河道的污染物排放量（W_i），再根据污染带长度之和不超过整个太湖岸线长度的 10% 进行整个太湖水环境承载力的计算。

根据太湖主要入湖河道丰水年、平水年、枯水年的水量值，选取研究区域 9 条概化河道（梁溪河、直湖港、雅浦港、太滆运河、太滆南运河、社渎港、陈东港、乌溪港、长兴港）平水年平均流量值作为设计水量，根据式（6.11）计算太湖湖体的水环境承载力。

根据污染带面积与排污量响应关系曲线可查出排污口污染带面积在 $1\sim 3 km^2$ 时的排污量，然后将污染带长度与排污量响应关系曲线中查出的相应排污量对应的长度值作为单个排污口的控制长度，太湖岸线总长为 405km，控制混合带总长度小于太湖岸线长度的 10%，即所有允许排污口的总的污染带长不超过 40.5km 来进行太湖湖体水环境承载力计算。得到的太湖湖体水环境承载力值计算结果见表 6.10。

表 6.10　太湖湖体水环境承载力计算结果表（单位：t/a）

COD			氨氮			TN			TP		
2015 年	2020 年	2030 年	2015 年	2020 年	2030 年	2015 年	2020 年	2030 年	2015 年	2020 年	2030 年
175 464	172 801	172 801	13 435	13 196	13 196	28 987	22 224	16 428	1 748	1 102	1 102

太湖各功能区水环境承载力按以下公式计算：

$$W_i = \alpha_i \cdot W_{总} \tag{6.12}$$

$$\alpha_i = \frac{S_i \cdot Cs_i}{S_1 \cdot Cs_1 + S_2 \cdot Cs_2 + \cdots + S_8 \cdot Cs_8} \cdot \beta_i \quad (i = 1, 2, \cdots, 8) \qquad (6.13)$$

式中，$W_{总}$为水环境承载力（t/a）；W_i为各功能区水环境承载力（t/a）；S_i为各功能区面积（m²）；Cs_i为各功能区目标水质浓度（mg/L）（表 6.11）；α_i为太湖各功能区分配系数；β_i为太湖各功能区水质保护权重系数（对湖泊沿岸污染较重区域，考虑到水质可达性，β_i取较大值；对于湖心、东太湖等水质较好及需要有效保护的区域，β_i取较小值）。

表 6.11 太湖各功能区目标水质浓度

湖 区	面积/km²	水质目标(2015 年)	水质指标浓度/(mg/L)				水质目标(2020 年)	水质指标浓度/(mg/L)			
			COD	氨氮	TN	TP		COD	氨氮	TN	TP
梅梁湖	124.0	Ⅲ	20	1.0	1.0	0.050	Ⅲ	20	1.0	1.0	0.050
五里湖	5.8	Ⅳ	30	1.5	1.5	0.100	Ⅲ	20	1.0	1.0	0.050
贡湖	148.0	Ⅲ	20	1.0	1.0	0.050	Ⅲ	20	1.0	1.0	0.050
竺山湖	57.0	Ⅳ	30	1.5	1.5	0.100	Ⅲ	20	1.0	1.0	0.050
胥湖	268.0	Ⅲ	20	1.0	1.0	0.050	Ⅲ	20	1.0	1.0	0.050
西部沿岸区	216.9	Ⅲ	20	1.0	1.0	0.050	Ⅲ	20	1.0	1.0	0.050
南部沿岸区	313.8	Ⅲ	20	1.0	1.0	0.050	Ⅲ	20	1.0	1.0	0.050
湖心区	1 204.5	Ⅱ	15	0.5	0.5	0.025	Ⅱ	15	0.5	0.5	0.025
合 计	2 338.0	/	/	/	/	/	/	/	/	/	/

按此分配原则计算得到的太湖湖体各功能区水环境承载力值见表 6.12。

表 6.12 太湖各功能区水环境承载力计算结果表（单位：t/a）

湖区	COD			氨氮		
	2015 年	2020 年	2030 年	2015 年	2020 年	2030 年
梅梁湖	7 913	7 913	7 913	762	762	762
五里湖	738	705	705	57	54	54
贡湖	19 705	19 705	19 705	1 125	1 125	1 125
竺山湖	58 464	55 834	55 834	4 578	4 342	4 342
胥湖	877	877	877	27	27	27
西部沿岸区	58 903	58 903	58 903	4 160	4 160	4 160
南部沿岸区	21 828	21 828	21 828	2 037	2 037	2 037
湖心区	7 036	7 036	7 036	689	689	689
合计	175 464	172 801	172 801	13 435	13 196	13 196

湖区	TN			TP		
	2015 年	2020 年	2030 年	2015 年	2020 年	2030 年
梅梁湖	1 756	1 368	1 084	106	66	66
五里湖	88	64	36	6	4	4
贡湖	2 594	2 021	1 601	156	99	99
竺山湖	7 032	5 118	2 893	424	268	268
胥湖	61	48	38	4	2	2
西部沿岸区	9 584	7 469	5 916	578	364	364
南部沿岸区	4 694	3 659	2 898	283	178	178
湖心区	3 178	2 477	1 962	191	121	121
合计	28 987	22 224	16 428	1 748	1 102	1 102

结果显示，位列各功能区水环境承载力前三位的是竺山湖、西部和南部沿岸区；2015 年这三个功能区 COD、氨氮、TN 和 TP 水环境承载力之和分别占整个太湖湖体水环境承载力的 79.3%、80.2%、73.5%和 73.4%；2020 年这三个功能区四个指标水环境承载力之和所占比例平均下降了 0.2%，分别为 79.0%、79.9%、73.1%和 73.5%；2030 年整个太湖水环境承载力除 TN 减少了 5796t/a 外，其他指标与 2020 年相同。

第7章 太湖流域陆域–水域复合模型构建及总量分配技术体系

利用太湖污染物来源识别模型，计算得到入湖河流上游各行政分区及各类型污染源对主要入湖河道污染物的贡献率，结合太湖悬浮沉降原型实验，室内动槽扰动释放实验和静沉降实验得出太湖内源污染负荷，同时计算太湖大气沉降通量，并基于环太湖出入湖水量及水质浓度的监测，计算出入太湖的水量和污染物通量，综合各个途径的出入太湖污染物通量，揭示 2007～2010 年四年太湖营养盐收支平衡关系，利用太湖各功能区水环境承载力进行污染物减排分配，定量分析陆域污染物的削减潜力，为流域环保部门制订总量控制措施提供依据。

7.1 太湖流域陆域–水域复合模型构建

利用已有的降雨径流模型、污染负荷模型、河网水动力模型、河网水质模型、太湖水动力模型以及太湖富营养化模型构建陆域–水域复合模型系统，该模型系统主要由地理信息系统、模型库系统和数据库管理系统等三大子系统构成。首先，利用降雨径流模型计算得到的产汇流过程估算与降雨有关的非点源污染负荷；其次，利用污染负荷模型计算结果（废水量和污染物量）为河网水量和水质模型提供计算所需的边界条件；最后，河网和太湖水动力和水质模型相互耦合，模拟中河网以及太湖的水动力特征及污染物运移转化的时空变化过程。各模型间的逻辑关系如图 7.1 所示。

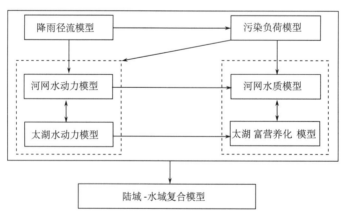

图 7.1 陆域–水域复合模型库逻辑关系图

7.2 太湖入湖污染物溯源研究

7.2.1 入湖污染物溯源方法

为了研究入太湖污染物质通量的组成分布以及减小扩散误差的方法，采用非充分掺混求解方法（罗缙，2009），对不同的水源赋以不同的保守物质名称，用保守物质的全流域水质模型，计算各河段的各种保守物质浓度随时间的变化规律，得到各河段水体水量的组成情况，然后乘以不同水源的实际污染物浓度，即得到各河段水体污染物质通量的组成情况。

对某种定义的保守物质而言，设某河段时段初断面 1 和断面 2 的物质浓度为 C_{01} 和 C_{02}，上边界节点 N 的浓度为 C_N，如图 7.2 所示。经过 Δt 后，随着水流有物质量 Q_1 $C_N \cdot \Delta t$ 从断面 1 进入第一微段，实际上物质浓度沿程变化如图 7.3 中粗线所示。

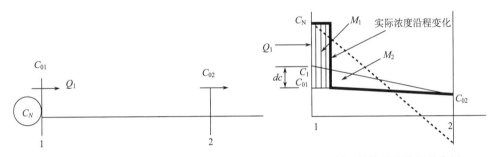

图 7.2 某河段上下断面浓度　　　　图 7.3 断面计算浓度分析示意图

断面计算浓度应同时满足下列 3 个假定或条件：①浓度沿程呈直线变化；②下游断面不产生负值；③满足质量守恒定律。断面 1 的浓度不能直接取边界节点浓度，其浓度值应根据上面三条基本要求反推出来的，称为计算浓度。经过 Δt 后，通过断面 1 输送到河段的物质增量为：

$$M_1 = (C_N - C_{01}) Q_1 \cdot \Delta t \tag{7.1}$$

根据假定条件，图 7.3 中三角形面积 M_2 表示的物质量必须与 M_1 相等。

$$M_2 = 0.5 \Delta x (A_1 + A_2) dc \tag{7.2}$$

式中，A_1、A_2 为断面 1、2 的过水面积，令 $M_1 = M_2$，得

$$dc = \frac{2(C_N - C_{01}) Q_1 \cdot \Delta t}{V_1} \tag{7.3}$$

式中，V_1 为微段蓄水量，$V_1 = \dfrac{(A_1 + A_2)\ \Delta x}{2}$

则断面 1 的计算浓度 C_1 为

$$C_1 = C_{01} + dc = (1 - \omega_1) C_{01} + \omega_1 C_N \tag{7.4}$$

式中，$\omega_1 = 2 Q_1 \Delta t / V_1$ 是反映传播速度的一个指标。

式 (7.4) 可以写成边界节点浓度 C_N 的简单线性方程：

$$C_1 = a_1 + b_1 C_N \qquad (7.5)$$

式中，$a_1 = (1 - \omega_1) C_{01}$；$b_1 = \omega_1$。

通过研究入太湖污染物质通量的组成分布以及减小扩散误差的方法，采用非充分掺混求解方法计算入湖通量污染物来源类型组成，反演出太湖流域不同区域和不同行业的入太湖污染物通量的来污比例。

7.2.2 入湖污染物溯源结果及分析

1. 不同类型污染物入太湖通量

太湖流域污染源类型分为以下几种：工业点源、城镇生活、农村生活、农田面源和畜禽养殖。以上五类污染来源主要是作为旁侧入流直接排入或者随降雨径流间接进入河道，进而流入太湖的。另外，包括长江自流或泵站引流进入太湖的长江水等其他来源也考虑入湖通量。不同类型污染物质入湖通量占总入湖通量的比例见表 7.1。

表 7.1 不同类型污染物质入湖通量占总入湖通量的比例（单位：%）

项目	COD	氨氮	TN	TP
工业点源	16.9	11.6	11.8	4.8
城镇生活	33.5	42.3	28.6	19.5
农村生活	23.5	29.4	22.3	13.6
农田面源	4.3	10.0	30.0	41.7
畜禽养殖	7.9	3.0	2.6	13.2
其他通量	13.9	3.7	4.7	7.2

基准年（2007 年）不同类型污染物质经不同入湖河道入太湖通量比例见表 7.2 至表 7.10。

表 7.2 2007 年不同类型污染物经武进港入太湖通量比例（单位：%）

项目	COD	氨氮	TN	TP
工业点源	28	20	22	13
城镇生活	36	44	30	25
农村生活	17	22	14	12
农田面源	3	8	29	33
畜禽养殖	7	3	1	14
其他通量	9	3	4	3

表 7.3　2007 年不同类型污染物经太滆运河入太湖通量比例（单位:%）

项目	COD	氨氮	TN	TP
工业点源	24	16	16	9
城镇生活	36	46	31	24
农村生活	18	24	19	11
农田面源	4	9	28	36
畜禽养殖	8	3	3	15
其他通量	10	2	3	5

表 7.4　2007 年不同类型污染物经漕桥河入太湖通量比例（单位:%）

项目	COD	氨氮	TN	TP
工业点源	11	6	8	2
城镇生活	35	42	29	17
农村生活	26	33	26	13
农田面源	6	12	30	50
畜禽养殖	9	3	4	13
其他通量	13	3	3	6

表 7.5　2007 年不同类型污染物经太滆南运河入太湖通量比例（单位:%）

项目	COD	氨氮	TN	TP
工业点源	10	7	10	3
城镇生活	30	39	28	15
农村生活	26	34	27	12
农田面源	6	13	29	48
畜禽养殖	8	3	4	11
其他通量	19	4	3	10

表 7.6　2007 年不同类型污染物经横塘河入太湖通量比例（单位:%）

项目	COD	氨氮	TN	TP
工业点源	8	5	8	1
城镇生活	35	40	27	17
农村生活	33	38	27	16
农田面源	8	13	34	51
畜禽养殖	9	3	3	12
其他通量	7	1	2	3

表 7.7　2007 年不同类型污染物经社渎港入太湖通量比例（单位:%）

项目	COD	氨氮	TN	TP
工业点源	12	7	9	2
城镇生活	35	39	27	16
农村生活	32	35	27	14
农田面源	3	12	30	51
畜禽养殖	9	3	3	11
其他通量	10	4	3	5

表 7.8　2007 年不同类型污染物经官渎港入太湖通量比例（单位:%）

项目	COD	氨氮	TN	TP
工业点源	15	13	12	3
城镇生活	36	38	27	17
农村生活	32	34	25	16
农田面源	4	11	32	50
畜禽养殖	8	3	2	12
其他通量	5	2	2	2

表 7.9　2007 年不同类型污染物经陈东港入太湖通量比例（单位:%）

项目	COD	氨氮	TN	TP
工业点源	19	16	15	4
城镇生活	36	43	32	17
农村生活	29	29	21	15
农田面源	5	8	29	48
畜禽养殖	7	2	1	11
其他通量	5	1	1	5

表 7.10　2007 年不同类型污染物经乌溪港入太湖通量比例（单位:%）

项目	COD	氨氮	TN	TP
工业点源	13	8	10	1
城镇生活	35	41	27	15
农村生活	33	35	23	14
农田面源	4	13	37	52
畜禽养殖	13	4	3	17
其他通量	1	0	1	1

由表 7.2 至表 7.10 可以得出以下结论：

（1）从九条河流的入湖通量来看，工业点源贡献的污染物通量中所占比例最大的是

COD，其值在 8.1%～27.2%之间，工业点源对河道 COD 通量影响列前三位的是武进港、太滆运河和陈东港，其比例分别为 27.7%、23.8%和 18.5%；生活污染源贡献的污染物通量中所占比例最大的是氨氮，其中城镇生活贡献的污染物通量中所占比例在 37.9%～45.9%之间，城镇生活对河道氨氮通量影响列前三位的是太滆运河、武进港和陈东港，其比例分别为 45.9%、44.0%和 43.4%；农村生活贡献的污染物通量中所占比例在 22.4%～37.6%之间，农村生活对河道氨氮通量影响列前三位的是横塘河、社㳇港和乌溪港，其比例分别为 37.6%、35.5%和 34.8%；农田面源贡献的污染物通量中所占比例最大的是 TP，其值在 33.4%～52.2%之间，农田面源对河道 TP 通量影响列前三位的是乌溪港、社㳇港和横塘河，其比例分别为 52.2%、51.5%和 51.4%；畜禽养殖污染源贡献的污染物通量中所占比例最大的也是 TP，其值在 11.1%～16.9%之间，畜禽养殖污染源对河道 TP 通量影响列前三位的是乌溪港、太滆运河和武进港，其比例分别为 16.9%、14.9%和 14.0%；长江自流或泵站引流进入太湖的长江水等其他来源贡献的污染物通量中所占比例最大的也是 COD，其值在 1.4%～19.3%之间，其对河道 COD 通量影响列前三位的是太滆南运河、漕桥河和社㳇港，其比例分别为 19.3%、13.0%和 9.7%。

(2) 从不同类型污染物入湖总量来看，对 COD 通量贡献比例最大的是城镇生活污染源，其值在 30.2%～36.3%之间，城镇生活污染源对 COD 通量影响列前三位的是太滆运河、陈东港和官㳇港，其比例分别为 36.3%、36.1%和 35.7%；对氨氮通量贡献比例最大的也是城镇生活污染源，其值在 37.9%～45.9%之间，城镇生活污染源对氨氮通量影响列前三位的是太滆运河、武进港和陈东港，其比例分别为 45.9%、44.0%和 43.4%；对 TN 通量贡献比例最大的是城镇生活污染源和农田面源，二者比例相当，其值分别在 26.5%～32.1%和 27.6%～36.9%之间，城镇生活污染源对 TN 通量影响列前三位的是陈东港、太滆运河和武进港，其比例分别为 32.1%、31.1%和 29.6%，农田面源对 TN 通量影响列前三位的是乌溪港、横塘河和官㳇港，其比例分别为 36.9%、33.6%和 32.1%；对 TP 通量贡献比例最大的是农田面源，其值在 33.4%～52.2%之间，农田面源对 TP 通量影响列前三位的是乌溪港、社㳇港和横塘河，其比例分别为 52.2%、51.5%和 51.4%。

2. 不同行政区污染物入太湖通量

将太湖流域分成镇江、常州、金坛、溧阳、无锡、江阴、宜兴、其他地区（主要包括苏州地区、杭嘉湖片区等）8 个行政分区来研究按不同行政区入湖的污染物质通量。不同行政区污染物质入湖通量占总入湖通量的比例见表 7.11。

表 7.11　不同行政区污染物质入湖通量占总入湖通量的比例（单位:%）

行政分区名称	COD	氨氮	TN	TP
镇江	1.1	2.1	6.8	1.6
常州	23.2	27.2	21.8	23.4
金坛	0.8	1.7	7.0	0.4
溧阳	3.6	6.6	10.1	1.5

行政分区名称	COD	氨氮	TN	TP
无锡	13.3	13.7	9.6	13.9
江阴	2.6	3.8	2.7	3.3
宜兴	28.6	30.5	27.6	30.8
其他地区	26.8	14.4	14.4	25.1

基准年（2007 年）不同地区污染物质经不同入湖河道入太湖通量比例见表 7.12 至表 7.20。

表 7.12　2007 年不同行政区污染物经武进港入太湖通量比例（单位：%）

行政分区名称	COD	氨氮	TN	TP
镇江	1	1	3	3
常州	53	51	49	58
金坛	0	1	2	0
溧阳	0	0	2	0
无锡	27	31	27	23
江阴	7	9	8	8
宜兴	0	1	2	0
苏州地区	3	3	4	3
杭嘉湖片区	0	0	0	0
其他	9	2	4	3

表 7.13　2007 年不同行政区污染物经太滆运河入太湖通量比例（单位：%）

行政分区名称	COD	氨氮	TN	TP
镇江	2	3	7	3
常州	66	64	52	66
金坛	1	1	6	0
溧阳	0	1	5	0
无锡	15	18	13	14
江阴	5	7	5	6
宜兴	1	1	5	0
苏州地区	2	3	2	2
杭嘉湖片区	0	0	0	0
其他	10	2	3	6

表 7.14　2007 年不同行政区污染物经漕桥河入太湖通量比例（单位：%）

行政分区名称	COD	氨氮	TN	TP
镇江	2	4	12	2
常州	32	33	26	25
金坛	1	3	12	1
溧阳	1	3	11	1
无锡	1	1	2	1
江阴	1	1	1	1
宜兴	47	50	33	63
苏州地区	0	0	0	0
杭嘉湖片区	0	0	0	0
其他	13	3	3	7

表 7.15　2007 年不同行政区污染物经太滆南运河入太湖通量比例（单位：%）

行政分区名称	COD	氨氮	TN	TP
镇江	3	5	14	1
常州	16	19	19	12
金坛	2	5	14	1
溧阳	2	6	13	1
无锡	1	1	2	1
江阴	0	1	1	1
宜兴	56	59	33	72
苏州地区	0	0	0	0
杭嘉湖片区	0	0	0	0
其他	20	4	3	11

表 7.16　2007 年不同行政区污染物经横塘河入太湖通量比例（单位：%）

行政分区名称	COD	氨氮	TN	TP
镇江	1	2	8	1
常州	4	5	10	3
金坛	1	1	8	0
溧阳	3	6	10	2
无锡	0	0	1	0
江阴	0	0	1	0
宜兴	83	84	61	91
苏州地区	0	0	0	0
杭嘉湖片区	0	0	0	0
其他	7	1	2	3

表 7.17　2007 年不同行政区污染物经社渎港入太湖通量比例（单位:%）

行政分区名称	COD	氨氮	TN	TP
镇江	2	3	10	1
常州	7	7	13	4
金坛	1	2	11	1
溧阳	5	11	15	3
无锡	0	0	1	0
江阴	0	0	1	0
宜兴	74	72	46	85
苏州地区	0	0	0	0
杭嘉湖片区	0	0	0	0
其他	10	4	3	5

表 7.18　2007 年不同行政区污染物经官渎港入太湖通量比例（单位:%）

行政分区名称	COD	氨氮	TN	TP
镇江	1	2	6	1
常州	5	5	8	4
金坛	1	2	7	1
溧阳	13	21	20	7
无锡	1	1	1	1
江阴	1	1	1	1
宜兴	72	67	55	83
苏州地区	0	0	0	0
杭嘉湖片区	0	0	0	0
其他	5	2	2	3

表 7.19　2007 年不同行政区污染物经陈东港入太湖通量比例（单位:%）

行政分区名称	COD	氨氮	TN	TP
镇江	1	1	3	1
常州	6	5	5	4
金坛	2	2	5	1
溧阳	16	23	21	7
无锡	2	1	1	1
江阴	1	1	1	1
宜兴	66	65	61	79
苏州地区	0	0	0	0
杭嘉湖片区	0	0	0	0
其他	5	1	1	6

表 7.20　2007 年不同行政区污染物经乌溪港入太湖通量比例（单位:%）

行政分区名称	COD	氨氮	TN	TP
镇江	0	1	2	0
常州	3	3	4	1
金坛	1	1	3	0
溧阳	4	10	11	2
无锡	1	1	1	0
江阴	1	1	1	0
宜兴	41	43	44	30
苏州地区	0	0	0	0
杭嘉湖片区	47	40	34	66
其他	2	1	1	1

由表 7.12 至表 7.20，可以得出以下结论:

（1）从不同行政区来看，镇江贡献的污染物通量影响最大的河道是太滆南运河，其进入该河道的 COD、氨氮、TN 和 TP 通量所占比例分别为 2.8%、5.2%、13.9% 和 1.4%；常州贡献的污染物通量影响最大的河道是太滆运河，其进入该河道的 COD、氨氮、TN 和 TP 通量所占比例分别为 65.6%、63.8%、51.9% 和 66.3%；金坛贡献的污染物通量影响最大的河道是太滆南运河，其进入该河道的 COD、氨氮、TN 和 TP 通量所占比例分别为 2.0%、4.6%、14.5% 和 0.7%；溧阳贡献的污染物通量影响最大的河道是陈东港，其进入该河道的 COD、氨氮、TN 和 TP 通量所占比例分别为 15.9%、23.2%、21.4% 和 7.3%；无锡贡献的污染物通量影响最大的河道是武进港，其进入该河道的 COD、氨氮、TN 和 TP 通量所占比例分别为 29.1%、33.4%、29.4% 和 25.3%；江阴贡献的污染物通量影响最大的河道也是武进港，其进入该河道的 COD、氨氮、TN 和 TP 通量所占比例分别为 6.9%、9.1%、7.8% 和 8.5%；宜兴贡献的污染物通量影响最大的河道是横塘河，其进入该河道的 COD、氨氮、TN 和 TP 通量所占比例分别为 82.7%、84.0%、61.0% 和 91.0%；其他地区贡献的污染物通量影响最大的河道是乌溪港，其进入该河道的 COD、氨氮、TN 和 TP 通量所占比例分别为 49.1%、40.6%、34.7% 和 66.3%。

（2）从不同入湖河道来看，对武进港各污染物通量贡献比例最大的是常州，其进入该河道的 COD、氨氮、TN 和 TP 通量所占比例分别为 50.0%、48.2%、45.9% 和 55.4%；对太滆运河各污染物通量贡献比例最大的也是常州，其进入该河道的 COD、氨氮、TN 和 TP 通量所占比例分别为 65.6%、63.8%、51.9% 和 66.3%；对漕桥河、太滆南运河、横塘河、社渎港、官渎港和陈东港各污染物通量贡献比例最大的都是宜兴，其进入漕桥河的 COD、氨氮、TN 和 TP 通量所占比例分别为 47.1%、50.3%、33.1% 和 63.1%；其进入太滆南运河的 COD、氨氮、TN 和 TP 通量所占比例分别为 56.3%、59.2%、33.0% 和 72.5%；其进入横塘河的 COD、氨氮、TN 和 TP 通量所占比例分别为 82.7%、84.0%、61.0% 和 91.0%；其进入社渎港的 COD、氨氮、TN

和 TP 通量所占比例分别为 73.9％、71.8％、46.2％和 85.3％；其进入官渎港的 COD、氨氮、TN 和 TP 通量所占比例分别为 72.5％、67.0％、55.0％和 83.5％；其进入陈东港的 COD、氨氮、TN 和 TP 通量所占比例分别为 66.3％、64.8％、61.3％和 79.5％；对乌溪港各污染物通量贡献比例最大的是其他地区，其进入该河道的 COD、氨氮、TN 和 TP 通量所占比例分别为 49.1％、40.6％、34.7％和 66.3％。

7.3 内源污染负荷研究

7.3.1 太湖底泥悬浮沉降原型实验

1. 实验设计与操作方法

1）试验装置

采用的沉积物捕获器为有机玻璃圆筒，内径 $D=11cm$，高度 $H=33cm$，高度直径比 $H/D=3$，满足沉积物捕获器设计的要求，横截面积为 95.03cm²。将两个沉积物捕获器固定在塑料筐内，捕获器瓶口均用孔径为 1cm 左右的塑料网覆盖，以防止大型浮游动物进入捕获器而影响实验精度。每个塑料筐下挂 2kg 左右的重物，确保塑料筐在水中能保持水平，沉积物捕获器能保持竖直。塑料筐顶端系有塑料绳，可以将塑料筐连同沉积物捕获器固定在水中不同深度。实验装置见图 7.4 所示。

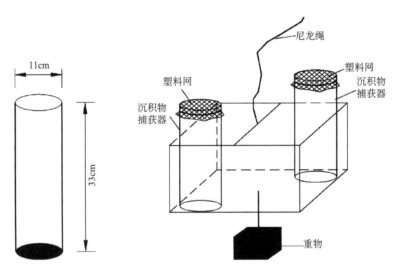

图 7.4　沉积物捕获器示意图

2）取样时间和方法

实验于 2005 年在太湖梅梁湾口东岸"太湖湖泊生态系统试验站"（以下简称"太湖站"，图 7.5）栈桥附近水域（31°25′10.20″N，120°12′50.40″E）进行。

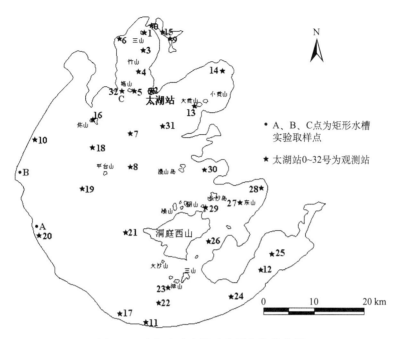

图 7.5　太湖实验取样及监测点位分布图

图中标注：
N

・A、B、C点为矩形水槽
　实验取样点

★太湖站0~32号为观测站

太湖站

0　　10　　20 km

3）测定项目和分析方法

沉积物捕获器内水样测定的项目有悬浮物（SS）干重和烧失量，并同时测定了取样时刻捕获器外部太湖原水中相应的指标以及底泥有机质的含量等。样品分析方法按照《湖泊富营养化调查规范》（金相灿和屠清瑛，1990）的标准进行。

悬浮物以及有机颗粒物的测定：用已经 105℃ 烘干并称重（W_1）的 WhatmanGF/C滤膜抽滤水样。抽滤后，滤膜恒温 105℃ 烘 4h，冷却平衡后称重（W_2），继而放入马弗炉 550℃ 灼烧 5h，冷却平衡后称重（W_3）。W_2-W_1 为总悬浮物重，W_2-W_3 即为有机颗粒物重。

叶绿素 a（Chla）采用荧光分光光度法测定。

2. 计算方法

1）沉降通量的计算

在水土界面，底泥在释放和沉降过程中分别扮演着源和汇的角色，水体物质浓度的变化具有相似的规律。沉降通量的计算方法可借用营养物释放率的计算方法（金相灿和屠清瑛，1990），公式如下：

$$r = \left[V(c_n - c_0) + \sum_{j=1}^{n} V_{j-1}(c_{j-1} - c_a) + \sum_{i=1}^{n} T\,(\mathrm{NH_3})_i \right] / (A \times t) \qquad (7.6)$$

式中，r 为释放速度［mg/(m²・d)］；V 为柱（即本实验中的有机玻璃圆筒）中上覆水体积（L）；c_n、c_0、c_{j-1} 为第 n 次、初始和 $j-1$ 次取样时某物质含量（mg/L）；c_a 为添加水样中的物质含量（mg/L）；V_{j-1} 为第 j-1 次取样体积（L）；$T(NH_3)_i$ 为第 i 次取水样时收集器中收集的氨氮量（mg），在计算磷时没有此项；A 为柱样中水—沉积物接触面积（m²）；t 为释放时间（d）。由于不考虑 NH_3 的水气界面交换，所计算的 NH_4^+-N 和 DTN 为表观释放速率。

对于计算悬浮物沉降通量，该计算式可简化为

$$D = [V(c_0 - c)] / (A \times t) \tag{7.7}$$

由于 $V = A \times h$，故沉降通量计算式为

$$D = [h(c_0 - c)] / t \tag{7.8}$$

式中，D 为沉降通量 [g/(m²·d)]，h 为水深（m），t 为沉降时间（d），c 为某物质含量（mg/L）。其他符号意义同式（7.6）。

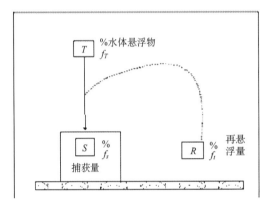

图 7.6　Gansith 公式法原理示意图

2）再悬浮通量的计算

采用 Gansith 公式法（Gasith，1975）该方法由 Gansith 提出，之后 Floderus 称其为"分类测定法"（label approach），后来 Bloesch 等对该法进行了改进。Gansith 公式法原理见图 7.6，计算公式如下：

$$R = S - T \tag{7.9}$$

$$Rf_R + Tf_T = Sf_S \tag{7.10}$$

$$R = S \frac{(f_S - f_T)}{(f_R - f_T)} \tag{7.11}$$

式中，R 为底泥再悬浮量（g，干重）；S 为沉积物捕获器收集量（g，干重）；f_S 为沉积物捕获器中收集物的有机物含量所占比例（%）；f_R 为表层底泥中有机物含量所占比例（%）；f_T 为水体悬浮物量（T）中有机物含量所占比例（%）。Gansith 公式适合于计算太湖再悬浮通量。

3. 底泥悬浮沉降规律及通量研究

1）悬浮沉降实验中悬浮物浓度变化规律

由于不同季节风速、风向不一样，加之动植物季节生长差异，因此湖水中的悬浮物浓度也存在差别。对 5 次实验中捕获器外部水体中悬浮物浓度以及风速的监测结果进行分析，得到取样时间内 SS 浓度随风速变化关系（图 7.7）。

结果显示，在实验监测到的风速范围内，各季节悬浮物浓度和风速值拟合较好，随着风速增加，悬浮物浓度也增加；四个季节悬浮物浓度存在一定差异，同等级风浪作用下，冬季悬浮物浓度最大，夏季相对较小，且两者相差较大，可能因为冬季水生植物处于越冬期，无法起到对悬浮物过滤、抑制底泥上浮的作用。

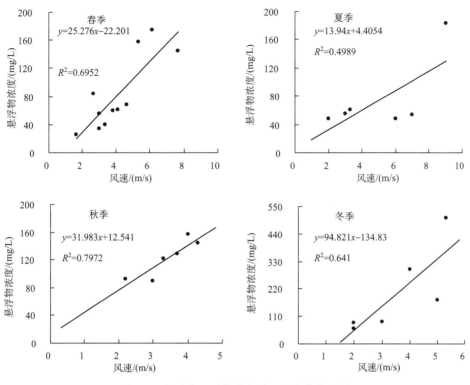

图 7.7 各季节悬浮物浓度随风速变化关系图

2）沉积物再悬浮通量的计算

采用 Gansith 公式计算了太湖 4 个季节上层、下层以及按水深进行加权平均的再悬浮通量，将计算得到的再悬浮通量与取样间隔内平均风速作了曲线拟合（图 7.8）。

从图 7.8 可以看出：不同时间内再悬浮通量不同，受太湖风浪的影响较大。春季观测到的风速在 $2\sim 6m/s$ 之间，上下层加权平均再悬浮通量范围为 $0\sim 500g/(m^2 \cdot d)$；夏季观测到的风速在 $2\sim 8m/s$ 之间，再悬浮通量范围为 $0\sim 1000g/(m^2 \cdot d)$，秋季观测到的风速在 $2\sim 5m/s$ 之间，再悬浮通量范围为 $0\sim 200g/(m^2 \cdot d)$；冬季观测到的风速在在 $2\sim 6m/s$ 之间，再悬浮通量在 $0\sim 1200g/(m^2 \cdot d)$ 范围内。

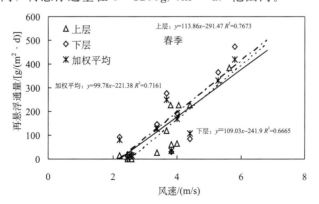

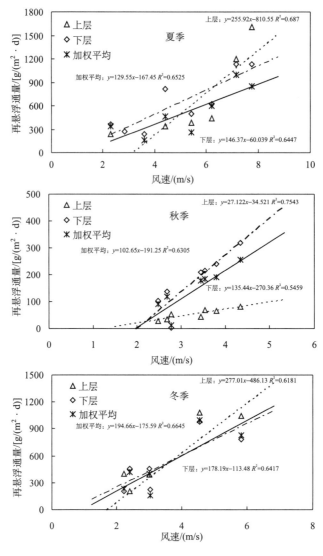

图 7.8　各季节再悬浮通量与风速变化关系图

　　比较相同风速范围内 4 个季节的再悬浮通量得知：春秋两季再悬浮通量较小，冬季最大，夏季次之。风速与再悬浮通量基本呈现正相关关系，且相关性较好，风速越大，再悬浮通量越大。大体上，每个季节下层的 SS 再悬浮通量大于上层。可见，风速和水深对再悬浮通量的影响很大。主要是因为风速越大，对底泥扰动也越大，使得进入水体的再悬浮物质增加；另外，水体悬浮物浓度在水深方向由下而上呈逐渐减小的梯度分布，所以越靠近底层收集到的悬浮物质越多，故再悬浮通量越大。

7.3.2　室内动槽扰动底泥释放实验

1. 环形水槽实验

1) 实验设备及工作原理

本次实验在河海大学海岸及海洋工程研究所双向环形水槽中进行，环形水槽装置见图7.9，它是由上盘、下盘和计算机控制系统组成。下盘底板上安装两个直径分别为108cm和150cm有机玻璃同心圆环，为水槽的内壁和外壁，两壁之间宽（即水槽宽）为21cm，壁高41cm，并且在外壁不同高度处都设有取样口；上盘为一环片，覆盖在环槽上，上盘的高度可以调节，以控制水深。本实验中，由计算机自动控制无级调速电机，使水槽的上下盘产生相向运动，并在切应力作用下产生水流。由于水槽存在曲率，下盘的运动会使水流产生沿半径向外的离心力，出现向外的横向副流，而上盘向相反方向转动时，会使水流产生沿半径向里的离心力，出现向里的横向副流。因为离心力的大小与转盘的流速大小有关，故通过对上下盘转速比的合理调配，可使离心力相互抵消，使副流基本消失，槽内流场基本均匀，这样整个水槽就相当于一个宽阔的水体。由于太湖实际流速在小范围内变化不大，特别是湖底流速在小范围内可近似看为均匀，故槽内流场基本均匀的特征为粗略模拟太湖湖体的实际水流状况提供了条件。正是基于这一点，利用该装置探讨了水动力作用下太湖底泥的起动规律与底泥中营养盐的释放规律。

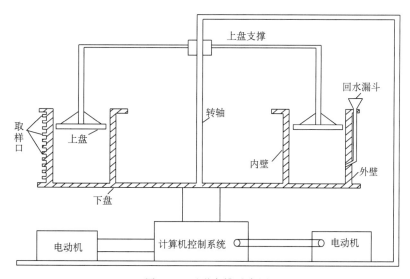

图7.9　环形水槽示意图

2) 实验条件

试验的一些技术参数根据环形水槽的工作条件、太湖底泥性质及起动规律来定。

（1）底泥和水样。本次实验的底泥取自"太湖站"附近湖域（125°25′50″N，20°12′04″E），位置见图7.5。即属于梅梁湾内的底泥，实验用水也完全取自采泥点的太湖水。

表 7.21　太湖底泥容重垂直分布（单位：g/cm³）

深度/cm	0~4	4~8	8~12	12~16	16~20	20~24	24~28	28~32	32~36
柱状样 Ⅰ	1.17	1.40	1.58	1.54	1.56	1.74	1.63	1.64	1.63
柱状样 Ⅱ	1.27	1.45	1.54	1.54	1.59	1.74	1.59	1.59	1.63

（2）实验水深。长期试验率定结果表明，环形水槽在水深 15cm 时，横向副流较小，水流速度及流场也较稳定，故实验水深采用 15cm。

（3）流速。环形水槽根据上下盘转速确定过水断面的平均流速，而水槽的断面平均流速即表示现场观测的垂线平均流速。

3）水动力条件下底泥中 TN、TP 释放通量研究

根据环形水槽实验结果，建立了底泥中 TN、TP 的释放通量与水体流速大小之间的关系，将底泥释放率参数化，为太湖水量水质以及富营养化数学模型提供参数支持。

（1）样品采集与分析方法。环形水槽在每一流速下运行 30min 后，分上、中、下 3 层取样。在实验分析时，每一样品又分成 3 组平行样，按《湖泊富营养化调查规范》（金相灿，屠清瑛，1990）的标准，将各样品用孔径为 0.45μm 的玻璃纤维滤膜（WhatmanGF/C）过滤，分别测定其 TN 和 TP 浓度。TN 采用过硫酸钾氧化—紫外分光光度法，TP 采用钼—锑—抗分光光度法，用 HACH—DR4000 紫外/可见分光光度计进行分光测定。

（2）底泥释放率的计算方法。底泥释放率（金相灿和屠清瑛，1990）的计算公式如下所示：

$$r = \left[\bar{V}(c_n - c_0) + \sum_{j=1}^{n} V_i(c_{j-1} - c_a) \right] / (A \cdot t) \tag{7.12}$$

式中，r 为释放率 [mg/(m²·d)]；$\bar{V}$ 为环形水槽中水样体积（L）；C_n 为第 n 次采样时水中营养物浓度（mg/L）；C_0 为初始营养物浓度（mg/L）；V_i 为每次采样量（L）；C_{j-1} 为第 $j-1$ 次采样时水中营养物浓度（mg/L）；C_a 为添加原水后水体营养物浓度（mg/L）；t 为释放时间（d）；A 为与水接触的沉积物表面积（m²）。

（3）实验结果与分析。根据实验结果，由水体中 TN、TP 浓度随流速的变化关系（图 7.10 至图 7.11）和底泥中 TN、TP 的释放率随流速的变化关系（图 7.12 至图 7.13）可得：当底泥处于"个别动"状态时，随着流速的增大，TN、TP 浓度和底泥释放率呈上升趋势，但增加的幅度都不大。主要是由于底泥还只受到了轻微的扰动，只有间隙水中的营养物质在释放，而底泥还未大量悬浮所致；随着流速的进一步增大，底泥达到"少量动"状态时，TN、TP 浓度和释放率较前一阶段有了明显的上升，主要是由于此时已有部分底泥开始起动，小的泥沙颗粒悬浮到了上覆水体中，带动了吸附在其上的营养物质，一并进入水体，同时下层底泥间隙水也得以大量释放，致使水体 TN、TP 浓度升高；当流速达到 50~60cm/s 时，底泥处于"普遍动"状态时，TN、TP 浓度和释放率产生了一个较大的突增，底泥中的营养物质被大量释放出来，TN、TP 的浓度达到 11.27mg/L 和 0.7mg/L，分别是初始状态浓度的 3 倍和 7 倍之多，

TN、TP 释放率也是原先状态的 10～20 倍。同样，Reddy 等（Reddy and Graet，1991）在对 Apopka 湖的研究中也发现，悬浮作用（悬浮＋扩散）造成的上覆水营养盐浓度增加可以达到单纯由扩散产生的营养盐浓度的数十倍；Søndergård（Søndergård et al.，1992）等在对丹麦的 Arresø 湖（面积 41km²，平均水深 2.9m）的野外调查也发现，动力悬浮产生的营养盐浓度增加可以达到原先的 20～30 倍的数量级，这充分说明了水动力作用在浅水湖泊内源氮磷循环中扮演着非常重要的作用，同时也说明实验结果是可信的。

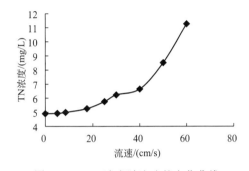

图 7.10　TN 浓度随流速的变化曲线

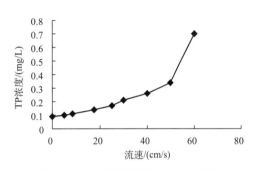

图 7.11　TP 浓度随流速的变化曲线

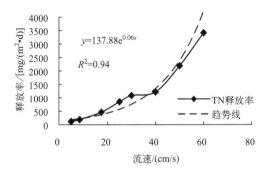

图 7.12　TN 释放率与流速的关系曲线

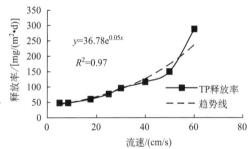

图 7.13　TP 释放率与流速的关系曲线

　　从图可知：底泥中 TN、TP 释放率与水体流速的关系服从指数分布，在一定的流速范围内，底泥中 TN、TP 释放率随流速的增大而增大。因为如果底泥不受扰动，则底泥中营养盐的向上释放只能通过自然形成的向上的浓度梯度进行，或者是底栖生物的扰动等发生，这种释放称为静态释放，显然较深水湖泊中同等条件下的释放要小（张路等，2001）。因为浅水湖泊水土界面上溶解氧供应较深水湖泊充分，从而易于在水土界面处通过 Fe 与 Mn 的氧化形成阻挡营养盐向上释放的氧化层，但如果底泥受到风浪作用的搅动而发生悬浮，则释放的方式将发生变化。当流速达到 40cm/s 以上时，悬浮物浓度显著增加。显然，在小风速条件下，悬浮物中主要是颗粒有机物。这些颗粒有机物有些常年飘浮在水体中，有些沉积在水土界面处，遇到小的风浪即发生悬浮，但不会有底泥中营养盐的大量释放，只有当底泥大量悬浮，底泥间隙水中的营养盐才会得以大量释放。在风浪过程结束后，悬浮沉积物沉降至湖底，并把一些悬浮的营养盐和有机物质带入底泥中，等到下一次风浪的到来。故控制湖泊富营养化除了要控制外源污染外，还特别要加大力度控制湖泊的内源释放。

2. 矩形水槽实验

1）实验目的

太湖为大型浅水湖泊，底泥在风浪的作用下，极易悬浮到水体中，因此，水动力条件对太湖底泥悬浮和营养盐释放起着非常大的作用。2009年11月20日～28日在河海大学开展了太湖沉积物释放规律实验，为太湖湖体富营养化模型建立以及清淤参数的选取提供依据。本次实验定量分析了太湖水体流速对沉积物释放的影响，初步建立沉积物释放率与流速之间的定量关系，为模型中底泥释放系数和太湖内源负荷量的计算奠定基础。

2）实验方案

（1）实验设备及工作原理。本次实验在河海大学沉积物释放模拟水槽中进行，水槽装置见图7.14，它的主体是由进水箱、出水箱及中间的扁长形水槽（水槽宽15cm，高5cm）连接组成；两个水箱内设有插槽，利用不同高度的隔板控制水槽进出口水位，调节水位差值改变水槽内的流速；进水箱与外部的储水箱通过水管连接，并用泵使水循环流动；水槽上、下部各开一个圆孔，上部圆孔放置流速仪，并用定做的橡皮塞塞紧防止漏水，下部圆孔粘接一段内径9cm的圆管，方便柱状采样器的接入。本实验中，由泵抽水使进出水箱保持溢流，通过恒定水位差使水槽内产生流速稳定的水流，用流速仪上的读数控制流速大小。装有太湖底泥样的采样柱通过水槽下部的圆管连接上水槽，用千斤顶把泥柱顶起，使泥面与流速仪旋桨转轴在一个水平面上，以确保流速仪读出来的流速与引起底泥释放的流速一致。在出水箱设有一个底泥收集槽，用来收集被水流切削起来的底泥。本实验利用该装置探讨水动力作用下太湖沉积物的释放规律及与流速的关系。

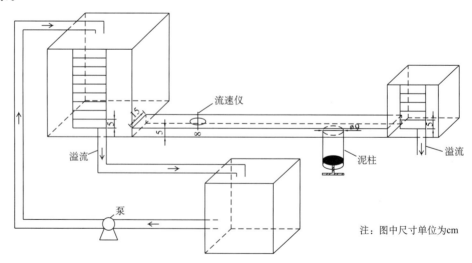

图7.14　沉积物释放模拟水槽示意图

（2）实验条件。实验的一些技术参数根据水槽的工作条件、太湖底泥性质及切削规律来定。①底泥和水样：本次实验共采了 3 个地点的底泥，分别取自 A 点（太湖服务区，$31°7'9.82''N$，$119°56'24.74''E$）、B 点（宜兴市丁蜀镇八房港蓝藻堆放点，$31°11'36.52''N$，$119°54'30.61''E$）和 C 点（太湖站附近湖域梅梁湾口西，$31°24'24.48''N$，$120°8'45.38''E$），具体位置见图 7.5，实验用水也完全取自采泥点的太湖水。总体来说，太湖底部由古冲积平原黄土硬底组成，硬底之上仅覆盖 10cm 左右主要为黄土硬底长期浸泡受风浪反复扰动而形成的活动层泥沙，在水动力作用下容易发生再悬浮（李一平，2006）。②流速：水槽根据进出口恒定水位差确定控制过水断面的流速使其稳定，而流速仪旋桨转轴平面上的流速即表示引起沉积物释放的流速。实验具体方案为：采用 5cm/s、10cm/s、15cm/s、20cm/s、30cm/s 和 40cm/s 涵盖太湖大部分情况下的 6 组流速。每种流速方案持续运行 2min，并在 0s、10s、20s、30s、60s、90s 和 120s 时各取一次底泥收集槽内的泥水，用以测定释放区水体浊度。另外，在冲刷过程，通过摇升千斤顶使泥柱面始终与流速仪旋桨转轴保持在同一水平面。

（3）测定项目和分析方法。浊度测定：把收集槽内泥水倒入样品池，用 HACH 2100P 型便携式浊度仪测定其浊度。

悬浮物浓度的测定：参照《湖泊富营养化调查规范》（金相灿和屠清瑛，1990）。

3）实验结果分析

（1）实验过程及现象描述。将装有底泥的柱状采样器竖直放置，然后向其中缓慢充入太湖水，浸泡 24h 后再开始做实验。

在本次实验中，观察到了与环形水槽法相类似的情况。根据泥沙起动的特点，考虑到采用仪器判断的局限性，仍然采用目测的方法来判断是否起动，虽然有一定的视觉误差，但只要试验人员之间的认识达成统一，试验过程中注意观察，其偏差范围是有限的。另外，这种方法简单，且可充分考虑受冲刷床面上的全部情况。为了对起动状况有一个整体的了解，试验前进行了探索性试验。发现太湖底泥起动时，仍然可以分成三种标准：①个别动。泥样平整表面个别微团处于运动状态，具有间隙性和随机性，这一过程对应的流速变化范围在 0～15cm/s 之间；②少量动。泥样表面出现凹凸不平，在平整的泥面或在凸起的部位，微团运动不连续，而在凹坑内则出现少量雾状物，一般具有连续性、间隙性和随机性，这一过程对应的流速变化范围在 15～30cm/s 之间；③普遍动。在平整泥面及凸起的表面有大量的微团出现，基本呈现出连续运动，特别是在冲刷坑内，出现大量雾状物，泥样崩溃明显，这一过程对应的流速变化范围在 30～40cm/s 之间。整个实验过程中观察到的现象符合泥沙运动的规律。

（2）实验结果及分析。三个点各做了两次底泥释放实验（其中一次为平行实验），实验得到各点浊度随流速的变化关系，具体见图 7.15。由于底泥的起悬量随着流速的增大而增加，因此底泥收集槽中的悬浮物浓度也存在差别。对本次实验底泥收集槽中泥水浊度以及相应流速进行分析，对同一流速下各时段浊度取平均后得到取样时间内浊度与流速拟合曲线（图 7.16）。

根据《湖泊富营养化调查规范》（金相灿和屠清瑛，1990）测得悬浮物与浊度相关关系，见图 7.17，得出的公式：$y = 0.0009x^2 + 1.878x$（式中，y 为悬浮物浓度（mg/L），

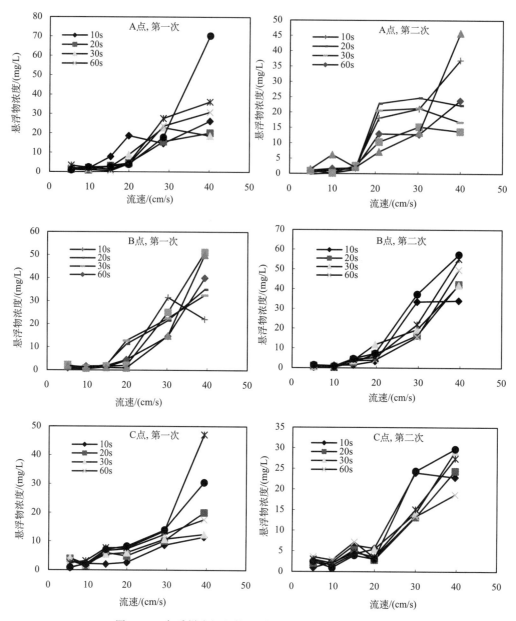

图 7.15　各采样点沉积物悬浮区浊度随流速变化关系图

x 为浊度（NTU））计算得到沉积物悬浮区悬浮物浓度，进而建立沉积物释放率与流速之间的关系，见图 7.18。

　　结果显示，在实验所取的流速范围内，各采样点沉积物释放率和流速值拟合较好，随着流速增加，沉积物释放率也增加，并呈指数关系；A、B、C三点释放率分别为：$0 \sim 10.17 \text{kg/（m}^2 \cdot \text{d）}$、$0 \sim 13.98 \text{kg/（m}^2 \cdot \text{d）}$ 和 $0 \sim 7.58 \text{kg/（m}^2 \cdot \text{d）}$。当流速在 $0 \sim 15 \text{cm/s}$ 时，三点的底泥处于将动未动状态，释放率最大才达到 $643.41 \text{g/（m}^2 \cdot \text{d）}$；当流速逐渐增大，在 $15 \sim 30 \text{cm/s}$ 之间时，三点的底泥释放率有较大的增加，为前一阶段

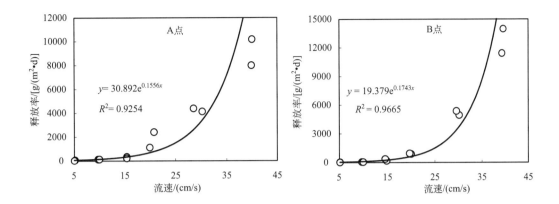

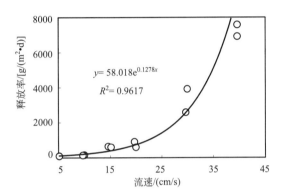

图 7.16　各采样点沉积物悬浮区浊度与流速关系

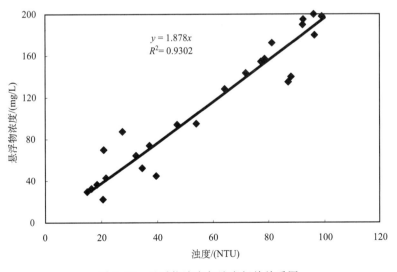

图 7.17　悬浮物浓度与浊度相关关系图

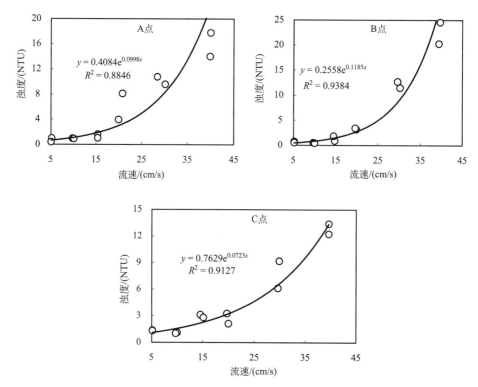

图 7.18　各采样点沉积物释放率随流速变化关系

的几倍至十几倍之多；当流速继续增大，三点的底泥释放率有了数量级倍的增加，可见风速对于太湖沉积物的起悬和沉降起着至关重要的作用。3 个采样点泥样切削后在水槽沉积物释放区的悬浮物浓度存在一定差异，同等流速作用下，B 点的沉积物释放率最大，C 点的沉积物释放率最小，造成这种结果的原因可能与各采样点底泥粒径，黏性，含水率，形状，密度以及其他化学特性有关，A 和 B 点位于湖西的软泥区，沉积物较 C 点在风浪的扰动下容易释放到水体中。

7.3.3　室内悬浮物静沉降实验

1. 实验设计与操作方法

1）实验装置

有机玻璃圆筒，内径为 19cm，外径为 20cm，截面积为 283.5287cm²，高度为 54cm。在筒壁上从上至下设置 3 个取样口，上层取样口距离沉降筒顶端为 14cm，上中层高度差为 20cm，中下层高度差为 16cm，下层取样口距离筒底为 4cm，具体装置见图 7.19。

2）取样时间和方法

2005 年在室内进行了 7 次静沉降实验，时间分别为 4 月 7～8 日，4 月 8～9 日，

5月28~29日，5月30~31日，7月18~19日，9月10~11日，12月10~11日。实验用水均取自"太湖站"（位置见图7.5）栈桥附近的太湖原水，取样后立即送往实验室进行实验。

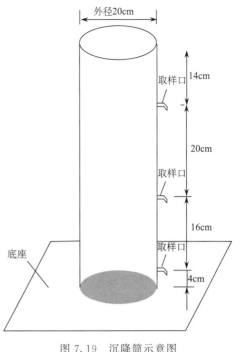

外径20cm

取样口 14cm

20cm

取样口

16cm

取样口

底座 4cm

图7.19 沉降筒示意图

3）测定项目和分析方法

实验中测定项目为总悬浮物浓度、颗粒无机悬浮物浓度和颗粒有机悬浮物浓度，测定方法参照《湖泊富营养化调查规范》（金相灿和屠清瑛，1990）。

2. 悬浮物浓度变化规律

1）SS浓度与沉降时间的关系

室内静沉降实验中，选取前4次取样时间的SS浓度代表太湖在不同风力下湖体悬浮物浓度的分布情况。沉降筒上、中、下3个取样口SS浓度与沉降时间的关系如图7.20至图7.23所示。

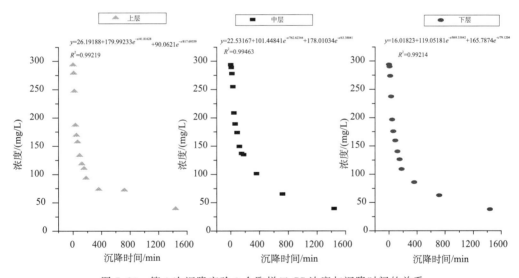

$y=26.19188+179.99233e^{-x/41.81628}+90.0621e^{-x/817.69359}$
$R^2=0.99219$

$y=22.53167+101.44841e^{-x/762.62344}+178.01034e^{-x/63.38841}$
$R^2=0.99463$

$y=16.01823+119.05181e^{-x/869.33842}+165.7874e^{-x/79.1204}$
$R^2=0.99214$

图7.20 第1次沉降实验3个取样口SS浓度与沉降时间的关系

由图7.20至图7.23可见：各个取样口处SS浓度均随时间呈指数下降关系，在沉降初期下降的幅度最大，以后下降幅度逐渐变小。在前180min内，初始SS浓度大时，SS浓度能下降50%以上；初始SS浓度小时，SS浓度也几乎能下降到50%左右。而在以后的时间中，SS浓度下降的幅度逐渐减小，几个小时甚至十几个小时内SS下降的幅

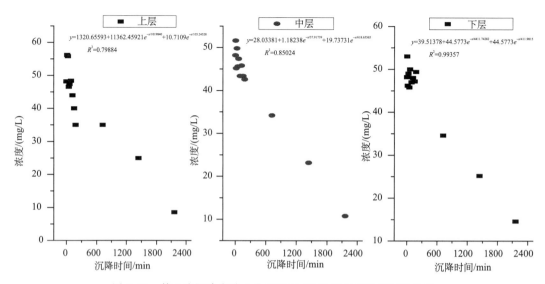

图 7.21　第 2 次沉降实验 3 个取样口 SS 浓度与沉降时间的关系

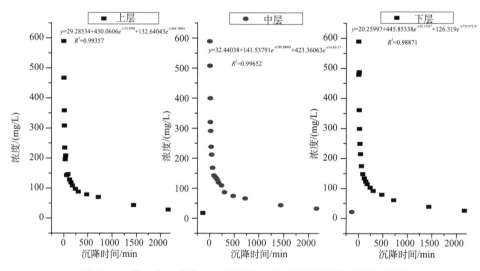

图 7.22　第 3 次沉降实验 3 个取样口 SS 浓度与沉降时间的关系

度也只在 20%～40%，说明 SS 沉降初期的沉降速度比较大，沉降后期的沉速要小很多。SS 的初始浓度越大，SS 浓度下降的幅度越大。说明初始 SS 浓度越大，沉降初期的沉速越大。在垂向上，在同一沉降时刻，3 个取样口 SS 浓度关系为下层＞中层＞上层，形成了垂向的浓度梯度。在沉降初期 3 个取样口浓度的差别比沉降后期要大，反映出了 SS 在沉降过程中的浓度分布规律。

为了更好地反映各实验 SS 浓度与沉降时间的关系，利用 ORIGIN7.0 软件对各方案下 SS 浓度与沉降时间作了曲线拟合，拟合结果可从图中看出。从中可以看出：SS 浓度随沉降时间呈指数衰减规律。初始浓度大的第 1 次实验和第 3 次实验上中下取样口处 SS 浓度均与沉降时间呈二次指数衰减规律，相关系数均在 0.98 以上，拟合效果非常

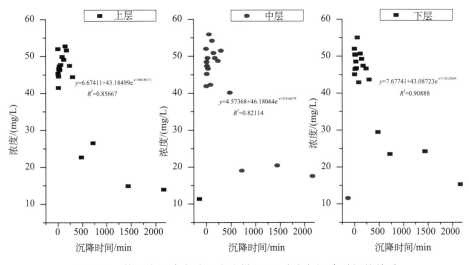

图 7.23　第 4 次沉降实验 3 个取样口 SS 浓度与沉降时间的关系

好。初始浓度较小的第 2 次实验 SS 浓度与沉降时间也呈二次指数衰减规律，相关系数均在 0.80 以上；初始浓度较小的第 4 次实验 SS 浓度与沉降时间呈一次指数衰减规律，相关系数也均在 0.80 以上，拟合效果也不错。充分说明了太湖底泥的沉降规律呈现前期沉速大，沉降快，后期沉速小，沉降较慢的特征。

从图 7.20 至图 7.23 还可以看出，SS 初始浓度大时，SS 浓度与沉降时间的拟合效果要优于初始浓度小时的情况，这可能主要与悬浮物的组成有关。结果显示：SS 初始浓度大的第 1 次和第 3 次实验，颗粒无机物的含量均在 80% 以上，而初始浓度小的第 2 次和第 4 次实验，颗粒无机物的含量分别为 32.4% 和 62.5%。悬浮物组成的不同，可能造成 SS 沉降速度的不同，从而其随时间的衰减规律也不尽相同，同时说明颗粒无机物含量越高，SS 随时间的变化可能越接近指数衰减规律。

2）沉降速度计算

（1）计算方法。本书根据 4 次沉降实验不同沉降时间在沉降筒上、中、下处 SS 浓度的值，利用重复深度吸管法（黄建维，1981），对太湖悬浮物的沉降速度进行了计算，4 次实验不同时间平均沉速见图 7.24。并采用水深加权的方法对每取样时刻沉降筒内的平均浓度进行了计算，采用浓度加权的方法求取 3 个取样口的平均沉速，其计算方法如下：

$$\bar{C} = (h_1 C_1 + h_2 C_2 + h_3 C_3)/(h_1 + h_2 + h_3) \tag{7.13}$$

$$\bar{w} = (w_1 C_1 + w_2 C_2 + w_3 C_3)/(C_1 + C_2 + C_3) \tag{7.14}$$

式（7.13）中，$\bar{C}$ 为沉降筒内水深加权平均浓度（mg/L）；C_1、C_2、C_3 分别为沉降筒上、中、下取样口处 SS 的浓度（mg/L）；h_1、h_2、h_3 分别为沉降筒上、中、下取样口离沉降筒上端筒口的距离（cm）。式（7.14）中，$\bar{w}$ 为沉降筒内浓度加权平均沉速（cm/s）；w_1、w_2、w_3 分别为沉降筒上、中、下取样口高度处平均沉速（cm/s）。

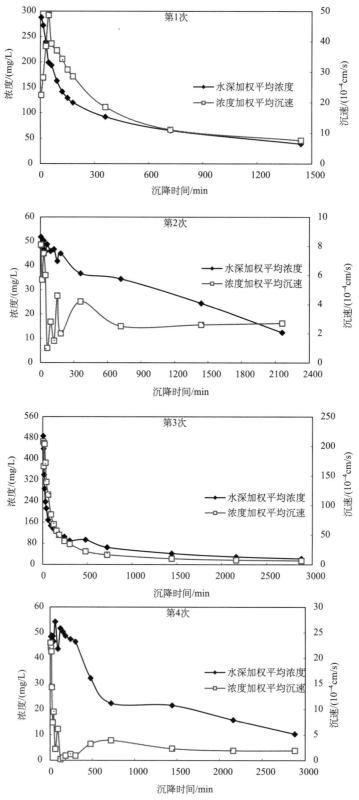

图 7.24 4 次沉降实验取样口平均 SS 浓度及沉速与沉降时间的关系

（2）计算结果及分析。4 次实验不同时间平均浓度及平均沉速见图 7.24。结果显示，SS 初始浓度不同时，在相同的沉降时间间隔内，SS 的平均沉速也不同。在前 30min 内，当初始浓度在 450～500mg/L 之间时，平均沉速变化范围为 0.015～0.025cm/s；当初始浓度为 250～300mg/L 时，平均沉速变化范围为 0.002～0.004cm/s；当初始浓度为 40～60mg/L 时，平均沉速变化范围为 0.0005～0.005cm/s。可见呈现 SS 初始浓度越大，相同的沉降时间间隔内 SS 平均沉速越大的特征。故太湖悬浮物的沉降速度与水体中的悬浮物浓度有关，悬浮物浓度越大，其沉速越大。另外，随着沉降时间的增加，悬浮物的平均沉速逐渐减小，当沉降时间足够长时，沉降速度趋于稳定。各种 SS 初始浓度在沉降 24h 后，沉降速度大都位于 0.0002～0.0009cm/s 之间，相差不大。

这说明太湖悬浮物的沉降过程是一个渐变的过程，大风浪过后，在短时间内悬浮物浓度沉降较快，大颗粒的无机物和部分有机物能够很快沉降下来，但水体中的小颗粒有机物和生物碎屑等完全沉降则需要较长时间。

综合图 7.24 结果，根据式（7.13）和式（7.14），采用水深加权的方法求出沉降筒内的平均浓度，采用浓度加权的方法求出沉降筒内的平均沉速。为了寻求平均浓度和平均沉速之间的关系，将两者进行曲线拟合，发现两者的关系符合 Logistic 曲线（式 7.15），见图 7.25 所示。拟合曲线为

$$\omega = 0.02054/(1 + \exp(-0.02613(C - 166.29261)))$$
$$(R^2 = 0.97996，N = 54) \tag{7.15}$$

式中，ω 为平均沉速（cm/s）；C 为悬浮物浓度（mg/L）。

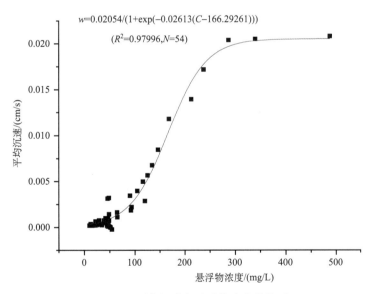

图 7.25　平均沉速与悬浮物浓度的关系

由图 7.25 可得，当悬浮物浓度较小，位于 0～50mg/L 时，平均沉速在 0～0.002cm/s 之间；当悬浮物浓度为 50～250mg/L 时，平均沉速在 0.002～0.018cm/s 之间；当悬浮物浓度为 250～600mg/L 时，平均沉速在 0.018～0.025cm/s 之间。可见，随着太湖水体中悬浮物浓度的加大，其沉降速度也变大。

3. 悬浮物静沉降通量的计算

根据悬浮物通量式（7.8）计算 7 次室内静沉降实验在不同沉降时间内按水深进行加权平均的沉降通量，并且将计算得到的沉降通量与沉降时间作了曲线拟合（图7.26）。

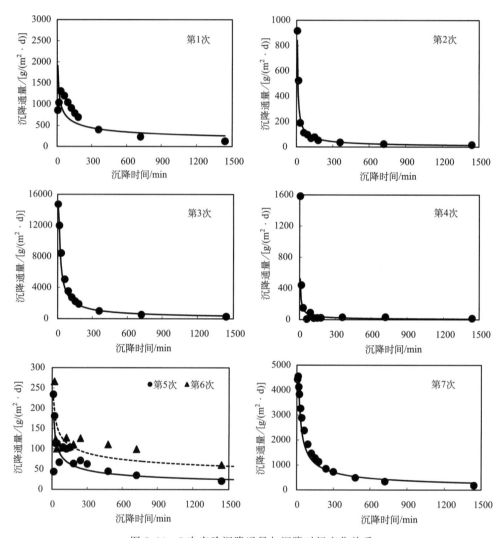

图 7.26　7 次实验沉降通量与沉降时间变化关系

图 7.26 显示，对于不同初始浓度的 7 次实验，沉降通量基本上均呈现随着沉降时间的变大而减小的规律。沉降初期的沉降通量为沉降后期沉降通量的几十倍，甚至上百倍，在沉降初期的 20～30min 内，沉降通量达到最大值，开始呈现急速下降，以后下降速度逐渐变缓。这也充分说明了太湖底泥在沉降过程中，前期沉速快沉降量大的特征。

在相同沉降时间内，沉降通量随初始浓度的增大而增大。当沉降时间达到 144min 时，沉降速度变得很慢，悬浮物浓度变化越来越小，从该段时间的平均沉降通量随悬浮物初始浓度变化关系发现：平均沉降通量与悬浮初始浓度呈现较好的相关性，悬浮物浓度越大，平均沉降通量也越大。由于不同季节风速、风向不一样，加之动植物季节生长差异，因此湖水中的悬浮物浓度也存在差别。可见，野外湖水中的悬浮物静沉降通量也随着季节而变化。

根据野外实验中捕获器外部水体中悬浮物浓度以及风速的监测结果，得知各季节悬浮物浓度和风速值拟合较好，随着风速增加，悬浮物浓度也增加。对各季节不同风速与悬浮物平均静沉降通量作了曲线拟合（表 7.22），同等级风浪作用下，冬季平均净沉降通量最大，夏季较小，且差异较大，出现这样的情况主要是受风向的影响，梅梁湾夏季盛行东南风，冬季盛行西北风，采样点的位置（靠近东岸）使得东南风对沉积物的作用有所削减。

表 7.22　各季节静沉降通量与风速关系曲线表

时间	拟合曲线函数[1]	相关系数（R^2）
春季	$y = 88.094e^{0.1727x}$	0.592
夏季	$y = 105.66e^{0.0953x}$	0.425
秋季	$y = 111.7e^{0.2186x}$	0.679
冬季	$y = 40.804e^{0.6479x}$	0.546

1）x 为风速（m/s），y 为沉降通量 $[g/(m^2 \cdot d)]$

7.3.4　底泥再悬浮污染物与风速关系

1. 底泥悬浮物浓度与风速关系建立

由于太湖水深、底泥分布及理化性质存在空间差异，根据 2000～2008 年太湖各测点悬浮物浓度与相应风速资料，拟合出湖心区和东太湖悬浮物浓度随风速变化相关关系，具体见图 7.27 和图 7.28。

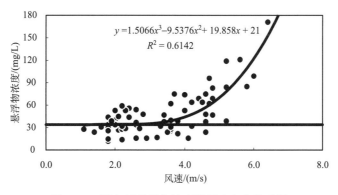

图 7.27　湖心区悬浮物浓度随风速变化关系图

结果显示，湖心区和东太湖的风速基本在 0～7m/s 之间，两湖区悬浮物浓度和风速值拟合较好，随着风速增加，悬浮物浓度也增加；相同风速下，湖心区的悬浮物浓度要比东太湖高。风速大于 3m/s 时，湖心区的悬浮物浓度有明显的跃升，而东太湖没有

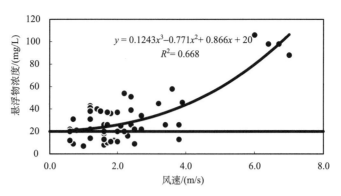

图 7.28　东太湖悬浮物浓度随风速变化关系图

此情况，这跟东太湖密布着水生植被有关，由于水生植物的存在对风浪作用下沉积物与上覆水的物质交换有一定的抑制作用，影响了悬浮物的再悬浮，因此东太湖的悬浮物浓度与风速拟合曲线比较平缓。

2. 底泥再悬浮污染物时空分布研究

1）太湖生态分区概况

太湖位于长江三角洲南缘，面积 2338km²，平均水深 2m 左右，北部已呈富营养化状态。根据太湖各区域生态特点并结合最新功能区划，将全湖分成 9 个湖区（图 7.29）：五里湖，为太湖北部相对封闭的城郊湖湾，面积 5.8km²；梅梁湖，太湖北部主

图 7.29　太湖生态分区示意图

要水源区，面积约 120km²，湖底 50％为软泥覆盖，夏季易产生藻华；竺山湖，位于梅梁湖的西面、太湖的西北角，污染非常严重，面积约 72.2km²；西部和南部沿岸带，自竺山湖下边界起沿西部沿岸至南部沿岸平均宽约 8km 环带，彼此以行政边界为限，面积分别约 216.9km² 和 313.8km²，为主要河流入湖水域，水质较差；贡湖、东部沿岸区以及东太湖水草丰盛，是太湖水域内典型的草型湖湾区，面积分别为 166.5km²、268km² 和 131.3km²，该区密布着各种挺水植物、漂浮植物和浮叶植物，水生植被覆盖度为 10％～95％，主要优势种为马来眼子菜（*Potamogeton malaianus* Miq.）、轮叶黑藻（*Hydrilla verticillata* Royle）和苦草（*Vallisneria spiralis* L.）；湖心区，包括湖心开敞区以及洞庭西山周围部分水域，面积 1043.5km²，该湖区水面开阔，大部分区域为硬土底质。以上湖区的平均水深除湖心区约 2.5m，东太湖 1m 外，其余约 2m。

2）太湖风速频率特征

对 1990～1995 年及 2000～2008 年太湖站 33 个观测站（图 7.5）近 10 多年的风速资料（逄勇等，2009）进行统计分析（年风速出现频率按日平均风速数据计算），太湖日平均风速主要以 2～5m/s 风速为主，占全年日出现频率的 64.1％，＞5m/s 的风速频率为 17.5％；而日最大风速出现频率在高风速区则普遍较大，如＞5m/s 的日最大风速频率占 89.5％，＞8m/s 的频率亦占到 34.2％，是＞7m/s 日平均风速频率（3.8％）的 9 倍，反映湖面频繁地受到了大风的瞬时扰动。

3）底泥再悬浮污染物时空变化关系建立思路

由太湖底泥悬浮沉降原型实验得到春、夏、秋、冬 4 季梅梁湾底泥再悬浮通量和风速之间的拟合曲线，初步揭示了太湖底泥释放的时间变化趋势；环形水槽实验描述了扰动条件下底泥的起悬规律，并且给出了 TN、TP 随流速变化的释放情况；矩形水槽实验建立了梅梁湖及湖西区 3 个不同采样点底泥再悬浮污染物量与流速的定量关系，初步揭示了太湖底泥释放的空间变化趋势；根据 2000～2008 年太湖各测点悬浮物浓度与相应风速资料，又拟合出了湖心区和东太湖悬浮物浓度随风速变化相关关系，把定量关系建立的空间分布向东南部扩展。

影响太湖水质模拟的主要因素为边界条件、风向风速频率以及底泥再悬浮污染物量。由于湖心区和太湖东部区域基本没有河流流入，所以边界对这部分湖区几乎没有影响。太湖属于大型浅水湖泊，风生流是其主要湖流形式，故风场对太湖的流场起着决定性的影响，而流场对污染物质在湖中的迁移、扩散、降解等又起着十分重要的作用，故在模型模拟太湖底泥再悬浮污染物量与悬浮物浓度之间定量关系时利用了不同风向风速联合频率。重复调试参数使模拟值与实验测量值在允许的误差范围内，得到若干组参数值，采用最小二乘法从中筛选出最优的一组。这样将野外观测与室内实验结合，对比分析太湖底泥再悬浮污染物时空分布差异与联系，并结合全太湖实测数据，利用模型推算，最终得到太湖不同分区不同时间底泥再悬浮污染物量（图 7.30）。

4）太湖底泥再悬浮污染物时空变化关系建立及结果分析

整个太湖各个湖区中，竺山湖与梅梁湖形态以及底泥分布情况相仿，均为半封闭污

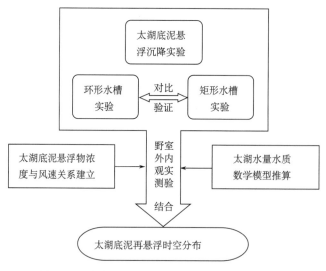

图 7.30 太湖底泥再悬浮污染物时空分布研究图

染严重湖体,五里湖是直接连着梅梁湖的湖区,故竺山湖、五里湖底泥再悬浮污染物规律参照梅梁湖;贡湖、东部沿岸区和东太湖均被大面积水生植物覆盖,水动力情况相似,故贡湖和东部沿岸区采用东太湖的相关关系;各湖区底泥再悬浮污染物随风速的关系如图 7.31 至图 7.35。

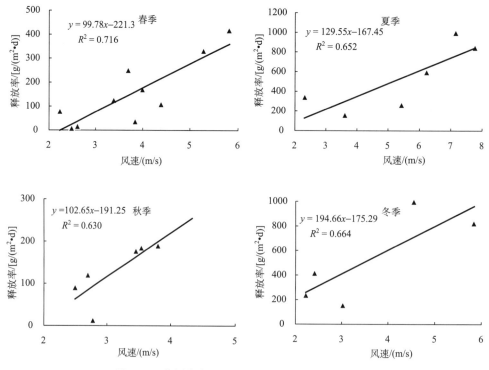

图 7.31 梅梁湖底泥再悬浮污染物随风速变化关系

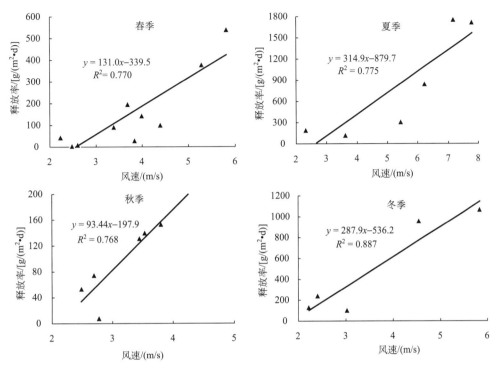

图 7.32 西部沿岸区底泥再悬浮污染物随风速变化关系

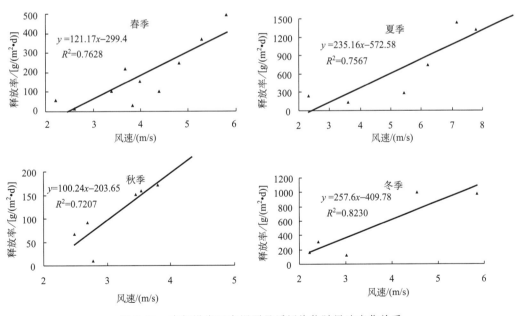

图 7.33 南部沿岸区底泥再悬浮污染物随风速变化关系

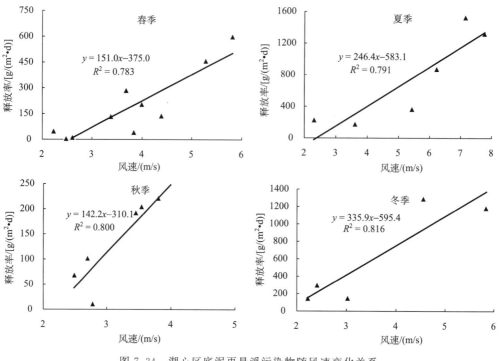

图 7.34　湖心区底泥再悬浮污染物随风速变化关系

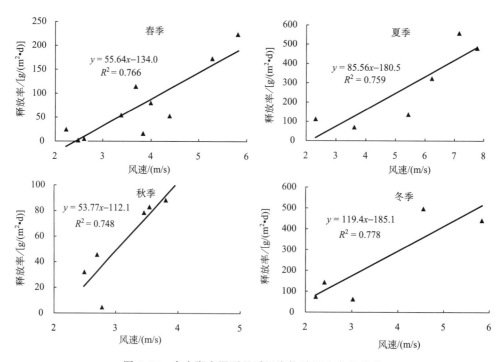

图 7.35　东太湖底泥再悬浮污染物随风速变化关系

从图 7.31 至图 7.35 中可以看出：不同时间不同空间内太湖底泥再悬浮污染物随风速变化关系不同，受太湖风浪的影响较大。春季风速在 2～6m/s 时，五里湖、梅梁湖和竺山湖等封闭湖湾区，西部沿岸区，南部沿岸区，湖心区以及东部湖区底泥再悬浮污染物分别在 0～500g/(m² · d)、0～600g/(m² · d)、0～500g/(m² · d)、0～700g/(m² · d) 和 0～250g/(m² · d) 范围之间；夏季风速有明显的增大，观测期间最大风速接近 8m/s，各个湖区底泥再悬浮污染物是春季的 2～3 倍，最大可达约 1800g/(m² · d)；秋季观测到的风速为全年最低，基本在 2～5m/s 之间，相应的底泥再悬浮污染物也迅速下降，范围为 0～200g/(m² · d)；冬季观测到的风速与秋季相当，在 2～6m/s 之间，各个湖区的底泥再悬浮污染物却有大幅上升，最大值在 500～1200g/(m² · d) 之间。比较相同风速范围内 4 个季节的底泥再悬浮污染物得知：春秋两季再悬浮通量较小，夏冬两季较大。风速与底泥再悬浮污染物基本呈现正相关关系，且相关性较好，相关系数均大于 0.6，风速越大，底泥再悬浮污染物越大，可见，风速对再悬浮通量的影响很大。主要是因为风速越大，对底泥扰动也越大，使得进入水体的再悬浮物质增加。比较各个湖区相同时段的底泥再悬浮污染物得知：湖心区和西南部沿岸区再悬浮污染物最大，五里湖、梅梁湖和竺山湖等封闭湖湾区次之，东部湖区最小。主要是因为湖心区和西南部沿岸区除局部外几乎没有地形障碍物，有相当大的风暴露面积，风速水体扰动影响很明显；五里湖、梅梁湖和竺山湖虽然是半封闭地形，风速影响较之湖心区弱，但这种口袋状地形极易形成环流，造成沉积物再悬浮；东部湖区覆盖大面积植被，水草具有较强的抗风浪及平复能力而使风力对水体悬浮物的影响减小。由此可以看出，太湖底泥再悬浮污染物时空变化显著。

7.3.5　底泥再悬浮时空变化过程分析

由于太湖中底泥悬浮、迁移主要由湖水表面的风扰动而引起，因而从风速因子着手成为研究太湖内源释放的关键。范成新等（2004）对不同风速段对湖区扰动产生悬浮颗粒物（suspended particulate matter，SPM）增量累计得到太湖全年因风力引起的表层再悬浮颗粒量，尚未考虑悬起的颗粒经历风浪过后的沉降。秦伯强等（2006）以动力产生的剪切力为出发点通过室内水槽实验得到的释放通量估算太湖全年释放量，这和实际湖体的情况显然存在很大误差。颜润润等（2008）采用利用沉积物捕获器测定所得的不同季节的沉降通量，然后利用公式来推算悬浮物的再悬浮通量，将物理实验和模型推算相结合，能较为客观地反映湖体的实际情况，但不同湖区释放量的具体情况和差异仍不清楚。本书在野外实验和室内动槽实验工作的基础上，结合室内静沉降实验，对太湖不同季节不同湖区的内源负荷量进行了估算，为太湖富营养化的治理提供参考依据。

1. 计算方法及临界风速的确定

1）计算方法

由于风浪的作用，底泥受到扰动产生起悬运动进入水体，发生着复杂的悬浮沉降过程，同时伴随着营养物质的释放和吸附。风浪较小或风平浪静时，底泥不发生悬浮或悬浮量很少，底泥对水体中物质浓度的影响不大；当风力增强达到一定的程度（底泥起悬的临界风速），底泥开始发生较为明显的悬浮，同时将大量营养物质带入水体中；大风过后，原先悬浮起来的底泥在重力作用下开始沉降，并携带大量的营养物质重新回到底泥中。将沉积物在水体中的悬浮过程和沉降过程分别计算，底泥再悬浮污染量即等于再悬浮量与沉降量的差值。计算公式如下：

$$Q = Q_{再悬浮量} - Q_{沉降量} \tag{7.16}$$

$$Q_{再悬浮量} = S \times \sum_{i=1}^{n}(M_i \cdot T_i) \tag{7.17}$$

$$Q_{沉降量} = S \times \sum_{j=1}^{n}(N_j \cdot T_j) \tag{7.18}$$

式中，S 为底泥分布的面积（m^2）；M_i 为不同风速下的个因子再悬浮通量 [$g/(m^2 \cdot d)$]；T_i 为不同风速的持续时间（t）；N_j 为不同风速对应的平均沉降通量 [$g/(m^2 \cdot d)$]；T_j 为该风速持续的时间（t）。

2）底泥起悬临界风速确定

张运林等（2004）在1998年2～3月对太湖悬浮物的野外调查中发现底泥悬浮的临界风速大约在5～6.5m/s之间，秦伯强等（2004）对2002年07月23～24日太湖中心附近观测结果进行分析，发现风速大于4.0m/s时沉积物才开始出现再悬浮现象。根据2000～2002年太湖各测点悬浮物浓度与相应风速资料，对各湖区风速和悬浮物浓度的观测资料进行回归分析（图7.36），得知各湖区悬浮物起悬的临界风速（μ_m），约为2.6～3.6m/s，该值略小于张运林、秦伯强等得到的值，一方面因为前人主要针对某一个起悬过程进行分析因而得到的是瞬时值，对多年资料进行统计分析时，主要体现的是起悬发生的平均风速值；另一方面，观测位置的差异也导致底泥受风速作用的效果不同。

由图7.36还可以看出，各湖体开敞区临界风速较水生植被大面积覆盖的东部湖区大，在风速小于临界风速的情况下，水体中的悬浮浓度值在20～50mg/L之间变化，没有明显的上升趋势，是因为较小扰动没有使底部的沉积物悬浮，只是使得水体中原有的物质上下浮动。因而，在计算太湖内源负荷量时，对沉积物悬浮沉降过程进行划分和概化：风速范围为 $\mu > \mu_m$ 时，沉积物受风浪的作用发生起悬，此过程悬浮运动起主导作用；风速范围为 $\mu \leqslant \mu_m$ 时，风速对底泥起悬的影响较小，悬浮物受重力作用以沉降运动为主。

2. 太湖底泥再悬浮污染量估算

太湖平均水深2m左右，除湖心区外，太湖主要湖区均有较大范围的底泥分布，根据范成新等（2004）于2000年对全湖底泥覆盖面积求积的结果，全湖底泥分布面积约1632.9km²，其中五里湖、梅梁湾、竺山湖、西部沿岸区、南部沿岸区、贡湖、东太湖和其他区底泥面积分别为 5.6km²、61.9km²、29.7km²、216.9km²、313.8km²、74.8km²、134.2km² 和796km²。

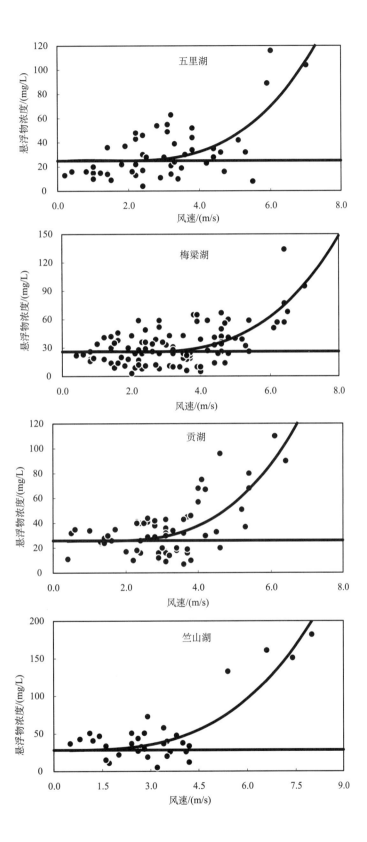

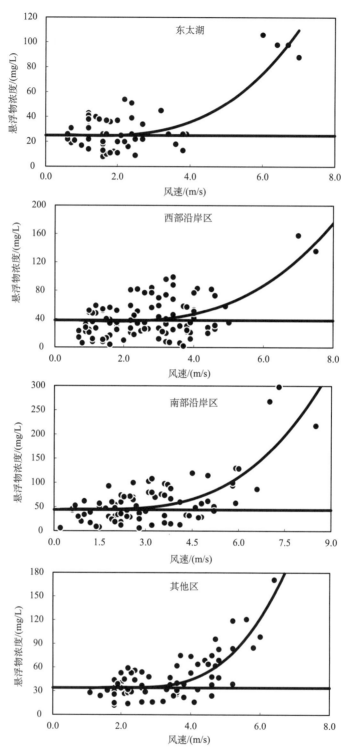

图 7.36　悬浮物浓度和风速关系

五里湖水面小，南部有150m左右的山脉作为屏障，北部有城市类型的下垫面形成的缓冲，受风力影响较小，悬浮物浓度几乎不随风速加大而上升（范成新等，2004）。由于地形、水生植被等影响导致不同湖区的再悬浮特征有所差异，总体而言，太湖沉积物的物理化学特性在水平空间上差别不大（秦伯强等，2003）。根据以往对太湖TP、TN等与富营养化相关的水质指标进行的统计分析，悬浮物与TP、TN等存在显著正相关关系。根据2009年太湖水体中营养盐及悬浮物浓度监测结果，底泥悬浮沉降过程中水体COD、TN及TP和SS浓度的比值：五里湖、梅梁湾、竺山湖、西部沿岸区、南部沿岸区、贡湖、东太湖和其他区COD/SS值分别为5.29％、5.29％、2.35％、1.07％、4.10％、4.34％、5.82％和4.59％；TN/SS值分别为1206.31mg/kg、1206.31mg/kg、1644.54mg/kg、1314.52mg/kg、845.26mg/kg、823.04mg/kg、3007.32mg/kg和925.61mg/kg；TP/SS值分别为554.35mg/kg、554.35mg/kg、519.23mg/kg、301.35mg/kg、541.56mg/kg、460.77mg/kg、627.78mg/kg和460.36mg/kg。根据公式（7-16～7-18）得到2009年太湖每日风速及各个湖区春、夏、秋、冬4季对应12个月每日的底泥再悬浮污染量（图7.37），风力过大超出野外实验期间观测到的风速范围的情况，以实验所得的风速随再悬浮通量及沉降通量的变化规律进行计算，同时考虑到不同区域底泥的最大可悬浮量进行削减。其中：春季对应3～5月、夏季对应6～8月、秋季对应9～11月、冬季对应12月至次年2月。

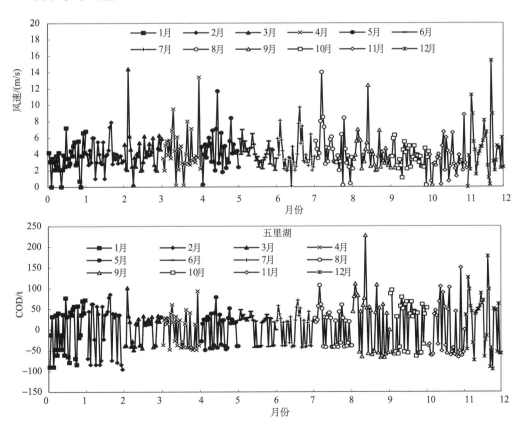

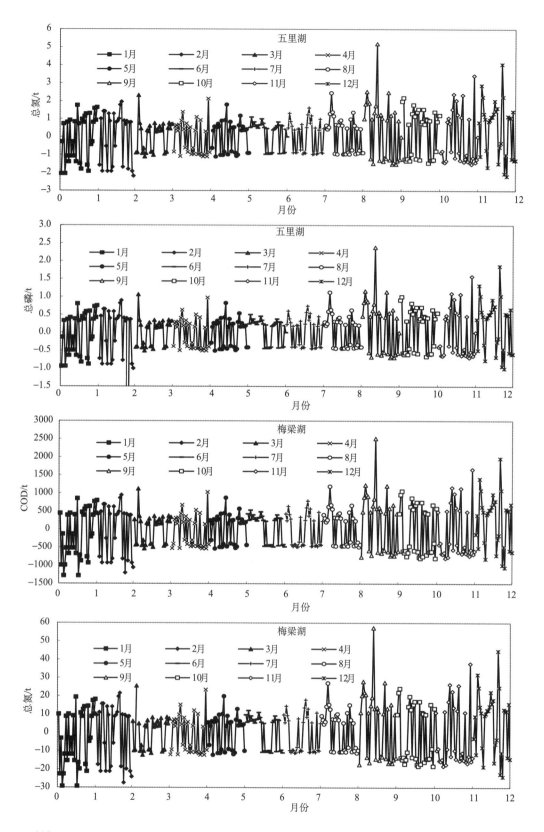

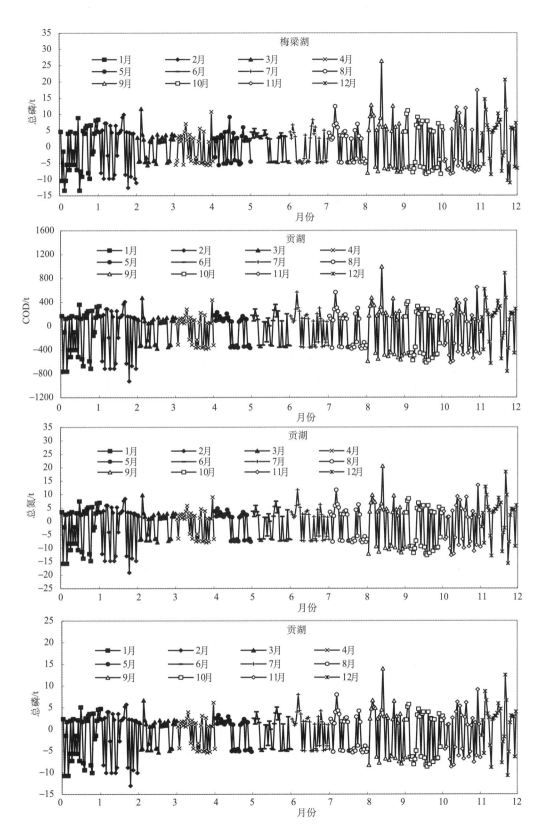

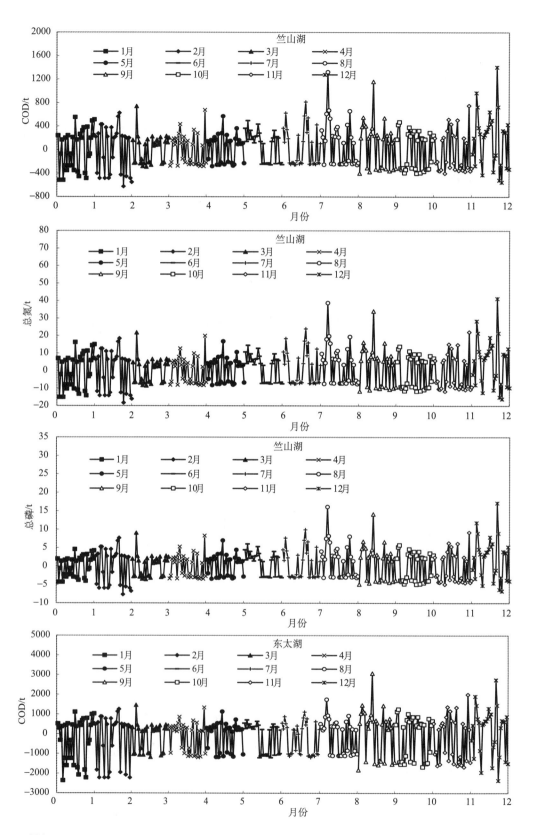

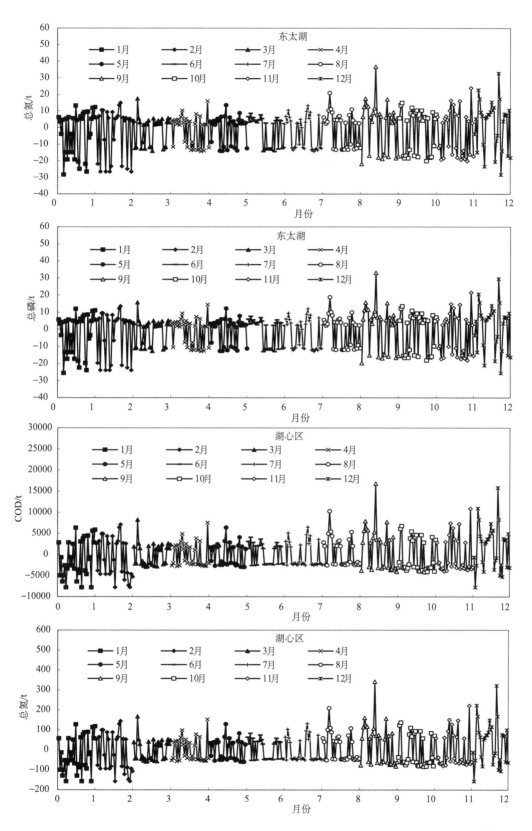

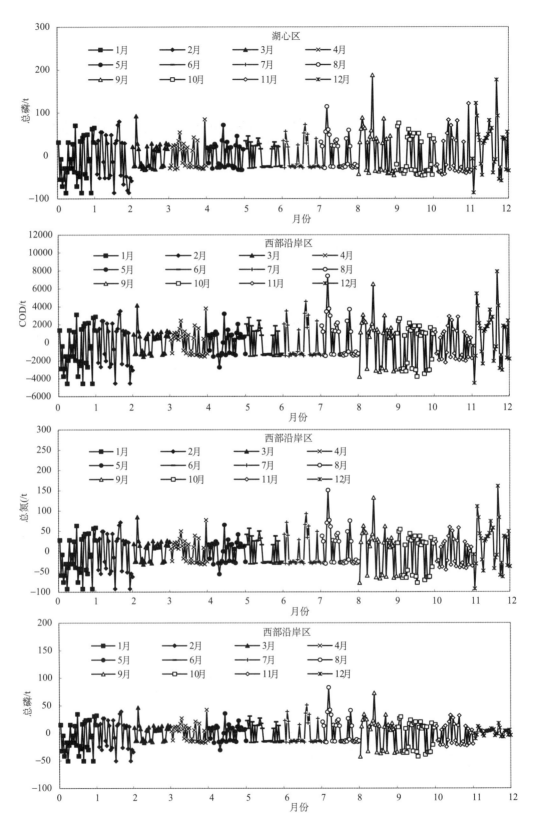

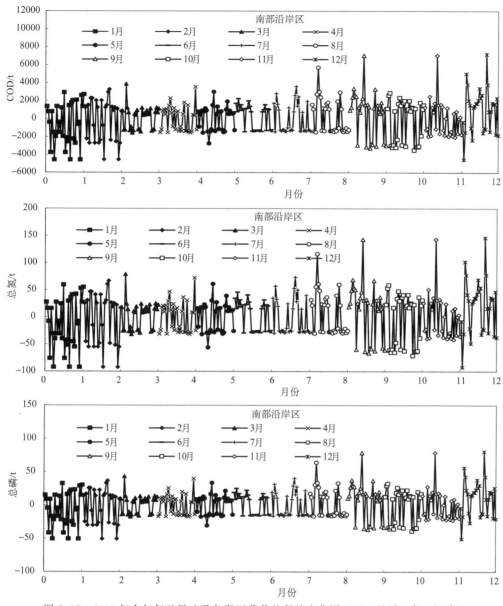

图 7.37 2009 年全年每日风速及各湖区营养盐释放变化图（正：悬浮，负：沉降）

结果显示，太湖每日的底泥再悬浮污染量受风速影响显著，和风速变化趋势较为接近，水体中的营养物质随着风力的增大而增加，随着风速的减小而减少。然而不同营养盐的释放状况却各不相同，COD 在 9~11 月的变化幅度较大，最大悬浮量为 1.68 万 t；TN 和 TP 在 1~2 月及 9~12 月的变化幅度最大，最大悬浮量分别为 341.7t 和 187.7t。可以看出，风浪作用下，底泥与水体发生着频繁的交换，并且交换量相当大。然而，沉降量受悬浮量和风速的共同影响，无论哪个季节，平均日悬浮量越大，平均日沉降量也越大，图上则显示为悬浮沉降量数值之间的距离越远。悬浮量最终又转为沉降量，随着底泥再悬浮进入水体的营养物质又会被带回底泥中去，所以年进入水体的营养盐累积量并不是很大。

3. 太湖年均底泥再悬浮污染量

综合太湖各个湖区每日营养盐的悬浮沉降量，计算得到太湖春夏秋冬 4 个季节的底泥再悬浮污染量（表 7.23），风力过大超出野外实验期间观测到的风速范围的情况，以实验所得的风速随再悬浮通量及沉降通量的变化规律进行计算，同时考虑到不同区域底泥的最大可悬浮量进行削减。结果显示，太湖底泥再悬浮年均进入水体的净底泥量有31.87 万 t；就营养物质释放量而言，COD 约 1.37 万 t、TN 约 766.03t、TP 约376.23t，其中夏季营养物质释放量最大，这也可能是夏季水华暴发的原因之一。然而，秦伯强等（2003）从动力对底泥的剪切力角度考虑进行室内水槽试验计算 TP、TN 的释放通量，得到太湖全年的释放量 TN 8.1 万 t，TP 2.1 万 t。比较发现：秦伯强等的计算结果偏大，主要因为动力的剪切力作用仅能体现湖底被风浪掀起的底泥量，却不能反映下沉的那部分量。总体而言，本研究结果表明风浪作用下的太湖内源年释放总量并非很大。

表 7.23　太湖年平均底泥再悬浮污染量估算结果表

季节	SS/10^4t	COD/10^4t	TN/t	TP/t
春季	2.97	0.23	130.54	20.65
夏季	20.05	0.84	354.96	241.96
秋季	2.17	0.06	92.13	20.15
冬季	6.67	0.25	188.40	93.46
全年	31.87	1.37	766.03	376.23

7.4　太湖氮磷营养盐大气湿沉降特征及入湖贡献率研究

7.4.1　湿沉降中 N、P 浓度变化特征

2009 年 8 月至 2010 年 7 月对环太湖周边 10 个采样点进行了为期一年的监测，分析测定了其中不同形态 N、P 的含量，研究了太湖流域大气湿沉降中 N、P 的季节变化特征（余辉等，2011）。采样点如图 7.38 所示。各采样点的周边土地利用类型见表 7.24。

表 7.24　太湖湿沉降监测点位及其所处点位的土地利用类型

地点			采样点	降水次数	土地利用类型
西部湖区	宜兴	丁蜀镇大浦	S1	18	农田
		大港	S2	21	
		周铁镇	S10	22	
南部湖区	长兴	小浦镇	S3	21	农田
	湖州	湖州市	S4	25	

地点		采样点	降水次数	土地利用类型
东部湖区	吴江	吴江市 S5	22	居民区
	苏州	胥口镇 S6	26	林地
湖心区	西山	金庭镇西山 S7	38	林地
北部湖区	无锡	硕放镇 S8	20	工业区
		胡埭镇 S9	25	

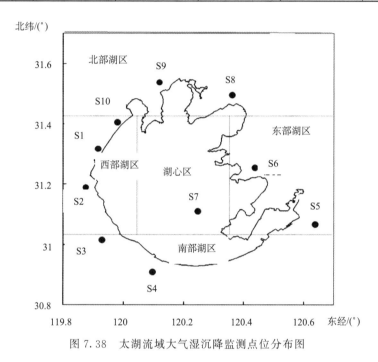

图 7.38 太湖流域大气湿沉降监测点位分布图

1. 湿沉降中 N、P 浓度的变化范围

如图 7.39 所示，太湖流域周边 10 个监测点位湿沉降中总氮 TN 为 2.41~3.82mg/L，年均值为 3.16mg/L。DTN（溶解性总氮）占 TN 的 70％以上，其中以 NH_4^+-N 为主，占 DTN 的 50％以上。湿沉降中 TN 在地域上也存在一定差异，年均值南部湖区，北部湖区最低。湿沉降中 TP 为 0.03~0.13mg/L，年均值为 0.08mg/L。大气湿沉降以 N 沉降为主，P 沉降相对较少。2002 年 7 月~2003 年 6 月的监测结果显示，大气湿沉降中 TN 平均值为 (2.71±0.19)mg/L（宋玉芝等，2005），这说明太湖流域大气湿沉降中 N 污染有恶化的趋势。从 10 个监测点位年均值上看，TN 约是 TP 的几十倍，由此可推测单次的大量降水可能改变湖体的富营养盐组成，从而对湖体浮游植物造成一定的影响。根据江苏省环境监测中心的监测数据，太湖水体的 TN 和 TP 的年均值 2007 年分别为 2.81mg/L 和 0.101mg/L，2010 年分别为 2.43mg/L 和 0.074mg/L，可以看出降水中 N 营养盐浓度大大高于水体中 N 的浓度，由此可见。大气湿沉降中的 N、P 对太湖富营养化的贡献不可忽视（余辉等，2011）。

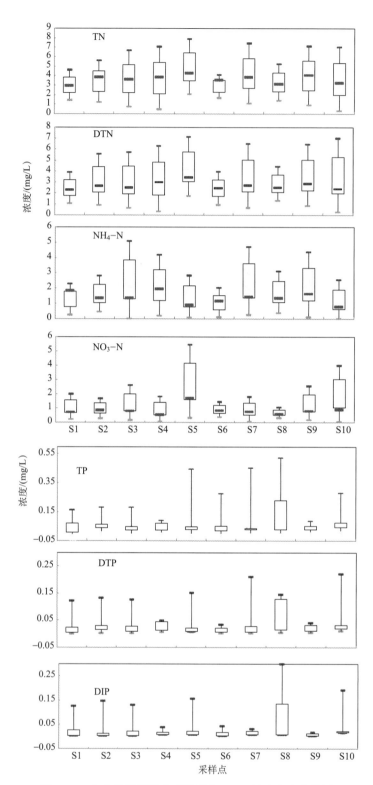

图 7.39　各点位湿沉降中不同形态 N、P 的浓度变化范围

从上到下的短横线分别代表最大值，3/4 位数，均值，1/4 位数，最小值

2. 湿沉降中 N、P 浓度的时空变化特征

为把握太湖湿沉降的空间分布特征，将太湖划分为 5 个区域（图 7.38）。5 个区域湿沉降中不同形态 N、P 浓度月际变化及月降水量分别如图 7.40 及图 7.41 所示。不同形态 N、P 月均浓度呈现明显的季节性差异，与降水量变化呈负相关。太湖 5 个区域不同形态 N 浓度均表现为冬季高，夏季低，这与冬季降水频率低且降水量小，气溶胶等粒子在空中存留时间相对较长，而夏季降水量大且频率高，空气中气溶胶被冲刷有关。5 个区域湿沉降中的不同形态 N 浓度有一定差异，但季节变化规律相似。而不同形态 P 浓度的变化趋势不尽相同，各区域 P 浓度存在明显差异，表明 P 的来源不稳定（余辉等，2011）。

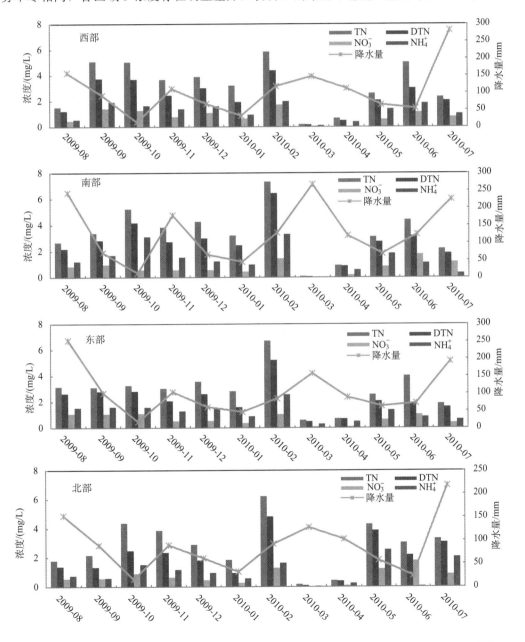

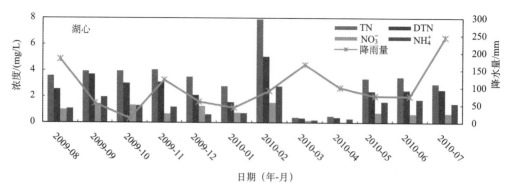

图 7.40 太湖各区域湿沉降中不同形态 N 浓度月际变化及其月降水量

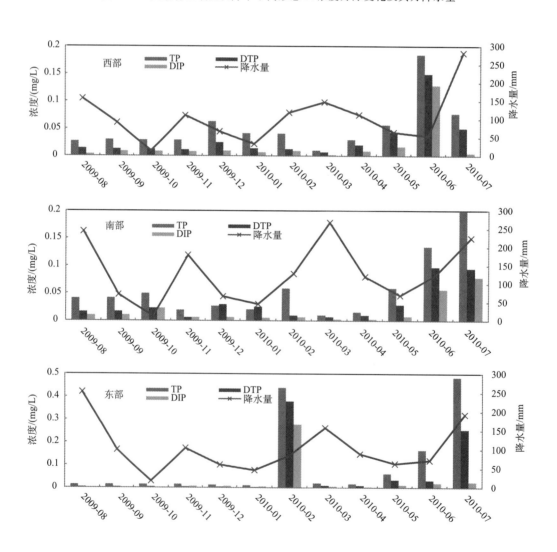

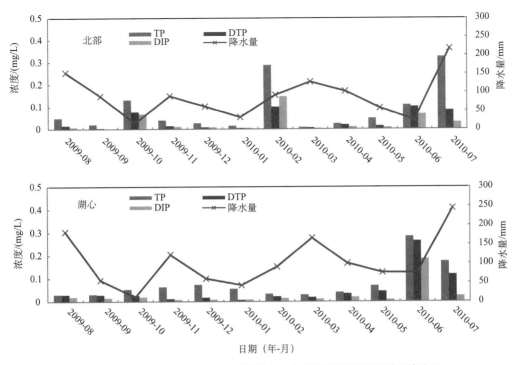

图 7.41　太湖各区域湿沉降中不同形态 P 浓度的月际变化及其月降水量

7.4.2　湿沉降中 N、P 沉降率的变化及其入湖贡献率

各区域降水中 N、P 的沉降率均呈现明显的季节性变化，且不同形态 N，P 沉降率的季节变化趋势基本一致，均表现为夏季最大（图 7.42、图 7.43），这一变化与降水量的季节变化趋势非常相似，夏季降水量约占全年降水量的 40%。与 N 相比，P 沉降率的季节变化差异性大，尤其是夏季，P 的沉降率是其他季节的几倍至十几倍不等。在藻类大量繁殖的夏季，降水所带来的大量营养盐势必会促进藻类的生长，加剧太湖的富营养化。

太湖流域大气湿沉降中 TN 和 TP 沉降率空间差异较大，TN 年沉降率为 3473.1～6685.7kg/(km²·a)，平均值为 4648.6kg/(km²·a)；NH₄⁺-N 年沉降率为 839.1～3055.9kg/(km²·a)，平均值为 1757.7kg/(km²·a)；NO₃⁻-N 年沉降率为 706.5～2 637.0kg/(km²·a)，平均值为 1 069.8kg/(km²·a)。湿沉降中 NH_4^+-N 沉降率约占 DTN 沉降率的 30.4%～52%，而 NO_3^--N 沉降率约占 DTN 的 31.6%。TP 年沉降率为 35.1～235.5kg/(km²·a)，平均值为 105.7kg/(km²·a)。DTP 所占 TP 的比例差异很大，其范围为 26.2%～94.4%。

以太湖湖面面积 2338km² 计，采用 2009 年 8 月～2010 年 7 月监测的雨水中 TN、TP 沉降率均值估算其通过降水输入太湖的负荷量，结果如表 7.25 所示。根据同期环太湖主要河流水质水量调查监测结果，计算得到同期经由河流入湖的流域入湖污染负荷 TN 为 49279t，TP 为 1878t。太湖流域湿沉降中 TN、TP 的沉降量分别占河流入湖负荷的 18.6% 和 11.9%。与杨龙元在 2002～2003 年所调查的 17.3% 及 12.8% 相比，TN 沉降量对太湖富营养化的贡献率有所增加，而 TP 沉降量贡献率略有下降（余辉等，2011）。

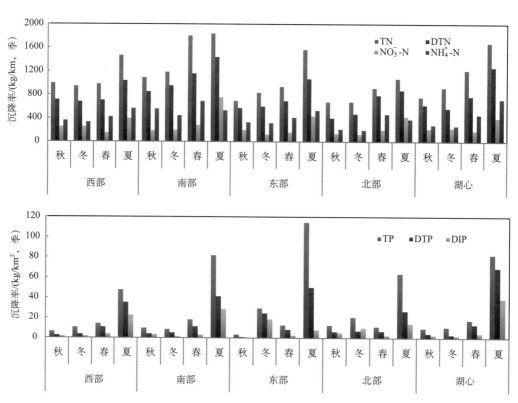

图 7.42　五大湖区湿沉降 N、P 营养盐沉降率的季节变化（2009 年 7 月～2010 年 8 月）

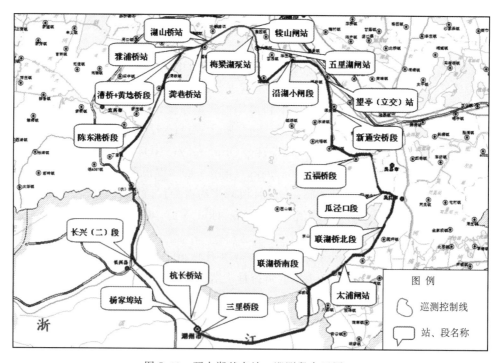

图 7.43　环太湖基点站、巡测段布置图

表 7.25　太湖湖面湿沉降中 TN、TP 年沉降总量及其与太湖河流入湖负荷的比较

项目		年入湖量/t									
		TN	NH_4^+-N	NO_3^--N	DTN	RN	S-org-N	TP	DTP	RP	DIP
河流	本研究	58 445	—	—	—	—	—	2 083	—	—	—
	杨龙元,2007	45 943	—	—	—	—	—	1 552	—	—	—
湿沉降	本研究	10 868	4 109	2 501	7 916	2 952	1 306	247	160	87	62
	杨龙元,2007	7 958	—	—	—	—	—	199	—	—	—
湿沉降贡献率/%	本研究	18.60	—	—	—	—	—	12.80	—	—	—
	杨龙元,2007	17.30	—	—	—	—	—	11.90	—	—	—

注：RN 为不溶态氮，以 TN 与 DTN 之差计；S-org-N 为溶解态有机氮，以 DTN 与 NO_3^--N 和 NH_4^+-N 之差计；RP 为不溶态磷，以 TP 与 DTP 之差计

7.5　太湖入湖污染物通量及物质平衡

7.5.1　太湖入湖污染物通量测算及结果分析

1. 污染物出入湖通量测算方法

环太湖水文巡测是在进出湖水量比较大的主要河道上设置流量监测断面，建立基点站和单站，每日定时流量监测，其他较小河道则根据水情变化采取巡测的方法，不定时进行流量监测；通过建立基点站与巡测段的流量相关关系，求出相关函数关系式，并依此关系，根据巡测段基点站逐日流量值计算该段总流量，得到进出太湖的水量（太湖为双向流，周边河道水量有进有出，因此环太湖断面流向规定：入湖为正，出湖为负）。主要巡测段（基点站名同巡测段名）和单站共布设 20 个，具体位置见图 7.43。

湖州布设长兴（二）和三里桥 2 个巡测段以及杨家埠和杭长桥 2 个单站共计 33 个进出水口门。苏州布设联湖桥南、联湖桥北、瓜泾口、五福桥和新通安桥 5 个巡测段以及望亭（立交）和太浦闸 2 个单站共计 55 个进出水口门。无锡布设沿湖小闸、漕桥＋黄埝桥和陈东港桥 3 个巡测段以及五里湖闸、梅梁湖泵站、犊山闸、湖山桥、龚巷桥和雅浦桥 6 个单站共计 41 个进出水口门。

另外，环太湖河道共布设 72 个水质监测断面，监测频次为每月 1 次。将同一水文巡测段内的各条河道水质监测资料进行算术平均，作为该巡测段的河道入湖水质浓度。整个环太湖巡测工作由江苏省水文水资源勘测局苏州分局牵头，联合江苏省水文水资源勘测局无锡分局和浙江省湖州市水文站共同完成。

2. 出入湖污染物通量计算结果

以 2007 年出入湖河道水量及水质监测资料为例，计算分析太湖流域主要环湖河道污染物（COD、氨氮、TN、TP）入湖通量和出湖通量。对入湖通量而言，2007 年湖州、苏州和无锡段 COD 入湖通量为 26775t、24567t 和 170758t，分别占总入湖通量的 12.0％、11.1％和 76.9％；氨氮入湖通量为 2483t、1822t 和 20295t，分别占总入湖通

量的 10.1%、7.4% 和 82.5%；TN 入湖通量为 6568t、4051t 和 33381t，分别占总入湖通量的 14.9%、9.2% 和 75.9%；TP 入湖通量为 296t、264t 和 1540t，分别占总入湖通量的 14.1%、12.6% 和 73.3%。

对出湖通量而言，2007 年湖州、苏州和无锡段 COD 出湖通量为 46125t、81218t 和 19557t，分别占总出湖通量的 31.4%、55.3% 和 13.3%；氨氮出湖通量为 2242t、3914t 和 1344t，分别占总出湖通量的 29.9%、52.2% 和 17.9%；TN 出湖通量为 7481t、8835t 和 2584t，分别占总出湖通量的 39.6%、46.7% 和 13.7%；TP 出湖通量为 425t、496t 和 159t，分别占总出湖通量的 39.4%、45.9% 和 14.7%。可见环太湖污染物通量主要从西北部入湖，从东南部出湖。湖州段、苏州段和无锡段 2007 年 12 个月的各污染物出入湖通量值见图 7.44 至图 7.55。

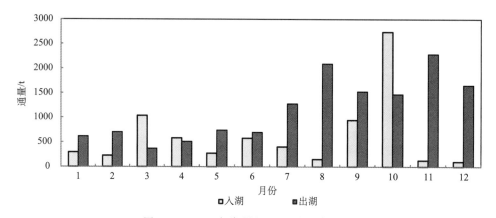

图 7.44　2007 年湖州段 COD 出入湖通量

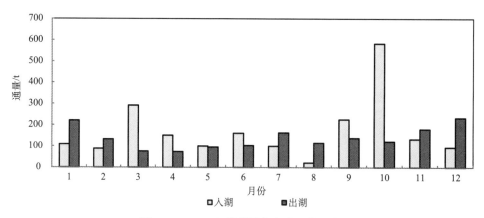

图 7.45　2007 年湖州段氨氮出入湖通量

从湖州段的污染物出入湖通量图可以看出，各污染物出入湖通量年内分布明显不均。除 COD 外，整个湖州段各种污染物出入湖通量相当，COD 入湖通量明显小于出湖通量；汛期（5～10 月）、非汛期（11～4 月）各污染物出入湖通量比例相差不多，汛期略大。

对入湖通量而言，2007 年湖州段汛期 COD 入湖通量为 18266t，占全年入湖总通量

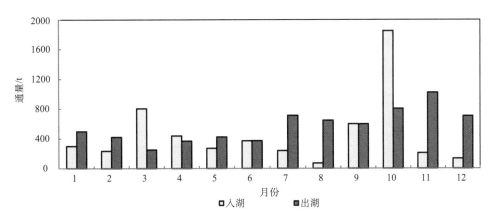

图 7.46 2007 年湖州段 TN 出入湖通量

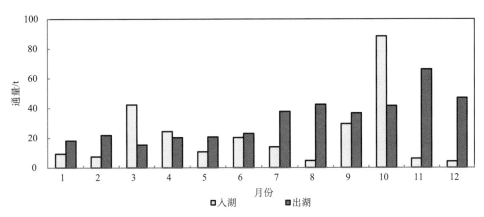

图 7.47 2007 年湖州段 TP 出入湖通量

的 68.2％，非汛期 COD 入湖通量为 8508t，占全年入湖总通量的 31.8％，COD 入湖通量最大的月份 10 月的通量值 9042t 为最小月份 12 月通量值 345t 的 26.2 倍；汛期氨氮入湖通量为 1438t，占全年入湖总通量的 57.9％，非汛期氨氮入湖通量为 1046t，占全年入湖总通量的 42.1％，氨氮入湖通量最大的月份 10 月份的通量值 583t 为最小月份 8月通量值 22t 的 26.5 倍；汛期 TN 入湖通量为 4048t，占全年入湖总通量的 61.6％，非汛期 TN 入湖通量为 2520t，占全年入湖总通量的 38.4％，TN 入湖通量最大的月份 10月份的通量值 1850t 为最小月份 8 月通量值 71t 的 26.1 倍；汛期 TP 入湖通量为 190t，占全年入湖总通量的 64.1％，非汛期 TP 入湖通量为 106t，占全年入湖总通量的35.9％，TP 入湖通量最大的月份 10 月份的通量值 88t 为最小月份 12 月通量值 4t 的22.0 倍。

对出湖通量而言，2007 年湖州段汛期 COD 出湖通量为 25814t，占全年出湖总通量的 56.0％，非汛期 COD 出湖通量为 20310t，占全年出湖总通量的 44.0％，COD 出湖通量最大的月份 11 月份的通量值 7554t 为最小月份 3 月通量值 1224t 的 6.2 倍；汛期氨氮出湖通量为 998t，占全年出湖总通量的 44.5％，非汛期氨氮出湖通量为 1243t，占全年出湖总通量的 55.5％，氨氮出湖通量最大的月份 12 月份的通量值 233t 为最小月份 4

月通量值 74t 的 3.1 倍；汛期 TN 出湖通量为 3899t，占全年出湖总通量的 52.1%，非汛期 TN 出湖通量为 3582t，占全年出湖总通量的 47.9%，TN 出湖通量最大的月份 11 月份的通量值 1021t 为最小月份 3 月通量值 250t 的 4.1 倍；汛期 TP 出湖通量为 220t，占全年出湖总通量的 51.7%，非汛期 TP 出湖通量为 205t，占全年出湖总通量的 48.3%，TP 出湖通量最大的月份 11 月份的通量值 66t 为最小月份 3 月通量值 15t 的 4.4 倍。

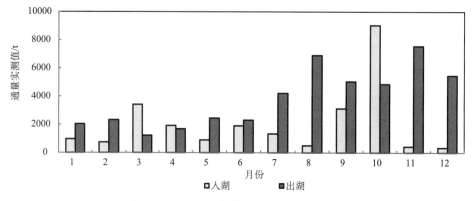

图 7.48　2007 年苏州段 COD 出入湖通量

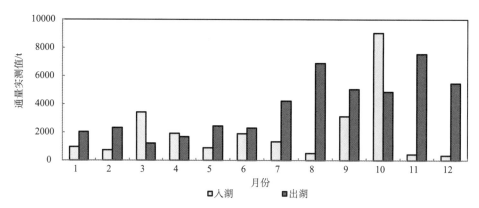

图 7.49　2007 年苏州段氨氮出入湖通量

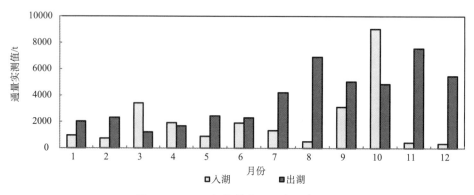

图 7.50　2007 年苏州段 TN 出入湖通量

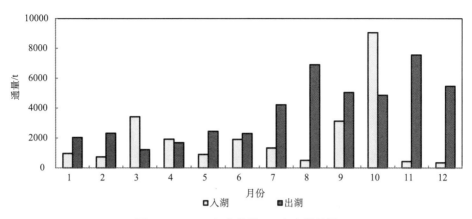

图 7.51　2007 年苏州段 TP 出入湖通量

从苏州段的污染物出入湖通量图可以看出，各污染物出入湖通量年内分布明显不均，污染物入湖通量基本集中在汛期。整个苏州段各种污染物入湖通量远小于出湖通量；汛期入湖通量是非汛期的几倍之多，而出湖通量则相反，汛期略小于非汛期。

对入湖通量而言，2007 年苏州段汛期 COD 入湖通量为 22691t，占全年入湖总通量的 92.4％，非汛期 COD 入湖通量为 1875t，占全年入湖总通量的 7.6％，COD 入湖通量最大的月份 7 月份的通量值 5023t 为最小月份 11 月通量值 35t 的 143.5 倍；汛期氨氮入湖通量为 1471t，占全年入湖总通量的 80.7％，非汛期氨氮入湖通量为 351t，占全年入湖总通量的 19.3％，氨氮入湖通量最大的月份 5 月份的通量值 444t 为最小月份 11 月通量值 2t 的 222.0 倍；汛期 TN 入湖通量为 3580t，占全年入湖总通量的 88.4％，非汛期 TN 入湖通量为 471t，占全年入湖总通量的 11.6％，TN 入湖通量最大的月份 5 月份的通量值 775t 为最小月份 11 月通量值 4t 的 193.8 倍；汛期 TP 入湖通量为 245t，占全年入湖总通量的 93.0％，非汛期 TP 入湖通量为 19t，占全年入湖总通量的 7.0％，TP 入湖通量最大的月份 8 月份的通量值 63t 为最小月份 11 月通量值 1t 的 63.0 倍。

对出湖通量而言，2007 年苏州段汛期 COD 出湖通量为 39760t，占全年出湖总通量的 49.0％，非汛期 COD 出湖通量为 41456t，占全年出湖总通量的 51.0％，COD 出湖通量最

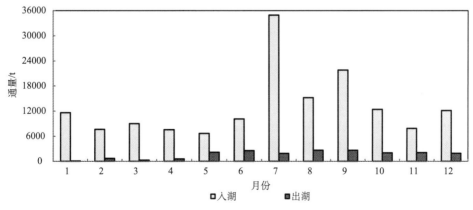

图 7.52　2007 年无锡段 COD 出入湖通量

大的月份 10 月份的通量值 10626t 为最小月份 6 月通量值 3142t 的 3.4 倍；汛期氨氮出湖通量为 1495t，占全年出湖总通量的 38.2％，非汛期氨氮出湖通量为 2419t，占全年出湖总通量的 61.8％，氨氮出湖通量最大的月份 4 月份的通量值 369t 为最小月份 8 月通量值 123t 的 3.0 倍；汛期 TN 出湖通量为 3063t，占全年出湖总通量的 34.7％，非汛期 TN 出湖通量为 5772t，占全年出湖总通量的 65.3％，TN 出湖通量最大的月份 11 月份的通量值 1198t 为最小月份 6 月通量值 294t 的 4.1 倍；汛期 TP 出湖通量为 217t，占全年出湖总通量的 43.8％，非汛期 TP 出湖通量为 278t，占全年出湖总通量的 56.2％，TP 出湖通量最大的月份 10 月份的通量值 55t 为最小月份 7 月通量值 21t 的 2.6 倍。

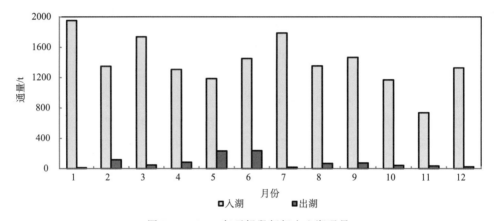

图 7.53　2007 年无锡段氨氮出入湖通量

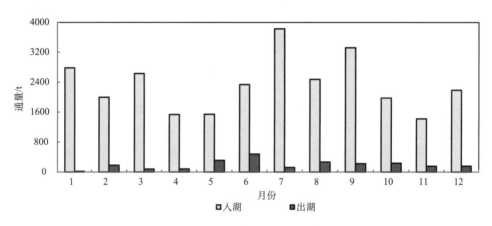

图 7.54　2007 年无锡段 TN 出入湖通量

从无锡段的污染物出入湖通量图可以看出，各污染物出入湖通量年内分布明显不均。整个无锡段各种污染物入湖通量比出湖通量大一个数量级；汛期出入湖通量大于非汛期，这种差异出湖通量比入湖通量明显。

对入湖通量而言，2007 年无锡段汛期 COD 入湖通量为 109964t，占全年入湖总通量的 64.4％，非汛期 COD 入湖通量为 60789t，占全年入湖总通量的 35.6％，COD 入湖通量最大的月份 7 月通量值 34926t 为最小月份 5 月通量值 6691t 的 5.2 倍；汛期氨氮入湖通量为 10149t，占全年入湖总通量的 50.1％，非汛期氨氮入湖通量为 10144t，占

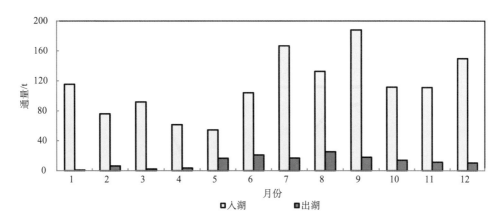

图 7.55　2007 年无锡段 TP 出入湖通量

全年入湖总通量的 49.9％，氨氮入湖通量最大的月份 1 月通量值 1952t 为最小月份 11 月通量值 737t 的 2.6 倍；汛期 TN 入湖通量为 18430t，占全年入湖总通量的 55.2％，非汛期 TN 入湖通量为 14950t，占全年入湖总通量的 44.8％，TN 入湖通量最大的月份 7 月通量值 3830t 为最小月份 11 月通量值 1423t 的 2.7 倍；汛期 TP 入湖通量为 855t，占全年入湖总通量的 55.6％，非汛期 TP 入湖通量为 684t，占全年入湖总通量的 44.4％，TP 入湖通量最大的月份 9 月通量值 188t 为最小月份 5 月通量值 54t 的 3.5 倍。

　　对出湖通量而言，2007 年无锡段汛期 COD 出湖通量为 13925t，占全年出湖总通量的 71.2％，非汛期 COD 出湖通量为 5632t，占全年出湖总通量的 28.8％，COD 出湖通量最大的月份 8 月通量值 2642t 为最小月份 1 月通量值 87t 的 30.4 倍；汛期氨氮出湖通量为 911t，占全年出湖总通量的 67.8％，非汛期氨氮出湖通量为 433t，占全年出湖总通量的 32.2％，氨氮出湖通量最大的月份 6 月通量值 236t 为最小月份 1 月通量值 13t 的 18.2 倍；汛期 TN 出湖通量为 1826t，占全年出湖总通量的 70.6％，非汛期 TN 出湖通量为 759t，占全年出湖总通量的 29.4％，TN 出湖通量最大的月份 6 月通量值 484t 为最小月份 1 月通量值 18t 的 16.9 倍；汛期 TP 出湖通量为 121t，占全年出湖总通量的 76.3％，非汛期 TP 出湖通量为 38t，占全年出湖总通量的 23.7％，TP 出湖通量最大的月份 8 月通量值 25t 为最小月份 1 月通量值 1t 的 25.0 倍。

7.5.2　太湖湖体物质平衡研究

　　太湖出入湖水量值由环太湖巡测线 10 段 10 站的实测数据统计得到（主要基点站，每天测流 1～2 次，各巡测段每年巡测 20 次左右，各条巡测线基本都是沿湖边控制）。巡测包围圈内年降雨和蒸发量与太湖洞庭西山站观测值作比较，湖州、苏州、无锡三市从巡测包围圈内的取水量是根据当地实际水资源利用情况调查得到。综合太湖出入湖水量、降雨和蒸发量以及水资源利用量，同时通过实测资料计算污染物通量，得到太湖流域 2007～2010 年 4 年平均的水量及各污染物通量平衡，具体见图 7.56 和图 7.57，各年具体计算的结果见表 7.26。

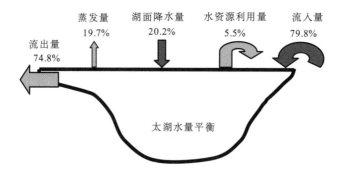

图 7.56 太湖流域水量平衡示意图

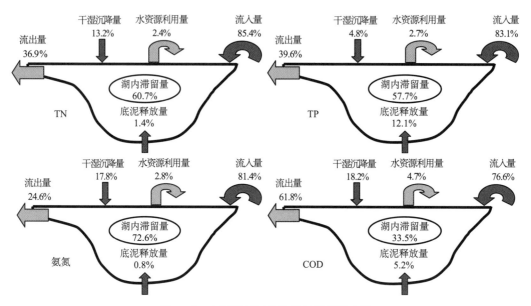

图 7.57 太湖流域污染物通量平衡示意图

表 7.26 太湖水量及物质收支平衡表

时间	项目/单位	入湖量	出湖量	降水量	蒸发量	水资源利用量	底泥再悬浮量	渔业捕捞等
2007 年	水量/亿 m³	93.39	82.02	27.52	31.89	7.00	0	0
	COD/万 t	22.21	14.69	5.45	0	1.16	1.37	13.18
	氨氮/万 t	2.46	0.75	0.47	0	0.06	0.02	2.14
	TN/万 t	4.40	1.89	0.71	0	0.12	0.08	3.18
	TP/万 t	0.210	0.108	0.011	0	0.007	0.038	0.144
2008 年	水量/亿 m³	99.63	98.63	26.99	20.99	7.00	0	0
	COD/万 t	17.25	16.04	4.45	0	1.16	1.37	5.87
	氨氮/万 t	1.45	0.49	0.38	0	0.06	0.02	1.30
	TN/万 t	3.79	1.91	0.57	0	0.12	0.08	2.41
	TP/万 t	0.199	0.110	0.014	0	0.007	0.038	0.134

时间	项目/单位	入湖量	出湖量	降水量	蒸发量	水资源利用量	底泥再悬浮量	渔业捕捞等
2009 年	水量/亿 m³	115.56	111.91	30.37	27.02	7.00	0	0
	COD/万 t	20.23	18.31	5.01	0	1.16	1.37	7.14
	氨氮/万 t	1.37	0.58	0.43	0	0.06	0.02	1.18
	TN/万 t	3.77	2.10	0.77	0	0.12	0.08	2.40
	TP/万 t	0.212	0.120	0.016	0	0.007	0.038	0.139
2010 年	水量/亿 m³	102.87	93.36	19.40	21.91	7.00	0	0
	COD/万 t	16.49	12.47	3.20	0	1.16	1.06	7.12
	氨氮/万 t	1.83	0.33	0.27	0	0.06	0.01	1.72
	TN/万 t	4.98	1.43	0.56	0	0.12	0.05	4.04
	TP/万 t	0.252	0.078	0.010	0	0.007	0.013	0.190

表 7.26 是根据质量守恒原理对环太湖水量监测结果中的不平衡量进行分析,并考虑到太湖年初和年末的水位差计算得到的。太湖入湖水量主要来源于常州、无锡地区,出湖方向主要是苏州地区,2007～2010 年 4 年平均环太湖入湖总水量 102.86 亿 m³,通过降水进入太湖的水量为 26.07 亿 m³。出太湖水量主要通过出湖河道,蒸发及水资源综合利用等途径,出湖总水量 96.48 亿 m³,蒸发 25.45 亿 m³,从巡测包围圈内取水约 7 亿 m³,太湖出入水量共 127.8 亿 m³。

4 年平均环太湖污染物通量为:①COD 的年入湖量为 19.05 万 t,出湖量为 15.38 万 t;②氨氮的年入湖量 1.78 万 t,年出湖量 0.54 万 t;③TN 年入湖量 4.24 万 t,年出湖量 1.83 万 t;④TP 年入湖量 0.218 万 t,年出湖量 0.104 万 t。各种污染物的入湖量均大于出湖量,说明太湖对河道汇入的营养盐有明显的削减作用,尤其对氨氮和 TN 的削减作用最为显著。这主要是因为一方面太湖水动力强度较弱,河道中以颗粒态形式存在的营养盐流入太湖后,会发生沉降作用;另一方面氨氮会发生硝化—反硝化作用,最终以气态形式进入大气,造成湖体对营养盐尤其是氨氮的削减作用较为明显。

湖底泥 TN 再悬浮量为 0.07 万 t,干湿沉降量 0.65 万 t,在 TN 的 3 大入湖来源中,底泥再悬浮量只占到 1.4%,而干湿沉降量占到了 13.2%。最近的研究认为,在待定的条件下,由干湿沉降提供的 TN 占藻类生长所需 TN 表观需求量的 40%～100% (翟水晶等,2009)。由此可见,TN 干湿沉降对太湖,尤其对远离岸的湖心区开阔水域内藻类生长繁殖具有重要的影响,在月沉降通量较高的 7 月,干湿沉降的 TN 可以及时补充水体中藻类或水生植物生长所消耗的营养盐,对高水温期蓝藻水华大规模暴发起到一定的促进作用。

7.6　总量分配技术体系及方案

7.6.1　流域污染物总量控制分配技术体系建立

利用太湖底泥再悬浮规律室内外实验成果,结合模型推算获得太湖底泥内源释放量，同时计算大气沉降量，在太湖湖体分区分期水环境承载力计算结果的基础上，减去内源发生量及大气沉降量等自然环境影响因素，得到陆域污染物总体允许入湖量，并借助污染物来源识别模型及削减潜力分析，形成使社会经济及环境效益最优化的陆域污染物减排分配技术，如图 7.58 所示。通过对太湖流域 32 个县级行政区工业、城镇生活、农村生活、农田以及畜禽养殖污染源的调查统计，以 2007 年为基准年进行陆域污染物减排分配，并计算汇总出 32 个县级行政区为控制单元的各污染源减排潜力。

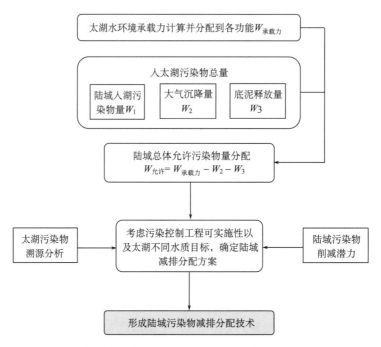

图 7.58　陆域污染物减排分配技术示意图

按照流域污染控制工程可实施性以及太湖不同水质目标的要求，制定流域削减分配方案为低方案、中方案和高方案，具体见表 7.27。

表 7.27　流域总量控制方案设定

方案		具体描述
低方案		各指标达到各级政府制定的污染削减要求下的总量控制方案
中方案		各指标满足近期水环境承载力要求，使太湖湖体水质高锰酸盐指数、氨氮、TN 和 TP 分别达到 4.5mg/L、0.46mg/L、2.0mg/L 和 0.07mg/L 所提出的总量控制方案，即高锰酸盐指数、氨氮、TN 和 TP 分别满足Ⅲ类、Ⅱ类、Ⅴ类及Ⅳ类水质要求
高方案	一	各指标满足中期水环境承载力要求，使太湖湖体水质高锰酸盐指数、氨氮、TN 和 TP 分别达到 4.0mg/L、0.45mg/L、1.5mg/L 和 0.05mg/L 所提出的总量控制方案，即高锰酸盐指数、氨氮、TN 和 TP 分别满足Ⅱ类、Ⅱ类、Ⅳ类（饮用水源地及东部部分水域达Ⅲ类）及Ⅲ类水质要求
	二	各指标满足远期水环境承载力要求，使太湖湖体水质高锰酸盐指数、氨氮、TN 和 TP 分别达到 4.0mg/L、0.45mg/L、1.0mg/L 和 0.05mg/L 所提出的总量控制方案，即高锰酸盐指数、氨氮、TN 和 TP 分别满足Ⅱ类、Ⅱ类、Ⅲ类及Ⅲ类水质要求

表 7.28 太湖近期工程可实施方案（低方案）各污染源入河量削减率（单位：%）

地区	工业污染入河量削减率				城镇生活污染入河量削减率				农村生活污染入河量削减率				养殖业污染入河量削减率				种植业污染入河量削减率			
	COD	氨氮	TN	TP	COD	氨氮	TN	TP	COD	氨氮	TN	TP	COD	氨氮	TN	TP	COD	氨氮	TN	TP
常州市	5.0	8.0	6.0	6.0	43.7	49.0	37.5	58.0	51.6	61.6	40.3	48.9	24.0	28.0	25.0	46.0	11.0	4.0	3.0	6.0
武进区	8.0	10.0	8.0	8.0	39.0	42.3	28.2	46.2	51.6	61.6	40.3	48.9	24.0	28.0	25.0	46.0	25.0	8.0	6.0	13.0
无锡市	8.0	10.0	8.0	8.0	47.2	55.7	33.8	52.5	47.4	62.1	39.3	47.4	24.0	28.0	25.0	46.0	28.0	10.0	7.0	15.0
江阴市	8.0	10.0	8.0	8.0	45.0	58.3	41.6	54.6	51.6	61.6	40.3	48.9	24.0	28.0	25.0	46.0	24.0	8.0	6.0	13.0
常熟市	8.0	10.0	8.0	8.0	31.7	36.3	27.6	39.1	49.2	61.6	40.3	48.2	24.0	28.0	25.0	46.0	30.0	10.0	8.0	16.0
张家港市	8.0	10.0	8.0	8.0	36.3	41.6	33.1	36.2	49.2	61.6	40.3	48.2	24.0	28.0	25.0	46.0	25.0	8.0	6.0	13.0
镇江市	6.0	5.0	5.0	5.0	42.2	47.6	33.1	51.6	54.5	61.1	42.3	50.4	14.0	18.0	15.0	19.0	16.0	5.0	4.0	9.0
丹徒区	4.0	3.0	3.0	3.0	57.1	59.1	46.2	60.9	54.5	61.1	42.3	50.4	14.0	18.0	15.0	19.0	16.0	5.0	4.0	9.0
丹阳市	5.0	8.0	8.0	8.0	29.8	34.5	24.0	38.0	54.5	61.1	42.3	50.4	14.0	18.0	15.0	19.0	39.0	14.0	10.0	21.0
金坛市	5.0	8.0	8.0	8.0	42.6	44.2	34.1	50.5	53.1	61.1	41.3	49.7	14.0	18.0	15.0	19.0	28.0	10.0	7.0	15.0
溧阳市	5.0	8.0	8.0	8.0	52.4	54.8	40.6	57.1	53.1	61.1	41.3	49.7	14.0	18.0	15.0	19.0	43.0	15.0	11.0	23.0
宜兴市	10.0	12.0	12.0	8.0	47.7	58.1	41.8	59.9	50.8	61.6	40.3	48.2	14.0	18.0	15.0	19.0	56.0	19.0	14.0	31.0
句容市	4.0	3.0	3.0	3.0	27.1	29.8	20.4	32.0	54.5	61.1	42.3	50.4	14.0	18.0	15.0	19.0	36.0	12.0	9.0	20.0
高淳县	2.0	2.0	2.0	2.0	23.4	26.6	18.2	29.0	54.5	61.1	42.3	50.4	14.0	18.0	15.0	19.0	23.0	8.0	6.0	13.0
杭州市	6.0	-20.0	62.0	60.0	31.8	52.1	31.9	52.1	49.2	61.6	40.3	48.2	14.0	18.0	15.0	19.0	9.0	3.0	2.0	5.0
余杭区	26.0	-23.0	13.0	33.0	62.0	64.5	51.4	66.6	51.6	61.6	40.3	48.9	16.0	19.0	17.0	19.0	49.0	17.0	13.0	27.0
临安市	19.0	24.0	38.0	32.0	9.9	21.3	10.4	23.4	54.5	61.1	42.3	50.4	16.0	19.0	17.0	19.0	24.0	8.0	6.0	13.0
湖州市	7.0	11.0	29.0	31.0	37.7	44.0	34.5	41.6	53.1	61.1	41.3	49.7	16.0	19.0	17.0	19.0	44.0	15.0	11.0	24.0
德清县	-7.0	4.0	3.0	8.0	34.7	34.7	29.5	39.5	54.5	61.1	42.3	50.4	16.0	19.0	17.0	19.0	19.0	7.0	5.0	11.0

地区	工业污染入河量削减率				城镇生活污染入河量削减率				农村生活污染入河量削减率				养殖业污染入河量削减率				种植业污染入河量削减率			
	COD	氨氮	TN	TP	COD	氨氮	TN	TP	COD	氨氮	TN	TP	COD	氨氮	TN	TP	COD	氨氮	TN	TP
长兴县	9.0	1.0	4.0	80.0	27.9	34.4	23.3	38.7	54.5	61.1	42.3	50.4	16.0	19.0	17.0	19.0	37.0	13.0	10.0	20.0
安吉县	7.0	35.0	35.0	3.0	29.9	36.2	24.7	40.3	54.5	61.1	42.3	50.4	16.0	19.0	17.0	19.0	24.0	8.0	6.0	13.0
嘉兴市	0	4.0	21.0	48.0	48.8	65.8	48.6	40.7	53.1	61.1	41.3	49.7	24.0	26.0	25.0	26.0	44.0	15.0	11.0	24.0
嘉善县	0	4.0	21.0	48.0	48.8	65.8	48.6	40.7	54.5	61.1	42.3	50.4	24.0	26.0	25.0	26.0	19.0	7.0	5.0	10.0
海盐县	0	4.0	21.0	48.0	48.8	65.8	48.6	40.7	54.5	61.1	42.3	50.4	24.0	26.0	25.0	26.0	23.0	8.0	6.0	13.0
海宁市	0	4.0	21.0	48.0	48.8	65.8	48.6	40.7	54.5	61.1	42.3	50.4	24.0	26.0	25.0	26.0	27.0	9.0	7.0	15.0
平湖市	0	4.0	21.0	48.0	48.8	65.8	48.6	40.7	54.5	61.1	42.3	50.4	24.0	26.0	25.0	26.0	21.0	7.0	5.0	12.0
桐乡市	0	4.0	21.0	48.0	48.8	65.8	48.6	40.7	54.5	61.1	42.3	50.4	24.0	26.0	25.0	26.0	39.0	13.0	10.0	21.0
苏州市	10.0	12.0	12.0	8.0	26.9	47.7	35.3	45.3	37.5	52.8	26.6	36.3	18.0	25.0	22.0	29.0	16.0	5.0	4.0	9.0
昆山市	10.0	10.0	10.0	10.0	36.9	39.9	33.8	41.1	49.2	61.6	40.3	48.2	18.0	25.0	22.0	29.0	12.0	4.0	3.0	7.0
吴江市	8.0	8.0	8.0	8.0	48.9	54.1	42.8	57.2	49.2	61.6	40.3	48.2	18.0	25.0	22.0	29.0	17.0	6.0	4.0	9.0
太仓市	6.0	6.0	6.0	6.0	35.5	39.9	21.4	46.0	49.2	61.6	40.3	48.2	18.0	25.0	22.0	29.0	11.0	4.0	3.0	6.0
青浦区	9.0	9.0	9.0	9.0	37.1	45.4	33.3	47.4	46.3	59.4	36.9	45.2	18.0	25.0	22.0	29.0	14.0	5.0	4.0	8.0

低方案：根据太湖流域各级政府已规划的近期污染削减工程，量化出各污染源各分区域污染物控制量，得到的削减分配方案即为低方案。

中方案：以低方案为基础，进一步加大流域污染物削减力度，使各指标满足近期水环境承载力要求，保证太湖湖体水质达到消除劣Ⅴ类目标，得到的削减分配方案即为中方案。

高方案：在中方案的基础上，继续削减流域污染物，各指标满足中远期水环境承载力要求，且使太湖湖体水质进一步提高，得到的削减分配方案即为高方案。其中，高方案一为使太湖湖体水质从Ⅴ类提高到Ⅳ类的削减分配方案；高方案二为使太湖湖体水质从Ⅳ类提高到Ⅲ类的削减分配方案。

7.6.2 低方案情景污染物削减方案分析

确定现有规划措施强度下的工程可实施方案（低方案）流域污染削减率，计算出现有规划措施强度下（低方案）流域入太湖污染物质通量，分析现有规划措施强度下的工程可实施方案（低方案）入太湖污染物质是否达到太湖水环境承载力要求，并进行工程实施后的水质预测。

首先调研现有规划措施强度下的工程可实施方案（低方案）的工业、城镇生活、农村生活、养殖业和种植业等各类型污染源总量控制的已建工程措施和规划工程措施，并由此量化出近期各污染源的具有空间分布的流域污染削减率。

然后根据量化出来的具有空间分布的流域污染削减率将流域内干物质量进行削减模拟，并利用构建的流域水体运动和污染物迁移转化陆域复合模型进行现有规划措施强度下的工程可实施方案（低方案）流域污染物削减后的入太湖污染物量计算模拟，将计算出的入太湖污染物量计算结果与太湖水环境承载力进行比较分析。根据污染物削减原则和低方案定义内容得到的低方案削减率及流域分配见表7.28。

通过计算，低方案COD、氨氮、TN、TP入湖量分别为157831t/a、13060t/a、28855t/a和1441t/a，均达不到陆域允许入湖量的要求（其中允许入湖量为太湖水环境承载力减去大气干湿沉降量和底泥释放量），低方案入湖通量预测结果见表7.29。

表7.29 低方案预测结果表（单位：t/a）

项目	COD	氨氮	TN	TP
2015年入湖通量	157831	13060	28855	1441
允许入湖通量	131738	7978	19129	1433
预测效果	不达标	不达标	不达标	不达标

根据低方案的污染削减量，通过太湖水量水质模型模拟低方案下太湖湖体水质情况，高锰酸盐指数、氨氮和TP可以达到近期4.5mg/L、0.46mg/L、0.07mg/L的水质目标，但TN只能达到2.32mg/L，满足不了近期水质目标。

表 7.30 太湖近期总量达标方案（中方案）各污染源入河量削减率（单位：%）

地区	工业污染入河量削减率				城镇生活污染入河量削减率				农村生活污染入河量削减率				养殖业污染入河量削减率				种植业污染入河量削减率			
	COD	氨氮	TN	TP	COD	氨氮	TN	TP	COD	氨氮	TN	TP	COD	氨氮	TN	TP	COD	氨氮	TN	TP
常州市	10.0	8.0	8.0	8.0	66.0	69.7	49.2	76.4	75.4	78.5	65.5	72.6	89.0	90.0	90.0	89.0	14.80	34.58	26.60	14.80
武进区	10.0	10.0	10.0	10.0	67.7	72.2	49.2	78.5	75.4	78.5	65.5	72.6	88.0	91.0	90.0	91.0	35.20	63.96	49.20	35.20
无锡市	10.0	10.0	10.0	10.0	67.7	78.3	47.1	75.3	73.6	78.8	65.0	71.9	91.0	87.0	87.0	87.0	39.90	71.37	54.90	39.90
江阴市	5.0	5.0	5.0	5.0	67.5	83.5	57.5	80.8	75.4	78.5	65.5	72.6	89.0	91.0	89.0	91.0	34.30	62.79	48.30	34.30
常熟市	5.0	5.0	5.0	5.0	66.4	75.7	43.8	70.5	74.3	78.5	65.5	72.3	77.0	75.0	77.0	79.0	41.70	73.71	56.70	41.70
张家港市	5.0	5.0	5.0	5.0	67.6	73.0	52.5	73.7	74.3	78.5	65.5	72.3	76.0	75.0	77.0	78.0	35.20	63.96	49.20	35.20
镇江市	8.0	5.0	5.0	5.0	68.6	73.4	51.0	77.1	76.7	78.3	66.5	73.3	81.0	80.0	81.0	81.0	—	—	—	—
丹徒区	8.0	5.0	8.0	5.0	80.2	82.7	64.0	84.8	76.7	78.3	66.5	73.3	81.0	80.0	77.0	81.0	22.20	45.63	35.10	22.20
丹阳市	8.0	8.0	8.0	8.0	63.4	69.1	42.3	73.3	76.7	78.3	66.5	73.3	79.0	81.0	83.0	82.0	55.60	91.01	72.70	55.60
金坛市	8.0	5.0	5.0	5.0	64.8	69.4	44.3	75.4	76.1	78.3	66.0	73.0	80.0	81.0	80.0	80.0	39.90	70.07	53.90	39.90
溧阳市	8.0	5.0	5.0	5.0	70.8	76.0	50.4	79.8	76.1	78.3	66.0	73.0	90.0	91.0	88.0	91.0	60.30	90.00	77.40	60.30
宜兴市	10.0	10.0	10.0	10.0	69.5	73.8	48.0	77.3	75.1	78.5	65.5	72.3	89.0	92.0	90.0	91.0	79.70	90.00	81.00	79.70
句容市	5.0	5.0	5.0	5.0	63.3	68.6	37.6	72.9	76.7	78.3	66.5	73.3	80.0	79.0	77.0	78.0	51.00	87.23	67.10	51.00
高淳县	5.0	5.0	5.0	5.0	62.1	68.4	38.1	73.3	76.7	78.3	66.5	73.3	85.0	82.0	83.0	87.0	32.40	60.32	46.40	32.40
杭州市	10.0	5.0	5.0	5.0	57.3	71.3	45.3	73.5	74.3	78.5	65.5	72.3	41.0	41.0	41.0	40.0	13.00	32.24	24.80	13.00
余杭区	10.0	10.0	10.0	10.0	76.1	79.9	58.2	82.8	75.4	78.5	65.5	72.6	39.0	39.0	39.0	38.0	70.50	90.00	80.00	70.50
临安市	10.0	5.0	5.0	5.0	49.6	60.3	30.5	65.6	76.7	78.3	66.5	73.3	38.0	38.0	36.0	39.0	34.30	62.79	48.30	34.30
湖州市	10.0	5.0	5.0	5.0	60.4	67.0	46.8	68.1	76.1	78.3	66.0	73.0	33.0	34.0	38.0	34.0	62.10	90.00	79.30	62.10
德清县	10.0	5.0	5.0	5.0	60.0	64.7	40.5	70.0	76.7	78.3	66.5	73.3	42.0	40.0	38.0	39.0	27.80	52.91	40.70	27.80
长兴县	10.0	5.0	5.0	5.0	56.3	64.6	36.0	69.6	76.7	78.3	66.5	73.3	37.0	40.0	37.0	39.0	52.80	89.70	69.00	52.80

地区	工业污染入河量削减率				城镇生活污染入河量削减率				农村生活污染入河量削减率				养殖业污染入河量削减率				种植业污染入河量削减率			
	COD	氨氮	TN	TP	COD	氨氮	TN	TP	COD	氨氮	TN	TP	COD	氨氮	TN	TP	COD	氨氮	TN	TP
安吉县	10.0	5.0	5.0	5.0	57.4	65.4	37.0	70.3	76.7	78.3	66.5	73.3	34.0	32.0	33.0	34.0	34.30	62.79	48.30	34.30
嘉兴市	10.0	5.0	5.0	5.0	69.2	80.5	55.9	72.0	76.1	78.3	66.0	73.0	42.0	39.0	39.0	41.0	62.10	90.00	80.30	62.10
嘉善县	10.0	5.0	5.0	5.0	69.2	80.5	55.9	72.0	76.7	78.3	66.5	73.3	41.0	41.0	43.0	41.0	26.90	52.91	40.70	26.90
海盐县	10.0	5.0	5.0	5.0	69.2	80.5	55.9	72.0	76.7	78.3	66.5	73.3	44.0	42.0	44.0	43.0	32.40	60.32	46.40	32.40
海宁市	10.0	5.0	5.0	5.0	69.2	80.5	55.9	72.0	76.7	78.3	66.5	73.3	41.0	41.0	38.0	41.0	38.90	68.90	53.00	38.90
平湖市	10.0	5.0	5.0	5.0	69.2	80.5	55.9	72.0	76.7	78.3	66.5	73.3	44.0	44.0	43.0	42.0	29.70	56.68	43.60	29.70
桐乡市	10.0	5.0	5.0	5.0	69.2	80.5	55.9	72.0	76.7	78.3	66.5	73.3	40.0	40.0	40.0	39.0	54.70	90.00	71.80	54.70
苏州市	10.0	8.0	8.0	8.0	63.1	72.0	51.9	71.8	66.6	72.2	55.9	63.9	74.0	78.0	74.0	75.0	22.20	45.63	35.10	22.20
昆山市	8.0	5.0	5.0	5.0	66.8	72.1	56.8	73.1	74.3	78.5	65.5	72.3	73.0	73.0	75.0	76.0	17.60	38.35	29.50	17.60
吴江市	8.0	8.0	8.0	8.0	70.7	81.4	59.6	83.9	74.3	78.5	65.5	72.3	77.0	75.0	78.0	75.0	24.10	48.10	37.00	24.10
太仓市	8.0	5.0	5.0	5.0	66.6	63.3	38.6	73.3	74.3	78.5	65.5	72.3	72.0	74.0	74.0	74.0	27.80	54.21	41.70	27.80
青浦区	9.0	7.0	7.0	7.0	66.8	72.2	51.7	75.6	72.4	76.9	63.1	70.2	74.0	75.0	75.3	75.0	23.00	42.90	33.00	23.00

7.6.3 中方案（推荐方案）情景污染物削减方案分析

在现有规划措施强度下的工程可实施方案（低方案）基础上，进一步加大污染物控制力度，由此提出近期各指标满足水环境承载力的太湖流域陆域污染控制总量达标方案（即中方案）。

根据提出的太湖近期总量达标方案（中方案）的总量控制目标，并将近期各污染控制指标量化成具有空间分布的流域污染削减率。然后根据量化出来的将流域内干物质量进行削减模拟，并利用构建的复合模型进行太湖近期总量达标方案（中方案）流域污染物削减后的入太湖污染物量计算模拟，将计算出的入太湖污染物量计算结果与太湖水环境承载力进行比较分析。根据污染物削减原则和中方案定义内容得到的中方案削减率及流域分配见表 7.30。

通过计算，近期太湖总量达标方案（中方案）预测结果见表 7.30，陆域 COD、氨氮、TN 和 TP 总量分别削减 35.86 万 t、5.06 万 t、8.61 万 t 和 0.75 万 t，其削减率分别为 54.8%、67.3%、51.2% 和 59.7%。

由表 7.31 可知，近期太湖总量达标方案（中方案）COD、氨氮、TN 和 TP 均能达到水环境承载力要求。根据中方案的污染削减量，通过太湖水量水质模型模拟低方案下太湖湖体水质情况，高锰酸盐指数、氨氮、TN 和 TP 可以达到近期 4.5mg/L、0.46mg/L、0.07mg/L 和 2.00mg/L 的水质目标。

表 7.31　中方案近期预测结果表（单位：t/a）

项目	COD	氨氮	TN	TP
入湖通量	129752	7897	18008	557
允许入湖通量	131738	7978	19129	1433
预测效果	达标	达标	达标	达标

7.6.4 高方案（推荐方案）情景污染物削减方案分析

在近期总量达标方案（中方案）基础上，提出中远期各指标满足水环境承载力的太湖流域陆域污染控制总量达标方案（高方案）。

根据提出的太湖中远期总量达标方案（高方案）的总量控制目标反推出总体达标情况下流域陆域总体污染削减率并分配到各行政单元（高方案一为中期总量达标方案，高方案二为远期总量达标方案）。

通过模型试算，得出若要达到高方案一（即中期 2020 年总量达标方案）要求，陆域 TN、TP 分别需要在中方案的污染控制力度上再削减 21.9%、40.6%，与此同时 TN 大气干湿沉降量需在近期的基础上减少 30%，而如此削减力度在 2020 年完成有一定难度；由于陆域 TP 达到高方案一，即中期 2020 年目标时即可同时满足远期 2030 年目标，故远期仅需考虑 TN 达标即可，若要达到高方案二，即远期 2030 年总量达标方案要求，陆域 TN 在高方案一的基础上还要再削减 25.7%，与此同时 TN 大气干湿沉降量需在近期的基础上减少 50%，难度进一步加大，且一定要改善大气中的污染才能达到。近中远期太湖水质达标方案氮磷削减率计算结果表见 7.32。

表 7.32　近中远期太湖水质达标方案氮磷削减率计算结果表

年份	总氮					总磷				
	排放量/(t/a)	目标控制量/(t/a)	陆域需削减量/(t/a)	削减率/%	水质目标/(mg/L)	排放量/(t/a)	目标控制量/(t/a)	陆域需削减量/(t/a)	削减率/%	水质目标/(mg/L)
2015	168070	82018	86052	51.2	2	12655	5100	7555	59.7	0.07
2020	—	64058	17960	21.9	1.5	—	3029	2071	40.6	0.05
2030	—	47592	16466	25.7	1.0	—	3029	0	0	0.05

高方案一不同污染源入河量削减分配方案见表 7.33，高方案二不同污染源入河量削减分配方案见表 7.34（高方案一的削减率是在中方案的基础上提出，高方案二所提的削减率是以高方案一为基础）。

表 7.33 太湖中期总量达标方案（高方案一）各污染源入河量削减率（单位：%）

地区	工业污染入河量削减率				城镇生活污染入河量削减率				农村生活污染入河量削减率				养殖业污染入河量削减率				种植业污染入河量削减率			
	COD	氨氮	TN	TP	COD	氨氮	TN	TP	COD	氨氮	TN	TP	COD	氨氮	TN	TP	COD	氨氮	TN	TP
常州市	0.5	0.01	1.8	2.4	10.4	0.58	25.5	96.5	15.7	0.75	52.1	84.1	29.8	1.20	82.8	86.9	1.2	0.04	6.6	7.9
武进区	0.5	0.02	2.3	3.0	10.7	0.60	25.5	99.2	15.7	0.75	52.1	84.1	29.4	1.21	82.8	88.9	2.8	0.11	15.3	18.5
无锡市	0.5	0.02	2.3	3.0	10.7	0.65	24.5	95.2	15.4	0.76	51.8	83.3	30.4	1.16	80.0	85.0	3.1	0.12	17.5	20.8
江阴市	0.2	0.01	1.1	1.5	10.6	0.70	29.5	102.1	15.7	0.75	52.1	84.1	29.8	1.21	81.9	88.9	2.7	0.10	15.0	18.1
常熟市	0.2	0.01	1.1	1.5	10.4	0.63	22.8	89.0	15.5	0.75	52.1	83.8	25.7	1.00	70.8	77.2	3.3	0.13	18.3	22.2
张家港市	0.2	0.01	1.1	1.5	10.7	0.61	27.1	93.2	15.5	0.75	52.1	83.8	25.4	1.00	70.8	76.2	2.8	0.11	15.3	18.5
镇江市	0.4	0.01	1.1	1.5	11.5	0.56	26.3	89.8	17.0	0.74	54.1	86.8	21.9	0.83	90.4	80.5	-	-	-	-
丹徒区	0.4	0.01	1.1	1.5	13.4	0.63	32.7	98.8	17.0	0.74	54.1	86.8	21.9	0.83	85.9	80.5	2.7	0.10	16.5	18.2
丹阳市	0.4	0.01	1.8	2.4	10.6	0.52	22.1	85.5	17.0	0.74	54.1	86.8	21.4	0.84	92.6	81.4	6.6	0.25	41.0	45.9
金坛市	0.4	0.01	1.1	1.5	10.8	0.53	23.1	87.8	16.9	0.74	53.7	86.4	21.7	0.84	89.3	79.5	4.8	0.18	28.8	32.8
溧阳市	0.4	0.01	1.1	1.5	11.8	0.58	26.1	93.0	16.9	0.74	53.7	86.4	24.4	0.95	98.2	90.4	7.2	0.27	44.1	49.6
宜兴市	0.5	0.02	2.2	2.9	11.6	0.56	24.9	90.1	16.7	0.75	53.3	85.6	24.1	0.96	100.5	90.4	9.5	0.36	58.1	65.6
句容市	0.2	0.01	1.1	1.5	10.6	0.52	19.8	84.8	17.0	0.74	54.1	86.8	21.7	0.82	85.9	77.5	6.1	0.23	37.3	42.3
高淳县	0.2	0.01	1.1	1.5	10.4	0.52	20.0	85.5	17.0	0.74	54.1	86.8	23.0	0.85	92.6	86.4	3.9	0.15	23.9	27.0
杭州市	0.5	0.01	1.1	1.4	7.4	0.49	22.1	90.8	16.6	0.75	53.4	86.1	2.9	0.11	13.9	36.6	1.4	0.05	8.4	9.5
余杭区	0.5	0.01	1.1	1.4	9.8	0.54	28.0	102.1	16.8	0.75	53.4	86.4	2.8	0.11	13.2	34.8	7.5	0.29	44.1	50.2
临安市	0.5	0.01	1.1	1.4	6.4	0.41	15.3	80.9	17.1	0.74	54.2	87.2	2.7	0.10	12.2	35.7	3.7	0.14	21.5	24.1
湖州市	0.5	0.01	1.1	1.4	7.8	0.46	22.8	84.0	17.0	0.74	53.8	86.9	2.3	0.09	12.9	31.2	6.6	0.25	38.9	44.4
德清县	0.5	0.01	1.1	1.4	7.7	0.44	19.8	86.3	17.1	0.74	54.2	87.2	3.0	0.11	12.9	35.7	3.0	0.11	17.3	19.7
长兴县	0.5	0.01	1.1	1.4	7.3	0.44	17.8	85.9	17.1	0.74	54.2	87.2	2.6	0.11	12.5	35.7	5.6	0.21	33.1	38.1

地区	工业污染入河量削减率				城镇生活污染入河量削减率				农村生活污染入河量削减率				养殖业污染入河量削减率				种植业污染入河量削减率			
	COD	氨氮	TN	TP	COD	氨氮	TN	TP	COD	氨氮	TN	TP	COD	氨氮	TN	TP	COD	氨氮	TN	TP
安吉县	0.5	0.01	1.1	1.4	7.4	0.45	18.3	86.7	17.1	0.74	54.2	87.2	2.4	0.09	11.2	31.2	3.7	0.14	21.5	24.1
嘉兴市	0.5	0.01	1.1	1.4	11.7	0.88	34.4	81.7	17.4	0.74	54.4	87.7	3.2	0.11	21.4	31.9	5.8	0.22	34.2	40.0
嘉善县	0.5	0.01	1.1	1.4	11.7	0.88	34.4	81.7	17.5	0.74	54.8	88.1	3.2	0.12	23.6	31.9	2.5	0.10	15.0	17.5
海盐县	0.5	0.01	1.1	1.4	11.7	0.88	34.4	81.7	17.5	0.74	54.8	88.1	3.4	0.12	24.2	33.5	3.1	0.12	17.8	20.8
海宁市	0.5	0.01	1.1	1.4	11.7	0.88	34.4	81.7	17.5	0.74	54.8	88.1	3.2	0.12	20.9	31.9	3.7	0.14	21.0	24.8
平湖市	0.5	0.01	1.1	1.4	11.7	0.88	34.4	81.7	17.5	0.74	54.8	88.1	3.4	0.13	23.6	32.7	2.8	0.11	16.4	19.1
桐乡市	0.5	0.01	1.1	1.4	11.7	0.88	34.4	81.7	17.5	0.74	54.8	88.1	3.1	0.12	22.0	30.4	5.1	0.20	30.1	34.9
苏州市	0.5	0.01	1.8	2.4	9.4	0.51	28.9	88.7	11.8	0.60	38.9	63.6	12.3	0.52	61.1	80.2	1.4	0.05	7.9	9.4
昆山市	0.4	0.01	1.1	1.5	9.9	0.51	31.5	90.3	13.2	0.65	45.2	72.1	12.2	0.49	61.9	81.2	1.1	0.04	6.1	7.5
吴江市	0.4	0.01	1.8	2.4	10.5	0.58	33.0	103.6	13.2	0.65	45.2	72.1	12.8	0.50	64.4	80.2	1.6	0.06	8.5	10.5
太仓市	0.4	0.01	1.1	1.5	9.9	0.45	21.9	90.6	13.2	0.65	45.2	72.1	12.0	0.50	61.1	79.1	1.8	0.07	9.9	12.0
青浦区	0.4	0.01	1.5	2.0	9.9	0.5	28.8	93.3	12.9	0.64	43.6	70.0	12.3	0.50	62.1	80.2	1.5	0.06	8.1	9.9

表 7.34　太湖远期总量达标方案（高方案二）各污染源入河量削减率（单位：%）

地区	工业污染入河量削减率				城镇生活污染入河量削减率				农村生活污染入河量削减率				养殖业污染入河量削减率				种植业污染入河量削减率			
	COD	氨氮	TN	TP	COD	氨氮	TN	TP	COD	氨氮	TN	TP	COD	氨氮	TN	TP	COD	氨氮	TN	TP
常州市	—	—	1.7	—	—	—	31.3	—	—	—	99.7	—	—	—	100.0	—	—	—	7.1	—
武进区	—	—	2.1	—	—	—	31.3	—	—	—	99.7	—	—	—	100.0	—	—	—	16.7	—
无锡市	—	—	2.1	—	—	—	30.0	—	—	—	99.0	—	—	—	96.7	—	—	—	19.1	—
江阴市	—	—	1.0	—	—	—	36.2	—	—	—	99.7	—	—	—	98.9	—	—	—	16.3	—
常熟市	—	—	1.0	—	—	—	28.0	—	—	—	99.7	—	—	—	85.5	—	—	—	19.9	—
张家港市	—	—	1.0	—	—	—	33.2	—	—	—	99.7	—	—	—	85.5	—	—	—	16.7	—
镇江市	—	—	1.0	—	—	—	32.3	—	—	—	99.0	—	—	—	89.4	—	—	—		—
丹徒区	—	—	1.7	—	—	—	40.1	—	—	—	99.0	—	—	—	85.0	—	—	—	25.4	—
丹阳市	—	—	1.0	—	—	—	27.1	—	—	—	99.0	—	—	—	91.6	—	—	—	63.0	—
金坛市	—	—	1.0	—	—	—	28.3	—	—	—	98.3	—	—	—	88.3	—	—	—	44.2	—
溧阳市	—	—	2.1	—	—	—	32.0	—	—	—	98.3	—	—	—	97.1	—	—	—	67.7	—
宜兴市	—	—	1.0	—	—	—	30.6	—	—	—	97.6	—	—	—	99.3	—	—	—	89.3	—
句容市	—	—	1.0	—	—	—	24.3	—	—	—	99.0	—	—	—	85.0	—	—	—	57.3	—
高淳县	—	—	1.0	—	—	—	24.5	—	—	—	99.0	—	—	—	91.6	—	—	—	36.7	—
杭州市	—	—	1.0	—	—	—	26.1	—	—	—	96.5	—	—	—	35.5	—	—	—	11.3	—
余杭区	—	—	1.0	—	—	—	33.0	—	—	—	96.5	—	—	—	33.8	—	—	—	59.2	—
临安市	—	—	1.0	—	—	—	18.0	—	—	—	97.8	—	—	—	31.2	—	—	—	28.9	—
湖州市	—	—	1.0	—	—	—	26.9	—	—	—	97.1	—	—	—	32.9	—	—	—	52.2	—
德清县	—	—	1.0	—	—	—	23.4	—	—	—	97.8	—	—	—	32.9	—	—	—	23.3	—
长兴县	—	—	1.0	—	—	—	21.0	—	—	—	97.8	—	—	—	32.0	—	—	—	44.4	—

地区	工业污染入河量削减率				城镇生活污染入河量削减率				农村生活污染入河量削减率				养殖业污染入河量削减率				种植业污染入河量削减率			
	COD	氨氮	TN	TP	COD	氨氮	TN	TP	COD	氨氮	TN	TP	COD	氨氮	TN	TP	COD	氨氮	TN	TP
安吉县	—	—	1.0	—	—	—	21.5	—	—	—	97.8	—	—	—	28.6	—	—	—	28.9	—
嘉兴市	—	—	1.0	—	—	—	48.1	—	—	—	96.5	—	—	—	31.9	—	—	—	41.7	—
嘉善县	—	—	1.0	—	—	—	48.1	—	—	—	97.2	—	—	—	35.2	—	—	—	18.3	—
海盐县	—	—	1.0	—	—	—	48.1	—	—	—	97.2	—	—	—	36.0	—	—	—	21.7	—
海宁市	—	—	1.0	—	—	—	48.1	—	—	—	97.2	—	—	—	31.1	—	—	—	25.6	—
平湖市	—	—	1.0	—	—	—	48.1	—	—	—	97.2	—	—	—	35.2	—	—	—	20.0	—
桐乡市	—	—	1.0	—	—	—	48.1	—	—	—	97.2	—	—	—	32.7	—	—	—	36.7	—
苏州市	—	—	1.7	—	—	—	37.2	—	—	—	77.8	—	—	—	80.0	—	—	—	7.9	—
昆山市	—	—	1.0	—	—	—	40.6	—	—	—	90.5	—	—	—	81.1	—	—	—	6.1	—
吴江市	—	—	1.7	—	—	—	42.5	—	—	—	90.5	—	—	—	84.3	—	—	—	8.5	—
太仓市	—	—	1.0	—	—	—	28.2	—	—	—	90.5	—	—	—	80.0	—	—	—	9.9	—
青浦区	—	—	1.4	—	—	—	37.1	—	—	—	87.3	—	—	—	81.3	—	—	—	8.1	—

第8章 流域产业结构优化调整方案

8.1 基于水环境综合治理的产业结构调整思路

8.1.1 总体思路

在前述太湖流域产业结构调查的分析基础上，以湖泊水环境承载力确定的污染物削减总量分配方案和对应区域的分配方案为依据，提出环境约束条件；以经济快速、健康发展和污染物减排为目标，设计产业结构优化调整具体方案，系统性地提出各类型产业发展方向及具体措施；重点对流域内工业和农业内部结构进行调整优化，提升单位环境容量的经济承载力，逐步改进和完善经济发展与环境保护之间的关系，实现社会、经济及环境的多目标期望和可持续发展（陆净岚，2003；张少兵，2008）。

8.1.2 预期目标

1. 总体目标

调整产业结构和产业发展方向，优化区域国民经济结构和增长模式，三次产业结构不断优化，第三产业比重进一步得到提升；传统污染型工业产业明显缩减，战略性新兴制造业以及现代服务业实现跨越式发展，生态循环农业得到广泛推广。通过产业结构的调整、产业升级、优化布局和环境容量优化配置，提升单位环境容量的经济承载力，形成良性循环的人、湖和谐发展。

2. 阶段目标

近期（2008~2015年）：产业结构转型阶段。严格执行和不断完善环境准入标准，控制重污染行业，加快制造业向研发和营销两端的延伸及服务外包转变，拓展生产性服务业需求空间，生态循环农业得到良好发展，促进产业结构的"软化"。正确选择产业转型升级的模式，实施产业结构调整与产业内结构升级并重的战略，处理好资源配置问题，最终实现产业转型升级。

中期（2016~2020年）：经济与环境协调发展阶段。通过"十二五"和"十三五"产业结构的战略性调整，实现产业结构由"二三一"型向"三二一"型的转变。积极探索环保产业和低碳经济发展模式，传统优势产业全面完成改造提升，战略性新兴产业规模凸显，构建资源节约、产出高效、环境友好的现代农业生产经营体系，构筑有利于资源节约、环境保护的现代产业体系。

远期（2021~2030年）：生态型和可持续发展阶段。深层次优化产业结构布局，消除产业结构对生态环境的压力，实现环境容量的经济承载力最大化。科技创新达到较高水平，环保产业化程度得到明显提升，实现环保优化经济发展和环保产业引领产业结构升级，完成产业结构生态型转变。

8.1.3 技 术 路 线

在太湖全流域产业结构调查的基础上，以湖泊水环境承载力确定的污染物削减总量分配方案和对应区域的分配方案为依据，通过各产业比例、规模、布局，产品结构、技术结构等多方位的分析，提出调整总量控制在各产业之间、产业与资源之间以及不同区域之间的配置方案（图 8.1）。

（1）优化环境容量配置，激活产业结构调整，实施总量动态平衡。

（2）科学合理构建流域产业结构总体框架，以此规范和引导产业发展；在发展中不断优化区域经济结构和增长方式，促成低环境容量下区域经济的快速和可持续发展。

（3）以环境功能区、分区水环境容量、多样化资源分布为基础，以景区、生态工业小区、主题城镇为重点，因地制宜和统筹兼顾，以点、线、面有机组合的结构模式，科学合理地构建产业的空间组织和规划布局，形成人与自然和谐的环境和景观。

（4）产业结构调整预期分三步走，即产业结构转型阶段、经济与环境协调发展阶段和生态型可持续发展阶段，力求与水环境保护和水污染防治的阶段要求相衔接。

8.2 第一产业内部结构优化调整方案

8.2.1 调整思路与方向

由于流域内部各区域之间的农业结构现状、农业面源污染排放现状的诸多差异，无法形成全流域统一的结构优化调整方案，需针对各地实际情况分别设计。

太湖流域浙江区域第一产业内部结构调整的总体原则是在满足社会消费基本安全保障需要和民生需求的前提下，突出对水环境的改善作用，降低农业面源污染物负荷，推动高效生态循环农业建设。其产业调整和发展的思路主要围绕于建设生态文明农村及促进农业增效、农民增收的目标，着眼于转变农业发展方式、提高农业综合生产能力，以现代农业园区、粮食生产功能区为主平台，以资源利用集约化、生产过程清洁化、废弃物利用资源化为主线，运用循环经济理论和生态工程学方法，大力推广应用种养结合等新型种养模式以及健康养殖、标准化生产等先进适用技术，大力发展高效的生态循环农业，促进农业现代化建设。

太湖流域江苏区域第一产业内部结构调整的总体原则是在规模总量基本稳定的前提下进行结构调整，重点突出对太湖流域水环境的改善作用，使得产业结构调整后对太湖流域农业产业的定位更加清晰明确。其调整和发展的思路主要从行业结构调整、农业生产技术与经营模式转型、区域优化布局三个层面进行思考。在巩固传统农业基础地位的同时，合理布局流域内三次产业结构，提升生态农业在流域农业经济中的比重；因地制宜，充分发挥生态农业发展优势，提升农产品品质，加快特色农业发展；优化种植业和渔业的产业结构，减少太湖流域农业发展对环境的负荷；推广循环农业技术与模式，稳

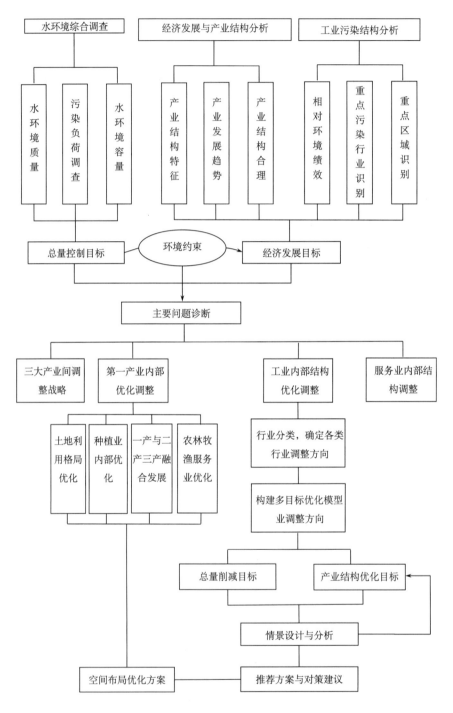

图 8.1　产业结构调整技术路线图

步推进农业生态休闲旅游；建设太湖流域一级保护区生态农业圈，加快发展有机农业；

增强支柱产业的保障能力，加快传统农业向现代农业转变发展。

8.2.2 行业内部结构调整

1. 种植业的调整

浙江省把高产、优质、高效、生态、安全农业作为现代农业发展的主攻方向。其一，优化种植业内部土地利用格局。提升无公害产品、绿色食品和有机食品产地面积比重，降低高肥料需求的作物比例，减量化使用农药、化肥；南部太浦污染控制区亩均化肥施用量和流失量分别为浙西污染控制区的1.5倍和近2倍，重点要降低该区域的化肥施用量，改进种植方式，减少流失量。其二，重点提高精品农业发展水平。发挥区位优势、资源优势和竞争优势，提升精品农业发展水平，各地积极发展蔬菜、瓜果、花卉苗木、蚕桑等传统主导产业，提高主导产业产值在农业总产值中的比重。其三，加强基本农田管护，提高农田基础设施水平，深入实施标准农田质量提升工程，提高土地综合生产能力。

江苏省太湖流域种植业以粮食作物、蔬菜瓜果及油料作物为主，三类作物总种植面积占太湖流域种植总面积的94.14%。太湖流域苏锡常地区种植类别不一，且三大作物种植结构分布不均。从生物多样性角度出发，太湖流域种植业的调整方向是规模化、品牌化和科技化，对农业污染物进行有效治理，减少入河污染物排放。以建设百万亩优质水稻、百万亩园艺、百万亩生态林为种植业主导产业的格局，合理布局粮食和经济作物的结构，降低高肥料需求的作物比例，减量使用农药、化肥，减轻农业面源污染；培育亩均效益超万元的高效种植业，加快发展名优茶叶、设施蔬菜及食用菌菇等产业；推进高标准和设施化常年蔬菜基地建设，强化农业污染物排放治理。

2. 畜禽养殖业的调整

浙江省畜禽养殖业实行总量和区域"双控制"。根据环境容量和生态环境功能区规划，科学划定和调整禁养区、限养区，合理确定养殖规模，实行区域控制；以土地种植业的吸收能力和水环境功能区达标前提下的消纳能力为界，限制养殖规模，实行总量控制。大力发展优质特种家禽，优化畜牧业结构，限制重污染畜种的发展；鼓励养殖小区、养殖专业户和散养户进行适度集中饲养，对污染物统一收集和资源化利用。江苏省畜禽养殖业的调整目标是由传统的单一分散的养殖模式向规模化和设施化养殖模式转变。以环境效益为首要原则，合理布局畜禽养殖业生产规模，重点建设畜禽养殖场综合整治工程，提高畜禽粪尿的处理率和资源化利用率。全流域内统筹规划，合理布局，采取分区禁养或限养的方式，最大限度地保障流域内的生态环境。另一方面，鼓励扶持发展优质和特色肉禽工程，减少纯饲料依赖型养殖方式，不断提升畜禽产品质量，满足内需的同时积极拓展外销渠道。

3. 水产养殖业的调整

2007年5月末，太湖蓝藻事件发生后，遍布太湖流域的围网养殖被认为是污染源之一。为保护太湖水域水源生态环境，水产养殖业要严格控制开放性水域网箱养殖等重污染产业的发展，逐步转移至境内各湖泊中集中规划，减少围网，推行小区化、生态化的水产清洁养殖方式。具体调整方向一是强化渔业的规模化、特色化发展，稳定养殖规模，大力发展特种水产生态化养殖；二是从现有围网养殖转向池塘养殖，抓好围网生态养殖和湖泊水域增值，产业发展将更大程度依靠技术进步、设施条件改善和提升、衍生服务开发以及产业化经营发展；三是优化渔业结构，使渔业工业、加工业、流通和服务业等第二、三产业与养殖捕捞业并举。

8.2.3　农业发展方式转变

1. 大力推广粮经复合、种养结合、生态循环等模式

坚持统筹规划、分步推进的原则，科学编制现代农业园区建设规划，强化政策引导支持。大力推进标准化生态规模养殖，合理规划，养殖场（小区）建设提倡与农田（水田、旱地）、茶（果、桑）园、养殖水面和山林统一布局，形成种养结合、农牧结合、林牧结合的生态立体农业循环经济，从而改善粮食生产条件，降低单位粮食产出的土地消耗，着力提高粮食综合生产能力。优化种植业、畜禽养殖、渔业的产业结构，充分发挥生态农业发展优势，对化肥使用强度较高、化肥流失率较高以及养殖规模较大的地区，建议广泛应用先进适用技术和新型种养模式，实现排泄物内部消化利用，降低农业源整体污染负荷。积极推进农业规模化、组织化、科技化、市场化、生态化，提高农业综合生产能力、抗风险能力、市场竞争力。

2. 加强第一产业内部社会化服务业发展

进一步建立完善基层农技推广、动植物疫病防控和农产品质量监管"三位一体"的县乡两级农业公共服务体系。加快农作制度创新，强化农业科技推广体系，大力推广农作物、畜禽良种、农产品质量安全等方面的先进实用技术。积极推广农业服务外包，鼓励农民专业合作社、农村供销社和信用社开展联合服务。实现农林牧渔服务业比重提高和农业现代化水平提升双项目标。

3. 积极推进农业与工业、服务业融合发展

着重围绕城市、依托城市和服务城市，用新的理念来谋划农业的新一轮调整。在产业发展上，要体现功能的拓展和产业链的延伸，并注重生产、生态、生活等多项功能的有机结合，催生和培育一批具有国际竞争力的新兴产业。其一，加强优良品种引进、示范、推广，推行标准化生产，发展壮大无公害农产品、绿色食品和有机食品产业，积极扶持农产品加工业和服务业，加强农产品品牌培育。其二，平稳推进农业生态休闲旅游产业，将无公害农产品、绿色食品和有机食品产业等第一产业发展与农副食品加工业等第二产业发展以及生态旅游等第三产业发展有机结合，形成第一产业服务第二产业、第三产业的格局。其三，优化渔业结构，使渔业工业、加工业、流通和服务业等第二、三产业与养殖捕捞业并举。

8.2.4　区域优化布局

浙江省根据区域位置、资源条件及水环境敏感性，将太湖流域农业发展分为太湖南岸绿色农业区、丘陵山区生态型特色农业区、城市生态农业区、平原高效农业区这四类功能区。

（1）太湖南岸绿色农业区：包括长兴县、吴兴区、南浔区等太湖南岸区域。该区域水生态环境敏感性强，重点发展绿色有机农业，逐步退出传统污染农业。近期化肥施用强度下降30％以上，规模化畜禽养殖推行零排放，适当缩减水产养殖围网面积，发展特色生态水产养殖。

（2）丘陵山区生态型特色农业区：包括杭州市的临安、余杭的丘陵山区，湖州市的安吉县及德清县、长兴县、吴兴区的丘陵山区。其总体定位为：立足丘陵山区资源，农业发展将以维护东、西苕溪源头和杭嘉湖平原生态环境，构筑具有西北部山区特色的产品型都市农业、绿色生态型都市农业和休闲旅游型农业为主，重点发展竹笋、茶叶、特色干鲜果、高山蔬菜等特色优势产业和产品，建设成太湖流域的生态、经济型"绿色屏障"。积极建立现代林业生态体系和产业体系，大力挖掘浓厚的竹文化、茶文化以及山区文化等农业文化底蕴，推进休闲、度假、文化、生态产品开发，将特色农业、生态农业与旅游农业有机结合。

（3）城市生态农业区：主要为杭州市主城区及余杭区的南部范围。该区应充分发挥杭州大都市农业比较优势，深化都市农业生产功能，努力拓展杭州大都市农业资源的生态、文化、教育、旅游功能，围绕服务城市，重点发展以城市森林、观光农业、湿地农业、高科技设施农业等为主的生态型城市农业、服务型城市农业和体验教育型城市农业。积极构筑农产品加工体系和现代物流体系，形成现代农业物流中心、休闲观光农业基地、精深农产品加工基地、优质农产品出口创汇基地和旅游农产品生产基地。

（4）平原高效农业区：主要包括嘉兴市、湖州市中南部、余杭区北部等平原区域。该区以接轨上海大都市，构筑都市型农业、建设大都市"菜篮子"为目标，重点发展特色蔬菜、名优瓜果、生态畜禽、特种水产、优质粮油等产业。继续加大农业龙头企业培育，着重发展蔬菜、畜禽、水产、粮油、饲料、蜂产品加工等农业龙头企业。要大力加强产品流通环节建设，尤其抓好面向大都市的集加工、储存、配送、检测为一体的大型农产品销售中心。

江苏省根据太湖流域生态环境保护的总体目标、要求和三级保护体系，分区进行农业产业结构的优化调整。其中一级保护区以农业的禁止与管制发展为主导方向，突出发展有机农业和生态农业，重点构建生态农业圈等产业发展载体；二级保护区以控制和优化发展为主导，引导发展绿色农产品和高科技农产品；三级保护区则逐步推行产业规模上限控制、产业技术管制和经营模式改制，鼓励土地资源扭转和集中规模化经营，逐步加强对规模化农业企业的环境监管和奖惩力度。江苏省通过对水环境容量指数和农业污染强度指数进行叠加分析，将水环境容量较低且农业污染较大的区域划分为农业重点调整区；水环境容量高且农业污染也高、水环境容量低且农业污染也低的单元划分为优化调整区；水环境容量高农业污染强度低的单元划分为一般调整区，具体见图8.2。

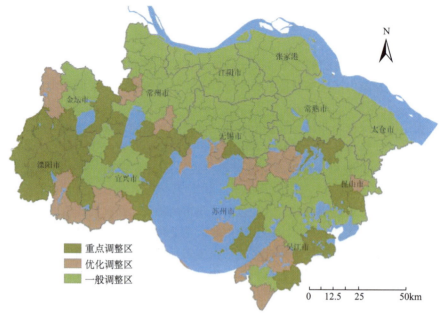

图 8.2 太湖流域江苏部分农业发展优化分区

1）重点调整区

区域范围：该类区域主要位于除天目湖镇外的溧阳市的大部分区域，金坛市长荡湖周边的乡镇单元，以及滆湖和太湖之间的乡镇单元，苏州市的东山镇、临湖镇、阳澄湖镇、汾湖镇和盛泽镇等。

区域特征：该类区域主要位于太湖一级保护区、重要湖泊湿地附近，农业活动直接对水环境造成影响，而且水环境敏感性强，水环境容量相对较低，农业发达，农业化肥、农药使用量过高，农业面源污染比较明显。尤其是沿湖地区的养殖业对水环境的污染已经达到了相当程度，超过了水域所能承载的水平，对湖泊富营养化贡献率很高。

管制要求：首先控制农业面源污染对水环境的影响，推广使用生物有机肥料和低毒、低残留高效农药，控制农业面源污染，其次大力发展高效、生态安全农业，建立规模化、现代化农业示范基地。在畜禽养殖方面，实行规模化畜禽清洁养殖，减少污水和粪便流失，妥善处理废弃物。在水产养殖方面，要合理布局，推广池塘循环水养殖技术，逐步取消太湖围网养殖；发展生态养殖，不投饵料，保护水质。

2）优化调整区

区域范围：该类区域位于金坛市的薛埠镇、溧阳市的天目湖镇、武进区的夏溪镇，坡区镇，礼嘉镇和前黄镇、宜兴市的西部乡镇、无锡市的马山镇，滨湖镇、苏州市的相城区，吴江市的横扇镇，七都镇，桃源镇和汾湖镇等。

区域特征：该区域多处于太湖二级保护区范围内，种植业较为发达，水环境农业污染中等，目前虽未造成很大影响，但是由于该类区域水生态恢复力较差、水质自净能力弱，一旦污染水体对水环境威胁很大。

管制要求：在保护自然生态环境的基础上，开发果树林、经济林、水土保持林等；引导发展生态农业，建设绿色食品基地和标准化的绿色农产品加工基地优化现有种植业，控制使用农药和化肥强度；养殖业必须控制养殖密度和饵料投入量，防止超过水环境承载能力。

3）一般调整区

区域范围：分布广泛，武澄溪虞区和阳澄淀泖区的大部分乡镇单元，以及宜兴市区周边的乡镇单元。

区域特征：该类区域水环境容量较高，土壤肥沃、农业发达。随着城市化的推进，农业空间不断萎缩，局部地区为提高农业产量，化肥农业投入强度大，农业污染相对较高，但是该类型区农业污染不是主要原因。

管制要求：提高农业规模化、产业化水平，大力发展高效、生态安全农业，重点发展郊区无公害、绿色、有机农产品。实施绿色农业工程，削减农药施用量，全面推广测土配方施肥和农药减量增效控污等先进适用技术，提高土壤保肥保水能力，减少化肥、农药面源污染；控制畜禽养殖污染，清理整顿水产围垦养殖，减少饵料投放量，削减池塘养殖污染，大力推广综合套养、种草养殖、仿野生养殖等高效、健康、生态养殖模式和技术。

8.3 第二产业内部结构优化调整方案

8.3.1 调整思路与方向

由于太湖流域分属两省，而各区域之间的经济发展水平、行业分布、优势产业等存在诸多差异，因此需针对两省现状分别设计工业内部结构优化调整方案。

浙江省的调整思路是基于工业内部各行业的污染特征分析，对工业内部行业进行分类，再根据各类型行业的经济发展水平和污染排放强度特征以及产业竞争优势等，筛选出重点控制行业，分别提出产业发展的方向以及宏观调控的措施。

江苏省的调整思路是促进传统产业改造升级、加快培育新兴战略性产业发展，重点优化升级纺织、化工、冶金、电镀、印染等传统产业，促进新型电子信息、新能源、新材料等新兴产业的发展，促进工业内部结构优化升级，提升单位环境容量的经济承载力，逐步改进完善经济发展和环境保护之间的关系，实现社会、经济、环境的多目标期望和可持续发展。

8.3.2 浙江省工业内部结构优化调整方案

1. 工业内部行业分类

浙江省根据各行业污染贡献率、经济贡献率、相对环境绩效等方面存在的差异，对32个基础行业进行分类，分类结果将作为确定产业结构调整和优化升级方向与目标的重要依据（王贵明，2008）。应用"统计产品与服务解决方案（Statistical Product and Service Solutions，SPSS）"软件中聚类分析的方法对行业进行分类（卢纹岱，2010），分析指标选择经济贡献率、COD 污染贡献率和氨氮污染贡献率，采用 Furthest neighbor 最远邻法运算，聚类结果见表 8.1。同时从污染控制和生态效益角度出发，分析各类行业特征，其定位图如 8.3 所示。

表 8.1　浙江省太湖流域工业内部行业聚类结果

编号	行业个数	行业名称
Ⅰ	13	采矿业，专用设备制造业，有色金属冶炼及压延加工业，印刷业和记录媒介的复制业，饮料制造业，仪器仪表及文化、办公用机械制造业，医药制造业，烟草制品业，文教体育用品制造业，食品制造业，石油加工炼焦及核燃料加工业，工艺品及其他制造业，废弃资源和废旧材料回收加工业
Ⅱ	2	造纸及纸制品业，农副食品加工业
Ⅲ	11	橡胶制品业，塑料制品业，木材加工及木、竹、藤、棕、草制品业，金属制品业，交通运输设备制造业，家具制造业，化学纤维制造业，黑色金属冶炼及压延加工业，非金属矿物制品业，纺织服装、鞋、帽制造业，电力、燃气及水的生产和供应业
Ⅳ	3	通用设备制造业，通信设备、计算机及其他电子设备制造业，电气机械及器材制造业
Ⅴ	2	皮毛羽绒制品业、化工制造业
Ⅵ	1	纺织业

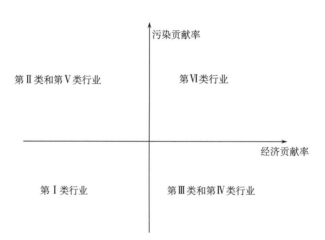

图 8.3　浙江省太湖流域工业内部各类行业特征定位图

2. 工业内部各类行业调整方向

在以上分析基础上提出各类行业结构调整的方向和重点。污染贡献率较高而经济贡献率相对较低的行业是重点控制和限制发展的行业，即第Ⅱ类和第Ⅴ类行业；而污染贡献率较低，经济贡献率较高的行业是鼓励发展的行业，即第Ⅲ类和第Ⅳ类行业；而对于同高或同低的行业，即第Ⅰ类和第Ⅵ类行业，需要进一步比较相对环境绩效水平或经济环境协调性水平。根据本书3.4.5部分的研究结果，饮料制造业和纺织业经济环境协调性较差，应作为重点控制和限制发展的行业；另外，烟草制造业、食品制造业和木材加工业经济环境协调性较高，而且竞争优势明显，也将作为重点鼓励发展的对象；同时，第Ⅱ类和第Ⅴ类中的造纸业、农副食品加工业、皮毛羽制品业和化工制造业的经济环境协调性指数均小于1，进一步佐证了本研究划分方法的准确性。通过以上两方面的分析，可以初步确定纺织业、农副食品加工业、饮料制造业、造纸业、化工制造业和皮毛羽制品业六个行业作为产业结构调整的重点行业，尤其是化工制造业和农副食品加工业，此两类行业不仅相对环境绩效较差，行业竞争力也较差，需要重点控制发展速度和规模。

3. 工业内部结构优化调整措施

根据《浙江省淘汰和禁止发展的落后生产能力目录（2010年）》、2009年污普更新数据以及有关产业政策的要求，重点调整造纸及纸制品业、纺织业、化学原料及化学制品制造业、农副食品加工业、饮料制造业、皮革、毛皮、羽毛（绒）及其制品业，积极发展电子信息等技术密集产业，大力培育生物、物联网、新能源、新材料、高级装备、节能环保等战略性新兴产业。

1）纺织印染业

加快调整化纤产品结构，提升纱线及纺织面料的生产技术水平，大力发展产业用纺织品，推动印染业发展与清洁生产相融合，以设计和品牌推进服装服饰产品升级。淘汰年加工能力在3000万m以下的印染生产线；淘汰综合能耗和新鲜水取水量达不到国家《印染行业准入条件》（2010年修订版）规定的印染生产线；淘汰R531型酸性老式粘胶纺丝机、年产2万t以下粘胶生产线、湿法及DMF溶剂法氨纶生产工艺、DMF溶剂法腈纶生产工艺、涤纶长丝锭轴长900mm以下的半自动卷绕设备、间歇法聚酯设备等落后化纤产能。推行清洁生产，加快O型缸、J型缸和浴比大于1∶6的间歇式染色设备升级改造；促进产业集聚升级。大力推广高效短流程前处理、少水无水印染先进技术、在线检测与控制、印染废水回收利用技术、印染工业园区废水集中处理模式、印染废水综合治理技术等节能减排主流技术，提高中水回用水平，印染行业平均重复用水率达到35%。

2）造纸及纸制品业

目前浙江省已基本淘汰制浆造纸企业，其污染排放主要集中在废纸造纸（普通纸）企业。近期建议淘汰年产5万t及以下的废纸造纸（特种纸除外）生产线，加快造纸企业污染深度治理，对重点企业进行提标改造，确保达到《制浆造纸工业污染物排放标准》（GB 3544—2008）的要求。

3）化学原料及化学品制造业

坚决淘汰高污染产品，更新装备水平，提高重复用水率，推行绿色化工，加强深度处理。氮肥生产重点淘汰年产 6 万 t 以下规模的企业，推广污水零排放和超低废水排放技术，废水排放量下降到 $10m^3/t$ 氨。染料和颜料生产企业推广催化技术、三氧化硫磺化技术、连续硝化技术、绝热硝化技术、定向氯化技术等清洁生产工艺，加强冷却水系统工艺管理，提高循环水利用，重复用水率提高到 40％。医药制造企业淘汰塔式重蒸馏水器、无净化设施的热风干燥箱、软木塞烫蜡包装药品工艺、三废治理不能达到国家标准的原料药生产装置，现有医药生产企业要采用成熟的污染治理技术，发酵类和化学合成类制药生产废水应分类收集处理，高浓度废水经预处理、厌氧处理后，再与低浓度废水混合进行好氧生化后续深度处理；对提取类、中药类和混装制剂类制药生产废水，应采用水解酸化-好氧生化工艺处理。有机化学原料和农药化工企业开展深度治理工程。鼓励化工企业进入工业园区，集中治污。

4）农副食品加工业

农副食品加工业包括蔬菜、水果和坚果加工、水产品冷冻加工、畜禽屠宰、豆制品制造等行业。建议淘汰年产能 1000t 及以下的蔬菜加工企业、年产 1000t 以下（含1000t）的水产品冷冻加工企业、年产能 300t 及以下规模的豆制品加工厂、年产能2000t 以下的小型屠宰厂，淘汰手工、半机械化的落后产能，提高集中屠宰率，同时考虑行业需求，每个县至少保留一家屠宰企业。

5）皮革、毛皮、羽毛（绒）及其制品业

淘汰年加工 20 万牛皮标张以下的制革生产线；提高行业准入门槛，合理规划区域布局，促进制革产业梯度转移；培育承接转移的制革集中生产区，鼓励制革企业进入产业定位适当、污水治理条件完备的工业园区。

6）饮料制造业

建议淘汰年产 10 万 t 及以下规模的啤酒企业和年产 1000t 及以下的黄酒生产企业。

7）电子信息

重点发展专业集成电器、关键与核心电子器件、3G 设备和终端产品、宽带无线等通信产品、光电子和数字音视频领域的高附加值产品、新兴工业应用电子信息产品。

8）生物产业

重点发展生物医药、生物农业、生物制造。

9）物联网产业

重点发展传感器与无线传感器网络、网络传输与数据处理、系统集成与标准化开发。

10）新材料产业

重点发展电子信息新材料、新能源材料、新型金属材料。新型无机非金属材料、新型化工材料、新型纺织材料。

11）高级装备制造业

重点发展研发制造领域、先进技术应用领域、制造服务业领域。

8.3.3 江苏省工业内部结构优化调整方案

1. 改造传统产业，减少污染负荷

江苏是全国的老工业基地之一，太湖流域是江苏的重要组成部分，制造业占传统工业的90％，面广量大，其在工业结构中占有举足轻重的地位，也是高新技术产业发展的重要支撑，但是支撑力度不够，以制造业为代表的传统产业的调整升级已不可避免。其调整思路主要从以下四个方面：①以高新技术改造传统产业；②以节能减排倒逼产业转型；③培育产业集群，提升集约发展水平；④推进技术创新，加强人才培养。

1）纺织印染行业

基本现状：从太湖流域的行业排放强度看，以无锡市为例，目前纺织印染行业最大，其次是化工产业。纺织行业的污水排放量中，印染废水基本上占到纺织行业的80％以上，约占全部工业废水的6％以上。印染废水是以有机污染为主的成分复杂的有机废水，处理的主要对象是BOD_5、不易生物降解或生物降解速度缓慢的有机物、碱度、染料色素以及少量有毒物质。虽然印染废水的可生化性普遍较差，但除个别特殊的印染废水（如纯化纤织物染色）外，仍属可生物降解的有机废水，因此有印染废水排放的纺织行业成为调整的重中之重。同时，目前产业布局中存在的"小而散"、"小而全"、"小而低"的企业和项目也需要调整提升。

总体思路：纺织印染行业因为在太湖流域布局较多，其污水排放量占全部工业的比重也较高，所以是未来流域产业结构调整过程中需要重点关注的内容。规划期内以淘汰落后产能、产业空间转移和技术改造为主导方向，坚持不再新增和扩建染料、印染等排放氮磷污染物项目的原则，坚决控制和监督纺织行业中污染重的环节，减少产生水污染事故的源头和风险。

主要途径和方向：

以国家发布的《印染行业准入条件》（2010年修订版）为基础，自加压力，不再新增印染项目，淘汰流域使用年限超过10年的前处理设备、热风拉幅定形设备以及浴比大于1∶10的间歇式染色设备，只要存在落后生产工艺和设备就予以关闭或转移。规划到2015年，每年太湖流域淘汰落后印染产能共计3亿m（2010年国家确定江苏苏锡常地区的淘汰落后产能是2亿m左右，后续还有压缩空间）。鼓励流域内纺织印染企业向苏北以及其他区域转移，制订区域补偿制度，按照每年企业排放污水计算转移后补偿资金，同时制定纺织印染行业的转移标准，技术水平低于同行业平均水平、存在落后产能和工艺设备、单位土地产出低于苏南平均水平的企业可强制性转移。

强化流域保留纺织产业的技术改造，鼓励转型发展新型纺织化纤产品，以此减少对水环境的污染。一是采用纳米改性等新技术，重点开发新一代多功能、环保型、高仿真、超细旦、混纤丝等高附加值聚酯纤维，在节能的同时减少对水体的污染；二是产业链上积极往下游服装产业延伸，发展高档服装面料，如采用复合纺、赛络纺、紧密纺等新工艺技术生产各种新型纱线（机织或针织），扩大高端毛纺产品比重，开发高支、轻薄型、多种纤维混纺、花式线、松结构等高档精粗纺呢绒面料。

制定流域内纺织印染行业的废水排放标准，根据《纺织染整工业水污染物排放标准》（表 8.2），确定更为严格的太湖流域纺织印染行业废水的排放标准。其中：排入 GB 3838 中Ⅲ类水域（水体保护区除外），GB 3097 中二类海域的废水，执行一级标准；排入 GB 3838 中Ⅳ、Ⅴ类水域，GB 3097 中三类海域的废水，执行二级标准；排入设置二级污水处理厂的城镇下水道的废水，执行三级标准。

表 8.2　印染行业废水排放标准

分级	最高允许排水量/(m³/百米布①)		最高允许排放浓度/(mg/L)										
	缺水区②	丰水区②	生化需氧量（BOD₅）	化学需氧量（COD_{Cr}）	色度（稀释倍数）	pH	悬浮物	氨氮	硫化物	六价铬	铜	苯胺类	二氧化氯
Ⅰ	—	—	25	100	40	6～9	70	15	1.0	0.5	0.5	1.0	0.5
Ⅱ	2.2	2.5	40	180	80	6～9	100	25	1.0	0.5	1.0	2.0	0.5
Ⅲ	—	—	300	500	—	6～9	400	—	2.0	0.5	2.0	5.0	0.5

①百米布排水量的布幅以 914mm 计，宽幅布按比例折算；②水源取自长江、黄河、珠江、湘江、松花江等大江、大河为丰水区；取用水库、地下水及国家水资源行政主管部门确定为缺水区的地区为缺水区

对现有规模较大的印染企业进行技术改造和废水治理的技术更新，改变废水排放处理中传统的生物处理法，应用膜法回用等处理技术，回用后可解决企业发展生产规模扩大时，用水、排水量受限制的问题，同时对企业向高档产品发展，工艺用水水质提高有一定的保障作用，对印染产品品质提升能提供可靠的保障。同时，对现有的企业运用清洁生产工艺和技术，推进废水、废液、废渣的资源化和循环利用，大力削减 COD 和氮磷污染物的排放。

2）化工行业

基本现状：近几年，江苏省推出各项铁腕整治"小化工"措施，包括全面关停并转搬迁年销售 500 万元以下的小化工生产企业，禁止新建投资额在 3000 万元以下有污染的化工项目，严格控制有三氧化硫排放的高污染、高耗能项目，关闭小化工污染企业，加大化工企业入园进区的搬迁力度等，太湖流域内主要城市已经关闭了几千家小型化工企业。但是实际上剩余没有关闭的企业产值占到全部化工企业的 85％以上，化工企业对水环境污染的贡献问题并没有得到解决。现有化工企业治污技术和设施相对滞后，原有生化污水处理工艺大多采用传统的硝化-反硝化工艺或膜生物反应器工艺，虽对处理总氮、总磷有一定作用，但去除率较低，总氮难达标，不能适应新标准要求，而且原有工艺对负荷抗冲击性差。

总体思路：太湖流域地区化工行业的结构调整主要是参照《全省深入开展化工生产

企业专项整治工作方案》的相关要求开展，其核心思想是集中入园、关闭、技术改造和空间转移三块，以此促进太湖流域化工行业对水环境污染的影响降到最低。

主要途径和方向：

分步实施化工入园计划。因流域内化工园区空间有限，且化工企业数量较多、规模较大，补偿、协调等问题较复杂，全部入园实施难度太大，对暂时不能入园的，年销售500万元以下的小化工生产企业仍实行关停为主，规模以上化工企业进行治污技术和设施提升，要求企业排放强度要下降，争取到2015年，太湖流域化工主要水污染物COD、氨氮、总磷排放总量将比2010年分别削减30%、25%、16%。

制定化工行业准入门槛。太湖流域内原则上不新增化工产业项目，如果项目科技含量高、污染低，可以考虑进入，要求新建化工项目投资额不得低于1亿元（不含土地费用、不得分期投入），高出全省5000万元的标准，并且需要在化工集中区内布置，遵循增产不增污的原则，且需通过环保、安全和能耗等评估。

严格执行《江苏省太湖流域水污染防治条例》和《太湖地区城镇污水处理厂及重点工业行业主要水污染物排放限值》（DB 32/T1072—2007），属于杂环类农药等行业的企业要执行环境保护部《关于太湖流域执行国家排放标准水污染物特别排放限值时间的公告》（2008年第28号）的相关要求，达不到排放标准的化工企业坚决予以关闭。到2012年，在上一轮化工行业整治的基础上再关闭2000家化工企业，以产值在1000万元以上的化工企业为主。

强制性对流域内重点排污企业实施工业废水提标改造和深度处理工程，对化工行业污染物排放不能稳定达标或污染物排放总量超过核定指标的企业，以及使用有毒有害原材料、排放有毒有害物质的企业，由环保部门实行强制性清洁生产审核。

鼓励企业改进现有的生产工艺、缩短生产流程，甚至改变原料路线，大力推广余热余压利用、能量系统优化、"三废"的综合利用和副产品产业链延伸技术，以达到节约能源和改善环境、降低生产成本的目的。

3）冶金行业

基本现状：20世纪90年代以来，全省钢铁行业发展步伐加快，逐步成为全国钢铁生产基地之一。以沙钢集团、兴澄特钢等为代表的企业的规模优势比较突出，尤其是有的钢铁产品的生产在全国处于领先地位，是比较具有竞争力的。近年来尽管受宏观调控影响，我国钢铁工业的增幅有所回落，但专家预测，随着工业化、城市化进程的不断加快，国内钢铁市场仍将保持较快的平稳增长，尤其是精品钢铁仍处于短缺状态，据测算，到2020年，我国新增钢铁消费积累量将达50亿t，这对太湖流域地区钢铁产业的发展是一个重大契机。

总体思路：以国务院《钢铁产业调整和振兴规划》为基准，以太湖流域内钢铁生产主要城市相关钢铁调整指导意见为基础，从太湖流域冶金行业发展实际出发，对区域冶金行业进行结构性调整，以此达到节能减排的目的。具体思路包括三个层面：一是梳理苏锡常三市冶金行业的布局情况，遵循"普转优、优转精"的原则，将区域内传统的普钢、带钢等生产工艺向苏北和安徽等地转移；二是实现企业规模化发展，提高生产装备水平，加大节能减排力度；三是淘汰落后产能和工艺。

主要途径和方向：

淘汰流域内落后产能。根据国家《钢铁产业调整和振兴规划》中相关规定，从严制定适合于太湖流域冶金行业落后产能和工艺设备的标准。原则上太湖流域未来 5 年内不再新增钢铁产能，不再审批、新办炼钢、轧钢企业。2012 年前，流域内主要城市淘汰 400m^3 及以下高炉、30t 及以下转炉、电炉，淘汰横列式轧机及没有配精炼设备的中频炉炼钢，取缔生产地条钢的不法企业，改造老式加热炉，推广天然气加热炉（比国家的 300m^3 及以下高炉、20t 及以下转炉、电炉标准稍微高些）。

提高技术改造水平，加大节能减排力度。推广高强度钢筋使用和节材技术，发展高温、高压、干熄焦、烧结余热利用、烟气脱硫等循环经济和节能减排工艺技术，增强自主研发的基础实力，不断提升技术水平。到 2015 年，争取使流域内主要钢铁企业吨钢综合能耗不超过 620kg 标准煤，吨钢耗新水量低于 5t，吨钢烟粉尘排放量低于 1.0kg，吨钢二氧化硫排放量低于 1.8kg，二次能源基本实现 100％ 回收利用，冶金渣近 100％ 综合利用，污染排放浓度和排放总量实现双达标。

突出发展重点企业，扭转规模小、水平低、分布散的发展布局，沙钢集团要依托区位优势，调整产品结构，如调整棒线比例，发展优质棒线产品等，努力做大做强；兴澄特钢依托移地建设，加快收购兼并，壮大规模优势，优化产品结构，扩大优碳结构钢、合金结构钢、轴承钢、弹簧钢等生产规模，华西钢铁集团在 2012 年前转移出华西村。有序退出资源消耗高、污染大、竞争能力较差的中小型企业，将污染排放是否达标、资源消耗是否高于行业平均水平等作为行业准入条件。

引导企业提升装备水平，积极发展新型高端钢铁产品。以特钢为特色，努力研发生产风电用钢、核电用钢、船用宽厚板、高强度螺纹钢、高磁感低铁损取向硅钢、高强度轿车用钢、高档电力用钢、高铁、城际铁路及地铁用钢等高档产品。到 2015 年，使流域内主要城市特钢占比达到 20％ 以上。

4）电镀行业

基本现状：电镀是金属表面处理的"美容师"，可在各种基材上获得功能型、装饰性和防护性良好的金属膜层，是绝大多数行业在生产过程中不可缺少的重要组成部分，也是其他工艺无法取代的。但电镀企业既是污染大户，也是用水大户，是各级政府严格控制和监管的对象。《江苏省太湖水污染防治条例》规定：一、二级保护区内禁止新建、扩建污染水环境的化学制浆造纸、化工、医药、制革、酿造、染料、印染、电镀以及其他排放含氮、磷等污染水体的企业和项目。从目前各地的执行情况看，存在着"一刀切"的问题，电镀的限批导致一些电子信息产业、装备制造产业项目等因生产过程中需要一定的电镀工艺，不能审批建设。同时，电镀集中区的建设也因土地、环保、建设规模论证复杂等问题，不能满足地区其他行业发展的需要。电镀行业的发展如何结合地方需求，走好"节能、降耗、减污、增效"的可持续发展之路，是各级政府需要深入研究和解决的问题。

主要途径和方向：

对于新建项目生产工艺中的电镀环节，要求电镀生产线的废水与车间内其他环节的废水分类收集、分开处理，真正的电镀废水是电镀过程中的清洗废水和镀槽清洗废水，主要成分是各种重金属离子、氰根离子和少量的配合物与添加剂。电镀生产线废水要建立回收装置，达到真正意义上的零排放。

对于已有的老电镀企业，继续实施关停并转搬迁政策，杜绝电镀废水污染事故。

对于电镀集中区建设，应在建设之前严格考察和论证，认真分析电镀废水的成分，设置科学的分类收集和分质处理系统；对进入电镀集中区的企业进行清洁生产审核和实施准入制；对各种先进的电镀废水处理技术进行比较，结合区域条件、产业结构等特点，选择技术先进又经济可行的废水处理方案，例如整合化学法与膜分离技术、美国纳尔科（Nalco）公司的重金属捕捉剂的专利配方及其使用方案等。

2. 加快培育发展新兴产业

电子信息产业、生物工程与医药产业、新材料产业、城市交通轨道设备产业和环保产业等应是太湖流域产业发展的重点。对于这些新兴产业，需采取有效措施引导支持，首先要运用高新技术改造传统工业，推进传统产业的技术改造和升级；第二，振兴高新技术产业，例如对于技术进步迅速、更新很快的电子计算机、通讯设备的集成电路等关系到区域技术体系升级和国际竞争能力的关键性领域，应采取直接支持，实现在部分细分市场的突破；第三，制订有利于企业增加技术开发创新投入的政策，建立以企业为主体的区域创新体系。

1）电子信息产业

通信设备、计算机及其他电子设备制造业（简称电子信息产业）具有高科技、高渗透、高附加值的特点，对其他行业具有明显的带动作用，符合产业升级要求和世界产业结构演变的趋势。近年来，江苏抢抓电子信息产业国际转移的历史机遇，加快全省尤其是苏南地区电子信息产品制造和研发基地建设，电子信息产业快速发展，规模逐渐壮大，2008年苏锡常三市规模以上电子信息设备制造业实现工业增加值7723.32亿元，比上年增长18.1%，增速高于GDP增速8.5个百分点，初步形成了软件、集成电路、平板显示、计算机及网络设备、现代通信、新型元器件等产业集群。然而随着跨国公司在全球范围内进行研发和制造布局大调整，电子信息产业发展既带来了机遇，同时也面临着严峻的挑战，电子信息产业能否承担起主导产业的重任，对苏南地区甚至整个江苏经济实现新跨越意义重大。

为应对国际金融危机的影响，确保电子信息产业稳定发展，加快结构调整和产业升级，2009年国务院出台了《电子信息产业调整和振兴规划》，江苏省结合实际，制订了《江苏省电子信息产业调整和振兴规划纲要》。太湖流域电子信息产业优化升级建议从以下方面突破：①大力提升稀贵金属回收加工水平，深度解决电子废物资源化问题，削减重金属污染物排放。②重点培育和壮大软件、集成电路、新型显示元器件、现代通信及信息技术应用五大产业，加快建设苏州嵌入式软件产业基地、无锡集成电路设计产业化基地和常州动漫游戏产业化基地，加快建设沿沪宁线软件产业密集带。③鼓励和支持企业自主创新和品牌建设，在集成电路、软件、平板显示等领域，结合国家和省科技重大专项的实施，加快建成省级工程（技术）中心、工程实验室、企业技术中心、国际技术转移中心等创新平台，培育一批具有自主知识产权和一定规模实力的企业。

2）新能源产业

新能源产业是苏南地区新兴产业之一，近几年发展迅猛，初步形成了以太阳能光伏和光热综合应用为主导，风力发电设备制造和生物燃料生产等协同并进的发展格局。太阳能光伏产业的产业链已从高纯硅提炼、单晶硅拉棒（多晶硅铸锭）到切片、电池、组件封装、系统集成、光伏应用和专用设备制造等各个环节实现垂直一体化覆盖，配套齐全，其中电池和专用设备生产技术与能力国内领先。龙头企业如苏州阿特斯集团、无锡尚德太阳能电力有限公司、常州天合光能有限公司等在行业内占据着重要地位。2009年苏州规模以上光伏产业骨干企业累计实现销售收入110.29亿元，同比增长20.1％；无锡市光伏产业实现主营业务收入305.17亿元，比上年增长8.1％，还形成了以1.5兆瓦以上大型风电整机为中心的装配基地；常州天合光能光伏组件的全球市场占有率由3.3％增加到6.5％左右，增幅远远超过同行。

为应对国际金融危机的挑战和冲击，确保新能源产业健康快速发展，加快结构调整，推进优化审计，制定了《江苏省新能源产业调整和振兴规划纲要（2009～2011年）》，同时苏锡常三市根据地方特点和存在问题，分别制定了地方新能源产业政策。结合太湖流域水环境治理要求，建议从以下方面考虑对太湖流域各市新能源产业进行调整优化：①在光伏产业，因硅材料生产阶段能耗较大、污染物排放多，且产能已基本满足当前需求，因此，需着力发展硅片、太阳能电池与组件、集成系统与设备等产业链上的重点领域，重点发展大面积超薄硅片和浆料回收利用技术，加强对熔铸、剖锭及切割等关键技术创新，提高熔锭容量，降低硅片厚度，减少硅料损耗；增强企业创新能力，突破低成本光伏硅电池产业化生产瓶颈，提升硅晶光伏电池生产核心竞争力。②针对风力发电装备产业存在的同质化程度较高、重复建设、小而全现象较严重等问题，要在发电机组及重要零部件生产上有所突破，建设技术中心、工程（技术）中心和工程实验室等风力发电科技支撑平台，推动科技创新。

3）新材料产业

新材料优异的产品性能、广泛的应用领域及较快的替代速度决定了其具有广阔的市场发展前景，是世界各国及国内主要发达城市抢占的又一产业制高点。进入21世纪以来，苏南地区新材料产业在产业规模、产业结构和技术水平等方面快速提升。2008年苏州市新材料实现工业总产值597亿元，在高新技术产业中占比10.4％，同比增长30％；无锡市新材料产业实现工程总产值1678.37亿元，占全市高新技术产业产值的比重超过40％，比2005年增长了86.01％；2009年常州市新材料产业达132.8亿美元，占全部规模以上工业总产值的15.2％。虽然新材料产业发展势头良好，但仍存在一些问题和制约瓶颈，例如自主创新能力较弱、前沿领域新材料占比偏低、核心竞争力产业规模不大、产品结构趋同、产品附加值不高等。

为应对全球高技术产业发展的变化和挑战，发挥新材料产业优势，抢占新材料技术制高点，推动新材料产业健康快速发展，江苏省制定了《江苏省新材料产业发展规划纲要（2009～2012年）》，太湖流域各主要城市结合地方实际，分别制定了地方新材料产业调整与提升行动计划。基于太湖流域水环境治理的新材料产业结构调整建议考虑以下方面：①聚焦传统产业的改造升级，结合各地方在实施的淘汰落后产能政策，进一步加大对材料行业高耗能、高污染的生产工艺和设备等的淘汰力度，严格行业准入。②重点发展新型金属材料、精细化工材料、半导体照明材料、微电子产业用材料、稀土材料、新能源材料及纳米新材料产品等，大力发展节能环保、循环高效、资源可再生利用的新型材料，实现产品结构向特种材料、新型材料方向调整，建成国内具有专业特色的新材料研发与生产基地。③围绕新能源、轨道交通、节能环保等新兴领域对新材料的需求，大力发展新型光电材料和纳米功能材料技术，依托昆山龙腾光电、江阴兴澄、江阴法尔胜、苏州纳维、中科纳米所、德威新材料等骨干企业和科研院所，推进关键技术、高附加值产品等的研究和开发。

4）新医药产业

江苏省新医药产业近年来发展迅速，产业集聚发展成效显著，也吸引了大量外资进入。行业专家分析认为，新医药产业引进外资空间依然巨大。2009年苏州市新医药产业骨干企业累计实现销售收入超200亿元，同比增长25％以上，苏州新医药利用外资在全省名列第一，诺华、辉瑞、惠氏、礼来、百特、强生等世界五百强企业均已落户。无锡提出建设"生物（医药）谷"战略，专业园区从无到有，已形成扬子江国际生物医药孵化园、马山生物医药工业园、惠山生命科技产业园等多个产业集聚区。常州市在建设国家创新型科技园区中，将建设包括创意、光伏、生物医药在内的"一核八园"作为重要载体。但江苏省新医药行业在快速发展的同时，仍然存在结构不合理、创新能力弱、环保治理差、资源浪费大等问题，亟待妥善解决。

为贯彻落实省委省政府大力发展创新型经济的部署要求，加快培育和迅速壮大生物技术与新医药产业，积极抢占新一轮发展制高点，促进全省经济向创新型经济转型升级，江苏省科技厅编制了《江苏省生物技术和新医药产业发展规划纲要（2009～2012年）》。根据规划纲要和太湖流域区域条件、要求等，建议从以下几个方面考虑调整优化：①重点发展生物技术药，带动现代中药、小分子药物、生物试剂、医用材料和医疗器械等六大产品，限制、淘汰小规模、低水平、高能耗、高污染产品，使新医药产业朝着集约化、高端化方向发展。②以点带面，充分发挥龙头项目的产业链带动作用，对苏州诺华制药科技有限公司、苏州药明康德新药研发有限公司等行业重点企业和无锡"7＋1"产学研合作平台、中科院苏州医药工程技术研究所等重点公共技术服务平台加大扶持力度，加快推进科技成果转化和产业化。③苏州以发展接轨国际的生物技术药和生物医学工程产品为重点，加快医疗器械产业集聚发展；无锡以医药研发服务外包和高附加值生物技术产品为重点；常州以医疗基本药物和酶工程产品为重点，促进产业集聚和企业集群发展，努力形成优势明显、差异发展、各具特色的区域分工布局。

8.3.4 区域优化布局

1. 浙江省太湖流域工业发展优化布局

1）优化分区

浙江省以生态环境功能区划为依托，将太湖流域划分为禁止准入、限制准入、重点准入和优化准入四类分区范围，制定了太湖流域产业布局优化调整方案，详见图 8.4。

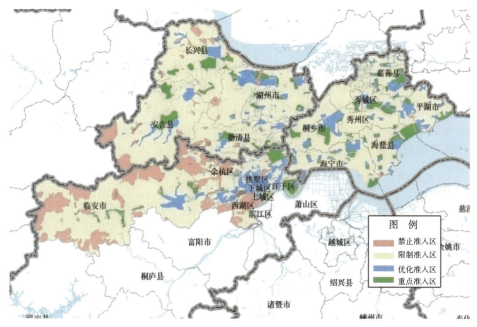

图 8.4　太湖流域浙江部分工业发展优化分区图

禁止准入区：饮用水源保护区内禁止新建、扩建与供水设施和保护水源无关的建设项目，禁止向水域排放污水，已设置的排污口必须拆除，禁止一切可能污染水源的其他活动。

限制准入区：严格限制工业发展，禁止发展《浙江省工业污染项目（产品、工艺）禁止和限制发展目录（第一批）》和产业发展导向目录中规定的禁止类和限制类产业项目。允许建设对环境影响较小的项目，但严格限制氮、磷新增工业项目，新建达到规定指标的项目，必须执行"以老带新"政策。需要削减污染负荷的区域内建设项目需增加排污总量的，须削减替代 1.5 倍以上同类污染物的排放总量；不需要削减污染负荷的区域建设项目需增加排污总量的，须替代削减等量同类污染物的排放总量。

重点准入区：优先发展低能耗、低水耗、低污染、高效益产业。立足各区块的现状产业优势和特点，重点发展各区块产业发展规划里描述的主导产业，形成产业发展集群优势。加强对印染、电镀、化工等重点污染行业的控制，对其实施跟踪督察，加快建设在线自动监测设施，实时监控污染物排放情况。加大污染防治执法力度，对环境违法行为依法坚决予以惩处。鼓励企业开展与高校和科研院所的合作，引导其通过构建产、学、研平台，开发新技术、新工艺、新设备，推动企业节能减排工作的开展，解决污染深度治理的难点问题。积极推行节能降耗、清洁生产和资源综合利用。重点在建材、纺织、电力、化工、造纸、皮革、食品、机电、竹木加工等九大行业，实施工业循环经济和清洁生产试点。

优化准入区：加强对工业园区或工业功能区的生态化改造，引导其优先发展低能耗、轻污染的高新技术产业，同时对现有低档次产业进行技术升级，在立足现有产业的基础上，构建工业循环经济产业链，引进资源利用互补型产业，提高园区的资源利用率，减少污染物的排放量。禁止发展资源浪费严重、高污染、高能耗项目，禁止发展《浙江省工业污染项目（产品、工艺）禁止和限制发展目录（第一批）》和产业发展导向目录中规定的禁止类和限制类产业项目。

2）各地区工业结构调整方向

杭州市以提升自主创新能力为核心，积极推动信息化与工业化融合、加工制造与生产服务融合，大力运用新技术、新装备、新工艺改造提升制造业水平，加快形成高附加值、低能耗、低排放的现代工业结构。进一步落实重点产业转型升级规划，突出三个方面的工作：其一，大力发展电子信息、装备、医药等资金和技术密集型产业；其二，有选择的改造提升纺织、轻工、建材、有色金属等传统行业；其三，坚决淘汰落后产能。同时，浙江省太湖流域三个地市之间产业结构差异明显，区别制定第二产业的发展战略：

湖州市坚持走新型工业化道路，实行增量优化与存量升级相结合，努力形成技术先进、清洁安全、附加值高、吸纳就业能力强的现代工业结构，加快建设先进制造业基地。实施战略性新兴产业发展规划和重点特色产业培育计划，大力培育发展先进装备、新能源、生物医药、节能环保、新能源汽车、新材料等战略性新兴产业，促进新兴产业集聚和规模化发展；加快运用高新技术和先进适用技术改造提升纺织、建材等特色优势产业，着力提高装备技术水平、产品附加值和市场竞争力；加快推进块状经济向现代产业集群转变，进一步提升德清生物医药、长兴蓄电池、安吉椅业、吴兴金属材料、南浔木地板等特色产业集群发展水平。引导企业兼并重组，提高产业集中度，培育一批核心竞争力强的大企业大集团；提升企业专业化分工协作水平，做强一批"专精特新"的行业龙头骨干企业；积极支持中小企业加快发展，培育和形成一批成长性好的中小企业。积极推进企业技术创新、品牌创新、标准创新和商业模式创新，形成一批有规模、有品牌、有知识产权、有营销网络的创新型企业。

嘉兴市大力发展先进制造业，推进信息化与工业化、生产性服务业与先进制造业的融合发展，实现从工业大市向工业强市转变。培育发展战略性新兴产业，以高强度投入、高技术含量、高附加值、低能耗、低排放为导向，积极发展新能源、新材料、节能环保、生物、物联网和核电关联等产业。提升发展电子信息、装备制造、汽车零配件、纺织、服装、皮革制品、化纤制造等优势产业，推进产业发展高端化、品牌化，形成全国性研发、制造、展示和贸易中心。加快传统产业改造提升，推动块状经济向现代产业集群转变，形成若干个千亿产值规模的产业。完善倒逼机制，加快淘汰落后产能，促进产业转型升级。

2. 江苏省太湖流域工业发展优化布局

1）优化分区

江苏省太湖流域的工业化已经达到较高水平。在工业化过程中，高污染行业、企业相对较多，COD排放量占工业全行业排放量的70％左右。因此，需要综合运用产业政策、技术政策，完善法规、强制性行业标准和规范，对第二产业全面实行结构优化和产业升级，大力发展高新技术产业、先进现代制造业、环保产业等，同时大幅度降低高污染行业企业比重。工业调整优化布局见图8.5。通过对区域水环境容量指数和区域工业点源产污指数的叠加分析，将区域划分为重点调整区、优化调整区和一般调整区，其中一般调整区又划分为A、B两区。

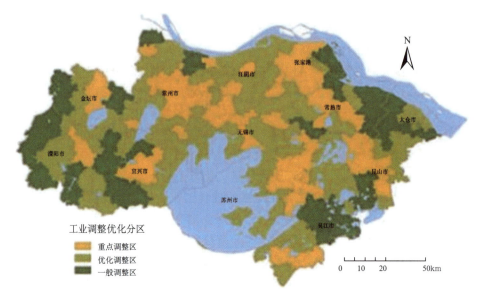

图8.5　太湖流域江苏部分工业调整优化分区图

（1）重点调整区：

区域范围：见表8.3。

区域特征：该区域人口密度大，建筑密度高，工业化水平高，传统污染密集型企业，如纺织染、化工、造纸、钢铁、电镀和食品制造业等比较集中，工业发展排污超过了水生态环境系统的自维持能力，工业点源治理是区域水环境治理的主要途径。

表8.3　工业发展重点调整区的区域范围

地区	重点调整区
常州市	天宁区、钟楼区、戚墅堰城区、丁堰镇、东安镇、邹区镇、礼嘉镇、武进高新区、漕桥镇、横山桥镇、遥观镇、横林镇、湖塘镇、西夏墅镇、新北城区、新闸镇、金坛开发区、金城镇、绸缪镇、溧城镇
无锡市	南长区、崇安区、北塘区、无锡新桥镇、青阳镇、云亭镇、长泾镇、申港镇、蠡湖街道、华庄街道、钱桥镇、洛社镇、前洲镇、东北塘镇、安镇镇、宜兴市区
苏州市	沧浪区、金阊区、平江区、古里镇、虞山镇、巴城镇、千灯镇、陆家镇、玉山镇、浒墅关镇、苏州高新区、吴中城区、木渎镇、北桥镇、渭塘镇、相城城区、震泽镇、盛泽镇、凤凰镇、锦丰镇、塘桥镇、杨舍镇

管制要求：调整和优化现有产业布局，大力发展循环经济。提高资源综合利用率，减少污染物排放，加紧对重污染工业企业的专项整治；对规模以上的重点污染企业，要用高新技术改造提升生产工艺水平；对规模以下的重点污染企业，要采取"淘汰一部分、改造一部分、集中一部分"的方式进行综合整治。新建项目尽量避开环境敏感目标，且污染物排放量不得突破区域总量控制目标。严格项目环境准入条件，禁止发展高耗水、高污染、水环境风险大的项目，重点加强食品加工、饮料、制药、建材行业的水资源消耗和排放管理；加强中水回用工程建设，提高开发区污水处理厂尾水再生率和工业废水集中处理率；加强区域水污染的综合治理。

（2）优化调整区：

区域范围：见表8.4。

区域特征：该类区域主要位于水环境较为敏感的沿湖区域，水环境容量相对不高，但工业发展已经接近水环境承载能力，如果不加管制，继续进入污染企业，势必威胁到水环境的健康发展。

表 8.4 工业发展优化调整区的区域范围

地区	优化调整区
常州市	横涧镇、雪堰镇、寨桥镇、湟里镇、前黄镇、夏溪镇、别桥镇、前马镇、新昌镇、戴埠镇、儒林镇、直溪镇、指前镇、周城镇、埭头镇、嘉泽镇、朱林镇、潘家镇、后周镇、南渡镇、卜弋镇、郑陆镇、洛阳镇、罗溪镇、奔牛镇、上黄镇、芙蓉镇、焦溪镇、常州新桥镇、薛家镇、春江镇
无锡市	马山镇、太华镇、滨湖街道、胡埭镇、和桥镇、西渚镇、丁蜀镇、羊尖镇、官林镇、新建镇、锡北镇、芳桥镇、鹅湖镇、南闸镇、堰桥镇、霞客镇、月城镇、东港镇、玉祁镇、万石镇、祝塘镇、华士镇、江阴市区、无锡周庄镇、新庄镇、周铁镇、阳山镇、顾山镇、夏港镇、滨湖城区、梅村镇、太湖街道、硕放街道、无锡市高新区、东亭街道、鸿山镇
苏州市	东山镇、通安镇、金庭镇、东渚镇、阳澄湖镇、横扇镇、周庄镇、淀山湖镇、七都镇、平望镇、沙家浜镇、桃源镇、太平镇、光福镇、黄埭镇、临湖镇、周市镇、陆渡镇、尚湖镇、望亭镇、甪直镇、浮桥镇、南丰镇、梅李镇、大新镇、黄桥镇、城厢镇、金港镇、花桥镇、胥口镇、苏州工业园区

管制要求：优化产业结构，推进行业、企业和园区发展循环经济，形成企业之间、产业之间的资源利用循环链。全面推进重点企业清洁生产，加快重点行业绿色制造，完成对化工、印染等重点行业强制性清洁生产审核，严格限制污染企业进入的环境标准。

（3）一般调整区：

一般调整区 A

区域范围：见表8.5。

区域特征：该类区域整体上处于引导发展的区域，水环境容量承载能力相对较高，工业发展相对缓慢，目前还能继续承载一定的污染负荷。

管制要求：该类型区可以允许一部分污染产业的进入，但是污染物的排放必须达到相关要求。严把环境准入门槛，提高产业项目水环境准入标准，严格控制高耗能、高污染产业发展，防止产业梯度转移带来的污染转移；禁止建设排放有毒有害污染物的项目，严格控制排放含氮、磷污染物的项目；建设项目必须与开发园区产业定位相符合，并满足污染物总量的控制要求。

表 8.5 工业发展一般调整区的区域范围

地区	一般调整区	
	A	B
常州市	尧塘镇、孟河镇	天目湖镇、社渚镇、上兴镇、上沛镇、薛埠镇、竹箦镇
无锡市	徐舍镇、高塍镇、杨巷镇、璜土镇、利港镇	张渚镇、湖父镇
苏州市	浏河镇、双凤镇、张浦镇、董浜镇、新港镇、支塘镇、璜泾镇、沙溪镇、海虞镇、松陵镇、辛庄镇、乐余镇	同里镇、汾湖镇、锦溪镇

一般调整区 B

区域范围：见表 8.5。

区域特征：主要位于水文调蓄农业生态区和水土保持生态功能区，整体上属于限制开发区，本身工业发展也不是很强，目前对水生态环境未造成较大影响。该区域水环境容量支撑能力相对较强，但水生态系统稳定性较差，对外来干扰抵抗力弱，水生态恢复有一定难度。

管制要求：适当建设绿色食品基地和标准化的绿色与特色农产品加工基地；加强水污染控制，严格限制建设用地开发，禁止水污染项目进入，禁止污染型工矿企业的发展，对现有污染较重的企业实行改造、搬迁或关闭。

2）各地区产业调整方向

苏州市提出以科技创新为关键点，增加科技投入，大力发展循环经济和推进战略性新兴产业，实现产业转型，新医药、新能源、智能电网、新型平板显示、新材料、传感网等战略性新兴产业已经得到一定的发展，在工业经济中的比重逐步提高，成为后续地区产业结构调整优化的主力军。

无锡市通过建立创新载体，积极发展高新技术，促进产业升级转化，全市正在着力发展的高新技术产业包括有传感网、新能源、新材料、环保等四大产业门类，其中传感网是其重点发展的方向，主要是以传感网络节点（传感器）、网络构架和信息处理系统等三大产业为重点，目前广泛应用在交通、医疗、环保等多个领域，整体上促进了地区产业的升级与优化。

常州市大力加快振兴先进装备制造业、电子信息产业、新能源和环保产业、新材料产业、生物医药产业，将五大产业作为常州产业转型升级的主攻方向。通过实施"六个抓"工程，创新管理制度，加大创新和人才引进力度，加大有效投入，强力推进产业结构调整和环保治理。

8.3.5 案 例 分 析

本书以南部太浦污染控制区嘉兴市为例，进行工业内部结构调整方案的设计，并对其减排效果进行评价。

1. 研究方法

通过工业结构调整实现水资源的高效利用和解决结构性污染问题（王治民，2007），优化模型的目标函数要体现兼顾经济发展和环境保护的理念。基于此，本书选择多目标优化模型作为产业结构调整的模型（王西琴，2001）。

要实现区域的可持续发展，其基础是经济发展，本研究选择工业增加值作为经济目标，在满足环境目标前提下，寻求最优的经济发展速度和工业结构，以获得最大的产值，同时使得经济发展对环境的影响程度降到最低。

1）构建目标函数

① 在维持水生态平衡情况下，尽可能发展经济，工业产值最大：

$$\max X = \sum x_i \tag{8.1}$$

② 在满足经济发展前提下，减少环境污染，COD 排放量最小：

$$\min Q_{COD} = \sum b_i x_i \tag{8.2}$$

③ 在满足经济发展前提下，减少环境污染，NH_3-N 排放量最小：

$$\min Q_{NH_3\text{-}N} = \sum c_i x_i \tag{8.3}$$

④ 在满足经济发展前提下，减少资源消耗，工业用水量最小：

$$\min W = \sum a_i x_i \tag{8.4}$$

2）设定约束条件

（1）工业生产总值约束：

工业结构调整的原则首先是要维持经济的发展，保证经济总量在一定的水平之上，因此有必要设定工业生产总值的最低发展目标。

$$X = \sum x_i \geqslant X_0 \tag{8.5}$$

（2）工业用水量约束：

$$W = \sum a_i x_i \leqslant W_0 \tag{8.6}$$

（3）COD 排放量约束：

$$Q_{COD} = \sum b_i x_i \leqslant Q_{COD_0} \tag{8.7}$$

（4）NH_3-N 排放量约束：

$$Q_{NH_3\text{-}N} = \sum c_i x_i \leqslant Q_{NH_3\text{-}N_0} \tag{8.8}$$

3）情景方案设计与参数率定

根据产业结构调整总体目标的要求，结合地方经济社会发展现状，参考地方相关发展规划，充分考虑技术改进、环境质量变化、政策导向等因素对产业发展的影响，设计不同调控思路的情景方案，并同时设计规划情景方案和趋势情景方案作为对比。

4）优化求解技术

本模型为多目标规划模型，采用理想点法，利用 MATLAB 求解。

考虑到数学模型的局限性，优化结果可能会出现极端情况。因此，本研究融入专家及地方决策者对地区资源禀赋特征、优势产业信息、传统与支柱产业信息、工业发展和工业结构的偏好信息等，并参考该地区的经济发展的规划，增加行业变量的上下限，进行分析求解，使得优化结果更为合理、产业结构调整方案更具有可行性。

2. 分析与结论

1）确定产业结构调整对象

根据两研究成果，将纺织业、农副食品加工业、饮料制造业、造纸业、化工制造业和皮毛羽制品业六个行业作为产业结构调整的重点行业，其余的第一类、第三类和第四类行业分别作为一个研究对象，详见表 8.6。

表 8.6　嘉兴市产业结构调整对象

行业名称	用水总量		污染物排放情况				工业增加值	
	用水总量 /万 t	比例 /%	COD /t	比例 /%	氨氮 /t	比例 /%	增加值 /万元	比例 /%
农副食品加工业	602.50	0.46	12 368.24	11.8	47.38	1.40	36 355	0.49
饮料制造业	368.07	0.28	1 132.06	1.1	41.68	1.23	76 255	1.03
纺织业	20 251.18	15.38	57 955.06	55.5	257.41	7.59	1 123 586	15.22
皮革、毛皮、羽毛（绒）及其制品业	1 289.10	0.98	9 372.00	9.0	1 676.23	49.42	488 713	6.62
造纸及纸制品业	11 920.43	9.05	7 684.52	7.4	76.01	2.24	224 569	3.04
化学原料及化学制品制造业	18 752.51	14.24	5 031.56	4.8	1 248.43	36.81	445 882	6.04
第四类产业	1 586.37	1.20	1 805.96	1.73	4.22	0.12	980 503	13.29
第三类产业	8 140.12	6.18	6 237.16	5.98	18.40	0.54	2 299 373	31.16
第一类产业	68 743.59	52.22	2 791.25	2.67	22.54	0.66	1 705 163	23.10

2）产业结构调整路径

产业结构调整的目标是实现经济与环境协调、可持续发展，其基础是经济发展，同时满足环境目标，即污染负荷削减目标。手段是调整工业内部各行业比重，寻求各行业最优的经济发展速度和工业结构，以获得最大的产值，降低经济发展对环境的影响程度。由此可衍生出工业内部产业结构调整的路径，即平衡图（图 8.6）。

3）用水量与排污量预测

在不进行工业内部结构调整的情况下，按照趋势外推法预测 2015 年工业用水和污

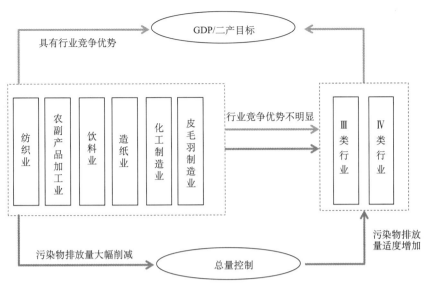

图 8.6　工业内部产业结构调整平衡图

染物排放情况，结果见表 8.7。

表 8.7　2015 年用水量与排污量预测结果

行业名称	用水总量/t	化学需氧量/kg	氨氮/kg
农副食品加工业	14724100	25188280	96483
饮料制造业	7804053	2000224	73640
纺织业	267479913	63789761	283327
皮革、毛皮、羽毛（绒）及其制品业	11264009	6824287	1220557
造纸及纸制品业	170350737	9151401	90517
化学原料及化学制品制造业	276833210	6189854	1535829
第四类产业	28192431	2674579	6243
第三类产业	144663461	9237061	27244
第一类产业	1221687844	4133757	33387
全行业合计	2142999759	129189203	3367227

4）确定产业结构调整的目标

工业增加值超过 2000 亿元，工业用水量在 2015 年预测值基础上下降 10％，工业 COD 排放量在 2015 年预测值基础上下降 20％，工业氨氮排放量在 2015 年预测值基础上下降 20％。

（1）确定约束条件

① 各类行业相对工业增加值的理想值与上下限值

根据各类行业的性质及地方发展目标以及污染控制的总体要求，确定各类行业相对工业增加值的理想值与上、下限值，结果如表 8.8 所示：

表 8.8　各类行业相对工业增加值的理想值与上下限值

行业名称	理想值/%	上限值/%	下限值/%
农副食品加工业	0.4	0.5	
饮料制造业	0.5	1.03	
纺织业	10	15.22	
皮革、毛皮、羽毛（绒）及其制品业	3.31	6.62	
造纸及纸制品业	1.52	3.04	
化学原料及化学制品制造业	3.02	6.04	
第四类产业	20		13.29
第三类产业	40		31.16
第一类产业	20	23.1	

② 确定用水量、COD 和氨氮排放量约束条件

根据各类行业单位工业增加值的用水定额、污染物排放强度及工业增加值计算用水量和污染物排放量。

$$A = \begin{bmatrix} \alpha_1 & \cdots & \alpha_9 \\ \beta_1 & \cdots & \beta_9 \\ \gamma_1 & \cdots & \gamma_9 \end{bmatrix} \tag{8.9}$$

$$X = \begin{bmatrix} X_1 \\ \vdots \\ X_9 \end{bmatrix} \tag{8.10}$$

$$B = A * X \tag{8.11}$$

$$B = \begin{bmatrix} 1928699783 \\ 1003351363 \\ 2693782 \end{bmatrix} \tag{8.12}$$

③ 构建目标总体协调度函数

目标总体协调度函数就是实现多目标向单目标转化的转换器。对于给定目标理想值和上、下限值的多目标决策问题，实质上就是反复比较决策值与所给定的理想值和上、下限值的接近程度。因距离可以度量向量之间的相似程度，故这里选用欧式距离来构造目标总体协调度函数。

定义决策值与理想值间的欧式距离为

$$d_1 = \sqrt{\sum_{i=1}^{n} (f_i(x) - f_i^+)^2 + \sum_{j=1}^{m} (g_j(x) - g_j^+)^2} \tag{8.13}$$

定义决策值与上、下限值间的欧式距离为

$$d_2 = \sqrt{\sum_{i=1}^{n} (f_i(x) - f_i^-)^2 + \sum_{j=1}^{m} (g_j(x) - g_j^-)^2} \tag{8.14}$$

定义理想值与上、下限值之间的欧式距离为

$$d_3 = \sqrt{\sum_{i=1}^{n} (f_i^+(x) - f_i^-)^2 + \sum_{j=1}^{m} (g_j^+(x) - g_j^-)^2} \quad (8.15)$$

构造目标总体协调度函数为

$$\lambda(d) = \frac{d_1 + d_2}{d_1 + d_3} \quad (8.16)$$

当各单项目标值均达到理想值，决策者最为满意，总体目标满意度为 1；当各项目标都只达到目标的下限时，决策者可以接受，但整体满意程度不高，目标总体协调度仅为 0.5。通过相关控制，可以实现系统目标间的总体协调。

④ 优化求解

利用 MATLAB 优化求解，结果如表 8.9 所示：

表 8.9　优化求解结果

行业名称	工业增加值/亿元
农副食品加工业	5.75
饮料制造业	11.50
纺织业	194.67
皮革、毛皮、羽毛（绒）及其制品业	76.13
造纸及纸制品业	39.12
化学原料及化学制品制造业	69.46
第四类产业	347.94
第三类产业	758.36
第一类产业	497.06
全行业	2000

将以上优化求解结果与理想值、上（下）限值比较分析，结果如表 8.10 所示：

表 8.10　优化求解结果比较分析

行业名称	优化结果/%	2007 年现状/%	理想值/%	上下限值/%
农副食品加工业	0.29	0.49	0.25	0.50
饮料制造业	0.58	1.03	0.50	1.03
纺织业	9.73	15.22	7.61	15.22
皮革、毛皮、羽毛（绒）及其制品业	3.81	6.62	3.31	6.62
造纸及纸制品业	1.96	3.04	1.52	3.04
化学原料及化学制品制造业	3.47	6.04	3.02	6.04
第四类产业	17.40	13.29	23.60	13.29
第三类产业	37.92	31.16	40.00	31.16
第一类产业	24.85	23.10	20.00	23.10

（2）工业内部结构优化后对节水和减排的贡献

通过以上优化，产业结构调整对节水和减排的贡献率见表8.11。

表 8.11 产业结构调整对节水和减排的贡献

	用水量/万 t	COD/t	氨氮/t
优化结果	192.87	96311	2707
现状	131.65	104378	3392
优化结果相对于现状的下降水平（%）	−46.50	7.73	20
预测值	214.30	129189	3367
优化结果相对于预测的下降水平（%）	10.00	25.45	20

可见，通过工业内部结构优化，嘉兴市在满足经济社会发展要求的同时，可以实现工业用水量在 2015 年预测值基础上下降 10%，工业 COD 排放量和氨氮排放量在 2015 年预测值基础上下降 20% 的预期目标。

8.4　第三产业内部结构优化调整方案

积极发展第三产业是促进市场经济发育、优化社会资源配置、提高经济发展与环境的协调性的重要途径。应在整个太湖流域加快形成服务内容丰富、服务对象配套、服务功能协调的现代服务业体系。将其作为转变经济发展方式、构建现代产业体系、提升居民生活品质的重要途径，努力形成"高增值、强带动、宽辐射、广就业"的服务经济体系，成为经济发展的新引擎。

8.4.1　浙江省第三产业内部结构优化调整方案

1. 突出发展十大重点行业

强化培育电子商务、文化创意、研发设计和数字传媒等创新性服务行业，促进金融保险、现代物流、信息服务、科技教育、商务会展和批发分销等生产性服务业增速提质，加强商贸、旅游和房地产等传统优势服务业改造提升，加快发展与改善民生密切相关的公共服务、社区服务、家庭服务和老年服务业，形成完善的现代服务体系。

2. 构筑服务业发展重点平台

以现代服务业集聚示范区为载体，打造服务业发展新高地。强化杭州大都市圈的集聚辐射功能，重点推进杭州国际风景旅游城市、区域性金融中心和民营经济总部、国家信息产业基地和文化创意中心高水平建设。提升建设杭州钱江新城金融服务，升级建设杭州、嘉兴、湖州等科技创业园。整合软件企业、高校和相关研发机构，培育建设浙大网新软件园、杭州高新区互联网经济产业园等软件与服务外包基地；培育建设白马湖生态创意等产业园，促进文化服务业加快发展。推动制造业与服务业联动发展、制造企业二、三产分离、创新性服务业项目等试点，发挥示范带动作用。

3. 各区域现代服务业发展方向

杭州地区：按照"优先发展、优化发展、创新发展"的思路，深入实施"服务业优先"战略，加快服务业结构调整和布局优化，推进服务业创新，扩大总量、提升层次，加快建设服务业强市。坚持"三位一体"、协调发展，按照集聚化要求大力发展生产性服务业，按照便利化要求积极发展生活性服务业，按照均等化要求加快发展公共服务业，形成更加完善的服务业产业结构。坚持分类指导、突出重点，进一步做大做强文化创意、旅游休闲、金融服务、信息与软件、现代物流、商贸服务、房地产等服务业支柱产业，积极发展科技服务业、中介服务业等对支撑发展具有重要作用的现代服务业门类，大力发展以电子商务等为重点的互联网经济，加快发展楼宇经济、总部经济、服务外包、空港经济、会展经济、健康经济等新型服务业态和商业模式，培育发展"十大特色潜力行业"，加快建设国际重要的旅游休闲中心、全国文化创意中心、电子商务中心、区域性金融服务中心。坚持深化改革、创新驱动，以杭州入选国家现代服务业综合改革试点城市为契机，大力推进服务业体制机制、政策、业态、技术和内容创新。

湖州地区：坚持把服务业发展放在更加突出的位置，大力推动服务业发展加速、扩量、提质。大力发展现代物流、商务会展、服务外包、科技信息、金融保险、研发设计等生产性服务业，促进生产性服务业和先进制造业融合发展；加快发展休闲度假旅游、健康养生、社区服务等生活性服务业；积极发展公共服务业，引导住房、汽车消费健康平稳可持续发展。突出生态、文化特色，整合资源，串点成线，加快建设和提升太湖旅游度假区、南浔古镇等重点景区景点，打响"太湖、古镇、名山、湿地、竹乡、古生态"旅游品牌，加快建设区域休闲旅游度假中心。做大做强现代商贸业，发展连锁经营、电子商务等新型业态，改造提升特色专业市场，大力发展现代物流，培育发展一批现代商贸物流企业集团，规划建设一批专业化、信息化、规模化、集约化现代物流园区，加快建设区域商贸物流中心。积极培育发展文化科技、艺术设计、广告设计、文化创作生产、教育培训、咨询服务等文化创意产业。围绕上海国际金融中心建设，深化金融改革，优化金融结构，促进金融创新，完善金融服务，加快金融产业发展。

嘉兴地区：坚持把发展现代服务业作为产业转型升级的着力点。优化服务业结构，重点发展现代物流、科技服务、商务会展、专业市场、金融服务、总部经济等生产性服务业，大力发展软件信息、服务外包、文化创意等新兴服务业，提升发展商贸流通、旅游休闲、健康养老、社区服务等生活性服务业。优化服务业发展环境，完善服务业优先发展机制，促进要素资源配置向服务业倾斜。培育服务业龙头企业，引导制造业主辅分离，鼓励服务企业做大做强。加快建设服务业集聚区，推动服务业集聚发展，形成富有特色的服务业产业集群。实施服务业品牌战略，增强服务业竞争力。促进服务业与其他产业融合发展，提升经济运行整体素质。

8.4.2 江苏省第三产业内部结构优化调整方案

1. 超常规快速发展服务外包产业

从"二三联动"发展的角度出发，全面推进苏锡常地区走在全省服务业前列，需要重点发展服务外包产业，加快载体建设和市场主体的培育，到 2015 年，建成的发展服务外包产业的专业功能载体总建筑面积达 100 万 m^2 以上，引进和培育重点服务外包企业达 1000 家，其中服务外包重点企业达到 200 家，着力打造生物医药研发、文化创意、软件产业等三大门类服务外包产业。

一是生物医药研发，由于苏锡常地区生物医药研发具有一定的基础，发展与上海等地差异化配套的细化领域就具有很强的发展前景。重点是在苏州、无锡以及常州的主要高新区和开发区内设置服务外包产业基地，同时设置医药外包专区，形成发展载体。

二是文化产业加快发展文化创意、出版发行、广告、演艺娱乐、文化会展、数字内容和动漫等重点文化产业，培育和扶持发展新兴文化服务业形态，形成一批优秀的文化产品、一批具有规模的文化企业、一批具有特色的文化产业；要不断适应城乡居民消费结构新变化和审美新需求，创新文化产品和服务，扩大文化消费；依托"一报两台"，推进媒体经济创新发展；发展和完善文艺演出院线、电影院线，繁荣城乡文化市场。要注重文化产业与苏州市、无锡市相关产业和文化底蕴结合，培育发展时尚生活消费创意策划设计、传媒与影视策划设计、工业设计、文化生态之旅创意策划设计。着力打造特色文化创意产业群，加快建设文化创意园。

三是软件产业在太湖流域内，充分发挥无锡新区、苏州工业园区等主要园区已有的软件产业基础，以嵌入式软件为切入点，积极引入国内外知名企业，快速推进软件开发，形成从基础软件到应用软件，从业务流程外包到全过程外包的格局。

2. 加快发展现代物流业

顺应现代物流"标准化、信息化、专业化"发展趋势，围绕苏锡常地区的主要物流中心和物流枢纽，加快构建与苏锡常地区区域经济发展和综合运输体系相适应的现代物流网络体系。

大力引进第三方物流。培育现代物流骨干企业，加强综合运输网络体系和适应多式联运发展的重大物流设施建设，提高资源整合和配置能力。在流域内重点培育发展保税物流，充分利用主要城市出口加工区保税物流叠加功能的政策优势，大力开拓国际采购、国际配送、维修外包、拼装出口等业务；重点支持纺织、化工、电子信息等专业物流，提升本区域专业物流配送能力。

建设立体化大交通体系。整合海、陆、空交通资源，建立陆路、水路、航空的立体化交通体系。加快建设苏南国际机场，发展江阴港，开拓国际航运。重视内河和公路运输，形成纵横交错，无缝对接的现代交通网络。

推进专业大市场发展。大力发展第五代大市场，如市场交易、物流运输、信息发布、科技开发、人才培训、资金融通和生活服务等。

推进物流园区建设。整合现有资源，合理布局，规划建设物流基地，策应制造企业退城进园，鼓励物流企业向工业园区、经济开发区、出口加工区集聚发展。

3. 加快发展金融服务业

大力发展创业投资、风险投资、产业投资、基金投资、信托投资、金融租赁等新型金融机构，形成以投融资为主体的第三类金融中心，成为创新金融资本的集散地。

一是大力推进金融改革和创新，继续支持中资、外资银行和保险公司设立分支机构，创新金融业务，加快发展刷卡消费的网络建设，积极发展多种所有制的中小金融企业，构建在市场经济推动下的多元化金融架构。二是积极完善农村金融体系，增加对农村地区的有效信贷投入，确保涉农贷款增长高于各项贷款平均水平。扩大"三农"保险试点。鼓励社会资本进入金融领域，大力发展村镇银行、小额贷款公司。三是有效推进中小企业金融服务体系建设，推动银行机构建立中小企业专营服务部门，积极发展社会担保公司，不断满足中小企业有效贷款需求。四是大力发展资本市场，培育和壮大创业投资和风险投资，着力推进企业上市和企业债券发行工作，提高直接融资比重。积极完善地方金融体系，进一步打造区域性金融集聚地，增强金融要素集聚水平，维护金融稳定安全。

4. 推进流域科技创新服务体系建设

建立知识创新体系。集中力量搞好流域内苏锡常地区科技城建设，重点支持中国科学院和著名大学等在苏州、无锡、常州等地建立科技创新基地，引进国外创新研发机构，加大扶持孵化器成长的力度，以原创技术和集成创新技术为主，发展知识创新体系。

建立科技应用服务体系。鼓励发展专业化的科技研发、工业设计、信息咨询、科技培训、技术推广、节能减排服务等科技服务业。集中组建技术开发及转移、科技信息及咨询、知识产权及认证、技术转让及交易等科技公共服务平台，加强区域性和行业性生产力促进机构以及科技创业服务机构的建设，以推动科技成果的转化，实现科技服务的产业化。

提升企业的科技创新与应用能力。推动高等院校、科研院所与企业合作，建设以企业为主体、市场为导向、产学研相结合的技术创新体系；加快建设企业研发中心、技术中心等科技平台，建立企业创新战略联盟，促进形成以大企业为龙头的创新链，协调企业在创新活动中的分工合作，大幅度提升企业的科技创新能力。

5. 强化现代服务业的空间集聚

按照现代城市发展理念统一规划设计，依托交通枢纽和信息网络，以商务楼宇为载体，将相关的专业服务配套设施合理有效地集中，形成空间布局合理、功能配套完善、交通组织科学、建筑形态新颖、生态环境协调，具有较强服务产业集群功能的区域。

CBD 中央商务区　在流域内选择一些商务发展较好的区域大力发展总部经济，特别是国际跨国企业专业领域内前五名企业的区域性总部，国内知名民营企业集团地区性总部以及苏锡常本地的上市公司总部等，使相关载体成为流域内未来最具亮点的新型商务中心。

科技城　要集中建设无锡科技城，如 IC 孵化基地、工业设计园、软件园、数码动画影视创业园，构筑区域知识型服务业高地，着重发展高附加值、高知识含量的科技型产业，使之成为无锡科技发展的重镇。

旅游景区苏州、无锡旅游资源丰富，通过融入长三角旅游经济圈，建设一批代表苏州、无锡品牌特色的旅游区域。积极规划建设环太湖旅游休闲观光带。加大苏州、无锡、常州历史文化街区保护，大力培育无锡灵山景区、苏州园林等历史景区，充分挖掘古运河、梁溪河历史和民俗内涵，着力构建人文旅游板块，形成具有浓郁江南水乡气息和厚重历史文化内涵的观光旅游带。

8.5 产业结构调整的保障措施

1）落实减排目标责任，加强评估考核

健全各级污染减排组织领导机构，组织制订年度主要污染物减排计划及实施方案，逐级逐项分解落实减排任务，建立相应的组织领导机制和工作机制。各级环保、发改、经信、财政、建设、水利、公安、农业、能源、电力、交通、工商、规划、质监、科技、物价、宣传等部门和有关单位要各司其职，密切配合，协同推进"十二五"污染减排工作。进一步形成环保部门统一监管、有关部门分工负责的工作格局，切实做到思想认识到位、工作责任到位、政策措施到位、技术支撑到位、资金保障到位。继续强化污染减排考核制度，将污染减排任务纳入生态省建设年度目标考核，严格实施问责制和"一票否决制"。研究建立减排目标着眼环境质量，减排任务立足环境质量，减排考核依据环境质量的责任体系和考核机制。

2）加强法律法规建设，强化环境管理

加强地方环保法制建设，推进减少污染。针对太湖流域完善地方性法规和规章的配套政策措施；修订完善地方环境标准体系，建立行业排放标准定期修订制度，提高部分行业区域排放标准。加强管理制度建设，进一步加强环境统计、环境监测和责任考核"三大体系"建设。建立和完善准确的减排监测体系，严格监测规范和制度，确定国家、省、市控重点污染源名单并向社会公布，依法强化对违法违规建设项目的环境监管。

3）完善减排经济政策，激励企业减排

建立重点污染企业环境行为数据库，加强环保、税收、银行系统信息交流，将污染减排和环境行为作为政策优惠、贷款发放的重要前提条件；推进绿色信贷、绿色保险、绿色证券等金融政策；对超额完成减排任务、环境行为良好的企业，给予适当形式的奖励和表彰；对区域限批地区的贷款结构进行调整，对未完成减排任务、违法排污企业，取消优惠税收政策、减少补贴；建立落后产能退出经济补偿机制，对退出的落后产能给予补偿补助基金；进一步推行排污权有偿使用和交易政策，加大生态补偿制度的实施与创新力度。

4）制定产业政策，引导合理发展

鼓励发展产业竞争优势明显、相对环境绩效较高的工业行业。对于经济贡献率较高、污染排放强度较低的行业给予财税、用地、技术等方面的大力扶持。积极发展高新技术产业，加快推进开发区和工业园区的生态化建设和改造，积极鼓励开发高新园区，创建国家生态工业示范园区，促进产业共生体系建设，为高新产业提供良好的发展平台。

限制重污染行业发展速度，推广清洁生产技术，发展循环经济。首先，制订和完善造纸、染料、化工、皮毛羽制品业等重点行业的环境准入标准，严格落实限批政策，建立基于总量控制的产业政策、市场准入制度，实施经济发展与污染减排的一体化政策，建立空间准入、总量准入、项目准入"三位一体"的准入制度来推动结构调整；其次，建立落后产能退出经济补偿机制，建立高污染高消耗产业的落后产能产权交易制度，这些产业的产能扩大，企业必须通过淘汰关停数倍于（如2～3倍）扩大产能的数量，购买落后产能企业的产权，或者通过落后产能退出补偿基金给予补助。第三，严格限制造纸、印染、染料等重点行业工业用水量，及时修订用水定额标准；提高水资源费，实行自来水阶梯式收费制度。

第9章 流域污染负荷削减方案

9.1 工业污染源削减与控制方案

9.1.1 太湖流域工业污染源主要问题诊断

1. 太湖流域工业污染源负荷大，北部污染控制区贡献率最高

太湖流域工业发达，现有工业污染源 10.5 万个，每平方公里约有 5.2 个企业，是全国平均的 32 倍。工业废水排放强度 5.6 万 t/km^2，COD 排放强度 16.6t/km^2，分别是全国平均水平的 23 倍和 28 倍。从各分区入河污染物总量看，依次为：北部＞东部＞南部＞浙西＞湖西。北部污染控制区各类污染物排放量最大，所占比重达全流域的三分之一，但废水接管率仅 36.5%。

2. 传统产业排放量较大，工业废水资源化利用率低

太湖流域工业废水排放量贡献率最大的行业为纺织业，贡献率为 36.61%，之后依次为化工、黑色金属加工业、通信设备制造业，前四位行业工业废水贡献率合计高达 73.58%。由于化工和印染废水水质复杂，废水处理难度大，造成太湖流域工业 COD 排放浓度最高达 159mg/L（湖西重污染控制区），超过《城镇污水处理厂污染物排放标准》（GB18918-2002）一级 A 标准（50mg/L）的 2 倍，加之难降解有毒污染物不能有效去除，处理和回用难度较大。

3. 工业废水氮、磷污染物控制薄弱，部分企业难以稳定达标排放

当前太湖流域工业污染源缺少氮磷的污染物监测监控，废水处理设施氮磷去除效率低，造成部分企业难以稳定达标排放，存在偷排等违法行为。

4. 太湖流域工业污染源治理，应因地制宜，采取总量和浓度"双控"措施

应从总量和浓度两个方面共同考虑来实现太湖流域水污染的治理。在污水处理设施配套不足的地区，加强污水处理厂及其管网的建设，提高污水接管率，保证浓度达标；在保证浓度达标的前提下，削减总量，对于排放量大的地区应提高尾水回用率，减少废水排放量；对于治理难度较大的企业，可以考虑关停、转迁等措施，以实现总量的削减。

9.1.2 工业污染削减目标与技术路线

1. 已实施控源工程的推进情况

纳入国家太湖水污染控制总体方案中的江苏省点源治理项目为 98 个，截止到 2010 年 9 月 30 日，已完工 76 个，在建 8 个，未开工 14 个，已完工和在建项目占 85.7%。（其中，已完工项目为 77.6%，在建项目为 8.2%），未开工项目占 14.3%。已完成投资额 20.94 亿元，占计划投资总数的 38%（见表 9.1）。

表 9.1 总体方案完成情况汇总表

项目类别	总体方案				项目实施情况			
	项目数/个	投资/亿元			已完工项目/个	在建项目/个	未开工项目/个	已完成投资/亿元
		近期	远期	合计				
点源污染治理项目	69	20.35	0	20.35	58	3	8	11.33
节水减排项目	6	11.02	20.4	31.42	0	4	2	5.44
太湖流域水环境监测预警系统	23	3.4	0	3.4	18	1	4	4.17

纳入江苏省太湖流域水环境综合治理方案的项目为 659 个，截止到 2010 年 9 月 30 日，已经完工项目为 585 个，正在实施的项目有 32 个，42 个项目未实施，项目完成率为 88.8%，在建率为 4.9%，未开工率为 6.3%（表 9.2）。

表 9.2 项目进展情况汇总表（分项目类别）

项目类别	省实施方案		项目实施情况				
	项目数/个	投资/亿元	已完工项目/个	在建项目/个	未开工项目/个	计划投资/亿元	完成投资/亿元
点源污染治理项目	580	54.17	550	5	25	53.08	40.11
节水减排建设项目	70	31.55	35	24	11	11.07	7.12
太湖流域水环境监测预警系统	9	8.44	0	3	6	2.94	3.00

2. 近中远期污染物入河量

根据规划的控源工程的推进情况得到工业污染削减目标，预测工业污染排放量近中远期的变化趋势，如表 9.3 所示。

表 9.3　太湖流域近中远期工业污染物入河量预测表

分区名称	县级行政区	2015 年排放量/(t/a)				2020 年排放量/(t/a)					2030 年排放量			
		COD	氨氮	TN	TP	COD	氨氮	TN	TP	COD	氨氮	TN	TP
湖西重污染整治区	句容市	988.08	42.75	79.8	4.75	909.03	40.61	75.81	4.51	—	—	—	—
	丹徒区	1134.36	26.6	98.8	3.8	1043.61	25.27	93.86	3.61	—	—	—	—
	丹阳市	3305.56	57.96	354.2	14.72	3041.12	53.32	325.86	13.54	—	—	—	—
	金坛市	2132.56	57	350.55	15.2	1961.96	54.15	333.02	14.44	—	—	—	—
	溧阳市	1886.92	110.2	354.35	17.1	1735.97	104.69	336.63	16.24	—	—	—	—
	宜兴市	2858.24	205.2	419.4	18.9	2515.25	184.68	377.46	17.01	—	—	—	—
	高淳县	563.04	26.6	127.3	4.75	518	25.27	120.93	4.51	—	—	—	—
	小计	12868.76	526.31	1784.4	79.22	11724.93	488	1663.58	73.87	—	—	—	—
北部重污染控制区	常州市区	8511.36	517.96	1461.88	76.36	7490	476.52	1344.93	70.25	—	—	—	—
	武进区	4263.6	116.1	1140.3	49.5	3751.97	104.49	1026.27	44.55	—	—	—	—
	无锡市区	9851.6	473.4	2256.3	126	8669.41	426.06	2030.67	113.4	—	—	—	—
	江阴市	9708.76	366.7	1945.6	90.25	8932.06	348.36	1848.32	85.74	—	—	—	—
	常熟市	7595.52	390.45	1309.1	64.6	6987.88	370.93	1243.64	61.37	—	—	—	—
	张家港市	6550.4	337.25	1427.85	85.5	6026.37	320.39	1356.46	81.22	—	—	—	—
	小计	46481.24	2201.86	9541.03	492.21	41857.68	2046.75	8850.29	456.53	—	—	—	—
东部污染控制区	苏州市区	9724.88	555.68	2461.92	121.44	8557.89	511.23	2264.97	111.72	—	—	—	—
	昆山市	6119.1	930.05	1611.2	82.65	5507.19	883.55	1530.64	78.52	—	—	—	—
	吴江市	15433.2	69.92	1256.72	67.16	13889.88	64.33	1156.18	61.79	—	—	—	—
	太仓市	4941.9	64.6	461.7	23.75	4447.71	61.37	438.61	22.56	—	—	—	—
	小计	36219.08	1620.25	5791.54	295	32402.67	1520.47	5390.4	274.59	—	—	—	—

分区名称	县级行政区	2015 年排放量/（t/a）				2020 年排放量/（t/a）				2030 年排放量			
		COD	氨氮	TN	TP	COD	氨氮	TN	TP	COD	氨氮	TN	TP
浙西控制区	杭州市	3435	118	391	28	3435	113	371	27	—	—	—	—
	余杭区	7018	101	353	19	7018	96	335	18	—	—	—	—
	临安市	2179	22	233	9	2179	21	221	9	—	—	—	—
	湖州市	6065	178	497	27	6065	169	472	26	—	—	—	—
	德清县	4720	407	663	24	4720	386	630	22	—	—	—	—
	长兴县	1589	12	346	5	1589	11	329	5	—	—	—	—
	安吉县	2033	119	180	5	2033	113	171	4	—	—	—	—
南部大浦污染控制区	嘉兴市	37851	352	4708	102	37851	335	4472	97	—	—	—	—
	嘉善县												
	海盐县												
	海宁市												
	平湖市												
	桐乡市												

9.1.3　工业污染源治理方案

1. 控制目标

太湖流域工业源的控制目标是工业废水排放稳定达标率：近期 90%，中期 95%，远期 98%～100%；单位 GDP 用水量下降，近中远期逐步减少 20%；工业园区尾水回用率：近期 20%，中期 30%，远期 40%（图 9.1 和表 9.4）。

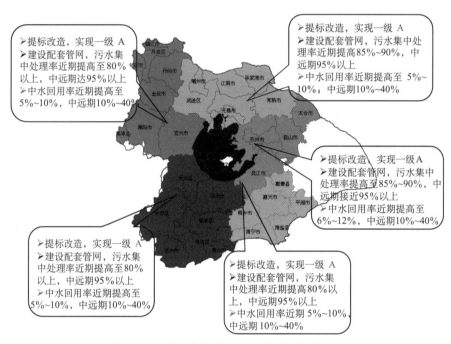

图 9.1　工业污染源分区特征及污染控制目标

2. 主要措施及布局

1）严格项目准入

按照主体功能区规划和生态环境功能区规划要求，科学规划优化开发、重点开发、限制开发、禁止开发的空间布局，调整完善区域政策和绩效评价，规范空间开发秩序，明确开发方向，控制开发强度，提高开发效率。提高产业准入标准和环境保护准入门槛，形成合理的空间开发结构。继续严格环境准入，制订印染、化工、电镀等重点污染行业的环境准入条件，提高产业准入门槛。水环境功能目标为Ⅰ、Ⅱ类的河流上游区域（含支流）及饮用水供水水库的集水区，禁止新建化工、农药、医药、味精、酒精、造纸、制革、印染、电镀等项目；水环境功能目标为Ⅲ类的河流上、中游地区，从严控制新建化工、农药、合成制药、味精、造纸、制革、印染、电镀等项目。

2）加强重污染行业提标改造和深度处理

以实施《太湖地区城镇污水处理厂及重点工业行业主要水污染物排放限值》为重

表 9.4　工业污染源分区特征及污染控制目标

区名	区域范围	主要特征及环境问题	污染控制目标
北部污染控制区	常州市、武进区、无锡市、江阴市、常熟市、张家港市	主要特征：工业发达，年排放废水 63635.6 万吨，其 36.5% 接入污水处理厂。纺织业 COD 比重较大，占 75%；化工业、纺织业氨氮比重较大，分别占 37%、24%；纺织业、化工业 TN 比重较大，分别占 33%、20%；化工业 TP 比重较大，分别占 36%、11%；各县市污染排放量均较大。主要污染问题：工业污染突出，排污量列居流域第一；化工、纺织业污染贡献率较大，对太湖水质影响较大	工业废水排放稳定达标率：近期 92%，中期 95%；单位 GDP 用水量：近远期 98%~100%；工业园区尾水回用率：近期 30%、中期 35%、远期 40%
湖西污染控制区	镇江市、丹徒区、丹阳市、金坛市、溧阳市、宜兴市、句容市、高淳县	主要特征：太湖主要入湖河的小流域，年排放工业废水 8905.4 万 t，其中 18.2% 接入污水处理厂。化工业、纺织业 COD 比重较大，分别占 32%、25%；化工业、食品业氨氮比重较大，分别占 54%、23%；化工业、纺织业 TP 比重较大，分别占 51%、17%；化工业、纺织业 TN 比重较大，分别占 35%、23%；污染物主要分布在丹阳、金坛、溧阳、宜兴。主要环境问题：工业污染接管率较低，化工业污染贡献率最大，对太湖水质影响最大	工业废水排放稳定达标率：近期 92%，中期 95%；单位 GDP 用水量：近远期 98%~100%；工业园区尾水回用率：近期 30%、中期 35%、远期 40%
浙西污染控制区	杭州市、余杭区、临安市、湖州市、德清县、长兴县、安吉县	主要特征：工业污染物排放以氨氮为主。工业氨氮排放量的 73.8%；污染行业以纺织业、造纸制品业、农副食品加工业、皮革、毛皮、羽毛（绒）及其制品业，化学原料及化学制品业为主，此五个行业的 COD 排放量占 89%；氨氮排放量占 97%。主要环境问题：与南部太湖污染控制区比，浙西污染贡献率较高，重点污染行业相对集中	工业废水排放稳定达标率：近期 92%，中期 95%；单位 GDP 用水量：近远期 98%~100%；工业园区尾水回用率：近期 30%、中期 35%、远期 40%
南部太浦污染控制区	嘉兴市、嘉善县、海盐县、平湖市、海宁市、桐乡市	主要特征：工业 COD 排放以 COD 为主，工业 COD 排放量占杭嘉湖地区工业 COD 排放总量的 57%；污染行业以纺织业、造纸及纸制品业、化学原料制造业为主，此五个行业的 COD 排放量占 78%。氨氮排放量占 82%，污染物主要分布在浙西市区，本区 COD 化学制品制造业，与嘉兴河网水质较差，主要环境问题：水环境质量较差，经济环境协调性较高，占断面总数的 89.5%，劣 V 类为主，V 类、劣 V 类	工业废水排放稳定达标率：近期 90%，中期 95%；单位 GDP 用水量：近远期 98%~100%；工业园区尾水回用率：近期 20%、中期 30%、远期 40%
东部污染控制区	苏州市、昆山市、吴江区、太仓市、上海市青浦区三镇	主要特征：太湖主要出流区，年排放工业废水 37855.5 万 t，其中 35.8% 接入污水处理厂。纺织业 COD 比重较大，占 69%；化工业氨氮比重较大，占 59%；纺织业、化工业 TN 比重较大，分别占 37%、13%；污染物主要分布在苏州市区、昆山、吴江。主要环境问题：工业污染严重，排污量列居流域第三；纺织、化工业污染贡献率较大，对太湖水质影响小	工业废水排放稳定达标率：近期 92%，中期 95%；单位 GDP 用水量：近远期 98%~100%；工业园区尾水回用率：近期 30%、中期 35%、远期 40%

点，太湖流域所有重点行业的工业企业按照新标准完成提标改造任务，对污染企业全面实行限产限排。新建以接纳工业废水为主的集中式污水处理厂必须配套建设除磷脱氮设施，已建的污水处理厂按新的排放限值进行提标改造。推广一批先进实用技术，做好有关服务工作。主要措施和重点工程：

对纺织染整、化工、造纸、钢铁、电镀、食品（啤酒、味精）等六大重点行业的排污企业，实施工业废水提标改造和深度处理工程。凡达不到排放标准的工业企业一律停产整顿或关闭。按照环境保护部《关于太湖流域执行国家排放标准水污染物特别排放限值时间的公告》（2008 年第 28 号）和《关于太湖流域执行国家污染物排放标准水污染物特别排放限值行政区域范围的公告》（2008 年第 30 号）要求，自 2008 年 9 月 1 日起对流域内属于制浆造纸、电镀、羽绒、合成革与人造革、发酵类制药、化学合成类制药、提取类制药、中药类制药、生物工程类制药、混装制剂类制药、制糖、生活垃圾填埋场、杂环类农药等 13 个行业企业执行国家排放标准水污染物特别排放限值。

3）加强工业废水集中收集和处理

加强集中式污水处理厂建设，凡是能接入污水处理厂处理的工业废水必须接入污水处理厂进行处理，提高工业废水集中处理能力。各类开发区须配备完善的环境治理设施。加强管网建设，实施雨污分流。全面实施排水许可制度，工业废水须经预处理达标后方可接入集中污水处理设施。积极开展污水处理厂尾水再生利用，2012 年全流域平均再生利用率逐步提高到 20％以上。主要措施和重点工程：

加强工业园或集中区污水处理设施建设。所有工业园区均要建设处理能力配套的污水处理厂，优化污水处理工艺，完善配套管网。加强分散企业的废水收集和处理。完善污水处理厂集中收集和处理设施，对规模较小的分散排污企业原则上向园区集中，不能集中的企业，将废水接入污水处理厂进行集中收集和处理。加强企业废水预处理和排水管理。严格执行污水处理厂接管标准，保证污水处理厂稳定运行。加强污水处理厂尾水利用设施建设，配套出台相应鼓励政策，加强科技攻关和示范工程，提高尾水利用率。

4）对重污染企业进行专项整治

对太湖地区的化工、医药、钢铁、印染、造纸、电镀、酿造（味精）等重污染行业进行专项整治，污染严重、不能稳定达标的企业立即停产并限期整改，对不能按期完成整改任务，仍达不到排放标准的企业坚决关闭和淘汰。主要措施和重点工程：

对不能达标排放的纺织染整、化工、造纸、钢铁、电镀、制革、医药、食品加工企业进行重点整治，在 2008 年关闭 1807 家的基础上，进一步对流域内重污染行业企业进行重点整治。各市县要编制年度整治计划，对经过整改确实不能达标的企业坚决关闭和淘汰。

列入工业污染行业限制发展目录的水污染项目以及其他化学需氧量排放量在 10t/a 以上或氨氮排放量在 1.5t/a 以上的所有建设项目，产生的污水必须排入污水管网，不得排入江河湖库水体。

5）提高工业企业的清洁生产水平

对流域内污染物排放不能稳定达标或污染物排放总量超过核定指标，以及使用有毒有害原材料、排放有毒有害物质的企业，实行强制性清洁生产审核，并向社会公布企业名单和审核结果；鼓励和推进工业企业开展自愿性清洁生产审核。近期力争使全流域80％以上的工业企业清洁生产达到国内先进水平，30％以上的工业企业达到国际先进水平。主要措施和重点工程：

以纺织染整、化工、皮革、冶金、电镀、酿造等重污染企业为重点，定期对不能稳定达标排放的工业企业实施强制性清洁生产审核，每年公布一批企业名单，不断提高其清洁生产水平；每年实施260家以上的自愿性清洁生产审核。在审核的基础上，按照清洁生产标准完成清洁生产改造，全面提高工业企业清洁生产水平。制订清洁生产审核计划、推进企业清洁生产实施。加快实施清洁生产改造方案，坚持"积极主动、先易后难、持续实施"的原则，优先实施无费、低费方案，稳步实施中、高费方案；严格标准、规范清洁生产审核行为，加强督促检查，全面提高太湖流域工业企业清洁生产水平。

继续提高纺织、印染、皮革、造纸等重点污染行业中水回用率，采用倒逼机制，加大中水回用力度，严格控制年度控水指标，并要求重点企业制订水量倒排计划。电镀企业淘汰手工电镀生产线、含氰电镀工艺、高价铬钝化工艺和铵盐镀盐工艺，并且改造漂洗工艺，采用更为节水的三级以上逆流漂洗工艺；印染企业调整产品方案，优先生产耗水低的产品，淘汰耗水高的产品，并在工艺要求许可的情况下将浅色漂洗的废水再用于深色漂洗等，以提高水的重复利用率；改造制革行业污水治理设施系统，提升污水治理技术水平，解决氨氮超标问题。近期规模以上工业用水重复利用率达到72％以上，中期规模以上工业用水重复利用率达到80％以上。

6）提高重点污染源的监管能力

建立健全重点污染源在线监控系统，完善排污总量控制和排污许可制度，提高企业环境突发性事件应急处置能力。主要措施和重点工程：

对重点企业排污口和所有工业园区污水处理厂尾水排放口安装自动监控装置，与各市污染源监控中心联网，实行实时监控、动态管理。进一步加强对排污企业的现场监督检查，对违法排污企业按高限予以处罚。结合流域、区域排污总量控制计划，完善排污总量控制和排污许可制度，把各项排污总量控制措施落实到每一家企业。各类企业必须建立环境突发性事件应急处置预案，并配套建设应急处置设施。全面实行重点污染源监管责任制，将监管责任落实到人。

3. 削减潜力分析

1）工业企业提标改造与深度治理

根据《太湖地区城镇污水处理厂及重点工业行业主要水污染物排放限值》要求COD、氨氮从100mg/L、15mg/L降低到各行业相应的新标准，2009年污染源普查更新数据表明，太湖流域范围内工业企业大部已完成提标改造，还有部分企业在"十二五"期间完成提标改造任务。以此预计，"十二五"期末工业 COD 削减量约 3333t、氨氮 99.1t、总氮 407.2t、总磷 20.5t。

2）工业企业清洁生产与节水

通过继续实施清洁生产审核和推行循环经济，提高工业用水重复利用率和开展中水回用，宜兴 9 家纺织印染企业，投资 1.23 亿元实施 3.88 万 t 中水回用工程，可减排 COD 489t/a。无锡市工业用水重复利用率将达到 90%，可减少工业废水排放量为 2716.86 万 t/a，减排 COD 为 1358.4t/a，氨氮为 135.84t/a，总磷为 13.58t/a。2011～2015 年通过清洁生产、节水、循环经济等措施预计可削减 COD 为 2057.6t、氨氮为 61.2t、总氮为 256.4t、总磷为 13.1t。

3）工业企业关停并转

2011～2015 年需进一步按照国家产业政策要求并根据江苏省产业结构优化调整需要关停和整改一批单位产值污染物排放量高、规模较小的项目，通过结构减排进一步深化落实减排任务。无锡市拟关闭江阴兆丰皮革有限公司 5 万张制革生产线，搬迁东泰精细化工有限公司，可减排 COD 为 68t/a，氨氮为 4.5t/a。常州市关停新亚化工，可削减 COD 为 1810t，氨氮为 229t。"十二五"期间工业结构调整削减 COD 为 5230t，氨氮为 156.3t、总氮为 650.5t、总磷为 33t。

9.2　城镇生活污染源削减与控制方案

9.2.1　太湖流域城镇生活污染源主要问题诊断及控源思路

1. 主要问题诊断

1）污水处理设施建设滞后

目前，流域城镇生活污染集中处理率偏低，经统计，2007 年流域内城镇生活污水集中处理率低于 60%（表 9.5）。流域现有城镇污水处理厂数量多、规模小、位置分散、设备标准不一，实际运行、管理成本很高。此外，城镇污水处理厂运行管理体制较混乱，以城镇委托企业或自来水公司管理为主，部分由镇政府自行管理，专业技术人员配备不全，难以保障整个污水处理厂稳定、高效的运行；污水处理厂内部污水处理设施运转不正常，出水水质不稳定；各地区的污水治理工作还处于较粗放管理的状态，各市（县）、区缺少管理机构，缺乏长效管理机制和措施。

配套管网等市政基础设施仍不够完善，不规范排水行为还较普遍存在，主要表现在：一是雨污分流不彻底，雨水接入污水管；二是排水户错接乱排，污水排入雨水管和河道（如阳台污水流入雨水管、住宅小区功能改变或新开沿街商铺污水排放不规范等）；三是排水户无证排水和直接排放，影响河道水质；四是饭店隔油池、新村化粪池等设施无人养护、渗漏严重、功能退化；五是部分污水管网老化，淤积严重，过水量达不到设计要求；六是工业废水偷排现象仍然存在，影响污水处理厂的正常运行。

2）已有污水处理设施排放标准及利用率低

截至 2007 年，流域内共有 272 座污水处理厂，大多数不具备脱氮除磷工艺，处理标准普遍不高，无法达到太湖流域一级 A 排放标准；此外，污水处理厂设计处理规模为 686 万 t/d，实际处理量为 405 万 t/d，占设计处理规模的 59%，不能充分发挥污水处理厂的经济效益。

3）城镇生活污水中水回用率低

中水回用一般用于城市绿化灌溉、钢铁厂冷凝用水、冲洗厕所、纺织印染企业的洗印用水等方面。

受回用设施建设不齐全、回用技术不成熟等多种因素的影响，目前整个太湖流域中水回用量非常少。经统计，2007 年流域污水处理厂中水回用率不到 2%，整体来说中水回用所占的比重很小，有的市甚至没有中水回用。从以上的数据中分析发现，加强中水回用设施建设、严格控制进水水质、及时进行提标改造、贯彻中水回用思想以保证污水收集处理率、处理效果和合理有效利用水资源是减少污染物排放的主要途径。

2. 控源思路

1）优化处理设施布局，提升污水处理效率

统筹城乡污水处理基础设施布局，相对集中为主、分散为辅，集约发展污水处理设施，厂网并举、管网先行，提高污水处理设施效率，按照依法规范、分块负责、逐块实施的原则，加大监管宣传力度，梳理、完善市政排水管网系统，强化排水管理，整治错接乱排。

2）改进处理工艺，提高尾水排放标准

适用于城市污水处理厂的二级处理工艺主要有三个系列：氧化沟工艺系列、A²/O 工艺系列、SBR 工艺系列。处理能力在 10 万 m³/d 以上的污水处理设施，一般选用 A/O 法、A²/O 法等技术。用地受限、出水水质要求高或有再生利用要求、经济条件允许时，可采用 MBR 工艺。将新建和改扩建污水处理厂的尾水排放标准提高到一级 A 标准。

3）发展循环经济，推进尾水资源利用

加强污水处理回用技术的研究，政府应加大技术标准、技术法规编制的投入，并提供展示中水技术的平台；充分利用经济杠杆，发挥市场引导作用，以实现投资主体多元化、运营主体企业化、运作管理市场化，形成开放式、竞争性的建设运营格局；大力提高公众意识，推进公众参与，大力宣传中水的节水效益、环境效益和资源效益。

4）拓展投融资渠道，建立多元化污染处理体系

政府继续加强宏观调控机制，引导并鼓励多元化的融资方式，加大投入，加快污水处

理等基础设施建设，同时，发挥市场激励作用，利用经济手段，引入竞争机制，打破政府垄断运营管理的局面，实现城市污水处理设施运营管理的企业化、市场化和产业化。

9.2.2 城镇生活污染削减潜力与控制目标

1. 近中远期削减途径和目标

根据城镇生活污染的主要削减途径和目标，从提高城镇污水集中处理率、尾水达标排放率和尾水回用率等几个方面制订城镇生活污染控制方案。对于污水集中处理率，根据各地区污水处理现状，并参照江苏省人民政府苏政发［2009］36 号文实施："加快城镇生活污水处理厂和配套管网建设，到 2012 年太湖流域城市污水处理率达到 85％以上，建制镇污水处理率不低于 70％；到 2020 年底以前太湖流域城市污水处理率达到 95％以上，建制镇污水处理率不低于 80％"。

同时根据太湖近中远期设定的水质目标以及流域主要污染物总量控制分配方案确定的目标，制定各地区近期（2015 年）、中期（2020 年）、远期（2030 年）城镇污水集中处理率的目标，详见表 9.5。

表 9.5 近中远期城镇生活污水集中处理率汇总表

地区	2007 年处理率/%	目标设计/%		
		2015 年（近期）	2020 年（中期）	2030 年（远期）
北部重污染控制区	61	90～95	95～95	95～100
湖西重污染控制区	39	85～90	90～95	95～100
浙西污染控制区	65	85～90	90～95	95～100
南部太浦污染控制区	47	80～90	90～95	95～100
东部污染控制区	67	90～95	90～95	95～100
平均	59	90	95	95～100

资料来源：2007 年研究范围内各分区污水集中处理率根据"第一次全国污染源普查数据"相关数据统计得到

对于中水回用率，根据江苏省人民政府苏政发［2009］36 号文："积极开展污水处理厂尾水再生利用，2012 年全流域平均再生利用率逐步提高到 20％以上"，根据各地区中水回用现状和削减目标，制定各地区近中远期城镇中水回用率的控制方案，详见表 9.6。

表 9.6 近中远期城镇生活污水回用率汇总表

地区	2007 年回用率/%	目标设计/%		
		2015 年（近期）	2020 年（中期）	2030 年（远期）
北部重污染控制区	2.6	20～25	30～35	40～50
湖西重污染控制区	1.2	15～25	20～35	30～45
浙西污染控制区	0.2	15～20	20～30	30～40
南部太浦污染控制区	0.7	15～20	20～30	30～40
东部污染控制区	1.2	20～25	20～30	40～50
平均	1.5	20	30	40

2. 近中远期污染负荷量预测

1）太湖流域城镇及农村人口变化趋势预测

根据《长江三角洲地区区域规划》，到 2015 年和 2020 年，长江三角洲城镇化率分别达到 60％和 70％。远期城镇化率按 80％考虑。采用综合增长法预测，预测城镇及农村人口变化趋势，见图 9.2 和表 9.7。

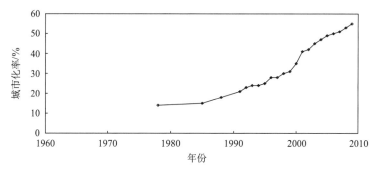

图 9.2　太湖流域城镇化率历年变化趋势

表 9.7　城镇及农村人口变化趋势预测

项目	基准年（2007 年）	2015 年	2020 年	2030 年
总人口	3372.34	3479.00	3547.38	3688.18
城镇化率/％	53.10	60	70	80
农村人口/万人	1581.63	1391.60	1064.21	737.64
城镇人口/万人	1790.71	2087.40	2483.16	2950.54

资料来源：2007 年研究范围内常住人口数量根据"第一次全国污染源普查数据"相关数据统计得到。

由上表可见，随着太湖流域人口和城镇化率的不断增长，城镇人口呈现快速增加的态势，相反农村人口呈现缓慢下降趋势。因此，可以预见，太湖流域城镇生活污染负荷产生量将呈现快速增加的趋势，而农村生活污染负荷产生量缓慢下降。

2）污染源排放趋势预测

根据城镇生活污染负荷产生量及入河量估算方法，利用近中远期城镇人口数量、城镇化率以及生活污染源削减途径和目标，预测城镇生活污染入河量近中远期的变化趋势，如表 9.8 示。

由表 9.8 以看出，虽然城镇人口呈现快速增长趋势，但是随着城镇污水集中处理率、尾水达标排放率和尾水回用率的不断提高，污染负荷入河量将呈现明显下降的趋势。

3. 污染负荷削减潜力分析

根据城镇生活污染负荷现状入河量及近中远期预测结果，计算得到近中远期流域城镇生活污染负荷的总量削减潜力，见表 9.9。

表 9.8 太湖流域近中远期城镇生活污染物入河量预测表

分区 名称	地区	2015 年污染物入河量/(t/a)				2020 年污染物入河量/(t/a)				2030 年污染物入河量/(t/a)			
		COD	氨氮	TN	TP	COD	氨氮	TN	TP	COD	氨氮	TN	TP
北部重污 染控制区	常州市	5454	578	1408	62	5581	589	1458	63	4269	427	1280	43
	武进区	2497	275	589	28	2036	217	541	21	1544	156	475	13
	无锡市	10181	889	2839	121	10387	897	2936	122	7641	549	2569	81
	江阴市	3109	257	582	33	2548	176	507	24	1947	98	421	14
	常熟市	3367	339	854	45	2651	245	778	34	1912	153	682	23
	张家港市	1972	215	470	27	1531	159	421	20	1080	103	359	14
湖西重污 染控制区	镇江市	3456	373	799	40	2843	297	740	31	2183	218	655	22
	丹徒区	703	78	141	9	415	43	108	5	319	32	96	3
	丹阳市	2181	243	439	27	1288	135	335	14	989	99	297	10
	金坛市	1353	152	293	17	926	98	242	10	708	71	212	7
	溧阳市	2325	257	498	29	1577	162	408	17	1196	114	357	11
	宜兴市	2709	294	627	33	2222	231	575	25	1699	166	504	17
	句容市	247	27	52	3	294	32	61	4	172	17	52	2
	高淳县	247	28	52	3	293	33	62	4	170	17	51	2
浙西污染 控制区	杭州市	10487	1112	2709	119	10731	1133	2803	121	8208	821	2462	82
	余杭区	2019	226	437	26	1382	146	361	16	1057	106	317	11
	临安市	384	43	83	5	263	28	69	3	201	20	60	2
	湖州市	1917	204	497	22	1962	208	514	22	1510	151	453	15
	德清县	1302	147	283	16	897	95	235	10	691	69	207	7
	长兴县	1448	164	315	18	998	106	262	11	768	77	230	8
	安吉县	844	95	184	11	582	62	152	6	448	45	134	4
南部太浦污 染控制区	嘉兴市	4345	491	942	54	2968	315	778	33	2284	228	685	23
	嘉善县	1311	148	284	16	896	95	235	10	689	69	207	7
	海盐县	1494	169	324	19	1020	108	267	11	785	79	236	8
	海宁市	1808	204	392	23	1235	131	324	14	950	95	285	10
	平湖市	2112	239	458	26	1443	153	378	16	1111	111	333	11
	桐乡市	1697	192	368	21	1160	123	304	13	892	89	268	9
东部污染 控制区	苏州市	9667	1107	2595	124	9837	1124	2679	125	6963	773	2285	82
	昆山市	3287	360	612	43	2561	267	513	32	1815	175	403	21
	吴江市	2325	216	439	25	1842	150	374	17	1368	89	307	9
	太仓市	2522	324	662	34	1977	260	608	26	1415	193	534	17
	青浦区	203	26	45	3	159	21	42	2	114	16	37	2
合计		88975	9472	21269	1082	76506	7838	20068	881	57099	5425	17454	588

表 9.9　近中远期城镇生活污染物总量削减潜力

分区名称	2015 年污染物削减量/(t/a)				
	污水/(万 t/a)	COD	氨氮	总氮	总磷
北部重污染控制区	109	35257	4453	6195	571
湖西重污染控制区	—	18088	2247	2907	283
浙西污染控制区	587	19709	3327	4095	383
南部太浦污染控制区	—	18885	3968	4198	189
东部污染控制区	524	20690	3165	4499	360
合计	926	112629	17160	21893	1786
分区名称	2020 年污染物削减量/(t/a)				
	污水/(万 t/a)	COD	氨氮	总氮	总磷
北部重污染控制区	—	37102	4725	6296	603
湖西重污染控制区	—	21451	2666	3276	335
浙西污染控制区	—	21295	3541	4206	410
南部太浦污染控制区	—	22930	4487	4679	251
东部污染控制区	—	22275	3369	4634	387
合计	—	125053	18789	23091	1986
分区名称	2030 年污染物削减量/(t/a)				
	污水/(万 t/a)	COD	氨氮	总氮	总磷
北部重污染控制区	—	43444	5522	7149	699
湖西重污染控制区	—	23873	2962	3584	371
浙西污染控制区	—	25228	4030	4737	470
南部太浦污染控制区	—	24940	4740	4951	281
东部污染控制区	—	26930	3941	5278	457
合计	—	144415	21195	25699	2279

4. 分区特征及控制目标

城镇生活污染源分区特征及控制目标见表 9.10。

9.2.3　城镇生活污染源治理方案

1. 已实施控源工程的推进情况

2008 年江苏省太湖流域新开工建设 153 个城镇污水处理项目，64 个已建成投运，新增城镇污水处理能力 117.05 万 m³/d，建成污水收集管网达 3500 余千米，生活污水处理率近 75%。开展了除磷脱氮技术攻关，有 131 座污水处理厂开展了除磷脱氮改造。建设 24 个垃圾处理设施，建成 6 个，在建 13 个，新增垃圾无害化处理能力 1600t/d。逐步完善了"组保洁、村收集、镇转运、县（市）集中处理"的城乡垃圾统筹处理体系。

表 9.10 城镇生活污染源分区特征及控制目标

区名	区域范围	主要特征及环境问题	削减与控制目标	措施与工程
北部污染控制区	常州市、武进区、无锡市、江阴市、常熟市、张家港市	位于太湖北部,人口密度最大,占流域总人口的32.5%,生活污水入河量占总入河量的33%,污水集中处理率在60%上下	污水集中处理率近期提高至90%以上,中远期达95%以上。中水回用率近期提高至20%～25%,中远期30%～50%	
湖西污染控制区	镇江市、丹徒区、丹阳市、金坛市、溧阳市、宜兴市、句容市、高淳县	位于太湖西部,是太湖主要入湖河流的地区。人口密度占流域总人口的14.1%,生活污水入河量约占总入河量的12%,污水集中处理率平均在40%左右	污水集中处理率近期提高至85%以上,中远期达95%以上。中水回用率近期提高至15%～25%,中远期20%～45%	(1) 提标改造,实现一级 A 排放标准;(2) 加快配套管网建设;(3) 推进中水资源回用;(4) 倡导垃圾分类,优化垃圾处置方式
浙西污染控制区	杭州市、余杭区、临安市、湖州市、德清县、长兴县、安吉县	位于太湖西南部。人口密度占流域总人口的18.9%,生活污水入河量约占总入河量的21%,污水集中处理率平均在60%左右	污水集中处理率近期提高至85%以上,中远期达95%以上。中水回用率近期提高至15%～20%,中远期20%～40%	
南部太浦污染控制区	嘉兴市、嘉善县、海盐县、海宁市、平湖市、桐乡市	位于太湖东南部。人口密度最低,占流域总人口的13.7%,生活污水入河量最低,占总入河量的9%,污水集中处理率为46.6%	污水集中处理率近期提高至80%以上,中远期达95%以上。中水回用率近期提高至20%～25%,中远期20%～40%	
东部污染控制区	苏州市、昆山市、吴江市、太仓市	位于太湖东部,是太湖的主要出流区。人口密度占流域总人口的20.8%,生活污水入河量约占总入河量的26%,污水集中处理率平均在60%左右	污水集中处理率近期提高至90%以上,中远期达95%以上。中水回用率近期提高至20%～25%,中远期20%～50%	

2009 年,在城镇生活污染治理方面,江苏省编制出台《江苏省太湖流域城镇污水处理厂提标改造技术导则》,新建成污水处理厂 35 座,完成污水处理厂除磷脱氮改造 41 座,新增城镇污水处理能力 95 万 t/d,配套污水管网 3000 多千米,目前江苏省太湖流域累计建成城镇污水处理厂 238 座,形成污水处理能力 588 万 t/d,建制镇污水处理设施实现全覆盖。

2. 治理方案及工程布局

1)城镇生活污染治理方案

根据《江苏省太湖流域水环境综合治理实施方案》,流域内现有城镇污水处理厂在 2010 年前完成除磷脱氮技术改造。所有新建和扩建的污水处理厂必须采用具有除磷脱氮功能的处理工艺，达到《太湖地区城镇污水处理厂及重点工业行业主要水污染物排放限值》（DB32/T1072-2007）的要求。同时要加快城镇生活污水处理厂和配套管网建设。加强城镇污水处理厂污泥资源化利用和安全处置工作，避免二次污染。

（1）优化污水处理设施布局

① 淡化行政区划，科学划分污水处理片区。

污水处理厂布置于城镇（开发区）水系下游，但不宜处于上风向；污水处理厂尾水排入本片区水系下游，但不影响下游片区水资源利用；污水处理厂布置于地势低平处，但不应受洪涝灾害影响。

② 相对集中为主，分散为辅，集约发展污水处理设施。

规划城镇污水以集中和相对集中处理方式为主，城镇污水处理厂处理为主、自行处理为辅，城镇综合污水经污水管网收集后进入污水处理厂集中处理。片区内城市与镇、镇与镇可结合具体条件经技术经济比较后，合作建设污水处理厂，实现污水处理设施共建共享、集约发展。

③ 控制用水指标，合理确定污水处理规模。

主要按照《室外给水设计规范》，参照《城市给水工程规划规范》选取，并结合各片区社会经济、工业发展、社会生活和现状用水水平，按建设节水型社会标准，合理选取用水指标。

④ 厂网并举、管网先行，提高污水处理设施效率。

规划加强污水管网配套建设力度，保障污水处理厂投入运行后的实际处理规模，在一年内不低于设计能力的60%，三年内不低于设计能力的75%，充分发挥污水处理厂投资效益和环境效益。

（2）配套建设管网工程

① 加强城镇污水处理厂配套管网工程建设。

对于新建污水处理设施，必须"厂网并举，管网先行"；已建和在建的城镇污水处理厂加快配套管网建设，提高城镇污水处理率；提高乡镇生活污水收集率。

② 梳理完善市政排水管网系统，开展"排水达标区"创建活动。

按照设施、养护、管理三到位的具体要求，全面清理检查排水行为，纠正私接乱排、雨污合流等现象，太湖流域管网建设逐步完善雨污分流。组织开展创建"排水达标区"活动。

③ 全面强化排水管理工作。

强力推行排水许可制度：加强对新项目的方案审批（新建项目应当有排水接管方案），符合要求的，办理相关环评手续和规划许可证。有条件进行排水接管的企事业单位，应当接管，并在办理工商年检和事业法人年检时，申领排水许可证；强化日常监管和行政执法：各市、区排水行政管理部门要加强巡查，尤其是对应接管而未接管单位的排查，督促其尽快接管。督促排水户加强预处理设施管理，对隔油池、化粪池等排水构筑物定期进行清理。排水行业主管部门要加强对排水户出水水质进行抽测，重点查处工业废水超标问题。

为全面开展控源截污工作，着重围绕规范完善市政管网建设、排水达标区分片区接管、排水规范管理三个方面，按照依法规范、分块负责、逐块实施的原则，加大监管宣传力度，梳理、完善市政排水管网系统，强化排水管理，整治错接乱排。

（3）推进中水资源回用

① 完善设计，制定标准。

应组织有关专家，借鉴国外先进的中水技术，对现行的《建筑中水设计规范》进行重新修订，提高中水设备的成套化、标准化、自动化及电子化等整体水平；对不同用途的中水，制订更详尽的最低标准；由于一般水处理成本与水处理量成反比，而已建的中水设施在 $100m^3/t$ 以下的为数不少，有的甚至只有 $20m^3/d$，为提高资金利用率，建议制订最小经济规模流量供设计参考。

② 健全法规、法制体系，统一管理。

各地应制订统一的管理办法，由水行政主管部门统一管理中水系统的设计、建设、运行，防止中水设施建设市场出现杂乱无章的现象，水行政主管部门应对中水处理装置和施工单位进行产品认定和施工资质审定，并负责各中水站出水水质监测。

③ 充分利用经济杠杆，发挥市场引导作用。

进一步拉大自来水和中水的价格差，充分调动单位、团体主动建设、使用中水的积极性；在建立中水产业的一期工程时，政府应该给予经济上的支持，提供税费减免优惠政策。

④ 大力提高公众意识，推进公众参与。

水资源管理部门要把推广使用中水作为节约用水的重要内容，大力宣传中水的节水效益、环境效益和资源效益。与此同时，向全体市民普及中水回用的技术、水质标准等常识，介绍国内外成功的中水回用实例，减少人们对污水处理回用的种种顾虑，树立使用中水的信心。

（4）倡导垃圾分类，优化垃圾处置方式

① 健全垃圾收运管理。

各个城市应根据自己的具体情况，顺畅垃圾回收渠道，逐步推广垃圾分类收集。在各个居民小区内，配备垃圾分类宣传指导员，指导鼓励居民在家中分类收集垃圾，并在小区内配备垃圾二次分类保洁员，在居民家庭源头分类投放后，进行二次分类；在机关、学校、工厂企业、机场、车站等地，设置分类收集垃圾的容器，将废塑料、废纸张、废玻璃、废金属分类收集。

② 合理应用技术，提高垃圾处理质量。

提倡采用以焚烧技术为主，结合简易填埋的处理方式。垃圾焚烧发电作为目前垃圾处理减量化、无害化、资源化有效的方法日益受到人们的重视。

③ 建立有毒有害特种垃圾收运处理系统。

有毒有害垃圾应由专门机构、专职人员、专用的车辆及容具，专设焚烧炉。

④ 建筑垃圾集中处置。

由政府选择性的建设一些建筑垃圾集中处置点，并在居民小区内设置建筑垃圾堆放点，对于居民装修产生的建筑垃圾，让居民自行将建筑垃圾运到集中处置点集中处理，不愿自行运输垃圾的，对其征收一定的建筑垃圾运输费；对于城市施工产生的垃圾，由施工单位统一运送到政府指定集中处置点进行堆放和处置。

2）城镇生活污染工程布局

根据《江苏省太湖流域水环境综合治理实施方案》和《浙江省太湖流域水环境综合治理实施方案》确定的生活污染重点治理项目清单，将污水处理厂提标改造项目、改（扩）建项目以及管网完善工程项目列于以下表中。

经统计，太湖流域分区域的工程清单和投资预算统计见表9.11。

表9.11　城镇污水处理工程汇总

分区名称	县级行政区	项目总数	总建设规模	投资/亿元		
				近期	远期	合计
改造现有污水处理项目						
北部重污染控制区	常州市	6	建设规模36.5万t/d	2.86	—	2.86
	武进区	8	建设规模15.25万t/d	1.16	—	1.16
	无锡市	20	建设规模74.75万t/d	4.98	—	4.98
	江阴市	25	建设规模32.85万t/d	2.37	—	2.37
	常熟市	17	建设规模24.15万t/d	1.5	—	1.5
	张家港市	10	建设规模12.4万t/d	0.98	—	0.98
湖西重污染控制区	镇江市					
	丹徒区	1	建设规模1万t/d	0.1	—	0.1
	丹阳市	1	建设规模4万t/d	0.3	—	0.3
	金坛市	6	建设规模10.5万t/d	0.67	—	0.67
湖西重污染控制区	溧阳市	1	建设规模0.2万t/d	0.01	—	0.01
	宜兴市	9	建设规模15.25万t/d	1.18	—	1.18
	句容市	1	建设规模2.5万t/d	0.16	—	0.16
	高淳县	3	建设规模2.6万t/d	0.16	—	0.16
浙西污染控制区	杭州市					
	余杭区			—		
	临安市			—		
	湖州市	8	建设规模23万t/d	1.37	—	1.37
	德清县	3	建设规模8万t/d	0.39	—	0.39
	长兴县	4	建设规模10.6万t/d	0.69	—	0.69
	安吉县	2	建设规模4.6万t/d	0.83	—	0.69
南部太浦污染控制区	嘉兴市					
	嘉善县	3	扩建规模1.5万t/a，7万t脱氮除磷改造	0.6	—	0.6
	海盐县	1	建设规模30万t/a	0.3	—	0.3
	海宁市	2	建设规模15万t/a	0.51		0.51
	平湖市			—		—
	桐乡市			—		—

分区名称	县级行政区	项目总数	总建设规模	投资/亿元		
				近期	远期	合计
东部污染控制区	苏州市	23	建设规模 102 万 t/d	4.78	—	4.78
	昆山市	17	建设规模 52.16 万 t/d	1.92	—	1.92
	吴江市	11	建设规模 24.8 万 t/d	1.94	—	1.94
	太仓市	7	建设规模 12.5 万 t/d	1.03	—	1.03
新（扩建污水处理项目）						
北部重污染控制区	常州市	4	建设规模 26.5 万 t/d，管网长度 228km	2.6	1.5	4.1
	武进区	13	建设规模 20.6 万 t/d，管网长度 234km	3.55	—	3.55
	无锡市	28	建设规模 78.85 万 t/d，管网长度 1104km	14.16	—	14.16
	江阴市	21	建设规模 33.7 万 t/d，管网长度 481km	5.9	—	5.9
	常熟市	9	建设规模 15.5 万 t/d，管网长度 263.4km	2	0.5	2.5
	张家港市	10	建设规模 17.3 万 t/d，管网长度 158km	2.37	0.75	3.12
湖西重污染控制区	镇江市	5	建设规模 19 万 t/d，管网长度 29.6km	4.23	—	4.23
	丹徒区	4	建设规模 10.2 万 t/d，配套管网 10km	1.22	—	1.22
	丹阳市	8	建设规模 9.5 万 t/d，管网长度 183km	1.8	—	1.8
湖西重污染控制区	金坛市	6	建设规模 9 万 t/d，配套管网 139km	1.6	—	1.6
	溧阳市	10	建设规模 18.1 万 t/d，管网长度 575.846km	2.2	—	2.2
	宜兴市	10	建设规模 15.5 万 t/d，配套管网	1.65	0.5	2.15
	句容市	9	建设规模 6 万 t/d，管网长度 226km	1.58	—	1.58
	高淳县	7	建设规模 4 万 t/d，配套管网	1.15	—	1.15
浙西污染控制区	杭州市	3	建设规模 78 万吨/天，管网长度 9.7km	24.68	—	24.68
	余杭区	19	建设规模 11.3 万 t/d，管网长度 231.41km	4.02	1.18	5.2
	临安市	10	建设规模 17.3 万 t/d，管网长度 228.7km	6.75	0.28	7.03
	湖州市	24	建设规模 32 万 t/d，管网长度 732.72km，提升泵站 2 座	11.78	4.64	16.42
	德清县	8	建设规模 13.85 万 t/d，管网长度 258km	5.03	0.5	5.53
	长兴县	25	建设规模 39 万 t/d，管网长度 1042km	14.8	16.85	31.65
	安吉县	8	建设规模 9.3 万 t/d，管网长度 309.9km	9.29	2.9	12.19
南部太浦污染控制区	嘉兴市	26	建设规模 32 万 t/d，管网长度 653.656km，泵站 23 座	18.14	5.64	23.78
	嘉善县	17	建设规模 3 万 t/d，管网长度 356.18km，脱磷脱氮改造 1.5 万 t/d	5.15	1.65	6.8
	海盐县	6	管网长度 81.56km，泵站 2 座	1.81	0.12	1.93
	海宁市	6	建设规模 26t/d，管网长度 247.73km	6.18	2.4	8.58
	平湖市	3	建设规模 5 万 t/d，管网长度 201.6km	2.02	1.97	3.99
	桐乡市	2	建设规模 30 万 t/d，管网长度 468km	12.23	3	15.23

分区 名称	县级行政区	项目 总数	总建设规模	投资/亿元		
				近期	远期	合计
东部 污染控 制区	苏州市	23	建设规模 137.5 万 t/d，管网长度 1634.2km	16.8	—	16.8
	昆山市	17	建设规模 73.4 万 t/d，管网长度 505km	6.39	—	6.39
	吴江市	11	建设规模 31 万 t/d，管网长度 352km	5.6	—	5.6
	太仓市	12	建设规模 26.5 万 t/d，管网长度 243km	4.61	—	4.61

资料来源：1)《江苏省太湖流域水环境综合治理实施方案》；2)《浙江省太湖流域水环境综合治理实施方案》

9.3 农村生活污染源削减与控制方案

9.3.1 太湖流域农村生活污染源主要问题诊断及控源思路

1. 主要问题诊断

目前，流域内农村生活污水处理率较低，经统计，各分区农村生活污水处理率不超过 10%，详见表 9.12。

表 9.12 近中远期农村生活污水集中处理率汇总表

片区	2007 年处理率/%	2009 年处理率/%	目标设计/%		
			2015 年	2020 年	2030 年
湖西重污染控制区	5	7～10	50	70	90
北部重污染控制区	7～10	一级保护区：20	50	70	90
		其他：7～10			
东部污染控制区	7～10	一级保护区：35	50	70	90
		其他：7～15			
南部太浦污染控制区	0～7	—	50	70	90
浙西污染控制区	0～7	—	50	70	90

资料来源：1)《江苏省 2008 统计年鉴》；2)《浙江省 2008 统计年鉴》

根据太湖流域五个污染控制区农村生活污染物入河量分区特征的分析结果，农村生活污染物排放量最大的是北部污染控制区，所占比重达 34%。其余四个区域较为平均，湖西污染控制区、浙西污染控制区、南部太浦污染控制区、东部污染控制区生活污染物排放量依次为 15%、16%、16%、18%。

2. 控源思路

农村生活污水面广量大，加上基层组织财力有限，导致农村生活污水收集系统和处理设施建设严重滞后。随着新农村建设步伐的加快，部分地区开展了一些示范性工作，但远未形成规模，采用的处理模式也多种多样，效果各异。针对农村地区的自然环境和经济状况，重点发展低投入、低运行成本和处理效果好的微动力污水处理技术，同时遵循以下控源思路。

（1）回归自然原则。尽量避免采用工程痕迹严重的技术，充分运用农业生产体系的生态结构和农村自然生态系统的结构功能，采用自然的、生态化的、高效复合的技术工艺对生活污水从源头、过程、终端进行循环利用，既解决污水达标排放问题，又充分考虑今后污水处理回用的需要。

（2）经济适用原则。针对广大农村地区经济基础薄弱、从业人员技术水平和管理水平较低的现状，应注重选用技术成熟可靠，运行成本低，维护管理方便，可操作性强的技术模式，实现乡村生态修复系统与乡村村貌整体的和谐统一。

（3）高效处理原则。根据生活污水特点，确定化学需氧量（COD）、氨氮（NH_3-N）、总磷（TP）和总氮（TN）为主要污染物控制指标。所选用的处理技术对主要污染物处理率应达到《城镇污水处理厂污染物排放标准》（GB18918-2002）一级 B 标准以上。

9.3.2　农村生活污染削减潜力与控制目标

1. 近、中、远期削减途径和目标

1）农村生活污水处理标准

根据江苏省建设厅 2008 年 4 月编制的《农村生活污水处理适用技术指南》中提出的农村生活污水的处理原则和处理技术，可以达到的处理标准为一级 B 标准。

据调研，按照我国多数污水处理厂的处理标准 1 级 B 标准计算，污水处理的平均成本约为 1.1 元/m³（不包括管网建设和污泥处置成本）。把污水处理的排放标准从一级 B 标准提高到一级 A 标准，一般情况下，在建设环节的投入为 600～800 元/m³，增加的运营成本约为 0.2 元/m³。若污水处理中碳源不够的话，运营成本还要高，现农村生活污水处理中碳源不足就是一个技术障碍。且为了实现一级 A 标准，需要大量投加药剂和处理设施，导致污泥的产量也相应增加约 10％左右，相应的污泥处理处置成本也将会增加。

在污水处理达到一级 B 标准的基础上，进一步提高总磷和氨氮排放标准的主要技术措施为优化二级强化生物处理系统的运行控制、增加化学除磷和出水过滤设施，增加的直接运行费用约为 0.05～0.15 元/m³。如果进一步提高总氮的排放标准，由于碳源普遍不足，大多数污水处理厂还要额外增加外部碳源（甲醇）投加设施，投加甲醇所增加的直接运行费用约为 0.15～0.25 元/m³，投加甲醇后还需要消耗不少电能来提高污水生物处理系统的供氧量，以分解残余的甲醇和产生的生物污泥。与提高管网收集率和增加污水处理率相比，投入产出比低，投资效益差，而且明显增加了能耗，未能体现节能减排的原则。

污水处理领域存在一个处理效率递减的定律，从受原水到处理达标的过程中，浓度越高，处理越容易，而随着处理的深入，污水浓度越来越低，处理难度会越来越大。工程总投资的 30％用于完成前段 70％的负荷降解，而 70％的投资是用于降解剩余 30％的

表 9.13 大湖流域近中远期农村生活污染物入河量预测表

分区名称	地区	2015年污染物入河量/(t/a)				2020年污染物入河量/(t/a)				2030年污染物入河量/(t/a)			
		COD	氨氮	TN	TP	COD	氨氮	TN	TP	COD	氨氮	TN	TP
北部重污染控制区	常州市	1474	168	211	21	1031	116	148	15	636	72	92	9
	武进区	7197	823	1028	104	5032	566	723	73	3104	353	449	46
	无锡市	7981	912	1140	116	5580	628	802	81	3442	392	498	51
	江阴市	7811	893	1116	113	5462	614	785	80	3368	383	488	50
	常熟市	7123	814	1018	103	4980	560	716	73	3072	350	445	45
	张家港市	6258	715	894	91	4376	492	629	64	2699	307	391	40
湖西重污染控制区	镇江市	619	71	106	9	433	49	62	6	267	30	39	4
	丹徒区	817	93	140	12	571	64	82	8	352	40	51	5
	丹阳市	3700	423	634	54	2587	291	372	38	1595	182	231	23
	金坛市	2124	243	364	31	1485	167	213	22	916	104	133	13
	溧阳市	3065	350	525	44	2143	241	308	31	1322	150	191	19
	宜兴市	5251	600	900	76	3671	413	528	54	2264	258	328	33
	句容市	262	30	45	4	183	21	26	3	113	13	16	2
	高淳县	229	26	39	3	160	18	23	2	99	11	14	1
浙西污染控制区	杭州市	1104	126	189	16	772	87	111	11	476	54	69	7
	余杭区	4128	472	708	60	2886	325	415	42	1780	203	258	26
	临安市	1565	179	268	23	1094	123	157	16	675	77	98	10
	湖州市	4070	465	698	59	2846	320	409	41	1755	200	254	26
	德清县	1860	213	319	27	1301	146	187	19	802	91	116	12
	长兴县	2521	288	432	36	1763	198	253	26	1087	124	157	16
	安吉县	1985	227	340	29	1388	156	200	20	856	97	124	13

分区名称	地区	2015年污染物入河量/(t/a)				2020年污染物入河量/(t/a)				2030年污染物入河量/(t/a)			
		COD	氨氮	TN	TP	COD	氨氮	TN	TP	COD	氨氮	TN	TP
南部太浦污染控制区	嘉兴市	3702	423	635	54	2589	291	372	38	1596	182	231	23
	嘉善县	2628	300	451	38	1838	207	264	27	1133	129	164	17
	海盐县	1854	212	318	27	1296	146	186	19	800	91	116	12
	海宁市	2905	332	498	42	2032	229	292	30	1253	143	181	18
	平湖市	2399	274	411	35	1677	189	241	24	1034	118	150	15
	桐乡市	2935	335	503	42	2052	231	295	30	1266	144	183	19
东部污染控制区	苏州市	11303	1292	1938	164	8293	933	1192	121	5364	610	777	79
	昆山市	5219	596	895	76	3649	411	525	53	2250	256	326	33
	吴江市	4776	546	819	69	3340	376	480	49	2060	234	298	30
	太仓市	1227	140	210	18	858	96	123	13	529	60	77	8
	青浦区	212	22	37	3	148	15	22	2	91	9	14	1
合计		110303	12604	17829	1597	77516	8719	11143	1130	48056	5468	6960	707

负荷。因此传统污水处理技术达到一级 B 标准后，往往就很难再提高处理标准，否则将大大增加投资营运费用。尤其是污水中的氮和磷的处理，传统技术基本无法达到一级 A 标准的要求，所以要求农村生活污水处理目前全部达到一级 A 标准不具备经济技术可行性。

综上所述，农村污水处理设施的尾水排放标准近期至中期定为一级 B 标准是可行的，中期至远期可逐步提高排放标准。

2) 农村生活污水集中处理率

根据太湖近中远期设定的水质目标以及流域主要污染物总量控制分配方案确定的目标，制定近期（2015 年）、中期（2020 年）、远期（2030 年）农村生活污水集中处理率的目标，详见表 9.12。

2. 近中远期污染负荷量预测

根据农村生活污染负荷产生量及入河量估算方法，利用预测得到的近中远期农村人口数量、生活污染源削减途径和目标的预测数据，预测近中远期农村生活污染的排放趋势，如表 9.13。

由表 9.13 看出，随着农村人口数量的下降，农村生活污水集中处理率的上升，农村生活污染入河量呈现明显的下降趋势。

3. 污染负荷削减潜力分析

根据农村生活污染负荷现状入河量及近中远期预测结果，计算得到近中远期流域城镇生活污染负荷的总量削减能力。由表 9.14 可见，随着农村人口数量的逐渐下降，污水处理率的逐步上升，农村生活污染物总量削减潜力逐渐增大。

表 9.14 近中远期农村生活污染物总量削减潜力

分区名称	2015 年污染物削减量/(t/a)				
	污水/(万 t/a)	COD	氨氮	总氮	总磷
北部重污染控制区	1990	36965	4793	9040	570
湖西重污染控制区	890	17694	1989	3508	252
浙西污染控制区	943	19203	2132	3777	273
南部太浦污染控制区	908	19062	2016	3666	265
东部污染控制区	260	17246	2331	3960	275
合计	4992	110170	13260	23952	1636

分区名称	2020 年污染物削减量/(t/a)				
	污水/(万 t/a)	COD	氨氮	总氮	总磷
北部重污染控制区	5424	48347	6141	10643	732
湖西重污染控制区	2425	22526	2561	4647	321
浙西污染控制区	2570	24386	2746	4999	347
南部太浦污染控制区	2475	24002	2601	4831	336
东部污染控制区	2140	23632	3089	5502	366
合计	15034	142894	17138	30622	2101

分区名称	2030 年污染物削减量/(t/a)				
	污水/(万 t/a)	COD	氨氮	总氮	总磷
北部重污染控制区	8990	58489	7261	12083	878
湖西重污染控制区	4019	26832	3037	5259	383
浙西污染控制区	4259	29004	3256	5655	414
南部太浦污染控制区	4103	28403	3087	5456	399
东部污染控制区	4199	29568	3744	6344	451
合计	25570	172296	20384	34797	2524

4. 控制目标及工程措施

农村生活污染源分区特征、控制目标及措施见表 9.15。

表 9.15　农村生活污染源分区特征、控制目标、主要措施及工程

区名	区域范围	主要特征及环境问题	削减与控制目标	措施与工程
北部污染控制区	常州市、武进区、无锡市、江阴市、常熟市、张家港市	位于太湖北部，生活污水入河量占总入河量的 34%，污水集中处理率在 7%～10% 之间	农村生活污水处理率近期达 50%。中远期达 70%～90%	（1）具备接管处理条件的，扩大城镇污水管网的覆盖；（2）不具备接管条件的，采取多种生态处理模式；（3）加快生活垃圾无害化处理设施建设
湖西污染控制区	镇江市、丹徒区、丹阳市、金坛市、溧阳市、宜兴市、句容市、高淳县	位于太湖西部，是太湖主要入湖河流的小区域，生活污水入河量约占总入河量的 15%，污水集中处理率约为 5%	农村生活污水处理率近期达 50%。中远期达 70%～90%	
浙西污染控制区	杭州市、余杭区、临安市、湖州市、德清县、长兴县、安吉县	位于太湖西南部，生活污水入河量约占总入河量的 16%，污水集中处理率在 7% 以下	农村生活污水处理率近期达 50%。中远期达 70%～90%	
南部太浦污染控制区	嘉兴市、嘉善县、海盐县、海宁市、平湖市、桐乡市	位于太湖东南部，生活污水入河量占总入河量的 16%，污水集中处理率在 7% 以下。	农村生活污水处理率近期达 50%。中远期达 70%～90%	
东部污染控制区	苏州市、昆山市、吴江市、太仓市	位于太湖东部，是太湖的主要出流区，生活污水入河量约占总入河量的 18%，污水集中处理率在 7%～10% 之间。	农村生活污水处理率近期达 50%。中远期达 70%～90%	

9.3.3　农村生活污染源治理方案

1. 已实施控源工程的推进情况

截止到 2008 年年底，已实施的相对集中处理模式有 12 种。建设 699 个农村居民点生活污水处理设施，完成 401 个（其中一级保护区建成 74 个）。重点推广的武进雅浦村土壤植物-稳定塘、金坛汀湘村塔式蚯蚓生态滤池、张家港厚生村人工潜流湿地生态床、太仓农村复合生物装置集中式处理等技术，可稳定达到一级 B 排放标准。

2009 年，新建成 1051 个农村生活垃圾处理设施，增加垃圾无害化处理能力 2150t/d，111 个建制镇和 1000 个行政村的生活垃圾收运体系建设全部完成，"组保洁、村收集、镇转运、县处理"垃圾一体化处理体系逐步完善，推动环境基础设施建设，促进了流域环境质量改善。

2. 治理方案及工程布局

1）农村生活污染治理方案

（1）乡村生活污水生态净化处理工程

① 凡具备接管集中处理条件的村镇，要扩大城镇污水管网的延伸覆盖，提高污水管网的建设进度和污水集中处理率。

② 不具备接管条件的农村地区，按照因地制宜，分类处理的原则，采取微动力、少管网、低成本、易维护的多种生态处理模式，提高生活污水处理设施的普及率和处理率。

③ 到 2015 年，太湖流域农村生活污水处理率达到 50％以上，到 2020 年，达到 60％以上；到 2030 年，达到 70％以上。

④ 2008～2012 年在 3264 个自然村建设乡村生活污水处理工程，2013～2020 年建设 3600 个。

⑤ 集成组合厌氧好氧和土壤植物生态系统，构建乡村生活污水生态净化处理模式，重点推广出水水质达到一级 B 以上标准的处理技术。

（2）乡村垃圾处理体系建设

① 逐步推进城乡垃圾分类收集、分类处理，实现垃圾减量化、资源化和无害化，2020 年前流域全面实现城乡生活垃圾无害化处理。

② 加快生活垃圾无害化处理设施建设等工程措施控制生活污染源，推进餐厨垃圾处理示范工程建设，实施垃圾处理厂（场）垃圾渗沥液处理设施提标工程，逐步对老垃圾填埋场进行规范化封场，杜绝二次污染。

2）农村生活污染工程布局

根据《江苏省太湖流域水环境综合治理实施方案》和《浙江省太湖流域水环境综合治理实施方案》确定的农村生活污染重点治理项目清单。经统计，太湖流域分区域的工程清单和投资预算统计见表 9.16。

表 9.16　乡村清洁工程汇总

分区名称	县级行政区	项目总数	总建设规模	投资/亿元		
				近期	远期	合计
北部重污染控制区	常州市					
	武进区	1	建设生活污水厌氧净化池，生活垃圾发酵池、田间垃圾收集池和乡村物业服务站等"三池一站"。近期完成 2474 个村，远期完成 2473 个村	3	1.06	4.06
	无锡市	1	分散农户生活污水处理	7.04		7.04
	江阴市	1	分散农户生活污水处理	1.81	2.02	3.83
北部重污染控制区	常熟市	1	建设生活污水厌氧净化池，生活垃圾发酵池、田间垃圾收集池和乡村物业服务站等"三池一站"。近期完成 1874 个村，远期完成 1874 个村		0.7	0.7
	张家港市	1	建设生活污水厌氧净化池，生活垃圾发酵池、田间垃圾收集池和乡村物业服务站等"三池一站"。近期完成 579 个村，远期完成 1350 个村		1	1
湖西重污染控制区	镇江市					
	丹徒区					
	丹阳市					
	金坛市	1	建设生活污水厌氧净化池，生活垃圾发酵池、田间垃圾收集池和乡村物业服务站等"三池一站"。近期完成 1125 个村，远期完成 1125 个村	0.6	0.6	1.2
	溧阳市	1	建设生活污水厌氧净化池，生活垃圾发酵池、田间垃圾收集池和乡村物业服务站等"三池一站"。近期完成 2150 个村，远期完成 2149 个村	0.6	0.6	1.2
	宜兴市	1	分散农户生活污水处理	5.43	5.4	10.83
	句容市					
	高淳县					
浙西污染控制区	杭州市	1	建设生活污水厌氧净化池，生活垃圾发酵池、田间垃圾收集池和乡村物业服务站等"三池一站"。近期完成 85 个村远期完成 127 个村。	0.08	0.25	0.33
	余杭区	1	建设生活污水厌氧净化池，生活垃圾发酵池、田间垃圾收集池和乡村物业服务站等"三池一站"。近期完成 1368 个村，远期完成 2052 个村。	2.42	4.04	6.46

分区名称	县级行政区	项目总数	总建设规模	投资/亿元		
				近期	远期	合计
浙西污染控制区	临安市	1	建设生活污水厌氧净化池，生活垃圾发酵池、田间垃圾收集池和乡村物业服务站等"三池一站"。近期完成937个村远期完成120个村	1.66	2.77	4.43
	湖州市	2	建设生活污水厌氧净化池，生活垃圾发酵池、田间垃圾收集池和乡村物业服务站等"三池一站"。近期完成1886个村远期完成3459个村	1.85	2.96	4.81
	德清县	1	建设生活污水厌氧净化池，生活垃圾发酵池、田间垃圾收集池和乡村物业服务站等"三池一站"。近期完成752个村远期完成1129个村	0.8	1.27	2.07
	长兴县	1	建设生活污水厌氧净化池，生活垃圾发酵池、田间垃圾收集池和乡村物业服务站等"三池一站"。近期完成1008个村远期完成1513个村	0.8	1.12	1.92
	安吉县	1	建设生活污水厌氧净化池，生活垃圾发酵池、田间垃圾收集池和乡村物业服务站等"三池一站"。近期完成880个村远期完成1320个村	2.56	1.56	4.12
南部太浦污染控制区	嘉兴市	2	建设生活污水厌氧净化池，生活垃圾发酵池、田间垃圾收集池和乡村物业服务站等"三池一站"。近期完成776个村远期完成1172个村	2.28	2.28	4.56
	嘉善县	1	建设生活污水厌氧净化池，生活垃圾发酵池、田间垃圾收集池和乡村物业服务站等"三池一站"。近期完成672个村远期完成1008个村	1.19	1.19	2.38
	海盐县	1	建设生活污水厌氧净化池，生活垃圾发酵池、田间垃圾收集池和乡村物业服务站等"三池一站"。近期完成916个村远期完成1374个村	0.72	0.82	1.54
	海宁市	1	建设生活污水厌氧净化池，生活垃圾发酵池、田间垃圾收集池和乡村物业服务站等"三池一站"。近期完成1322个村远期完成198个村	2.34	2.34	4.68
	平湖市	1	建设生活污水厌氧净化池，生活垃圾发酵池、田间垃圾收集池和乡村物业服务站等"三池一站"。近期完成999个村远期完成1499个村	1.77	1.77	3.54

分区 名称	县级行 政区	项目总数	总建设规模	投资/亿元		
				近期	远期	合计
南部 太浦污染 控制区	桐乡市	1	建设生活污水厌氧净化池、生活垃圾发酵池、田间垃圾收集池和乡村物业服务站等"三池一站"。近期完成 1326 个村，远期完成 1988 个村	2.14	2.14	4.28
东部 污染 控制区	苏州市	2	建设生活污水厌氧净化池、生活垃圾发酵池、田间垃圾收集池和乡村物业服务站等"三池一站"。近期完成 1411 个村，远期完成 1411 个村		2	2
	昆山市	1	建设生活污水厌氧净化池、生活垃圾发酵池、田间垃圾收集池和乡村物业服务站等"三池一站"。近期完成 650 个村，远期完成 1514 个村		0.7	0.7
	吴江市					
	太仓市	1	建设生活污水厌氧净化池、生活垃圾发酵池、田间垃圾收集池和乡村物业服务站等"三池一站"。近期完成 612 个村，远期完成 1426 个村		0.7	0.7

资料来源：1)《江苏省太湖流域水环境综合治理实施方案》；2)《浙江省太湖流域水环境综合治理实施方案》

9.4 养殖污染源削减与控制方案

9.4.1 太湖流域养殖污染源主要问题诊断

1. 畜禽养殖集约化率与畜禽粪便综合利用率还有待提高

太湖流域五个污染控制内规模化和分散型畜禽养殖发展较快，尤其是浙西污染控制区与南部太浦污染控制区。但是北部重污染控制区和湖西重污染控制区尽管畜禽养殖入河量只占流域的 30% 左右，但是由于其太湖上游的地理位置，对入湖量的贡献率极大。此外，虽然一些畜禽养殖场已经做到粪便的综合利用，但散养和部分规模养殖场的养殖污水缺乏严格控制，废水排放浓度较高，且有较多养殖污水渗入或排入河道，因此畜禽粪便综合利用和处理处置率还有待提高。

2. 水产养殖污染直接威胁水体，尚需加强循环生产工艺

太湖流域水系发达，水产养殖业是当地传统产业，现有水产养殖面积近 400 万亩，养殖规模较大。在空间分布上，水产养殖池塘分布比较零散。目前水产养殖的水体基本没有进行治理和循环利用，几乎全部渗入或排入河道，增加了水体氮、磷污染负荷。水产养殖污染量在养殖污染总量中所占比重较低，化学需氧量、氨氮、总氮、总磷排放量分别占规划区域总排放量的 8%～15%。水产生产结构与工艺有待进一步优化调整。

3. 污染排放南高北低，但西北部入湖污染高

流域范围内养殖业包括畜禽养殖和水产养殖所产生的污染物排放量相对较高。养殖污染物排放总量分别为：化学需氧量 104378t/a，氨氮 8253t/a、总氮 20616t/a、总磷 5141t/a。涉及的流域五大分区的养殖业中，南部太浦污染控制区比重最大，其次为浙西污染控制区、北部重污染控制区、湖西重污染控制区，东部污染控制区所占比重最小。

9.4.2 养殖污染削减目标与技术路线

1. 控制思路："减量化、无害化、资源化、生态化"

对流域内养殖生产进行科学规划、合理布局、分区管理，划定养殖的禁止养殖区、限制养殖区和适度养殖区。推行生态化养殖，根据周边种植业消纳能力和有机肥加工能力，合理布局规模养殖场，在水环境问题突出区域，限制畜禽养殖规模，实行总量控制。按照"减量化、无害化、资源化、生态化"要求，进一步提高畜禽养殖污染治理的技术水平，重构养殖业发展和废弃物综合利用模式，推进农牧结合，逐步建立和完善农业产业结构的可持续循环生态链。

2. 控制目标

结合太湖流域实际情况，坚持总量控制、农牧结合、种养平衡的原则，合理布置规模养殖场和生态养殖小区；2015 年干湿分离、雨污分流推进至 100%，从设施和工艺上尽可能减少污水浓度和排放量，加快建设以沼气为纽带的能源生态工程，实现规模化畜禽养殖废弃物的减量化、无害化和资源化，2015 年集约化养殖率达到 90%，降低流域散养比例；规模达到存栏猪当量 500 头以上，规模化养殖业粪便资源化利用率达到 90%。2020 年集约化养殖率达到 95%，规模化养殖业粪便资源化利用率达到 95%，为绿色农产品生产提供充足的肥源，实现粪污的"零排放"，大型养殖场建设有机肥料加工厂，为农业生产提供商品化的优质有机肥料。2030 年，实现流域全面"零排放"养殖模式，即集约化养殖率 100%，规模化养殖业粪便资源化利用率达到 100%。

9.4.3 养殖污染源治理方案

1. 畜禽养殖污染治理

1）严格畜禽养殖环境管理

合理规划养殖规模。畜禽场合理规划、适度规模是解决畜禽废物污染的重要途径，严格控制单位耕作面积的畜禽饲养量。一般认为，畜牧生产点畜禽饲养量不应超出猪当量 5000 头。继续加强畜禽养殖禁养区、限养区、适养区的划分、调整和管理，完善畜禽养殖分区管理制度。巩固现有禁养区、限养区建设成果，到近期所有的县（市、区）都要完成畜禽养殖禁养区和限养区的建设，并实现长效管理。同时，结合新农村建设，按"人畜分离、生态养殖、资源利用"原则，探索畜禽养殖污染防治管理模式。

大力推进新建、改建和扩建规模化畜禽养殖项目的环境影响评价，落实"三同时"制度。近期，流域新、改、扩建规模化畜禽养殖场（户）的环境影响评价和"三同时"执行率达到98%以上。加快推进规模化畜禽养殖场排污申报登记和排污许可证的发放。

限养区和适养区内全面推广应用雨污分流、干湿分离、沼气发酵、发酵床生态养殖和粪便集中处理等综合治理技术，实施畜禽场循环农业工程。环太湖1km及主要入湖河道上溯10km两侧1km范围为畜禽禁养区，禁养区内现有养殖场（户）必须在规定时间内关闭或迁移。环太湖1～5km为限养区，禁止新建畜禽养殖场，对现有养殖场完善干湿分离、雨污分流等环保设施，实行粪污无害化处理和农牧结合，达到零排放；对不符合环保要求的畜禽养殖场，限期治理或强制关闭。

杭嘉湖平原地区结合畜禽养殖污染防治和农村环境整治，以开发利用沼气、太阳能为主，重点发展规模化养殖场大中型沼气工程、小型沼气工程；浙中及西南丘陵地区重点推广农村户用沼气池及规模化畜禽养殖场大中型沼气工程，推行"猪—沼—作物"等能源生态模式；东部沿海地区，结合新农村建设，重点实施规模化畜禽养殖场沼气工程建设。大中城市郊区，结合养殖场搬迁和环境综合治理，重点实施规模化畜禽养殖场和农副产品加工企业大中型沼气工程，提高清洁能源利用率。

环太湖5km外的养殖区要实行总量控制，实际载畜量控制在600万头猪单位。对新建规模养殖企业，要合理布局，配套建设粪污处理设备设施，提高粪污处理能力，严格执行环评制度。同时，积极引导和鼓励在丘陵山区利用山地、林地、果园、茶园等资源发展生态养殖。

2）深入推进畜禽养殖污染治理

深入推进畜禽养殖业污染治理，大力开展年存栏猪当量100头以上畜禽养殖场排泄物治理。加快现代畜牧生态养殖小区（场）建设，积极引导畜禽散养户向养殖小区集中。开展区域畜禽养殖污染集中整治，通过制订规划，落实措施，在较短时期内解决一些区域畜禽养殖污染突出问题，按期完成南部太浦控制区畜禽养殖业污染省级环保重点监管区整治。畜禽养殖污水应首先考虑采用农牧结合、沼气化、生态化的方式进行综合治理，周边没有配套土地消纳污水的规模化养殖场（小区），应通过建污水治理工程实现达标排放。

大中型规模畜禽养殖场建设"三改两分再利用"治理工程，即改水冲清粪为干式清粪、改无限用水为控制用水、改明沟排污为暗道排污，固液分离、雨污分流，粪污无害化处理后农田果园利用。鼓励和扶持畜禽养殖场通过沼气工程、有机肥生产及沼渣沼液还田技术，进一步提高畜禽粪便的综合利用率；中小型畜禽养殖场大力推广发酵床生态养殖技术，以生物发酵床为载体，快速消化分解粪尿等养殖排泄物，实现猪舍（栏、圈）免冲洗，无异味，粪尿零排放。对畜禽分散养殖实行粪便集中收集处理，实现物业化管理、专业化收集、无害化处理、商品化造肥和市场化运作的目标。按照人畜分离、集中管理的原则，在养殖大户相对密集的区域，建设清洁养殖小区，配套建设废弃物集中处理的利用工程，包括建设畜舍建筑、饲养设备、通风保暖设施及粪便污水处理设施等，建立统一的防疫系统。

3）加强畜禽清洁养殖技术推广应用

积极推广畜禽清洁养殖技术，按照不同畜禽养殖种类和规模，选择一批畜禽养殖企业（场）开展畜禽清洁养殖示范，从源头控制污染物的产生量。①大力推广应用环保型饲粮，主要包括营养平衡饲粮、高转化率饲粮、低金属污染饲粮和除臭型饲粮的开发，提高饲料利用效率，减少浪费，从源头减少污染物的排放；②近期在全流域规模化养殖场全面推广干清粪工艺、节水设施及技术，减少污水治理压力；③采用节约用水技术，主要包括节约畜禽饮用水和畜舍清洗用水。节约畜禽饮用水主要通过改进饮水设施（如养猪采用水龙头式自动饮水装置、养鸡场采用乳头饮水线等），减少放、流、跑、漏、渗水量。畜舍清洗用水除了推行干清粪工艺外，根据不同季节改变冲洗猪圈的频率、通过安装水表和确定冲洗用水指标来减少冲洗用水量，采用节水技术，大约可节水 20％以上；④采用负压通风、湿帘降温等环保节能型设施和工艺，控制有害气体排放；⑤探索生物发酵舍等新型的养殖污染防治方法。

4）加强畜禽养殖废弃物综合利用

大力推广农牧结合综合利用型生态治理模式，加大畜禽养殖废弃物综合利用技术的推广力度，新建一批畜禽粪便废弃物资源化综合利用示范工程。积极研究推广畜禽粪便发酵新技术，提高堆肥效率、改进肥料配方和质量。规模较大的养殖场，要合理安排建设粪便处理的有机肥加工厂；畜禽养殖密度较高的地区，要按区域设置集中粪便收集处理场和有机肥加工厂。按照畜禽养殖规模积极开展户用沼气工程、村级集中沼气工程或大型沼气发电工程＋出水还田等沼气利用和尾水回田工程，实现畜禽养殖废弃物的无害化处理和资源化利用。加强沼气后续服务管理，在出水还田过程中注意种养业合理配置和拓宽出水的用途。重点进行畜禽舍改造（干湿分离）、雨水污水收集系统改造（雨污分离），建设堆粪池、氧化池（塘）、灌溉管（渠）道、畜禽粪便收集处理、沼气工程、消纳（处理）肥水的牧草基地等资源化综合利用设施。

2. 水产养殖污染治理

1）合理水产养殖布局与规模

根据不同养殖区域的生态环境状况和自然承载能力，确定合理的养殖种类、容量、方式等内容。严格控制水库、湖泊水产养殖规模。在高密度养殖区实行轮休制度，逐渐降低水产养殖密度。

2）水产清洁养殖工程

通过实施池塘循环水养殖技术示范工程，控制流域内水产养殖对太湖水体的影响。对现有养殖池塘进行合理布局，在同一区域内规划为主养区、混养区、湿地净化区和水源区等四个功能区，构建养殖池塘—湿地系统，实现养殖小区内水的循环利用。同时采用多级生物系统修复技术，对养殖池塘环境进行修复。根据水生态状况，有选择地投放草食性动物群，种植浮水、挺水、沉水植物，改善池塘生态系统。

3）积极推广水产生态养殖

积极推广先进的水产生态养殖模式和清洁生产技术。推进高效生态水产养殖，创建高效生态水产养殖基地，实现"以鱼治水"和"以鱼养水"，促进水域生态环境、水生生物资源的修复和保护。优化养殖饵料投放，提高饵料利用率，减少水产养殖污染排放。积极推广运用养殖新模式和设施渔业中新材料与新技术，广泛开展现代生物育种和育苗技术、饲料加工技术、水质调控技术与病害防控技术推广应用，有效地控制养殖的自身污染及因养殖活动对水域环境造成的影响。

4）围网养殖整治工程

太湖流域围网养殖整治工作是减少湖体污染的重要措施，太湖流域围网养殖主要集中在太湖、滆湖等湖泊内。为减少围网养殖带来的水体污染，应逐步拆除围网养殖面积，压缩围网养殖规模，重点做好太湖、滆湖、长荡湖、阳澄湖等湖泊的围网清理工作，同时落实湖泊生态和环境修复措施，探索生态放养的相关机制，着力恢复湖泊生态功能，提高水体自净能力。在围网拆迁的同时，对退养还湖带来的经济损失，地方政府根据实际情况制订拆迁补偿安置办法，合理进行补偿，做好渔民安置工作。

5）加强水产养殖污染治理

运用稳定塘、人工湿地等各种有效的治理技术和措施，积极推进水产养殖场、育苗场废水的治理，开展水产养殖场废水治理示范基地建设，逐步实现废水达标排放。内塘养殖特别是黑鱼、甲鱼、鲶鱼等养殖要推广生态养殖，并通过鱼塘尾水治理减少污染物排放。制订养殖区域环境污染防治规范，切实加强湖库、河塘和滩涂水产养殖生态环境监管，禁止向水库库区及其上游支流水体投放化肥和动物性饲料。

9.4.4 养殖业近中远期削减目标

根据基础调查与污染物排放、入河、入湖总量与空间分布特征，确定养殖污染物削减的主要空间如下：
（1）散养模式转变为集约化养殖模式，并提高养殖规模；
（2）集约化养殖模式养殖废物处理率提升；
（3）处理后的养殖废弃物的再利用；
（4）流域养殖数量的控制与减少。

结合污染物入河现状以及规划工程措施和治理政策的强度，预测了太湖流域近中期（远期均为零）养殖业污染物排放量，见表9.17。

表 9.17　太湖流域近中期养殖业污染物入河量预测表（单位：t/a）

方案分区		近期（2015 年）				中期（2020 年）			
分区名称	县级行政区	COD	氨氮	TN	TP	COD	氨氮	TN	TP
北部重污染控制区	常州市	417	34	83	20	156	13	31	8
	武进区	1483	113	295	70	37	3	7	2
	无锡市	1669	144	343	76	42	4	9	2
	江阴市	1549	127	310	75	120	10	24	6
	常熟市	997	75	177	45	77	6	14	4
	张家港市	758	62	151	36	121	10	24	6
湖西重污染控制区	镇江市	96	8	19	5	60	5	12	3
	丹徒区	390	30	76	19	73	6	14	4
	丹阳市	1127	86	210	55	117	9	22	6
	金坛市	1179	88	222	57	91	7	17	4
	溧阳市	631	46	123	29	66	5	13	3
	宜兴市	1298	91	228	57	33	2	6	1
	句容市	114	9	23	5	71	6	14	3
	高淳县	363	28	79	21	79	6	17	5
浙西污染控制区	杭州市	2575	191	457	117	962	71	171	44
	余杭区	1087	80	215	50	442	32	87	20
	临安市	763	65	156	38	144	12	29	7
	湖州市	2366	198	554	129	1573	131	368	86
	德清县	1477	120	300	77	456	37	93	24
	长兴县	915	77	196	49	226	19	48	12
	安吉县	380	32	84	19	142	12	31	7
南部太浦污染控制区	嘉兴市	2880	226	536	147	1475	116	274	75
	嘉善县	1964	157	366	98	734	59	137	36
	平湖市	1944	156	363	98	423	34	79	21
	海宁市	1201	99	264	64	704	58	155	38
	海盐县	1921	156	358	101	534	43	99	28
	桐乡市	1291	113	311	76	757	66	182	44
东部污染控制区	苏州市	1333	102	243	56	68	5	12	3
	昆山市	601	41	99	22	31	2	5	1
	吴江市	850	54	134	33	136	9	21	5
	太仓市	1701	139	373	86	472	39	104	24
	青浦区	236	19	47	12	66	5	13	3
合计		37556	2965	7393	1842	10488	840	2134	535

结合太湖流域五个污染控制区的养殖污染物入河量的分区特征与本研究所确定的总体污染物入河需求，以及对工程措施和治理政策的强度的加大，预测了近中远期养殖业污染物总量削减潜力见表9.18。

表 9.18 近中远期养殖业污染物总量削减潜力预测

2015 年	削减率/%			
	COD	氨氮	TN	TP
北部重污染控制区	86	86	84	85
湖西重污染控制区	84	83	82	83
浙西污染控制区	83	81	81	82
南部太浦污染控制区	81	80	80	80
东部污染控制区	80	79	78	79
总量	81	82	83	82
2020 年	削减率/%			
	COD	氨氮	TN	TP
北部重污染控制区	96	96	96	96
湖西重污染控制区	94	94	94	94
浙西污染控制区	92	92	92	92
南部太浦污染控制区	90	91	91	91
东部污染控制区	89	89	89	89
总量	92	92	92	92
2030 年	削减率/%			
	COD	氨氮	TN	TP
北部重污染控制区	100	100	100	100
湖西重污染控制区	100	100	100	100
浙西污染控制区	100	100	100	100
南部太浦污染控制区	100	100	100	100
东部污染控制区	100	100	100	100
总量	100	100	100	100

9.4.5 规划年达标方案污染物入河量削减潜力分析

结合太湖地区实际情况，坚持总量控制、农牧结合、种养平衡的原则，合理布置规模牧场和畜牧生态养殖小区；2015 年干湿分离、雨污分流推进至 100%，从设施和工艺上尽可能减少污水浓度和排放量，加快建设以沼气为纽带的能源生态工程，实现规模化畜禽养殖废弃物的减量化、无害化和资源化，2015 年集约化养殖率达到 95%，规模达到存栏猪当量 1000 头以上，粪便资源化率达到 100%。2020 年养殖集约化养殖率达到 100%，粪便资源化率达到 100%，为绿色农产品生产提供充足的肥源，又实现粪污的

"零排放",大型养殖场建设有机肥料加工厂,为农业生产提供商品化的优质有机肥料。2030年,实现全面"零排放"养殖模式,且养殖总量降低5%~10%。

9.5 种植业污染源削减与控制方案

9.5.1 太湖流域种植业污染源主要问题诊断

1. 太湖流域农田沟渠水质特征

太湖流域农田沟渠的主要类型如图9.3所示:

(a) 浆砌石沟渠　　　　　　　　　　　(b) 土沟渠(农田边沟)

(c) 农田支沟(上游为农田边沟)　　　(d) 三面光沟渠

图9.3　太湖流域农田沟渠主要类型

在流域五个污染控制区开展了太湖流域农田边沟水质调查,调查指标及调查结果如下。

1)东部污染控制区农田水质

东部污染控制区主要包括苏州市、虎丘区、吴中区、相城区、工业园区、昆山市、吴江市、太仓市,该区域西邻太湖,东至长江口南岸,属亚热带温润性季风海洋气候,四季分明,气候温和,雨量充沛。

东部污染控制区总共在29个镇级行政区设立采样点进行采样。东部污染控制区内可见,Ⅲ类占64.0%,Ⅳ类占16.0%,劣Ⅴ类占20.0%。以达标点位占本区监测总点位百分比计,具体检测指标见表9.19。

表 9.19　东部重污染控制区各监测指标水质类型　　　　　　　（单位：%）

	TP	NH$_3$-N	COD$_{Cr}$
Ⅲ类水质标准的点位	69.2	65.4	0
Ⅳ类水质标准的点位	7.7	15.4	0
Ⅴ类水质标准的点位	0	0	0
劣Ⅴ类水质标准的点位	19.2	15.4	100

2）南部太浦污染控制区农田水质

南部太浦污染控制区包括嘉兴市、嘉善县、海盐县、海宁市、平湖市、桐乡市。该区域南至钱塘江杭州湾北岸一线，地势以平原为主，土地肥沃，气候温和，日照充足，雨量充沛，是典型的鱼米之乡。

南部太浦污染控制区总共在32个镇级行政区设立采样点进行采样。现场调查取农田沟渠水（主要是水稻田水）。南部太浦污染控制区内可见，劣Ⅴ类占34.4%，Ⅴ类占9.4%，Ⅳ类18.8%，Ⅲ类占37.4%。以达标点位占本区监测总点位百分比计，具体检测指标见表9.20。

表 9.20　南部重污染控制区各监测指标水质类型　　　　　　　（单位：%）

	TP	NH$_3$-N	COD$_{Cr}$
Ⅲ类水质标准的点位	37.5	68.7	0
Ⅳ类水质标准的点位	18.8	18.8	0
Ⅴ类水质标准的点位	9.4	3.1	0
劣Ⅴ类水质标准的点位	34.4	12.5	100

3）浙西污染控制区农田水质

浙西污染控制区包括长兴县、湖州市、安吉县、德清县、余杭区、临安市、杭州市，该区域位于浙江省北部，太湖西南岸，全区地势大致由西南向东北倾斜，西部多山，东部为平原水网，有东苕溪、西苕溪等众多河流。

浙西污染控制区总共在30个镇级行政区设立采样点进行采样。现场调查取农田沟渠水（主要是水稻田水）。

浙西污染控制区内总体水质可见，劣Ⅴ占6.9%，Ⅴ类占6.9%，Ⅳ类13.3%，Ⅲ类占73.3%。以达标点位占本区监测总点位百分比计，具体检测指标见表9.21。

表 9.21　浙西重污染控制区各监测指标水质类型　　　　　　　（单位：%）

	TN	TP	NH$_3$-N
Ⅲ类水质标准的点位	26.7	79.3	73.3
Ⅳ类水质标准的点位	18.8	6.9	13.3
Ⅴ类水质标准的点位	0	6.9	6.7
劣Ⅴ类水质标准的点位	53.3	6.6	6.7

4）湖西重污染控制区农田水质

湖西重污染控制区包括宜兴市、溧阳市、金坛市、丹阳区、丹徒区、镇江市、高淳县。该区域位于太湖西南部，东濒太湖，北邻长江下游南岸，属亚热带季风海洋气候。

湖西重污染控制区共有 41 个采样点。现场调查取农田沟渠水（主要是水稻田用水）。

湖西重污染控制区内总体水质可见，劣Ⅴ类占 22%，Ⅴ类占 7%，Ⅳ类占 5%，Ⅲ类占 66%。以达标点位占本区监测总点位百分比计，具体检测指标见表 9.22。

表 9.22　湖西重污染控制区各监测指标水质类型　　　　　（单位：%）

	TP	NH$_3$-N
Ⅲ类水质标准的点位	66	73.80
Ⅳ类水质标准的点位	5	4.85
Ⅴ类水质标准的点位	7	4.85
劣Ⅴ类水质标准的点位	22	16.50

5）北部重污染控制区农田水质

北部重污染控制区包括无锡市、常州市、武进区、江阴市、常熟市、张家港市。该区域南至太湖，北邻长江，属北亚热带温润气候，四季分明，气候温和，雨水充沛，无霜期长，地势以低洼的平原和丘陵为主，土地肥沃，物产丰富。

北部重污染控制区共有 21 个采样点。现场调查取农田沟渠水（主要是水稻田水）。

北部重污染控制区内总体水质可见，劣Ⅴ类占 22.3%，Ⅴ类占 10.0%，Ⅳ类占 18.5%，Ⅲ类占 49.2%。以达标点位占本区监测总点位百分比计，具体检测指标见表 9.23。

表 9.23　北部重污染控制区各监测指标水质类型　　　　　（单位：%）

	TP	NH$_3$-N	COD$_{Cr}$
Ⅲ类水质标准的点位	51.5	71	0
Ⅳ类水质标准的点位	18.5	14	0
Ⅴ类水质标准的点位	7.7	10	0
劣Ⅴ类水质标准的点位	22.3	5	100

6）各分区水质情况比较

各分区水质数据见表 9.24。五个分区比较结果显示湖西重污染控制区种植业面源污染最严重，其中氨氮、硝氮、总氮、总磷都明显比其他四个分区高，COD$_{Cr}$虽然略低于东部污染控制区和浙西污染控制区，但是浓度也很高，为 328.36 mg/L，属劣Ⅴ类水质。

表 9.24　太湖流域五大控制区农田水质（单位：mg/L）

分区名称	氨氮	硝氮	总磷	总氮
东部污染控制区	0.99	0.75	0.29	3.15
南太浦污染控制区	0.93	1.37	0.33	3.81
浙西污染控制区	0.82	0.99	0.19	3.12
湖西重污染控制区	2.38	1.63	0.54	5.50
北部重污染控制区	0.84	1.57	0.32	4.32

2. 太湖流域种植业污染主要问题诊断

化肥过量使用是种植业面源污染的主要因素之一，农田径流中 N、P 流失量与肥料投入水平显著相关。农田中氮磷等通常通过农田排水和降雨形成径流方式进入地表水体造成农田非点源污染。随径流流失是土壤中的氮磷进入水体的主要途径。

自 20 世纪 80 年代初以来，太湖地区农田生态系统中的氮、磷一直处于盈余状态，养分高度集中，大田作物施肥量甚至达到纯氮 600 kg/hm²，远远高于作物实际需要量。90 年代中后期以来，农田的氮、磷剩余量虽然有所下降，但是下降幅度并不是很多。

9.5.2　种植业污染削减目标与技术路线

1. 污染源分布特征

种植业污染从空间分布上具有如下特点：耕地主要集中在北部重污染控制区、湖西重污染控制区、南太浦污染控制区，这三个区的耕地面积约占整个太湖流域耕地面积的 80% 左右。各分区水质情况如表 9.24 所示。

整个太湖流域农田水以总氮和 COD 污染最严重，总磷次之。整个太湖流域农田水各水质的平均浓度：氨氮为 1.32mg/L，硝氮为 1.28mg/L，总磷为 0.35mg/L。以地表水环境质量标准评价，按总磷、评价属于 V 类，可见，太湖流域农田水磷含量很高，因此农田中的氮磷流失进入地表水体，污染河流、湖泊引起水体富营养化的风险很高，对农田水进行必要的处理势在必行。

五个分区比较结果显示，湖西重污染控制区种植业污染最严重，其中氨氮、硝氮、总氮、总磷都明显比其他四个分区高。

通过化肥减施可消除污染物排放量，通过其他农业面源污染治理措施，可增加污染物削减能力。

2. 污染源排放趋势预测

根据种植业污染负荷产生量及入河量估算方法，利用近中远期种植业削减途径和目标，预测种植业污染入河量近中远期的变化趋势，如表 9.25 所示。

3. 污染负荷削减潜力分析

根据种植业污染负荷现状入河量及近中远期预测结果，计算得到近中远期流域种植业污染负荷的总量削减潜力，见表 9.26。

表 9.25　太湖流域近中远期种植业污染物入河量预测（单位：t/a）

市（区，县）	2007 年				2015 年				2020 年				2030 年			
	COD	氨氮	总氮	总磷	COD	氨氮	总氮	总磷	COD	氨氮	总氮	总磷	COD	氨氮	总氮	总磷
常州市区	301	180	631	45	256	118	463	38	205	77	274	25	81	49	199	14
武进区	696	418	1462	104	451	151	743	66	366	100	446	44	147	64	329	25
无锡市区	800	480	1680	120	481	137	758	70	395	92	463	48	163	60	345	28
江阴市	688	413	1445	103	452	154	747	66	371	103	457	45	153	68	341	26
常熟市	837	502	1758	126	488	132	761	69	406	90	473	48	172	60	357	29
张家港市	696	418	1462	104	451	151	743	66	379	104	469	46	164	70	359	28
镇江市区	—	—	—	—	—	—	—	—	—	—	—	—	—	—	—	—
丹徒区	443	266	930	66	345	145	604	51	235	71	241	25	63	38	157	11
丹阳市	1110	666	2331	166	493	60	636	69	332	29	248	34	85	15	159	15
金坛市	789	473	1656	118	474	142	763	69	310	65	282	32	73	33	175	13
溧阳市	1206	724	2533	181	479	72	572	66	313	33	211	31	74	17	131	13
宜兴市	1583	950	3325	238	321	95	632	39	207	43	227	18	47	21	139	7
句容市	1019	612	2140	153	499	78	704	70	336	37	274	34	86	20	176	15
高淳县	650	390	1365	98	440	155	732	64	291	72	277	31	72	37	175	13
杭州市区	266	160	559	40	232	108	420	34	167	58	192	19	52	33	131	9
余杭区	1397	838	2933	209	412	84	587	56	298	45	268	31	92	26	182	15
临安市	676	406	1420	101	444	151	734	66	317	80	328	36	95	45	220	17
湖州市区	1235	741	2593	185	468	74	537	65	315	36	218	33	82	19	138	14
德清县	548	329	1152	82	396	155	683	59	270	77	285	30	73	41	182	13
长兴县	1051	630	2206	158	496	65	684	70	344	33	292	37	96	18	190	17
安吉县	676	406	1419	101	444	151	734	65	317	80	328	36	95	45	220	17
嘉兴市区	1245	747	2615	187	472	75	515	63	356	43	257	37	116	25	177	19
嘉善县	542	325	1138	81	396	153	675	58	291	85	323	33	89	48	216	16
海盐县	649	390	1363	97	439	155	731	64	323	86	349	36	98	48	234	18
海宁市	770	462	1617	115	470	144	760	68	355	83	378	40	115	48	261	20
平湖市	600	360	1259	90	421	156	710	62	327	93	368	38	113	56	262	20
桐乡市	1097	658	2304	165	497	66	650	70	385	39	337	42	133	24	239	22
苏州市区	445	267	935	67	346	145	607	51	216	111	446	40	85	86	375	29
昆山市	345	207	724	52	284	127	510	42	174	96	370	32	67	74	307	23
吴江市	488	293	1026	73	371	152	646	54	227	115	468	42	87	88	389	30
太仓市	561	337	1179	84	405	154	687	59	244	115	491	45	91	87	403	32
青浦区	1363	54	110	11	1049	31	74	8	643	23	53	6	247	18	44	5

表 9.26　近中远期种植业污染物总量削减潜力

2015 年	削减率/%			
	COD	氨氮	TN	TP
北部重污染控制区	36	65	50	38
湖西重污染控制区	55	82	67	58
浙西污染控制区	51	78	64	53
南部太浦污染控制区	45	75	61	48
东部污染控制区	56	50	38	28
总量	49	74	60	49
2020 年	削减率/%			
	COD	氨氮	TN	TP
北部重污染控制区	18	33	39	31
湖西重污染控制区	34	53	62	52
浙西污染控制区	30	48	56	46
南部太浦污染控制区	25	42	50	41
东部污染控制区	39	25	28	23
2030 年	COD	氨氮	TN	TP
总量	28	41	49	41
北部重污染控制区	59	35	25	42
湖西重污染控制区	75	49	37	58
浙西污染控制区	71	45	34	54
南部太浦污染控制区	68	42	31	50
东部污染控制区	62	23	17	29
总量	67	38	29	47

4. 技术路线

根据流域种植业面源污染物的空间分布特征，全面调整种植业产业结构，大力推广发展生态种植业产业，加快绿色农产品生产。利用特有的生态资源优势，形成布局合理、结构优化、标准完善的种植业生产格局。建立清洁生产的技术规范体系，采用标准化生产和质量全程控制手段，引导和帮助农民科学用肥、安全用药，重点解决动植物病虫、大宗农产品的农药残留和重金属污染等问题，扶植优势农产品品牌，完善检验检测体系，扩大农产品质量安全监管控制范围，提高农产品的优等品率及安全达标率，全面提高优势农产品的质量安全水平。积极开发和推广生态种植、养殖、加工技术，抓好生态种植业网络体系建设，湖滨缓冲带外的种植业建成布局合理的以蔬菜、水果、花卉、水产支柱产业为主的生态种植业基地。

具体策略为：管理措施方面，环境管理制度是保证实现种植业面源污染控制目标的极其重要的途径，是其他环境保护手段发挥作用的前提和基础。要发挥政府的管理职能，制订及实施切实可行的环境管理制度；同时通过引导、约束、协调人们的观念和行为，保证种植业面源污染控制目标的实现。对靠近太湖周边的农田种植结构进行调整，以减少污染排放。工程手段方面，从种植业面源污染发生过程出发，在污染物向湖体迁移过程中采用工程措施对污染负荷进行削减，包括农灌渠改造、建立人工湿地、植被过滤带及缓冲带等措施。同时普及科学施肥，从根源上降低化肥施用量，减少流失量。

缓冲带内大力发展生态种植业工程，通过生物和生态工程技术对污染物质进行生态拦截，并采用生态学原理和工程技术恢复其生态功能；整个太湖流域要加快种植结构的优化调整，普及测土配方施肥技术，加大农灌渠生态改造和农田废弃物资源化利用的力度；在全流域加强农田减污综合管理，实现污染治理与养分再利用的结合，生态技术与工程技术的结合，技术系统与管理系统的结合。

种植业面源污染治理思路见图9.4。

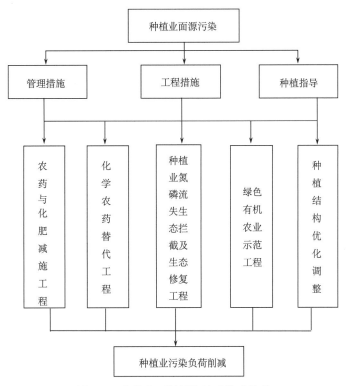

图9.4 种植业面源污染治理技术路线

9.5.3 种植业污染源治理方案

1. 种植业治理总体方案

根据太湖流域种植业污染区域分布特征，流域内种植业污染的重点控制区域为湖滨严控区及湖西重污染控制区。在产业结构调整减排方案的基础上，提出"农灌渠生态改造与湖滨生态修复、农田化肥与农药控制、农田废弃物资源化和绿色有机种植业建设"等工程措施手段相结合的综合治理方案。其中湖滨缓冲区为近期规划治理区域。促进秸秆综合利用，从饲料、肥料、燃料和工业原料等领域开拓秸秆综合利用渠道，大力推广秸秆还田、秸秆气化技术和其他综合利用措施，较大幅度提高秸秆综合利用率。

强化农用化学品环境安全管理。加强农药环境安全管理，减少不合理使用造成的危害。完善农药生产和使用的环境安全管理，加强在人口集中区、自然保护区农药使用的管理。加强化肥施用的环境安全管理，减轻种植业污染。积极推广作物专用肥、BB肥（散装掺混肥料）、有机-无机复合肥、微生物肥和控效肥等新型肥料，发展绿肥种植，提倡使用有机肥，减少化肥使用，使氮肥、磷肥、钾肥的使用量按生态种植业氮磷钾投入比例进行使用，最大限度地提高化肥利用效率；积极推广深施、包膜、缓释、复合配方和测土施肥等技术，提高化肥利用率，降低流失率。节水灌溉，大力推广水管员制度；加强农膜使用的环境安全管理，积极开发农膜回收利用技术，严格控制超薄农膜的使用。

建立农产品安全保障体系，开展无公害农产品生产示范基地建设，加强有机食品、绿色食品、无公害农产品和其他优质农产品基地的环境保护，建立清洁生产的技术规范体系，采用标准化生产和质量全程控制手段，引导和帮助农民科学用肥、安全用药，完善检验检测体系，扩大农产品质量安全监管控制范围，提高农产品的优等品率及安全达标率，全面提高优势农产品的质量安全水平。严格控制生物生长激素在种植业生产中的使用，在蔬菜、水果生产中禁止使用高毒、高残留农药，提高农产品质量和安全水平。

开展菜地填闲作物技术，减少设施菜地夏季揭棚期氮磷流失；优化种植制度方面，开展稻田控污技术，紫云英-水稻轮作模式下施用30%左右的化肥可行。

2. 湖滨严控区种植业污染治理规划方案

湖滨严控区（1km不等）规划采取工程措施与管理措施相结合的综合治理方案，严格控制湖滨严控区水、土、林等生态资源的不合理开发利用；进行种植业产业结构调整，削减蔬菜等高水高肥作物种植面积，鼓励种植施肥量少、复种指数低的农作物；实施农灌渠生态改造工程和大面积推广测土配方技术；开展绿色有机种植业示范工程和生态旅游等的建设。

3. 湖西重污染控制区种植业治理规划方案

湖西重点污染控制区种植业以水田为主，污染物排放量占流域种植业的30%，种植业面积在流域五个控制区中最大，种植业发达，但属于传统种植业，污染排放量大，农田尤其水田多建在河道及湖荡边，排水分散，种植业污染入湖率较高。以宜兴市为中心，建立无公害蔬菜生产基地；鼓励种植施肥量少、复种指数低的农作物；实施农灌渠生态改造、生态修复、生物工程和大面积推广测土配方技术；开展农田废弃物资源化工程等的建设。

4. 其他区域种植业污染治理规划方案

规划采取工程措施与管理措施相结合的综合治理方案，主要内容：临湖进行种植业产业结构调整，削减水果、蔬菜等高水高肥作物种植面积，鼓励种植施肥量少、复种指数低的农作物；实施农灌渠生态改造、生态修复、生物工程和大面积推广测土配方技术；开展绿色有机种植业示范工程的建设。

环太湖各乡镇依山傍水，自然资源得天独厚，可根据各乡镇的自然、人文条件，种植业生产的传统和基础，规划和建设具不同特色的各类现代种植业示范园区，再以点带面辐射到整个环太湖区域。

第 10 章 流域"一湖四圈"修复与保护方案

10.1 指导思想、分期目标与指标体系

10.1.1 修复与保护的指导思想

结合太湖流域环境综合调查与问题诊断，针对太湖流域"一湖四圈"生态圈层结构与功能主要影响因素和驱动因子，基于在流域层面进行社会经济、资源、污染源等调控措施，通过对流域生态圈层的水源涵养林、湖荡湿地、河网、湖滨缓冲带及太湖湖体实施各类生态调控措施，形成流域尺度上的生态建设策略；综合应用物理、化学、生物等技术措施，以及各类技术集成的工程措施，促进流域生态圈层水生态系统恢复，提高流域生态圈层系统的健康程度；同时结合流域生态圈层水平的监管能力、管理体制、生态补偿、循环经济等保障管理机制的同步建设，形成一套涵盖流域社会经济与流域生态圈层的综合治理策略，将太湖流域逐步构建成"和谐"的生态流域，保障流域社会、经济、环境的协调发展和可持续发展（孔繁翔等，2006；叶建春，2008）。

10.1.2 阶 段 目 标

1）近期目标

2015 年：优先解决公众高度关注的湖荡湿地、入湖河流和湖滨带水质下降严重、人类活动过多所导致的生态问题，在水质达标区域开展景观功能的修复，遏制流域生态状况恶化趋势，各生态圈层局部区域生态状况有所改善；

2）中期目标

2016～2020 年：开展以湖荡湿地为核心的流域系统生态修复，大面积恢复湖荡、河滨与湖滨湿地，提升流域生态承载力；同时开展重要栖息地和生态服务功能恢复，各生态圈层生态状况及功能逐步提升；

3）远期目标

2020～2030 年：以流域四圈生态综合修复为主，涵养林林相结构合理且涵养能力极大提升，其他各圈层湿地面积极大恢复，人类活动与圈层生态功能互利共赢。同时，通过建立多圈层生态保护区来全面实现流域生态圈层各子系统的可持续发展。

10.1.3 指 标 体 系

流域"一湖四圈"修复定量指标共 14 项。根据太湖流域生态现状，制定以下阶段性的修复指标及目标，如表 10.1 所示。

表 10.1 流域"一湖四圈"修复指标体系及近中远期目标

子系统	编序号	指标体系	单位	2007 年	2015 年	2020 年	2030 年
涵养林修复与保护	11	涵养林林覆盖率	%	14	15	16	18
	2	林相结构（乔灌林比例）	%	20～30	40	45	60
	3	郁闭度	%	20～40	50	60	80
湖荡湿地修复与保护	44	沉水植物生物量	t/km²	100～200	400	600	1000
	5	湿地植被覆盖率	%	6	8	10	15
	6	湖荡总体水质（Ⅴ类及劣Ⅴ类比例）	%	30	25	15	0
河网修复与保护	77	城市河道清淤率	%	20	50	80	100
	8	河体岸带植物覆盖率	%	<20	30	50	70
	9	河网修复生态护岸占比	%	30	>40	>50	>60
湖滨缓冲（带）生态修复	10	生态防护林带封闭水平	%	<40	>50	>90	100
	11	挺水植被覆盖率	%	15	20	30	50
湖体	12	富营养化指数	—	62	55	50	45
	13	蓝藻水华影响指数	—	0.6	<0.45	<0.25	<0.10
	14	沉水植被盖度	%	15	20	30	40

10.2 流域水源涵养林修复与保护方案

全面加强太湖流域水源涵养林保护，维护水源涵养林的生态特征和基本功能，重点保护好太湖上游水源涵养林以及流域内有重要意义的水源涵养林，保持和最大限度地发挥水源涵养林生态系统的各种功能和效益，保证水源涵养林资源的可持续利用，促进经济发展、改善生态环境（陈荷生，2003；张彪等，2010）。

10.2.1 设 计 理 念

山区、丘陵区坚持生态效益优先，重点营造水源涵养林、水土保持林、名特优经济林和生态能源林，城镇、农村公路、建筑物四周等重要地段，实行乔灌花草相结合，扩大常绿树种比例，提高绿化美化标准和景观效果，形成生态廊道。

10.2.2　设计思路

根据太湖流域不同分区生态功能的差异，需有针对性的采取不同的整治调控方案。针对流域生态系统结构失衡的现状，建立严格控制的天然林保护区，通过封山育林和种群结构调整与优化，促进生态系统向健康合理的结构发展。针对太湖南岸丘陵平原栎类典型混交林、北部湖湾区马尾松林区和宜兴溧阳低山丘陵常绿栎林、杉木林区森林的现状，有选择地进行采取全封、半封、轮封，保护现有森林资源，充分发挥其涵养水土、净化水质的作用，减少太湖入湖污染物。另外针对太湖东岸丘陵平原木荷林、马尾松林区工业污染、农业面源污染、城市生活垃圾污染、水体破坏现象严重、森林覆盖率低等问题，应通过多层次全方位的生态恢复治理措施，做好城市绿化工作，在城市道路两侧、居民小区、城郊、公路、河流沟渠两侧植树造林。在农村，以县（市）为单位，以村镇为基础、以农户为单元，乔灌结合，村庄周围、街道和庭院绿化相结合，扎实抓好围村林、行道树、庭院绿化美化，推进城乡绿化一体化进程（图 10.1）。

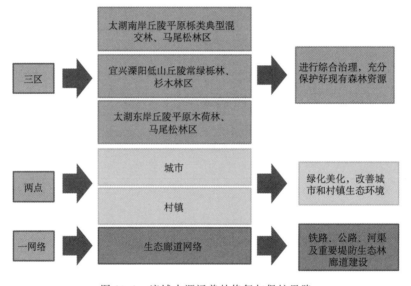

图 10.1　流域水源涵养林修复与保护思路

10.2.3　方　案　目　标

全面加强太湖流域水源涵养林及其生物多样性保护，维护水源涵养林生态系统的生态特征和基本功能，重点保护好太湖上游入湖区的水源涵养林，保持和最大限度地发挥水源涵养林各种功能和效益，保证水源涵养林资源的可持续利用，促进经济发展、改善生态环境（陈荷生，2003）。

1）近期目标（2015 年）

基本遏制人为因素导致的太湖流域水源涵养林覆盖率的下降，采取封山植树，退耕还林等综合治理措施，建立太湖流域水源涵养林的恢复与重建示范。加大污染源治理，合理配置水资源，建立太湖流域水源涵养林协调管理机构和法规体系，开展强有力的宣教活动等。2007 年太湖流域水源涵养林覆盖率、林相结构（乔灌林比例）、郁闭度分别为 14％、20％～30％、20％～40％；2015 年，由目前的状态分别提高到 15％、40％、50％。

2）中远期目标（2020～2030 年）

建立比较完善、科学、规范的太湖流域水源涵养林保护和管理体制，使太湖流域水源涵养林及其多样性基本得到有效的保护，同时力争使退化的太湖流域水源涵养林得到不同程度的恢复治理。太湖流域水源涵养林高效适度合理开发利用技术得到广泛应用，建立起比较完善的太湖流域水源涵养林监测体系和法规体系，初步形成太湖流域水源涵养林保护与合理利用的有序管理。太湖流域水源涵养林覆盖率、林相结构（乔灌林比例）、郁闭度在 2020 年分别提高到 16％、45％、60％；在 2030 年，分别提高到 18％、60％、80％。

10.2.4　实施措施及重点建设项目

1. 太湖水源涵养林恢复与重建

1）条件植被恢复与重建

常绿阔叶林是太湖流域的地带性植被，它具有涵养水源、保持水土、调节气候、净化空气、改善水质、美化环境等多种作用。因此，是太湖流域植被恢复的目标。虽然太湖流域现存少量的常绿阔叶林为次生植被，但我们认为，若能将现有植被恢复为次生常绿阔叶林，并不继续破坏，那么其涵养水源和保持水土等功能将得到逐步恢复。

2）被破坏山体的植被恢复

太湖流域植被破坏原因多种多样，有地表结构严重破坏的、有土壤受重金属污染的、有水土流失严重的、有立地条件恶劣的，因此在进行植被恢复时应以限制因子为主导因子考虑，水土流失严重的考虑生物措施和工程措施相结合，重金属污染的要选择对重金属有抗性和富集作用的植物种类，地表结构严重破坏的要考虑合理的种植种类配置来保护地表。同时，植被恢复与重建可以是多目标的，恢复与重建的森林可以是生态公益林、风景林、用材林。对重金属严重污染的地区的植被恢复，可以利用木本植物和对重金属吸收较好的草本植物组成立体模式，来净化污染面积较大的土壤，实现污染地区土壤的生态修复（周再知等，2007）。

3）土壤改造

本地山体破坏现象不严重，只有小部分地区存在采石、挖矿现象，土壤改造主要是针对土壤的物理化学性质进行可行性改造，以利于林木快速健康生长。增施有机肥，让凋落物归还土壤，经过土壤物理、化学、生物因素的综合作用，形成有机胶体腐殖质，使土壤疏松肥沃，缓解盐渍化，改善土壤团粒结构和理化性质，既能提高土壤透气性和保水保肥能力，又能提高土壤环境容量和自净能力，促进蔬菜根系发育及增强抗性。土壤改良技术就是对土壤团粒结构、pH 等理化性质的改良及土壤养分、有机质等营养状况的改善。

4）小流域综合治理

太湖流域河湖纵横，荒沟地带是一种较为特殊的地域。它处在两山夹缝中间，包括两个山脊线所夹两个坡面及沟底的范围，实际上是两坡面流域的集水区。此类林地的坡顶、沟底立地条件相差悬殊，坡顶及上坡植被稀少，上层浅薄，坡度较大极易造成水土流失。小流域综合治理符合自然规律，水土流失都是按小流域发生发展的，一级一级小流域组成大流域。以小流域为单位进行综合开发治理，可实行上游与下游同步，山脊、山坡与山沟兼顾，治理与开发结合，圈、责、利协同。这样有利于全面规划，农、林、牧、副、渔协调发展，公益林与商品林整合，便于承包经营，集中人力、财力，使治理与开发尽快产生效益，有利于尽快改善生境条件，达到可持续发展（陈西庆和陈进，2005；王浩和王建华，2007）。

2. 水源涵养林树种的选择与配置

科学布局林种、合理选择树种是商品林建设的关键。要按生态经济的原则，以市场为导向，精选高效树种或品系。统筹决策林种结构和树种比例，特别要注重防火、隔离等伴生树种的选择。商品林基地中伴生树种林分的比例要求达到 20％到 30％以上，实行混交造林或大块状混交布局，增加系统的抗逆性。要开发和发掘适宜、高效、多用途的树种或品系，除主要用材林树种和经济林树种外，要特别注重特种用途树种、高抗树种、多用途树种的开发。

3. 空间配置和结构设计

公益林、商品林应在类型区分基础上，遵循因地制宜、因害设防原则，以地形特征及森林植被为主导因子，参照光、热、水和土壤植被条件、地域完整性、经济技术发展方向进行合理配置。

1）森林覆盖率

在自然状态下，森林防护林效益的高低，从理论上分析与森林自身属性即森林面积大小，森林内涵质量（如森林类型、层次、结构等）和森林的空间分布格局相关，亦受气候、地质、地貌和土壤等环境因子的深刻影响。在森林自身属性和环境因子中，前者具相对可变性，易为人力调控，而后者则具有相对稳定性，人力难以干涉。同时，环境因子对森林生态系统防护能力的影响，在很大程度上已通过不同森林防护能力的差异得到了综合的反映。因此，在特定区域内确定最佳防护效益森林覆盖率时，应着力考虑调控森林自身属性，即森林面积，森林内涵质量及其空间分布格局，使森林自身属性与环境因子达到最佳耦合状态，充分发挥森林的生态屏障作用。

2）植被密度

植物群落结构决定其功能，合理的群体结构是稳定、高效地发挥林分生态、经济功能的基础。林分密度是合理机构的数量基础，密度是否合理不仅影响群落生长，而且影响生态、经济功能的发挥。林木直径的生长同时受到立地条件、林分密度以及经营水平的影响，在一定的经营水平和立地条件下，直径生长规律与林分密度密切相关。

不同立地条件、不同植被恢复目的、不同植被品种的种植密度是不同的。速生喜光植物宜稀一些，耐阴且初期生长慢的植物宜密一些；树冠宽阔、根系庞大的宜稀一些，树冠狭窄、根系紧凑的宜密一些；土壤贫瘠地区的植被密度应大一些；在栽植技术精细、水分供应良好、管理好的地区，密度宜稀一些；水土保持林可密一些。

人工林林分的自然分化和稀疏规律与天然林分不同，由于个体之间的竞争能力比较接近，如果（初植）林分密度过大，容易导致全部林木个体生长不良。因此，即使是实施天然林资源保护工程以后，对林分密度过大的生态林（水源涵养林、水土保持林等），也应该通过实时、适量的间伐，进行合理的密度调控。在促进林分生长，提高林分生长量，更好发挥林分生态效益的同时，还可以生产不同规格、具有不同用途的木材，兼有一定的经济效益，同时发挥林分的生态、经济功能。

3）植被结构

植被类型结构的优劣直接影响防护林的整体效益，优化的植被类型结构也会为防护林体系的经营管理提供理论指导。根据层次分析方法的原则，对集水区涵养林的水源保护功能与不同植被类型的内在关系进行系统分析，以获取最佳的水源保护功能作为植被类型结构优化的最终目标。不同植物对生境的适应性有限，其生存离不开一定的植物群落。植被品种筛选好后只能作为先锋品种来种植，要达到长久治理的目的，必须乔、灌、草、藤组合，进行多植被间种、套种、混种，并有目的的进行其他生物接种。

4）植被格局

在废弃地上普遍种植植物，无疑是一种快速恢复植被的良好方法。依据景观生态学原理，最优的植被格局应由几个大型的自然植被斑块组成本底，并由周围分散的小斑块及其中的小廊道所补充、连接。这样既节约了人工和经费，又为植被的自然恢复提供了空间。

4. 重点工程分区特征

太湖流域的水源涵养林修复分区如下：①宜兴溧阳低山丘陵常绿栎林、杉木林区，即生态林业区；②太湖东岸丘陵平原木荷林、马尾松林区，即生态经济林区；③太湖南部丘陵平原栎类典型混交林、马尾松林区，即丘陵林地生态保护区。实施的重点工程主要包括封山育林工程、林分改造工程和退农还林工程。

具体的流域水源涵养林修复分区重点工程分布如图 10.2。

图 10.2　流域水源涵养林修复分区重点工程分布

10.3　流域湖荡湿地修复与保护方案

湿地由于具有广泛的食物链和丰富的生物多样性，它不仅为人类提供大量食物、原料和水资源，而且在维持生态平衡，保持生物多样性和珍稀物种资源以及涵养水源、蓄洪防旱、降解污染调节气候、补充地下水、控制土壤侵蚀等方面均起到重要作用，因此在自然景观保育中具有重要作用。而湿地生境的恢复又是湿地结构与功能得以恢复的基础，因此在湿地恢复与重建过程中起着举足轻重的作用。湿地生境恢复的总体目标是通过采取适当的生物、生态及工程技术措施，提高生境的异质性和稳定性（许朋柱和秦伯强，2002；朱季文等，2002）。

10.3.1　设计理念

湖荡湿地生态恢复技术研发和集成是一项十分复杂的系统工程，而且其见效周期长、任务重。因此，根据太湖流域环境保护总体目标以及流域污染防控的进度与实施效果而定，在充分达到外源控制、内源控制和生境改善的基础上，结合实地调查研究，在现有技术原理、操作规程等的基础上，根据对湖荡湿地水生态恢复的各个过程的控制需要，分三个阶段进行实施。

10.3.2　设计思路

根据太湖流域不同分区生态功能的差异，需有针对性的采取不同的整治调控方案。针对湖荡湿地生态系统结构失衡的现状，必须坚持以发挥其稳定的生态功能为主要目标，开展的一切活动均应在不影响其生态系统结构和生态功能的基础上进行，以维护湿地生态平衡、保护生物多样性及湿地功能的完整性。

湖荡湿地保护，必须采取综合性措施，既要采取必要的工程及生物学等保护措施，又要加强管理、科研、宣教等能力建设，将工程措施和非工程措施有机结合起来。以科技为先导，充分吸收国际和国内湿地保护经验，加强国内外生态新技术在湿地保护中的应用，在全面规划、合理布局的基础上，做到因地制宜、实事求是，普遍保护、重点突出、分步实施（图10.3）。

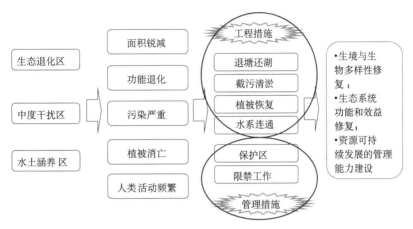

图 10.3　流域湖荡湿地修复与保护思路

10.3.3　方案目标

全面加强太湖流域水源涵养林及其生物多样性保护，维护水源涵养林生态系统的生态特征和基本功能，重点保护好太湖上游入湖区的水源涵养林，保持和最大限度地发挥水源涵养林各种功能和效益，保证水源涵养林资源的可持续利用，促进经济发展、改善生态环境。

1）近期目标（2015年）

生态修复以现状保护为主，修复进程与流域污染源控制和人类活动水平协调发展。现阶段太湖流域湖荡湿地修复沉水植物生物量、湿地植被覆盖率、湖荡总体水质（Ⅴ类及劣Ⅴ类比例），分别为 $100\sim200t/km^2$、6%、30%。在2015年分别提高到 $400t/km^2$、8%、25%。

2）中期目标（2020年）

生态修复以污染物移除、生境恢复为主，其目标是为生态恢复，提供适宜的环境条件。太湖流域湖荡湿地修复沉水植物生物量、湿地植被覆盖率、湖荡总体水质（Ⅴ类及劣Ⅴ类比例）在2020年分别提高到 $600t/km^2$、10%、15%。

3）远期目标（2030 年）

增加生态修复面积，大力恢复以水生植物为主的生物生境特征，为全流域生态区恢复创造条件。太湖流域湖荡湿地修复沉水植物生物量、湿地植被覆盖率、湖荡总体水质（Ⅴ类及劣Ⅴ类比例）在 2030 年分别提高到 $1000t/km^2$、15％、0％。

10.3.4　实施措施及重点建设项目

1. 恢复与重建的技术保障体系

1）制订和实施湖荡湿地保护和利用规划

对于一般性的湿地，应根据湿地的环境特性、资源特点、湿地生态状况，在保护优先、合理利用的前提下，结合湖荡湿地生态和社会经济发展状况，以及流域产业结构的调整方向，制订湖荡湿地保护与利用规划，并将其纳入到区域社会经济整体发展规划中，正确认识和处理湖荡湿地保护和利用的关系。

2）加强湖荡湿地的水质保护，维护环境质量

严格控制入湖荡湿地污染物的排放，加大重点污染源、重点污染物治理的力度，工业废水应处理达标后排放，生活污水集中收集经城市污水处理厂处理后排放。建立以生物措施为主体的防治湖荡湿地水土流失体系，既可减少和控制农业面源污染，又可对动物栖息、湿地植被修复、构建湿地景观等发挥作用，又可以净化来水水质。

3）加强湖荡湿地生态环境管理

加强湖荡湿地周围经济开发区的环境管理，对湖荡湿地周边拟建项目严格执行"三同时"制度和环境影响评价制度；制订湖荡湿地水质污染风险防范预案和应急机制，加强湖荡湿地生态系统的管理，防止湖荡湿地水质污染，减轻对湖荡湿地功能的破坏。

4）加大宣传教育与公众参与的力度，增强民众对湖荡湿地保护的认识

应加大宣传力度，加强群众性的湖荡湿地保护科普活动，借助广播、电视，报纸、杂志，网络等媒体广泛宣传湖荡湿地保护与修复知识，增强公众参与意识。通过宣传帮助湖荡湿地周边居民调整对湿地资源破坏较大的生产、生活方式。

5）探索和建立湖荡湿地保护的补偿机制

对于保护与发展间的矛盾，从换位思考的角度，应考虑湖荡湿地周边居民的合理性需求。建议采取财政补贴、税收减免和优惠信贷等方式，补偿当地居民对湖荡湿地保护所付出的代价。

2. 恢复与重建种类选择与配置

恢复水生植被时，首先遇到的问题是植物物种的筛选，太湖所处的长江中下游流域

富营养化湖泊目前水生植被的优势和常见群落包括菹草（春冬季）、荇菜、菰、芦苇、喜旱莲子草、莲和石龙芮（春冬季）、狐尾藻、竹叶眼子菜、狭叶香蒲、金鱼藻、狐尾藻、莲、苦草等。一般是利用演替原理，首先引入先锋植物，再逐步建立稳定的水生植物群落。漂浮、浮叶和沉水植物为优势种的斑块小群丛构成的镶嵌组合水生植物群落。

在恢复水域的选择上以物理性或化学性提高水域透明度为前提，需要考虑到下水光照（或水深）和季节的因素。通过该流域水生植物生长特性的探讨以及恢复实践研究，结合各种的耐污性等筛选出诸多耐污性高、生长适宜幅度广的本土物种作为湖泊生态系统生态恢复的先锋种。

3. 恢复与重建的生境配置

1）实现生态系统地表基底的稳定性

地表基底是生态系统发育和存在的载体，基底不稳定就不可能保证生态系统的演替与发展，因为湿地所面临的主要威胁大都需要改变系统基底类型。

基质对湿地功能的正常发挥非常重要，也是支撑有根植被的基本介质。湿地的基底恢复是通过采取工程措施，维护基底的稳定性，稳定湿地面积，并对湿地的地形，地貌进行改造。基底恢复技术包括湿地基底生境改造技术，清淤技术，湿地及上游水土流失控制技术等。

2）恢复湿地的自然水系

水文是湿地的最重要特征之一，决定了湿地的植被类型和其他生物群落。许多湿地资源的丧失都与水系的改变有关，比如河流渠化、任意调水、过度排水、水流切断等。如果水系得不到调整和恢复的话，湿地恢复只会事倍功半，甚至影响生物群落的恢复。如果水系的改变不能逆转，比如潮滩湿地的过度淤涨，就必须通过水文调查、生物群落调查和经济分析来确定湿地恢复是否可行。若可行的话，则必须谨慎设计水系的结构，以满足恢复湿地以及目标物种的栖息地要求。

恢复土壤，保证一定的土壤肥力，为持续发展湿地植物和吸引野生物种创造条件。

3）恢复湿地生境的多样性

就环境条件而言，生物多样性的基础是生境的多样性。在一定的地域范围内，生境及其构成要素的丰富与否，很大程度上影响甚至决定着生物的多样性。通过生境多样性的恢复，尽可能地恢复湿地生态系统生态结构，恢复其蓄洪防旱、涵养水源、调节气候等方面的生态屏障功能，为生物多样性的恢复打下基础。

4. 重点工程分区特征

太湖流域的湖荡湿地修复分区如下：①西北部生态退化湖荡区；②东部中度干扰湖荡区；③西南部水源涵养湖荡区。实施的重点工程主要包括生态系统地表基底改造与稳定工程、自然水系连通工程和生境多样性恢复工程。

具体的流域湖荡湿地修复分区重点工程分布如图10.4。

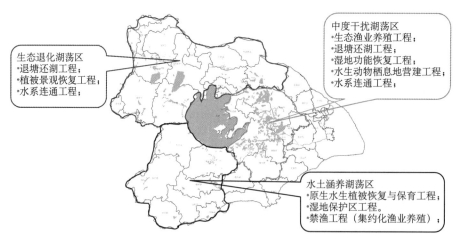

图 10.4　流域湖荡湿地修复分区重点工程分布

10.4　流域河网修复与保护方案

10.4.1　设　计　理　念

以改善水生环境、净化水质为基础，结合流域水污染防治总体规划、截污纳管、村镇开发、城中村改造等，确定科学合理的河道整治方案，修复受损河道生态结构与功能，保护半自然与自然河道的生态功能，确保城市与城镇河道生态平衡、景观宜人，满足居民休闲游憩的需要，确保区域半自然与自然河道的自然景观。在治理方法上针对不同的河道、不同地段、不同区域采用不同的治理措施，统一规划、分期实施（袁雯等，2005）。

10.4.2　设　计　思　路

根据太湖流域河流不同分区生态功能的差异，需有针对性地采取不同的整治调控方案。针对河网生态系统结构失衡的现状，必须坚持以发挥其稳定的生态功能为主要目标，开展一切活动均应在不影响其生态系统结构和生态功能的基础上进行，以维护河网生态平衡，保护生物多样性及河流功能的完整性。

改善水利工程的规划设计方法，吸收生态学知识，在一定程度上恢复河流原有的面貌，采取各种工程措施、管理措施和生物措施，充分考虑生态系统的可持续发展。打造自然生态河道堤岸，进行河流回归自然的恢复与生态的系统设计。在河道治理方面，相对于以往的人工混凝土筑砌的河道来说，生态河道具有"增强水体自净、适合生物生存繁衍、调节水量、滞洪补枯"的多重生态效果。在规划和景观设计中，充分考虑城市、乡镇滨河地带的共享性和城市景观性，构成开敞的亲水性人文活动空间（图10.5）。

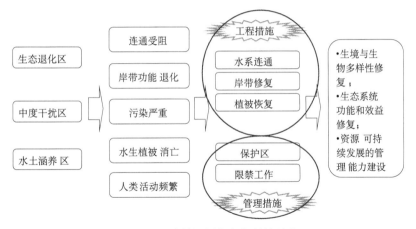

图 10.5　流域河网修复与保护思路

10.4.3　方　案　目　标

全面加强太湖流域河网修复，维护河网生态系统的生态特征和基本功能，重点修复好太湖上游入湖区的河网，保持和最大限度地发挥水源涵养区河流生态网络的功能与效益，保证河网生态系统的可持续利用，促进经济发展、改善生态环境。

1）近期目标（2015 年）

生态修复以重污染河流为主，修复进程与流域污染源控制和人类活动水平协调发展。现阶段太湖流域湖荡湿地修复、城市河道清淤率、河岸带植物覆盖率、河网修复生态护岸占比，分别为 20％、＜20％、30％。在 2015 年分别提高到 50％、30％、＞40％。

2）中期目标（2020 年）

生态修复以污染物移除、生境恢复为主，其目标是为生态恢复提供适宜的环境条件。太湖流域湖荡湿地修复、城市河道清淤率、河岸带植物覆盖率、河网修复生态护岸占比在 2020 年分别提高到 80％、50％、＞50％。

3）远期目标（2030 年）

增加生态修复面积，大力恢复以水生植物为主的生物生境特征，为全流域生态恢复区创造条件。太湖流域湖荡湿地修复、城市河道清淤率、河岸带植物覆盖率、河网修复生态护岸占比在 2030 年分别提高到 100％、70％、＞60％。

10.4.4　实施措施及重点建设项目

1. 河道生态清淤工程

河道底泥是水体主要污染源之一，采用吸泥船清淤能有效清除长期沉积于河床的底泥，降低河道内源性污染负荷，为河流水生态系统的恢复创造有利条件。

2. 河岸带植被修复工程

在满足防洪航运等功能的前提下，进行河岸的生态化整治，避免采用石砌护坡，既美化环境又净化暴雨逆流中的入湖氮、磷污染物。

3. 河道截留工程

在控源的基础上进一步辅之以一定的工程措施，在污染物运输的过程中对其截留或促进其降解，根据太湖流域的最新研究成果，充分利用天然池塘和河道，通过少量的工程改造建成不同类型的生态拦截型沟渠和前置库系统，合理配置氮磷吸附能力强的水生植物，实现对氮磷养分的立体式吸收。

4. 引清调水工程

以现有治太工程布局为基础，扩大引江济太工程。充分结合流域水配置和防洪工程安排，增加引江入湖水量，完善并扩大太湖湖体循环，恢复太湖与长江、周边河网互动，促进水体有序流动，缩短换水周期，会在一定程度上改变目前河道滞流状态，从而可进一步改善河道水质（田自强等，2007）。

5. 重点工程分区特征

太湖流域的河网修复分区如下：①西北部生态退化河网区；②东部中度干扰河网区；③西南部水源涵养河网区。实施的重点工程主要包括河道清淤工程、河岸带植被修复工程、河道生态氮磷拦截沟工程和增加环境容量的引清调水工程。

具体的流域河网修复分区重点工程分布如图10.6。

图 10.6　流域河网修复分区重点工程分布

10.5 湖滨缓冲带修复与构建方案

10.5.1 设计理念

缓冲区湖滨带修复的目的是提高太湖缓冲区湖滨带生态系统物理环境的适宜性与稳定性，为下一步的植被恢复和系统功能恢复提供基础。主要包括湖滨带底质修复、湖滨水文条件改善、水质调整及滨岸带边坡和土壤的改良等内容，这几项工作间关系较密切，互相影响，在生态恢复和重建工作的方案设计中，需结合具体缓冲区湖滨带现状及修复目的综合考虑。在治理方法上针对不同的河道、不同地段、不同区域采用不同的治理措施，统一规划、分期实施（陈开宁等，2006；冯育青等，2009）。

10.5.2 设计思路

缓冲区修复设计主要包括削减环境污染、消除人为干扰、发展生态产业等几个方面；太湖湖滨带生态修复设计主要包括生境修复、植物群落设计和生态系统调控三个方面，以达到湖滨带生态修复和水质改善的目的。太湖湖滨带修复技术路线如图10.7。

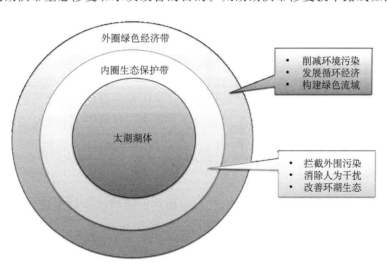

图 10.7 缓冲区湖滨带修复与保护思路

10.5.3 方案目标

1）近期目标（2015 年）

生态修复以重污染河流为主，修复进程与流域污染源控制和人类活动水平协调发展。现阶段太湖缓冲区湖滨带生态防护林带封闭水平、挺水植被覆盖率，分别为＜40％、15％。在 2015 年分别提高到＞50％和 20％。

2）中期目标（2020 年）

生态修复以污染物以移除、生境恢复为主，其目标是为生态恢复，提供适宜的环境条件。太湖缓冲区湖滨带生态防护林带封闭水平、挺水植被覆盖率，在 2020 年分别提高到＞90％和 30％。

3）远期目标（2030 年）

增加缓冲区湖滨带生态修复面积，大力恢复以水生植物为主的湖滨带生物生境特征，为全生态恢复区创造条件。太湖缓冲区湖滨带生态防护林带封闭水平、挺水植被覆盖率，在 2030 年分别提高到 100％、50％。

10.5.4　实施措施及重点建设项目

1. 湖滨带修复

1）风浪控制

由于刚体大坝的存在，湖泊风浪会对湖滨底质造成侵蚀，尤其在在湖滨植被恢复的初期，植物根系的固土能力不强，许多幼株的抗风浪能力较小，因此，湖泊敞水区有必要用工程措施控制风浪。

2）基底修复

湖滨带基底修复主要包括控制沉积和侵蚀，保持湖滨带物理基底的相对稳定；缓解风浪、水流等不利水文条件对湖滨带生态恢复的影响；对由于人类活动改变的地形地貌（如鱼塘、堤防）进行修复与改造。

3）水质改善

水是湖滨带重要的生态因子之一，沉水植物在生活周期中对水质的变化非常敏感。改善水质是利用培育的植物或培养、接种的微生物的生命活动，对水中污染物进行转移、转化及降解作用，从而使水体得到净化。

4）湿地保护与恢复

湿地，尤其是河口湿地，作为环湖湖滨带的重要组成部分，必须受到关注与重视，因此，可建立湿地自然保护区和实施生态示范工程，以加强对太湖湖滨湿地的保护。

2. 生物群落结构设计

生物群落结构设计是湖滨带修复方案的重要方面，它包括了湖滨带植物群落的设计和湖滨带底栖动物群落的恢复。

1）植物群落设计

太湖湖滨带所配置的植物群落以生态功能型群落为主，即以污水净化、美化环境、促进生态系统恢复为主要目标。

2）底栖动物恢复

底栖动物的恢复依赖于底质条件，水质条件的改善和水草的恢复。

3. 湖滨带管理

面对湖滨带日趋严峻的生态环境问题，加强退化湖滨带的科学管理，已是生态学和现代环境科学的重要任务（陈荷生，2006）。

（1）大力鼓励湖滨带植被的恢复与重建，防止湖滨植被带破碎化而成为一些较短的片段，即使在农业区域附近，也至少应保持5m宽的湖滨植被缓冲带。因此，应全面科学地评价"围垦"，处理好田湖矛盾，有步骤地实施退田还湖、还林还草计划。

（2）制订有关法律法规，强化湖滨带开发和管理的政策研究。在生态评价的基础上划定湖滨带保护区（湖滨带中最具活力和功能的地段），确定湖滨带宽度，制订湖滨带缓冲区设计标准及其管理要求，为具体的湖泊保护提供理论依据；切实加强湖滨带内土地利用规划和管理，严格限制在水位变幅区内生产生活活动，同时应实行污染物总量控制，减少湖滨带污染物排放，控制湖滨区污染。

（3）加强湖滨带生态监测系统及生态评价指标体系建设；结合流域管理，科学合理地制订湖滨带规划。

（4）实现湖泊生态保护由个别专业部门管理向一体化管理及社区管理转变，提高全民生态环境保护意识和素质，促进湖滨带管理的公众参与。

在对生态系统所进行的所有恢复和重建中，人的因素最重要，集中体现在公众对湖滨带重要性的认识及由此得出的对湖滨带整治所持态度。因此，对公众施以正确舆论导向，对湖滨带开发利用和科学管理有很大帮助。同时，公众支持也是生态系统得以良性发展的重要保证。

生态恢复长期性及演替不确定性，需在前期工作基础上，结合生态重建和恢复目标要求，建立生态监测指标体系，通过定期监测生态系统的结构和功能状况，了解生态系统结构和功能因子现状，认真做好生态恢复评估工作，及时调整指导生态恢复和重建工作的开展动态。

4. 修复工程管理

（1）当湖滨带工程建设初具规模时，在管理上纳入民办公助辖地管理轨道。

① 据辖地管理原则，已建湖滨带交由毗邻的自然村负责维护管理。加强宣传教育村民爱护湖滨带工程设施和生物资源，每村设专人负责管理湖滨带。

② 对每村设立的维护管理人员，由辖地所属市政府提供维护费。

（2）待湖滨带社会、生态、经济效益发挥时，可过渡到个人、集体承包经营管理模式。

（3）技术管理。

① 会同环保部门监测工程区水体水质，观测项目实施过程中的水质变化。

② 及时整理汇总分析运行监测记录，建立运行管理技术档案。建立施工验收与档案交接制度。

③ 对整个项目进行制度化的生态观测，定期进行生态环境评估。

（4）监督制度。

① 建立完善监督制约机制，加强对项目负责单位的监督，加强工程招标和工程合同的监管；

② 规范工作程序，提高公开招标率；

③ 建立工程风险管理制度。

5. 重点工程分区特征

湖滨缓冲带从内到外分为三个圈层：湖滨带、湖岸保护带和绿色经济带。实施的重点工程主要包括湖滨带的修复、管理和绿色经济带的建设。

每个圈层的重点工程分布如图 10.8。

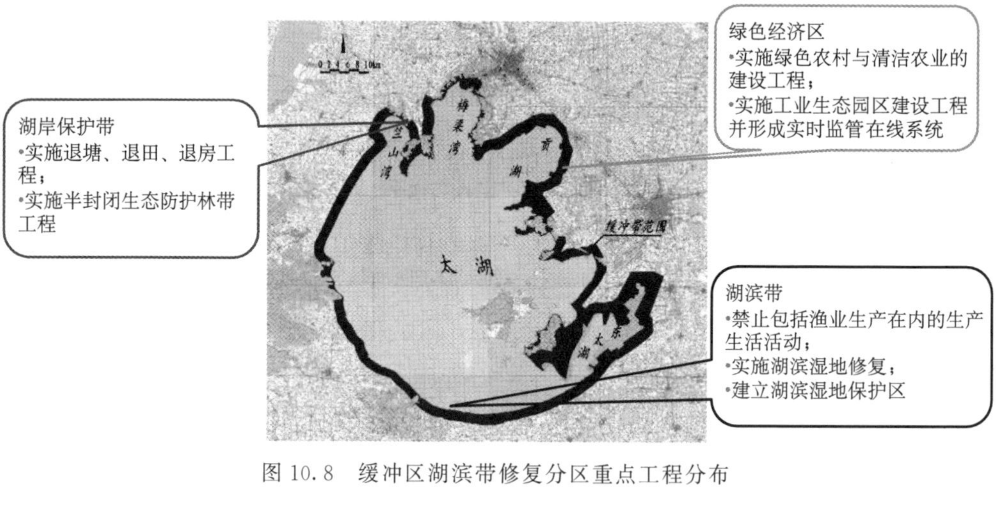

图 10.8　缓冲区湖滨带修复分区重点工程分布

10.6　太湖蓝藻水华控制方案

10.6.1　设计思想

针对全湖生态系统结构失衡的现状，主要应建立严格控制的渔业保护区，通过放养鱼类的种群结构调整和优化，促进生态系统向健康合理的结构发展。针对北部湖湾区和东太湖底泥污染严重的现状，在沿岸采用清淤疏浚工程，有效削减内源污染的释放。另外针对北部湖湾区蓝藻水华频发的问题，应通过多层次监测技术以及蓝藻水华预测预警技术，预测蓝藻水华的发生发展，同时利用人工和机械打捞船对蓝藻进行打捞。针对东太湖水生植物过度生长和渔业养殖污染问题，做好渔业的结构性调整，发展渔业循环经济。在保证湖泊环境质量前提下适当有序发展湖泊捕捞渔业与围网养殖业。

10.6.2　基　本　原　则

坚持人与自然和谐发展，优先治理城市饮水水源地污染，保障城乡居民饮水安全。重点是建立水质污染和蓝藻水华应急技术体系，优化调度水利工程，有效控制湖泊生态灾变，保障湖泊生态安全。

既考虑太湖生态安全近期治理的需要，区分轻重缓急，优先解决最突出的问题，又要结合太湖生态演变趋势问题的复杂性特点，方案近远期结合、逐步推进。

10.6.3　规　划　目　标

1）近期目标

2007 年：优先解决公众高度关注的水华和水质问题，饮用水源地水质大部分达标，只在局部区域、部分季节或极端气候与水文特征下有一定面积水华发生，遏制生态健康状况继续恶化的趋势；

2）中期目标

2016 年：保证饮用水源地水质稳定趋好，重要栖息地和生态服务功能恢复，生态健康水平开始提升，建立生态监测预警决策体系，全年无大规模蓝藻水华暴发；

3）远期目标

2020 年：以生态修复为主，与流域社会经济及生态圈层功能协调发展，湖体生态系统功能稳定提升，饮用水源地水质全部达标达标，只在局部偶尔有水华发生。

10.6.4　指　标　体　系

1. 太湖蓝藻水华灾害程度分级

结合太湖监测部分与已有研究结果，本方案确定太湖蓝藻水华灾害程度分级如表 10.2：

表 10.2　太湖蓝藻水华灾害程度分级

分级指标	小型	中型	大型	重大	特大
面积/km²	≤150	150～400	400～600	600～900	＞900
Chl. a/(mg/m³)	≤30	30～50	50～80	80～120	＞120
TP/(g/m³)	≤0.05	≤0.05	＞0.06	＞0.06	＞0.10

2. 大型水华灾害水质阈值

根据卫星遥感影像资料，太湖蓝藻水华大面积暴发始于 1987 年 6 月，覆盖面积约 62km² ，之后一直到 2000 年水华覆盖面积都基本维持在这一水平（马荣华等，2008）。2004 年以来，蓝藻水华集聚面积迅速增加：2004 年 197km²，2005 年 317km²，2006 年 806km²，2007 年 979km²，超过太湖总面积的 2/5。1981～2000 年期间，太湖 TN 和 TP 的年际变化也表明，在 20 世纪 80 年代末期的水质浓度迅速上升，与蓝藻水华大面积爆发出现的时期一致。

结合太湖污染源控制湖体水质目标（表 10.3），以及太湖湖体水质和蓝藻水华长期变化特征，本方案以 1987 年左右的 TN、TP 为参考，确定水华大面积爆发的阈值约为 TN：1.2～1.5mg/L、TP：0.05mg/L，同期环境背景条件为平均气温在 25～30℃ 之间，晴好天气持续一周以上，风速在 3.0m/s 以下。

表 10.3　大型水华灾害水质阈值（单位：mg/L）

水质目标	时间	总氮	总磷	高锰酸盐指数	氨氮
现状水质	2007 年	2.81	0.101	5.2	0.91
	2009 年	2.64	0.083	4.8	0.84
湖体水质目标	2015 年	＜2.0（削除劣Ⅴ类→Ⅴ类）	0.07（Ⅳ）	4.5（Ⅲ）	0.46（Ⅱ）
	2020 年	＜1.5（Ⅴ类→Ⅳ类）	0.05（Ⅲ）	4.0（Ⅱ）	0.45（Ⅱ）
	2030 年	饮用水源地及东部部分水域达Ⅲ类			
		＜1.0（Ⅳ类→Ⅲ类）	0.05（Ⅲ）	4.0（Ⅱ）	0.45（Ⅱ）
河流水质目标	国务院批复的太湖流域 2010～2030 年太湖流域水功能目标；两省一市政府批复实施的河网区近期及中远期水质目标				

通过与太湖污染源控制湖体水质目标，以及太湖湖体水质和蓝藻水华长期变化特征比较（图 10.9），本方案确定的水华大面积爆发的阈值 TN、TP 与湖体水质中期目标一致，即在 2020 年可达到水体无大规模蓝藻水华灾害发生。

3. 太湖蓝藻水华控制及湖泊水体中长期修复指标体系

太湖蓝藻水华控制及湖泊水体中长期修复定量指标共 3 项。根据太湖生态现状，制定以下（表 10.4）阶段性的修复指标。

表 10.4　修复指标体系

子系统	序号	指标	单位	2007 年现状	2015 年	2020 年	2030 年
湖体	1	富营养化指数	—	62	55	50	45
	2	蓝藻水华影响指数	—	0.6	＜0.45	＜0.25	＜0.10
	3	沉水植被盖度	％	15	20	30	40

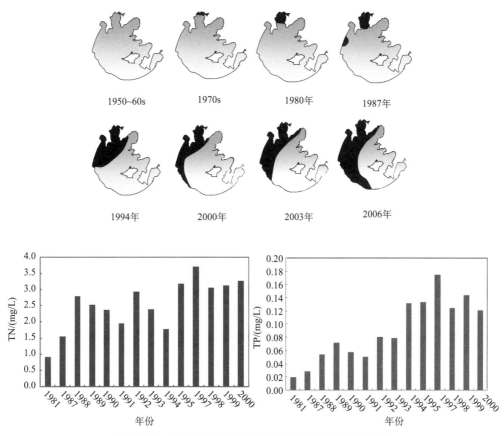

图 10.9　太湖湖体水质和蓝藻水华长期变化特征比较

10.6.5　实施措施及重点建设项目

1. 太湖蓝藻水华控制的技术体系

在削减湖泊营养盐，从根本上阻断蓝藻水华生长的同时，目前必须发展敏感湖区，尤其是重要景区和水源地蓝藻水华发生的预测预报技术，提高环境部门的决策能力，及时采取必要的应急措施，减少蓝藻水华带来的生态危害。

针对太湖蓝藻水华严重，影响饮用水源地的突出情况，需要对蓝藻水华情况作出监控和预警，从监测、预测预警等方面，设计蓝藻水华监测与预警技术，形成蓝藻水华监测与预警技术方案。另外在蓝藻水华监测与预警技术支持下，通过人工和机械打捞可以有效缓解蓝藻的危害（徐冉等，2009）。

1）水质监测

太湖水质预警监测点位，主要包括饮用水源地、入湖河流、自动监测及"引江济太"调水通道。

2）蓝藻水华监测

采用现场监测与遥感监测相结合的方式，一方面利用卫星遥感技术监测蓝藻情况，另一方面在历年蓝藻水华多发区开展现场观测，如：梅梁湖、贡湖及西部沿岸区。

3）湖泊水生生态观测

在太湖典型湖区（梅梁湖、五里湖、湖心区、东太湖、西部沿岸区等）定期对太湖的水生生态系统进行观测，包括浮游植物和水生高等植物、浮游及底栖动物、鱼类及水生生物群落等，掌握其动态变化情况。

4）生态安全预警

集成预警模型、信息采集处理传输与数据可视化技术，并利用遥感等其他手段获取的多源信息，实时获取多时空尺度的浓度、毒性等信息，耦合环境模拟、评估和预警等系列模型，构建预警信息综合辨别及基于GIS的可视化动态综合评判、预警分级、信息快速分级发布系统，形成基于生态安全的太湖重大环境污染事件的预警技术平台。

2. 太湖蓝藻水华控制的保障体系

（1）加强领导，认真抓好环境目标责任制的落实。把水华防治与应急处置工作放在更加突出的重要位置，并将工程目标任务逐级分解到责任单位，做到责任到位、措施到位、投入到位。

（2）加强部门联动。各有关部门要根据职责分工，各司其职，各负其责，协同配合，建立健全协调有效的工作机制，共同推进水华防治工作。定期将有关工作情况向市委、市政府进行汇报，切实形成政府统一领导、部门联合行动、公众广泛参与、共同解决水污染问题的工作格局。

（3）发挥舆论、研究部门和社会大众的监督作用。进一步加强环保宣传，及时宣传报道正面典型，对工作不实、进展缓慢部门要进行舆论监督，对典型违法行为要坚决予以曝光，并跟踪报道整改进度。

3. 太湖蓝藻水华控制技术的选择与配置

1）水生态调控技术

蓝藻的天敌本来就少，而广泛分布于长江中下游湖泊中的鲢、鳙属滤食性鱼类，能大量牧食蓝藻（甚至有毒蓝藻）（谢平，2003）。太湖中鲢、鳙比例的大幅下降，以及食浮游动物的鲚鱼的大量增加，可能更加有利于蓝藻的暴发。因此，调整鱼类结构，增加对蓝藻的牧食能力，也许是控制或减轻太湖蓝藻危害的一条重要生态学途径。利用天敌来控制有害生物在农业生态系统中有很多成功案例，利用摄食蓝藻的鱼类——鲢、鳙成功控制武汉东湖的蓝藻水华已达23年之久。因此值得探索提高食藻鱼类比例来控制太湖蓝藻的可能性。

2）内源控制技术

内源控制技术方案主要通过削减内源负荷，包括泥源性负荷、藻源性负荷和草源性负荷来实现。其中湖泊生态清淤是一项技术控制和环保要求很高的工程。要有针对性地对清淤技术选择、淤泥固结处置和资源化利用、清淤效果评估等问题开展系统研究，不断优化湖泊生态清淤方案，提高生态清淤的资源环境效益。在生态清淤工程实施过程中，要加强对清淤区域水质和底泥本底状况的监测分析，重点监测分析生态清淤前后的水质变化、底泥污染负荷及释放变化、水生态环境指标变化、水生植物恢复情况等内容，科学分析太湖底泥分布及蓄积量以及底泥污染物空间分布特征，根据疏浚的生态风险大小程度，确定全太湖湖体的推荐疏浚区、保留区和治理区。通过疏浚清除污染底泥、打捞蓝藻和收割水草，可以大量削减内源负荷，有效降低"湖泛"发生频次、减轻湖泊内源污染、维护湖泊生态健康。

3）水生态灾害应急控制技术

蓝藻水华机械打捞法是采用人工或机械装置（如藻类收集船）将水体中蓝藻富集、收集，并移出水体进行处置，该方法作为简易的辅助手段，可应用于突发事件或特定敏感水域应急处理，对局部岸边角落里过厚层的藻类堆积处，机械捞藻可以见到瞬时局部效果，且对湖泊生态系统不存在不可预测的生态风险。有时在大规模除藻行动的开始阶段或除藻前的准备阶段，适当捞藻清理水面也是必要的。因此需要发展物理絮凝技术，将大量蓝藻水华絮凝到水体表面，然后捞藻。同时要研发低耗能的藻水分离技术和藻浆干燥技术，有效地去除水面大量藻类。要注意以下几点：

（1）提高蓝藻水华的机械打捞效率；

（2）提高蓝藻水华的藻-水分离效率；

（3）实现藻类资源的资源化。

4. 重点工程分区特征

修复分区重点工程分布如图 10.10。

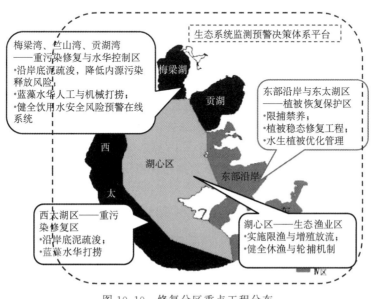

图 10.10 修复分区重点工程分布

10.7 湖体生境中长期修复方案

10.7.1 太湖与长江主要引排水工程太湖水位及换水周期控制

根据国务院领导提出的"以动治静,以清释污,以丰补枯,改善水质"的指示,依据水利部批复的《引江济太调水试验工程实施方案》,太湖流域管理局于 2002 年 1 月 30 日正式启动引江济太调水试验工程,为期两年,获得了有效的经验,对改善流域水环境、解决流域供水问题起到了重要作用(吴浩云,2004;韦凤年和朱月明,2008)。引江济太骨干工程包括望虞河常熟水利枢纽工程、望亭水利枢纽工程、太浦闸工程;除此之外,环太湖还实施了其他与长江的引排水工程,工程分布见图 10.11。

图 10.11 太湖与长江主要引排水工程分布图

望虞河常熟水利枢纽工程:工程位于常熟市海虞镇,于 1998 年 12 月建成,为望虞河连接长江的控制性水工建筑物,距望虞河入江口约 1.06km,距太湖约 60.3km。在承担流域泄洪和地区排涝任务的同时,还承担着自引长江水,向地区供水的任务,较好地发挥了其综合作用。

望亭水利枢纽(望亭立交)工程:工程于 1998 年建成,位于苏州市相城区望亭镇以西,望虞河与京杭大运河交汇处。汛期望虞河排洪时,不影响京杭运河的正常航运;控制望虞河泄洪水位泄量,控制水位小于 4.2m;非汛期控制太湖水位。望亭立交是望虞河与大运河立交的重要水利枢纽，是引江济太过程中唯一可以避免受大运河污水影响，直接将长江水引入太湖的工程措施。

太浦闸工程： 工程于1995年3月建成，位于江苏省吴江市境内的太浦河进口段，西距太湖约2km。当太湖水位高于控制水位时，进行洪水调度；低于控制水位时，太浦闸一般停止泄水，当望亭立交开闸引水时，太浦闸可视太湖水位情况适当开启，以加快太湖水体流动，改善河网水质。

新孟河延伸拓浚工程： 此项工程的实施都将直接或间接促进竺山湖水体的有序流动，形成湖体新循环，增加流域入湖水量，缩短湖体换水周期，提高湖体水环境容量。新孟河延伸拓浚工程线路为：北起大夹江，向南沿老新孟河至京杭运河，以立交方式穿过京杭运河，其后向南新开河道至北干河；疏拓北干河；漕湖中抽槽；疏拓太滆运河，线路全长103.7km。

其中，工程入江口增设江边枢纽，包括节制闸、船闸和泵站；大夹江-北干河段长54.4km，河道底宽100m、底高程－3.0m，沿线支河口门实施有效控制。北干河段长16.0km，疏拓规模底宽60m、底高程－1.0m，线路两岸口门敞开。漕湖段长9.5km，疏浚规模为底宽60m、底高程－1.0m，禁养宽度为400m。入太湖河道太滆运河长23.8km，除与漕桥河重合段1.7km规模为底宽80m、底高程－1.0m外，其他河段规模为底宽60m、底高程－1.0m；入太湖河道立交过武宜运河，锡溧漕河支河口门建船闸，北岸其他支河口门均建闸控制，南岸敞开。

江边枢纽：引水时，当太湖水位处于泵引区，泵引；太湖水位处于自引区时，自引；当太湖水位处于适时调度区，漕湖水位低于3.7m时，开闸引水；漕湖水位高于4.2m时，开闸排水。防洪时，当漕湖水位高于4.2m时开闸排水；当漕湖水位超过4.6m时开泵排水。

新孟河两岸口门：引水时，当太湖水位处于适时调度区，口门敞开；当太湖水位处于自引区，且漕湖水位低于3.7m时，两岸口门敞开引水；当太湖水位处于泵引区，且漕湖水位低于3.0m时，两岸口门敞开引水。防洪时，支河口门敞开。

为满足水环境改善、水资源配置及防洪排涝的需要，确定干河河道底宽100m、底高程－3.0m，配套及入湖河道底宽60m、底高程－1.0m；江边枢纽泵站规模200m³/s，节制闸规模为闸宽100m，船闸规模为闸室长120m、闸室及口门宽度16m、门槛水深1.6m；京杭运河立交规模为600m²；武宜运河立交规模为300m²。

新沟河延伸拓浚工程：工程线路是在充分利用现有河道的基础上，从长江沿新沟河现有河道拓浚至石堰后分成东、西两支，其中东支接漕河-五牧河，通过地涵穿越京杭运河后，在北直港西侧平地开河，通过地涵穿锡溧漕河与南直湖港相接，疏浚南直湖港与太湖相连；西支接三山港，平交穿越京杭运河，疏浚武进港至太湖。

其工程建设内容为：1、河道拓（疏）浚、堤防、枢纽建筑物、跨河梁桥、两岸口门控制、水系调整与影响处理工程等。拓（疏）浚工程总长97.14km，底宽15～60m，底高程－1.0～0m，两岸布置护岸工程53.6km；两岸修建防洪堤116.3km，利用堤顶修建防汛路108.6km。新建江边枢纽、西直湖港北枢纽、西直湖港闸站枢纽、西直湖港南枢纽、遥观南枢纽、遥观北枢纽、采菱港节制闸、石堰节制闸等8座枢纽建筑物。新建、拆建、加固跨河桥梁91座，其中新（拆）建47座、加固44座，拆除10座老桥。对现有 127 处口门中，保留敞口 97 处，封堵 4 处，维持现有控制闸 3 处，建控制闸 23 处。

走马塘拓浚延伸工程：工程起于京杭运河，沿沈渎港、走马塘、锡北运河，与张家港河立交后经七干河入长江，河道工程全长 66.5km，河底宽 15～40m、底高－1.0～0m，设计流量 6.2～95.2m³/s；主要控制构筑物有张家港枢纽和江边枢纽，张家港枢纽由立交地涵、节制闸、泵站和退水闸组成，江边枢纽由节制闸、船闸和渔道组成；新建、维修、利用沿线口门控制构筑物 59 座；新建、拆建跨河桥梁 55 座；并对沿线影响工程进行处理。

太湖与长江主要引排水工程实施后，一方面可以减少直湖港、武进港等北部地区入太湖污染物，削减入太湖北部湖湾污染负荷，提高太湖水环境容量；且利用水利工程合理调度，可增加太湖北部湖湾出湖水量，降低梅梁湖、竺山湖、贡湖水体污染物浓度，增强湖体和河网水体的有序流动、置换，缩短污染物在河网内的滞留时间，为改善北部湖湾湖体乃至区域水环境创造了有利条件。另一方面，在太湖水源地出现突发水污染事件情况下，能够应急调引长江水，可以保障饮用水源地安全。

10.7.2 太湖底泥污染控制

底泥是湖泊内源污染的主要来源，长期的水质污染已使底泥中污染物质的含量达到了相当的程度，即使外源性污染负荷得以控制，巨大的底泥内源负荷仍将继续对水体水质构成威胁。生态疏浚可以有效减少湖体内源污染物含量，减少"湖泛"发生概率，改善水生态环境，保证饮用水安全（王洪君等，2007；冉光兴和冯太国，2009）。在科学论证和试点的基础上，对底泥沉积严重、有机污染物含量高、"湖泛"多发区实施底泥生态疏浚（陈荷生和华瑶青，2004；顾岗和陆根法，2004）。

按照国家对太湖水污染治理的要求，目前太湖污染底泥疏浚正处于大规模的实施阶段。江苏省已经在太湖的五里湖、梅梁湖、贡湖、竺山湖等多个湖区应急实施了生态清淤工程，并计划在 2020 年完成太湖 93.65km² 的清淤任务，清除淤泥约 3000 万 m³；其中，2010 年年底前完成疏浚面积 42km²，土方约 1000 万 m³。具体疏浚区域见图 10.12。

依据《太湖污染底泥疏浚规划》的成果，优先考虑清除表层近代沉积的重污染底泥，减轻内源污染。在充分考虑与现有相关规划及工程实施相协调的前提下，结合部分最新底泥调查监测资料，综合考虑蓝藻及湖泛分布、水源地分布、淤泥堆场条件、投资费用等因素，确定 2020 年前竺山湖疏浚面积 24.14km²，工程清淤规模为 842.3 万 m³；梅梁湖清淤面积 47.42km²，清淤规模 1720.6 万 m³；贡湖清淤面积 8.56km²，清淤规模 214 万 m³；东太湖清淤面积 13.53km²，清淤规模 270.6 万 m³。

梅梁湖疏浚区域受入湖的直湖港和武进港的污染影响，底泥污染严重，是重污染入湖口类型；竺山湖疏浚区域是太湖北部重污染水域。入湖河口是河流与湖泊水体交汇的特殊区域，既有河道的水文特性又有湖体水文特征，通常河流进入湖泊后，由于水体突然变宽、水流速度迅速减小，入湖河口区域是泥沙和污染物易于沉积和集中的地方，对入湖河口区进行疏浚具有重要意义。太湖入湖河道类型多样，北部的入湖河道一般水质

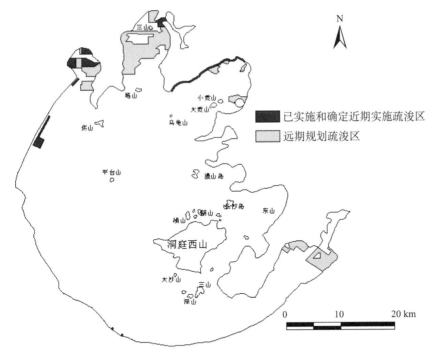

图 10.12 太湖底泥疏浚区域分布图

较差，西部河道多为敞开、东部河道多建闸控制。直湖港、武进港分别承接常州市武进区和无锡市西部地区的污水，是进入太湖水质最差的入湖河道之一；雅浦港承接常州市武进区的污水，入湖口有闸门控制，为水文水环境受控制河道；殷村港承接宜兴市周边城乡的污水，入湖口为完全开敞，是无闸控制河道；长兜港承接湖西地区的入湖洪水和城乡的污水，入湖口为完全开敞，为太湖湖西沿岸主要入湖河道；小梅港分担承接湖西地区的入湖洪水和湖州沿岸居民的污水，是南太湖污染河港。

2010 年年底前疏浚完工的面积为 $42km^2$，土方约 1000 万 m^3。预计减少 SS 释放量为 8198.4t/a，COD 释放量为 344.4t/a，总氮释放量为 19.70t/a，总磷释放量为 9.68t/a。规划于 2020 年前疏浚完工的面积为 $93.65km^2$，土方约 3047.5 万 m^3。预计减少 SS 释放量为 18280.5t/a，COD 释放量为 767.9t/a，总氮释放量为 43.93t/a，总磷释放量为 21.58t/a。

10.7.3 湖内人类扰动监管

1. 航运监管

（1）划定非通航或限制通航水域。其中非通航水域为全部取水口水源地，水源地保护范围内禁止一切船舶航行（有关工程或管理船只除外，下同）；限制通航河道、水域主要有五里湖、梅梁湖、贡湖等，其中，五里湖禁止一切燃油船舶航行，其余河道或水域禁止旅游船以外的一切燃油船舶航行（高鸿建，1991）。

（2）严把入湖船舶签证关，加强对进入太湖水域船舶防污设施装备及使用情况的检查。船舶应当根据船舶种类、吨位、功率和配员等配备相适应的废油、残油、垃圾和其他有害物质的存储容器并正常使用。座舱机船必须全部安装油水分离装置等防污设施，并保证正常使用。船舶应当加强生活污水的管理，防止、减少粪便等生活污水的直接排放。客船、旅游船应当配备并正常使用粪便存储结构物，30 总吨以上的其他船舶应当配备并正常使用粪便存储容器。

（3）推进船型标准化工作，逐步减少挂机船数量，在 2020 年全湖泊禁航挂桨机船舶。

（4）禁止船舶向太湖水域排放废油、残油、货物残渣和船舶垃圾。禁止船舶在太湖水域、沿岸焚烧船舶垃圾。禁止船舶向太湖饮用水水源保护区、取水口水域排放含油污水、压载水、洗舱水、生活污水等。

（5）加强危险品运输船舶管理，严格控制船舶餐饮污染。建立船舶污染应急设备储备库，提高应急处置能力。

（6）推进船舶污染防治信息化建设，航行于太湖的客船、旅游船、运输船舶应当配备与地方海事管理机构联网的 GPS 定位系统等设备，并安装电视监控设备，实现实时监控。

（7）船舶发生污染水域事故，应当立即向相关海事管理机构报告，同时按照污染事故应急计划的程序和要求，采取相应措施。

2. 船舶"三废"监管

1）船舶垃圾收集监管

太湖船舶垃圾收集监管措施包括：
① 严禁船舶向太湖水体倾倒船舶垃圾；
② 船舶应当做好船舶垃圾的日常收集、分类和储存工作，并适时将船舶垃圾送交至船舶垃圾收集站，进行集中处理；
③ 船舶在出入太湖时，在船舶垃圾收集站送交船舶垃圾，由接收单位出具"船舶垃圾接收证明"，"船舶垃圾接收证明"应当随船保存 6 个月，以备海事管理机构查验；
④ 海事管理机构应当在太湖流域沿线船舶签证站点办理船舶签证前，必须检查船舶的垃圾送交记录。

2）船舶油废水监管方案

目前交通部门已在太湖流域规划建设了一批船舶油废水回收站，但运行情况不够理想，主要表现在油废水回收量少。这一情况的主要原因在于船民自觉送交船舶垃圾和油废水的意识尚未形成；船民手上的废油水大部分都被"专业回收船"收走，油废水回收站收的不多。鉴于以上实际调查情况，本次研究认为，近期油废水的处理应采用两种方式相结合的方案，一方面依托加油站接受处理油废水；另一方面海事部门加强对"油划子"的监督、管理和规范，完善流动船接受方案。远期推荐建设固定油废水回收处理站统一接受处理含油船舶废水（蒋慧林，2001）。

主要监管措施包括：严禁船舶向太湖水体排放未经处理的含油废水、洗舱水等；船舶应当做好废油、含油废水的日常收集、分类和储存工作，并适时将船舶废油、油废水送交至船舶油废水回收站，进行集中处理；船舶应当到船舶油废水回收站、港口、码头、船舶签证站点或者船舶污染物专业接收单位，送交船舶油废水，并向接收单位当班人员索取"油废水接收证明"，"油废水接收证明"应当随船保存6个月，以备海事管理机构查验；从事船舶油废水接收的船舶，必须具备相应的接收处理能力，配备足够的防污染设备，建立安全和防污染制度，并将其接收和处理能力向海事管理机构备案；从事船舶油废水接收的船舶必须加强自身环境管理，不得造成水域污染；太湖流域沿线所有的船舶签证站点，海事管理机构在办理船舶签证前，必须检查船舶的垃圾和油废水送交记录。

3）船舶生活污水监管方案

由于船员较少，湖内航线较短，因而船舶生活污水一般不在船上安装污水处理设施，但应配备污水的收集、贮存系统。船舶生活污水宜统一上岸处理，即可建设固定的船舶生活污水处理站统一接受处理生活污水。站点应设置在船舶流量较大的出入湖口门，亦可与船舶油废水回收站一起统一设置。

船舶生活污水监管包括：严禁船舶向太湖水体直接排放生活污水；船舶应当按照规范要求设置与生活污水产生量相适应的处理装置或贮存容器；船舶在进出太湖时，应当在船舶污水回收站处清理船舶生活污水，船舶污水回收站应当对污水进行处理或者委托环卫部门清运处理。

3. 旅游业监管

环太湖地区旅游业比较发达，2007年无锡市接待国外旅游者76万人，接待国内旅游者3400万人，旅游总收入435亿元，同比增长15.5%；苏州市接待国内外游人数达到4316多万人次，实现旅游总收入524.92亿元，同比增长21.5%（黄震方和丁正山，1999）。太湖旅游主要集中在太湖风景名胜区。

除了太湖风景名胜区外，主要旅游资源还有浙江湖州的太湖旅游度假区。根据调查，太湖旅游污染来源主要有旅游人员生活污染、旅游餐饮污染、旅游船舶污染。由于环湖及湖内岛上旅游污染的监控方案可以参照城镇污染控制方案，因而这里旅游业监控主要指湖内旅游、客轮等的污染监控。湖内旅游船舶一般行程较短，船上人员密度大，其污染特征明显不同于其他类型船舶，需制订相应的监管方案。

禁止违反太湖风景名胜区规划；所有污染物必须经过处理；禁止开山、采石、开矿、开荒、填湖、修坟立碑等破坏景观、植被和地形地貌的活动；禁止新建、扩建高尔夫球场、水上游乐等项目；禁止从事水上餐饮经营活动及其他可能污染水质的活动；海事管理机构应当依法对旅游船舶实施安全和防污染监督管理（蔡立力，2004）。

第 11 章　流域综合管理方案

11.1　湖泊流域综合管理（ILBM）体系构建

湖泊流域综合管理（Intergrated Lake Basin Management-ILBM）是国际湖泊环境委员会（ILEC：International Lake Environment Committee）倡导并大力推进的湖泊管理理念（公益财团法人国际湖沼环境委员会 http://www.ilec.or.jp/jp/）。

湖泊流域综合管理（ILBM）的提出基于 GEF-LBMI 项目（GEF：Global Environment Facility 地球环境基金；LBMI：Lake Basin Management Initiative 湖泊流域管理计划）所得出的如下结论（ILEC，2007；ILEC，2005）：

> 湖泊的管理即是其流域的管理；

> 湖泊流域管理必须具有超越国境或行政界线的配合；

> 许多湖泊的流域管理难有成效的原因之一是没有可操作的法规；

> 流域管理必须导入基于科学研究的对策与技术；

> 湖泊流域管理中基于国家政策的长期应对是不可或缺的；

> 没有流域监测与环境问题的因果解析调查研究，也就谈不上湖泊流域管理；

> 湖泊流域管理不是工程项目，而是长期计划；

> 如果没有地域利害相关民众的参加与协作，流域管理无法成功。

基于上述对湖泊流域管理的认知，国际湖泊环境委员会（ILEC）在出台［世界湖泊远景（WLV）］［World Lake Vision Committee，2003］之后，进一步形成了湖泊流域综合管理（ILBM）理念框架，并于 2006 年 3 月在第四届世界水论坛中正式提出。ILBM 作为［世界湖泊远景（WLV）］理念的方法论，与 WLV 一起成为前行中的自行车的两轮，大大推进了世界湖泊环境管理。ILBM 理念不仅适用于世界湖泊，对于环境管理能力相对薄弱的发展中地域的湖泊环境管理及可持续利用尤其有效，ILBM 在这些湖泊的环境保护中发挥着重大作用。

湖泊流域综合管理（ILBM）体系由下述六大支柱构成：①组织与体制：从地方到国家之间的不同层次的湖泊及流域的管理机构；②政策与法规：从法律、条例到传统的非官方的规定（风俗、习惯及常规等），限制湖泊资源的利用及其所带来的环境影响的规范；③参加与合作：流域居民、利害关联者及所有与湖泊相关民众的参加与合作；④技术与应用：入湖河流污染治理、城镇生活污水集中处理、湿地修复与恢复、森林的再生与恢复、湖泊水位的调节、底泥的疏浚等环境保护与改善技术；⑤信息：从科学的知见到传统的智慧，有效推进湖泊管理的信息；⑥财源与财政：实现湖泊流域长期可持续管理所必需的资金。湖泊流域综合管理（ILBM）体系构架如图 11.1 所示（公益财团法人国际湖沼环境委员会 http://www.ilec.or.jp/jp/）。

太湖流域综合管理体系的构建遵从国际湖泊委员会所倡导的 ILBM 理念，充分考虑

图 11.1　湖泊流域综合管理（ILBM）的六大支柱

太湖流域实际情况，形成具有太湖特色的ILBM体系：太湖流域跨三省一市，需建立能统筹管理整个太湖流域的流域管理机构；在目前已有的太湖相关法规条例的基础上，进一步制定太湖流域环境保护法规；公众参与及环境教育：促使地方政府部门更充分认识公众参与及环境教育对太湖环境保护的重要意义，建立应有的公众参与、环境教育的机制与设施，形成"全民参与、共治太湖"的大格局；在已有技术应用的基础上，以国家水体污染控制与治理科技重大专项（简称"水专项"）所实施的"太湖富营养化控制与治理技术及工程示范项目"为契机，整装集成太湖流域污染控制、生态修复及流域管理等方面的适宜技术；开展多学科多领域的科学研究，深入认知太湖流域环境问题，建设太湖流域环境信息共享平台；拓展多途径投资渠道，充分发挥市场机制，形成多元化的投入格局，确保太湖流域长期可持续的资金投入。

11.2　太湖流域综合管理的大方向、大思路与大格局

1) 实现从"水质目标"向"水生态目标"的流域综合管理模式的转变

流域水质目标管理技术应是一种在原有总量技术体系上发展而来，以先进的、规范的技术方法体系为支撑，所建立的一种以水质目标为基础的水环境管理技术体系。而水生态目标管理技术是在"以人为本，保护水生态"理念的指导下，强调以追求人体健康和水生态系统安全为水环境目标的分区、分级、分类、分期管理模式。

湖泊流域治理最终应以恢复湖泊及其流域健康生态系统为目的。构建以"一湖四圈"流域生态健康为核心的太湖流域生态安全保障与管理体系（余辉，2012），实现以湖泊水质改善为管理与防治目标的传统模式向以全流域水生态系统健康为目标的生态安全管理模式的转变，是流域综合管理的大方向。

2) 实现从"一湖"到"一湖四圈"的流域综合整治思路的转变

流域是湖泊的集水区域，由人和自然共同组成，是一个包括社会经济、资源、环境等诸要素在内的复合系统；因此，只有以湖泊及流域系统为整体单元进行资源开发、环境整治和社会经济发展的统一规划和综合管理，才能从流域内部不同区域的物流、能流和信息流出发，充分尊重自然规律，达到人与自然的协调，确保资源与环境的可持续利用。

湖泊的治理最终是湖泊流域的治理。湖泊流域的治理应实现从"区域"到"全流域"的过渡，从"一湖"到"一湖四圈"的转变。太湖流域"一湖四圈"涵盖了流域主要生态圈层与五大污染控制区及 32 个县市级控制单元，符合太湖流域生态结构特征和污染分布特征，是太湖流域治理规划的大思路（余辉，2012）。

3) 着力建设"共感-共存-共有"的太湖流域环保文明，形成全民参与的大格局

生态文明建设是一项复杂的社会系统工程，要使其目标和任务得以协调、有序地实现，就必须选择和运用与社会主义市场经济和科学发展观相适应的科学的行之有效的方法。从生态文明建设的现实运转形态上看，开展全民环境教育，提高群众保护环境意识，不失为生态文明建设的重要实现途径。发挥环境教育作用，就能保证生态文明建设健康、持续地向前发展。

着力于政府与民众对太湖环境问题及保护的必要性等形成共通理解与认识达成"共感"；谋求太湖流域环境保护与经济发展活力的"共存"；最终实现与子孙后代对太湖宝贵自然财富的"共有"，也即对太湖认知的一致性、发展与保护的并存及将来可持续性。加强政府部门与流域民众的沟通；逐步推进全民环保教育，形成综合环保教育体系；打造太湖流域环保文明建设，形成"全民参与、共治太湖"的大格局。

11.3 太湖流域污染源监管方案

11.3.1 提高废污水排放标准，实施提标改造和深度处理

在江苏省辖太湖流域，以实施《太湖地区城镇污水处理厂及重点工业行业主要水污染物排放限值》为重点，2012 年前太湖流域所有重点行业的工业企业按照新标准完成提标改造任务，对污染企业全面实行限产限排。新建以接纳工业废水为主的集中式污水处理厂必须配套建设除磷脱氮设施，已建的污水处理厂按新的排放限值进行提标改造。推广一批先进实用技术，做好有关服务工作。对纺织染整、化工、造纸、钢铁、电镀、食品（啤酒、味精）等六大重点行业的排污企业，实施工业废水提标改造和深度处理工程。

按照环境保护部《关于太湖流域执行国家排放标准水污染物特别排放限值时间的公告》（2008 年第 28 号）和《关于太湖流域执行国家污染物排放标准水污染物特别排放限值行政区域范围的公告》（2008 年第 30 号）要求，自 2008 年 9 月 1 日起对太湖流域规划范围内属于制浆造纸、电镀、羽绒、合成革与人造革、发酵类制药、化学合成类制

药、提取类制药、中药类制药、生物工程类制药、混装制剂类制药、制糖、生活垃圾填埋场、杂环类农药等 13 个行业企业执行国家排放标准水污染物特别排放限值。

开展重污染企业专项整治工作。对太湖地区的化工、医药、钢铁、印染、造纸、电镀、酿造（味精）等重污染行业进行专项整治，对污染严重、不能稳定达标的企业立即停产并限期整改，对不能按期完成整改任务，仍达不到排放标准的企业坚决关闭和淘汰。各市县要编制年度整治计划，对经过整改确实不能达标企业坚决关闭和淘汰。

提高工业企业的清洁生产水平。对流域内污染物排放不能稳定达标或污染物排放总量超过核定指标的，以及使用有毒有害原材料、排放有毒有害物质的企业，全面实行强制性清洁生产审核，并向社会公布企业名单和审核结果；鼓励和推进工业企业开展自愿性清洁生产审核。

11.3.2　建立、健全工业企业环保准入制度

严格执行国家产业政策，禁止新建和扩建污染严重的企业。对于国家产业政策确定的限制类项目从严审批。在饮用水水源地等敏感区及其周边一定区域划定"红线"区和"黄线"区。可能产生水体污染的新建工业企业，在"红线"区内禁止，在"黄线"区内限制；在"红线"区和"黄线"区内，可发展绿色和生态农业。

严格执行《太湖流域水环境综合治理总体方案》的要求，以下范围划为"红线"区：太湖周边 300～500m 以内；集中式饮用水水源地取水口周围 1.5km 以内；滆湖、洮湖、阳澄湖、淀山湖、长荡湖、尚湖、傀儡湖、横山水库、沙河水库、对河口水库、赋石水库、老石坎水库等重点湖库岸边 300～500m 以内；武进港、直湖港、漕桥河、太滆运河、太滆南运河、丹金溧漕河、武宜运河、望虞河、夹浦港、太浦河、吴淞江、苏东河、胥江、木光河、浒光河、小溪港、洪巷港、陈东港、陆斜塘、长山河、泰山桥港、盐嘉塘、康泾塘、长水塘、新塍塘、西苕溪等两侧 50～200m 以内。在以上"红线"区域以外 1km 范围内划为"黄线"区。

进一步提高环境准入门槛。一是对新上项目实施严格的环境保护审批制度，纺织染整、化工、造纸、钢铁、电镀及食品制造（味精、啤酒）等重点工业行业新上项目审批严格执行《关于太湖流域执行国家排放标准水污染物特别排放限值时间的公告》及江苏省《太湖地区城镇污水处理厂及重点工业行业主要水污染物排放限值》（DB32/T1072—2007）。二是实行项目限批制度，停止审批新增氮和磷等污染物总量的建设项目，新增化学需氧量和二氧化硫总量必须通过老企业减排的两倍总量来平衡，实施"减二增一"。三是实行区域限批制度，对排污总量超过控制指标的地区，不能按计划完成污染减排任务的地区，违反建设项目环境管理规定，违法违规审批造成严重后果的地区，环评暂停审批新增污染物排放的建设项目，暂停安排污染防治资金和其他财政专项资金。

限制和淘汰落后生产能力。制订太湖流域禁止和限制的产业、产品目录，开展重污染行业专项整治，加大限制、淘汰落后产能和工艺装备、产品的力度。运用经济、法律和必要的行政手段，限制不符合行业准入条件和产业政策的生产能力、工艺技术、装备和产品。淘汰不符合有关法律法规规定，严重浪费资源、污染环境，不具备安全生产条

件的工艺技术、装备和产品。压缩过剩生产能力，推进技术改造。

11.3.3　制定农业面源污染控制标准

农业面源污染量大面广，治理难度大，长期未引起足够重视，没有采取有效的治理措施，今后须加大治理力度。太湖流域来自农村面源的 COD、氨氮、总磷、总氮分别占各自总量的 45.2%、43.4%、67.5%、51.3%，是太湖流域的重要污染源，也是综合治理的重点。

要按照太湖流域水环境治理的总体要求，加快发展现代农业，建设社会主义新农村，用科学的发展理念和先进的科技手段，改进农业生产方式，促进农民生活方式转变，大力发展生态循环农业和绿色有机农业，建成一批规模化种植和生态养殖基地，形成结构合理、良性循环的农业生产体系和生态良好的农村环境。

在认真执行《肥料合理使用准则——通则》、《肥料合理使用准则——氮肥》、《农药安全使用标准》、《农药合理使用标准》、《畜禽养殖业污染物排放标准》、《畜禽粪便无害化处理技术规范》、《农田灌溉水质标准》等相关标准的基础上，制订严格的种植业养分和农药投入限量标准、养殖业等农业面源污染排放控制标准，建立农业面源污染监管机制。

大力发展有机农业，调整优化种植结构，开展无公害农产品生产全程质量控制，全面推广农业清洁生产技术，减少化学氮肥、化学农药施用量。从源头上禁止施用农用化学投入品。全面实施测土配方施肥，扩大商品有机肥补贴规模，推广行之有效的秸秆还田技术，引导农民种植绿肥。种植业要根据土壤类型、种植制度等制订化肥和农药限量施用标准，农作物氮、磷肥施用量不得超过建议值。禁止施用高毒、高残留农药，农药施用量在现有基础上降低 30%。2013～2020 年，有机栽培农业在太湖一级保护区内全面推广。

11.3.4　提高排污费和污水处理费征收标准

提高排污费的收费标准。针对流域的水污染特征，应特别提高工业企业氮、磷的排污费征收标准。实行超标（包括超过许可量）排污高额收费标准，使排污收费起到经济杠杆作用。提高排污费征收标准，将化学需氧量排污费由每千克 0.9 元提高至 1.4 元，全面开征氮磷排污费，按超标倍数计收超标排污费，并逐步使排污费征收水平超过污染治理成本，解决违法成本低的问题。

逐步提高污水处理收费标准，限期将收费标准提高到能够补偿运行成本。对使用自备水源的工业企业，完善废水排放监管机制。加强污水处理费的核定和征收工作，推行按污染物类别和污染物浓度进行分类定价。在建制镇开征污水处理费。尽快将太湖流域市、县污水处理费调整到每吨 1.30～1.60 元。制订乡镇污水处理收费价格，确保乡镇污水处理厂正常运行。

加强水资源费征收管理，完善差别水价政策，制订中水价格，建立鼓励水资源综合使用的政策体系；推行环境资源有偿使用制度。改革垃圾处理收费方式，太湖流域所有城镇尽快开征垃圾处理费，并限期将垃圾处理费提高到补偿运行成本达到垃圾处理企业合理盈利水平。

11.4　太湖流域"一湖四圈"生态环境监控方案

完善、整合太湖流域环境监测系统、水生态灾害预警系统、建立太湖野外观测研究站，建立全流域内环境遥感监测系统，结合地面自动监控系统，实现对太湖流域天地一体化的环境自动监测与预报系统。抓好应急防控，确保饮用水安全。加强水源地管理，全面组织开展饮用水源地环境风险排查，切实做好城市供水应急处置工作，保障供水安全。加强对湖体、饮用水源地、主要入湖河流等重点部位的巡查监测，完善蓝藻和"湖泛"防控应急指挥系统，加强"湖泛"预警和防控。按照统一的水环境监测规范，统一标准、统一布点、统一方法和统一发布，建设流域水环境监测体系，实现资源共享。在现有的监测站网基础上，通过升级改造，增建必要的新站网，构建太湖流域统一的水环境监测体系。太湖流域水环境保护监控体系的建设框架，由国家级和地方级两个层面的监测站网组成。在国家层面上，建立国家级统一的流域水环境信息共享平台；在地方层面上，由江苏省、浙江省、上海市分别建设省级水环境信息共享分平台。

11.4.1　建设太湖流域水质自动监测网

在太湖湖体、环太湖主要河道、主要输水河道和重要省界断面布设水量水质自动监测站，构建国家级统一的流域自动监测站网。按照《太湖流域水环境综合治理总体方案》，初步拟定的太湖流域国家级站网体系框架，需要布设 47 个自动监测站，其中重要省界监测站 15 个，太湖湖体监测站 9 个，环太湖河流监测站 15 个（已建 1 个），主要输水河道监测站 8 个（已建 3 个）。

江苏省在流域内省市县（区）行政交界断面、主要入湖河流、调水沿线、集中式饮用水源地等建设水质自动监测站 202 个，其中新建 190 个，改造 12 个。启动江苏省太湖水质监测中心站建设，实施太湖流域省水文水资源勘测局无锡、苏州、常州及镇江分局水质监测化验室升级改造工程，有效提高对太湖流域调水沿线、太湖湖体和主要水源地、环太湖出入河道及苏南运河等重要水体水质、水量的监测化验能力。

完善污染源监测和监控体系。建设国控、省控重点污染源和污水处理厂在线监控系统，对日均排放工业废水量在 100t 以上或 COD 日均排放量在 30kg 以上的排污单位（含城市集中生活污水处理厂）或被列为重点污染源的排污企业实施在线监测。

11.4.2　建设太湖蓝藻预警监测体系

配置太湖湖体应急监测船和环湖巡测应急监测车，加强太湖湖体水质快速应急监测能力；建设太湖野外水质与蓝藻综合观测站，配备蓝藻生命观测系统；建设太湖湖体浮标站和预警站；建设太湖流域遥感实时数据接收与解译系统。

配置水环境应急、自动监测配备流动监测船只，配备必要的船载式蓝藻水华等应急监测仪器设备，开展湖（库）水体所有监测点位水质月度监测和对湖（库）水污染事故应急监测工作。

建设野外水质与蓝藻综合观测站。建设野外水质与蓝藻综合观测固定站，除常规水质监测项目外，重点增设叶绿素 a、总氮、总磷等，进行有机有毒物和重金属预警监测示范，实现对敏感湖（库）蓝藻自动观测和预测，动态掌握和预警湖（库）水质、蓝藻发生与变化状况。

建设湖（库）流域遥感监测系统。建立湖（库）流域内环境遥感监测系统，结合地面自动监控系统，实现对湖（库）流域天地一体化的环境自动监测与预报系统。系统建设主要包括遥感监测中心实验室，并配备较完善的粗、中、高分辨率卫星遥感图像获取、计算机处理、地面检查和环境分析应用系统，形成宏观生态遥感监测能力。

11.4.3 建设太湖流域生态补偿机制

流域生态环境责任原则是指流域生态环境问题的责任者必须按法律的规定承担相应的法律责任，以恢复、治理已被污染和破坏的流域生态环境。

完善太湖湿地保护法规、规划，在全流域推行生态补偿机制。明确有权开发利用环境资源的单位和个人的主体，规定其对流域生态环境资源加以维护、恢复和整治的责任。按照国家与地方有关规定承担流域生态补偿的责任，同时考虑为恢复流域生态效益所导致的流域生态环境破坏所需的费用，以及流域生态建设者付出劳动的补偿费用。

受益者按照法律的规定采取有效措施进行治理，并赔偿因污染而造成的一切损失。流域生态环境保护与改善的受益者应支付给流域生态环境保护者和建设者为保护与改善环境所支出的费用。

11.5 流域全民参与的环保事业推进方案

11.5.1 目的与目标

近年来，太湖流域工业化、城市化快速推进和人口的暴涨，使污染物排量放逐年加大，水体纳污饱和，已远远超过环境的承载容量。公众是区域环境使用权的拥有者，而一旦水环境遭到污染，他们还是首当其冲的受害主体，因此公众理应成为水环境保护与治理的决策参与者。

为共同保护太湖水生态环境，营造建设资源节约型、环境友好型社会的良好氛围，应广泛深入地宣传环境保护基本国策，充分发扬民主，引导公众共同参与到湖泊的治理中，使得各项活动及工作的开展和进行都以保护与治理太湖为核心，保证治理计划长期有效的执行。通过采取形式多样、内容丰富、切合实际、并且行之有效的措施，提高公众对于太湖保护的意识和重视程度，共同推动太湖治理工作的顺利进行，努力形成"全国支持、全民参与、共治太湖"的大格局，使太湖早日恢复山清水美的自然风貌。

11.5.2　环境教育推进方案

环境教育在推动太湖治理工作中也扮演着重要角色。加强环保教育，逐步建立和完善环保教育体系，提高全民保护太湖的意识已逐步提上日程。通过建立一套包括太湖周边地区以及相关人群的不同层次、不同阶段的完整有效的教育体系，让人们充分认识湖泊在整个生态系统中的重要作用，逐步将外在的说教内化为一种意识，一种习惯。

1. 面向学校的环境教育

环境保护意识教育贯穿于学校教育之中，这对节约资源、保护环境意义重大。

首先，将有关太湖的环保教材编入小学的教育大纲中。通过环境教育在课堂中的渗透，让学生充分认识到人类社会与自然环境之间有着密不可分的关系，清楚地看到太湖环境的恶化程度，以及人类为解决这些问题所付出的代价，进而形成保护太湖环境的意识，并且使保护太湖环境成为一种自觉的行为。

其次，设立太湖环保教育示范学校。从小学到高中，环保都是学生的必修课，孩子们不仅在学校学习环保知识，学校还要组织学生走出校门，就一些实际问题进行社会调查，形成一套环保教育体系，对全民进行环保教育。

2. 面向企业的环境教育

按照现代化新型企业的要求开展环境保护工作，重视面向职工的环境教育工作，把环境教育纳入到日常生产管理之中。通过板报、班前班后会等各种形式的宣传，使职工认识到做好环保工作是企业重要的社会责任，也使职工能够自觉结合生产实际，通过节能等行为为减少生产对环境的污染。

3. 面向社会的环境教育

注重对周边居民的环境教育，通过建立自然体验室，举办指导者培训班及进行巡回指导等，培养群众作为自然的一员，形成珍惜自然的意识。

重视对群众的宣传教育工作，设定固定的太湖环境保护日，组织区域内的居民参与清扫太湖周围环境的活动，启发他们参与保护太湖环境的意识。

4. 面向政府机构与社会团体的环境教育

成立"太湖研究所"，培养和造就一批"太湖环境专家"，专门研究太湖的演变规律，研究适应太湖流域经济社会高速发展、人口增长和城市化率不断提高等环境下的太湖管理体制和运行机制，研究太湖存在的供用水、水污染、围网养殖、东太湖沼泽化、围湖造地、洪涝灾害等一系列环境问题及其防范措施等。

在太湖旅游区建立"太湖博物馆"，介绍太湖的历史、作用和地位，陈列太湖治理过程中的珍贵照片，介绍太湖治理的主要技术和解决的主要问题，介绍太湖的主要水生物，并请著名书画家亲临题词作画，邀请词曲家撰写歌颂太湖的歌曲等。

5. 环境教育基地建设

选择对太湖保护做出贡献的先进企业、机关、学校、社区典型，作为保护太湖的环境教育基地，面向全社会开放。

11.5.3 公众参与推进方案

1. 编写《公众环境行为手册》

组织专家队伍，编写《公众环境行为手册》等科普材料，普及保护太湖的科学知识，推广国内外生活中保护太湖的小窍门和实用方法。

2. "太湖保护日"公众募集企划

将"水危机日"设为"太湖保护日"，加大宣传力度，加强活动策划，在这一天可以组织市民清洁太湖，曝光污染企业，公布环保成果及太湖水质量状况等；继续加大全民义务植树造林力度，开展企业单位、个人认捐认养绿地山林等环保活动。召集各行业及其市民代表，开展关于太湖环境保护的座谈，实地参观太湖污染严重与治理突出的对比。评选"太湖环保使者""太湖大使""环保卫士"等活动。

3.《太湖之歌》募集企划

以"太湖是我家，保护靠大家"为主题，以当地老百姓喜闻乐见的歌曲形式，表达对昔日太湖美好风光的无限留恋，对太湖美好环境的无限渴望和对太湖美好未来需要大家共同努力，并号召广大人民群众，以保护环境为自身利益，倡导低碳环保的新生活。《太湖之歌》力邀著名作词作曲家精心制作，并邀请老中青三代著名歌唱家进行大力宣传，使太湖的环保行动能通过《太湖之歌》深入人心。

4.《太湖环境白皮书》企划

《太湖环境白皮书》应客观全面的描述太湖及其流域环境现状及变化趋势、总结阶段性的成果、面临的重大问题，以及今后阶段的对应措施。《白皮书》应一年发布一次，并作为今后该地区太湖污染防治及其应对措施，太湖环境保护及其相关政策法规的权威性指导。因此，要求《太湖环境白皮书》客观，全面，具有真实性、权威性和指导性。这就要求以党和政府为引导，制订相对应的科学措施和政策法规；以科研部门为基础，提供真实可信的资料和技术；以全社会为出发点，坚定不移的贯彻实施好太湖环境保护的每一项政策。

11.5.4 社会保障制度与效益评估

坚强的社会保障能为全民参与的环保事业弥补市场分配存在的不足，能促进我国的经济的发展，保证社会的稳定，有利于该事业的良性循环。通过政府制定法律，促使政府、集体、个人积极参与，以及部分企业强制参与，形成合理的资金来源、用途管理，人员、技术和物质正常储备，各项活动和各重大项目顺利开展实施，及其各项政策法规严格执行的保障体制。充分实现储备有序，开展有序，监控有序，各个环节畅通。

依据国家和地方制定的太湖环境保护全民参与相关的政策和法规，对项目实现地方社会发展目标所作贡献和产生的影响及其与社会相互适应性所作的系统分析评估，包括该项目对经济、政治、文化、艺术、教育、卫生、安全、国防、环境等各个社会生活领域的目标。通过对该项目的对比分析，逻辑框架分析和综合分析，来评估对社会环境的影响，对自然与生态环境的影响，对自然资源的影响和对社会经济的影响。

健全的社会保障制度和合理的效益评估体系，务必能够促进全民参与的环保事情向前又好又快地发展，能够为早日实现太湖优美环境做出贡献。

第 12 章　控源实施方案的可达性分析

12.1　太湖总量控制的可达性分析

根据太湖流域各种污染源的污染负荷入河量估算方法，利用工业、城镇及农村生活、养殖业及种植业污染等污染源的削减途径和控制目标，预测得到太湖流域近期（2015 年）污染负荷入河量，作为预测总排放量，如表 12.1 所示。

利用基准年排放量和近期太湖总量达标方案（中方案）对应的污染物削减率，计算得到太湖近期水质达标对应的排放量，作为允许排放量。将各分区预测总排放量和允许排放量进行比较，如果预测总排放量小于允许排放量，则预测排放量满足削减量的需要，太湖水质达标具有可行性，反之，不具有可行性。达标可行性分析结果见表 12.2。

由表 12.2 可见，在各种污染源制定的近期污染削减目标和控制指标能够实现的条件下，各分区各种污染物的预测总排放量均小于允许排放量，说明太湖流域近期预测排放量满足削减量的需要，太湖水质在近期达标具有可行性。

12.2　太湖水质目标可达性分析

依据各方案的流域陆域总体污染削减率和流域陆域各类型污染源削减分配情况，可以看出近期太湖总量达标方案（中方案）能满足各指标水环境承载力要求，其提出的削减力度也是在现有各级政府制定的总量控制措施基础上经过一定努力可以达到的。因此将此方案作为近期推荐方案，并利用构建的太湖水量水质数学模型预测该方案下的湖体水质情况。

结合太湖湖区常年主导风向东南风（平均风速 3.5m/s）以及太湖现状污染负荷条件，利用经率定验证后的太湖水量水质数学模型，模拟中方案入湖通量经削减后的湖体水质分布。由模拟结果可知：中方案实施后，近期太湖湖体 21 个国控断面（图 12.1）高锰酸盐指数、氨氮、TN 和 TP 的加权平均值（湖体水质指标平均值计算中考虑了太湖功能分区的影响）分别为 4.50mg/L、0.45mg/L、2.00mg/L 和 0.069mg/L，具体见表 12.3。

由于 2007 年太湖湖体高锰酸盐指数、氨氮、TN 和 TP 加权平均浓度分别为 5.2mg/L、0.91mg/L、2.81mg/L 和 0.101mg/L，通过中方案的实施对入湖通量进行削减后，近期太湖湖体高锰酸盐指数、氨氮、TN 和 TP 分别改善了 13.5%、50.6%、28.8% 和 31.7%，可以看出，只要入湖通量达到水环境承载力要求，太湖总体水质可以达标，具体见表 12.4。

表 12.1 太湖流域近期（2015 年）污染物入河量（单位：t/a）

分区名称	地区	工业点源污染物入河量				城镇生活污染物入河量				农村生活污染物入河量				养殖业污染物入河量				种植业污染物入河量			
		COD	氨氮	TN	TP	COD	氨氮	TN	TP	COD	氨氮	TN	TP	COD	氨氮	TN	TP	COD	氨氮	TN	TP
北部重污染控制区	常州市	8511	518	1462	76	5454	578	1408	62	1474	168	211	21	417	34	83	20	256	118	463	38
	武进区	4264	116	1140	50	2497	275	589	28	7197	823	1028	104	1483	113	295	70	451	151	743	66
	无锡市	9852	473	2256	126	10181	889	2839	121	7981	912	1140	116	1669	144	343	76	481	137	758	70
	江阴市	9709	367	1946	90	3109	257	582	33	7811	893	1116	113	1549	127	310	75	452	154	747	66
	常熟市	7596	390	1309	65	3367	339	854	45	7123	814	1018	103	997	75	177	45	488	132	761	69
	张家港市	6550	337	1428	86	1972	215	470	27	6258	715	894	91	758	62	151	36	451	151	743	66
湖西重污染控制区	镇江市	8	5	5	5	3456	373	799	40	619	71	106	9	96	8	19	5	0	0	0	0
	丹徒区	1134	27	99	4	703	78	141	9	817	93	140	12	390	30	76	19	345	145	604	51
	丹阳市	3306	58	354	15	2181	243	439	27	3700	423	634	54	1127	86	210	55	493	60	636	69
	金坛市	2133	57	351	15	1353	152	293	17	2124	243	364	31	1179	88	222	57	474	142	763	69
	溧阳市	1887	110	354	17	2325	257	498	29	3065	350	525	44	631	46	123	29	479	72	572	66
	宜兴市	2858	205	419	19	2709	294	627	33	5251	600	900	76	1298	91	228	57	321	95	632	39
	句容市	988	43	80	5	247	27	52	3	262	30	45	4	114	9	23	5	499	78	704	70
	高淳县	563	27	127	5	247	28	52	3	229	26	39	3	363	28	79	21	440	155	732	64
浙西污染控制区	杭州市	3435	118	391	28	10487	1112	2709	119	1104	126	189	16	2575	191	457	117	232	108	420	34
	余杭区	7018	101	353	19	2019	226	437	26	4128	472	708	60	1087	80	215	50	412	84	587	56
	临安市	2179	22	233	9	384	43	83	5	1565	179	268	23	763	65	156	38	444	151	734	66
	湖州市	6065	178	497	27	1917	204	497	22	4070	465	698	59	2366	198	554	129	468	74	537	65
	德清县	4720	407	663	24	1302	147	283	16	1860	213	319	27	1477	120	300	77	396	155	683	59
	长兴县	1589	12	346	5	1448	164	315	18	2521	288	432	36	915	77	196	49	496	65	684	70
	安吉县	2033	119	180	5	844	95	184	11	1985	227	340	29	380	32	84	19	444	151	734	65

分区名称	地区	工业点源污染物入河量				城镇生活污染物入河量				农村生活污染物入河量				养殖业污染物入河量				种植业污染物入河量			
		COD	氨氮	TN	TP	COD	氨氮	TN	TP	COD	氨氮	TN	TP	COD	氨氮	TN	TP	COD	氨氮	TN	TP
南部太浦染控制区	嘉兴市					4345	491	942	54	3702	423	635	54	2880	226	536	147	472	75	515	63
	嘉善县					1311	148	284	16	2628	300	451	38	1964	157	366	98	396	153	675	58
	海盐县	37851	352	4708	102	1494	169	324	19	1854	212	318	27	1944	156	363	98	439	155	731	64
	海宁市					1808	204	392	23	2905	332	498	42	1201	99	264	64	470	144	760	68
	平湖市					2112	239	458	26	2399	274	411	35	1921	156	358	101	421	156	710	62
	桐乡市					1697	192	368	21	2935	335	503	42	1291	113	311	76	497	66	650	70
东部污染控制区	苏州市	9725	556	2462	121	9667	1107	2595	124	11303	1292	1938	164	1333	102	243	56	346	145	607	51
	昆山市	6119	930	1611	83	3287	360	612	43	5219	596	895	76	601	41	99	22	284	127	510	42
	吴江市	15433	70	1257	67	2325	216	439	25	4776	546	819	69	850	54	134	33	371	152	646	54
	太仓市	4942	65	462	24	2522	324	662	34	1227	140	210	18	1701	139	373	86	405	154	687	59
	青浦区	0	0	0	0	203	26	45	3	212	22	37.2	2.88	236	19	47	12	1049	31	74	8
合计		36219	1620	5792	295	18005	2032	4353	229	22737	2596	3899	329	4721	356	897	209	2455	609	2524	214

表 12.2　太湖流域近期（2015年）污染物削减目标可达性分析成果表（单位：t/a）

污染物	项目	北部重污染控制区	湖西重污染控制区	浙西污染控制区	南部太浦污染控制区	东部污染控制区
COD	基准年排放量	210038	99588	137116	143490	135511
	预测总排放量	120356	50412	75129	80939	84137
	削减能力	89682	49176	61987	62551	51374
	允许排放量	121107	50541	75983	82729	84714
	是否满足削减量需要	是	是	是	是	是
氨氮	基准年排放量	22338	13185	16162	15242	14022
	预测总排放量	10479	4950	6468	5328	7214
	削减能力	11859	8235	9694	9914	6807
	允许排放量	11064	6724	8252	7478	7770
	是否满足削减量需要	是	是	是	是	是
TN	基准年排放量	49617	30835	36315	34869	29406
	预测总排放量	27262	13067	16463	16528	17465
	削减能力	22355	17768	19852	18341	11941
	允许排放量	27760	14433	17297	17493	17833
	是否满足削减量需要	是	是	是	是	是
TP	基准年排放量	3971	2689	3527	3386	2363
	预测总排放量	2054	1155	1478	1466	1275
	削减能力	1917	1535	2050	1920	1087
	允许排放量	2086	1343	1764	1714	1315
	是否满足削减量需要	是	是	是	是	是

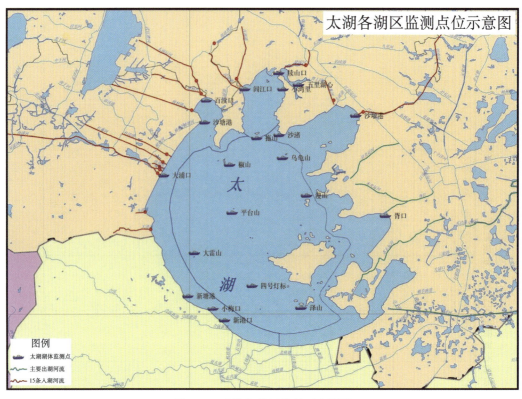

图 12.1 太湖湖体国控断面点位图

表 12.3 中方案实施后 21 个国控断面水质改善结果（单位：mg/L）

序号	断面名称	水质指标			
		高锰酸盐指数	氨氮	TN	TP
1	闾江口	5.74	1.03	3.32	0.081
2	犊山口	4.25	0.17	0.54	0.072
3	小湾里	5.29	0.23	0.89	0.071
4	百渎口	5.97	1.07	3.43	0.102
5	沙塘港	4.42	0.18	1.48	0.064
6	沙墩港	6.24	0.91	3.33	0.091
7	拖山	3.51	0.28	1.72	0.050
8	沙渚	3.56	0.11	1.22	0.053
9	乌龟山	3.83	0.22	1.98	0.052
10	椒山	5.22	0.99	3.92	0.077
11	大浦口	4.37	0.26	2.38	0.055
12	漫山	3.96	0.26	1.21	0.053
13	平台山	4.64	0.19	2.33	0.062
14	大雷山	4.20	0.24	2.32	0.051

序号	断面名称	水质指标			
		高锰酸盐指数	氨氮	TN	TP
15	胥口	5.70	1.12	3.75	0.105
16	四号灯标	3.29	0.23	1.37	0.065
17	泽山	5.64	0.23	2.95	0.089
18	新塘港	3.93	0.27	1.12	0.067
19	小梅口	3.81	0.26	1.18	0.069
20	新港口	3.57	0.29	1.17	0.065
21	五里湖心	3.47	0.20	1.10	0.063
加权平均值		4.50	0.45	2.00	0.069

表 12.4　太湖湖体水质目标可达性分析结果表（单位：mg/L）

	水平年	项目	高锰酸盐指数	氨氮	TN	TP
方案	2007 年	湖体水质平均值	5.20	0.91	2.81	0.101
	2009 年	湖体水质平均值	4.80	0.47	2.64	0.083
中方案	2015 年	水质目标	4.50	0.46	2.00	0.070
		方案实施后湖体水质	4.50	0.45	2.00	0.069
		目标可达性	可达	可达	可达	可达

12.3　投　资　估　算

太湖流域环境综合调查与湖泊富营养化综合控制方案共分流域污染源综合治理、流域生态修复、湖体中长期修复方案、流域管理四大类工程方案。

规划工程累计 1796 个，总投资为 2096 亿元，各类工程方案的投资见表 12.5。

表 12.5　方案总投资汇总表

类别	项目名称		工程数量/个	总投资/亿元
流域污染源综合治理	点源污染控制	工业污染源削减	307	270
		城镇生活污染源削减	530	591
	面源污染控制	农村生活污染源削减	383	91
		畜禽养殖污染源削减	175	98
		种植污染源削减	52	55
流域生态修复	河道污染治理及生态修复		105	238
	水源涵养林生态修复		19	69
	湖荡湿地生态修复		32	137

类别	项目名称		工程数量/个	总投资/亿元
湖体中长期修复方案	饮用水安全		123	200
	生态调水		5	93
	内负荷污染控制	太湖蓝藻水华控制	2	5
		太湖污染底泥控制	5	101
	湖滨带生境修复与保护		18	120
	渔业资源管理		13	15
流域管理	环保事业推进方案		7	8
	能力建设		20	5
总计			1796	2096

12.4 工 程 规 划

遵循让湖泊休养生息的理念，治湖先治河，治河先治污，将控源与治河紧密结合起来，结合工业污染源、生活污染源（城镇生活与农村生活）、种植业污染源、养殖业污染源、船舶与城市地表径流等其他污染源，从源头到末端的系列控制与管理，河道的生态修复与水质净化，实现向太湖输入更清洁的水。太湖流域环境综合调查与湖泊富营养化综合控制方案预设流域污染综合控制、流域生态修复、湖体中长期修复、流域管理四大类。

12.4.1 流域污染综合控制

流域污染源综合治理规划方案中包括点源污染控制和面源污染控制，其中点源污染控制包含工业污染源削减、城镇生活污染源削减子项目，面源污染控制包含农村生活、畜禽养殖、种植业污染源削减子项目，具体工程规划如下：

1）点源污染控制

点源污染控制主要包括工业和城镇生活污染源削减工程，共计 837 项工程，投资金额 1011 亿元。其中工业污染源削减项目主要围绕产业结构调整、节水改造及清洁化生产、不达标企业的关停并转、中水回用、技术升级、设备改造以及新建、扩建污水处理厂等实施项目规划，约 307 项，投资金额 270 亿元。城镇生活污染源削减主要围绕生活污水处理、管网建设、供水安全、资源回用等工程，约 530 项，投资金额 591 亿元。

2）面源污染控制

面源污染控制主要包括农村生活、畜禽养殖、种植业污染源削减三大项，共计 610 项工程，投资金额 244 亿元。主要工程内容包括农村水环境综合治理；养殖面源治理；

水处理厂扩建工程；科学施肥工程；病虫草综合防治工程；面源氮磷流失生态拦截沟渠塘工程；畜禽粪水综合利用；绿色、有机食品及无公害农产品基地建设工程；农业示范区；禁止田间焚烧，推广综合利用技术；生态园节水工程；自然村农村生活污水净化；畜禽养殖场废弃物治理；农村环境连片整治；水产养殖污染治理等。

12.4.2　流域生态修复

流域生态修复工程方案中有四个子项目，分别为河道污染治理及生态修复项目、水源涵养林生态修复项目、湖荡湿地生态修复项目及湖滨缓冲带生态修复项目，共计 156 项工程，投资金额 444 亿元。

12.4.3　湖泊水体中长期修复

湖体中长期修复方案中共有七个子项目，分别为饮用水安全、生态调水、内负荷污染控制、湖体生态修复、渔业资源管理，其中内负荷污染控制方面包括太湖蓝藻水华控制和太湖污染底泥控制，共计 166 项工程，投资金额 534 亿元。主要任务包括水源地安全保障工程；水库面源污染治理；备用水源建设；农村安全饮用水改造工程；阳澄湖水源地蓝藻监控检测；水源地进行生态清淤，减少内源污染；取水口附近水域实施退渔还湖、退耕还湖、河塘垃圾清理；调水引流；湿地公园建设；环太湖湖滨湿地保护与恢复工程；阳澄湖度假区辖区内围网拆除工程；航道整治工程；码头岸线整治工程等。

12.4.4　流域管理

流域管理共计 27 项实施方案，7 项环保事业推进方案和 20 项能力建设方案。投资金额 13 亿元。主要工程任务包括环境监控物联网示范工程；规模化企业 ISO14000 认证工程；行业节水行动；环境监测、监察、应急、信息、宣教、辐射、危废环境管理标准化建设；大气自动监测站建设；重点污染源放射源自动监控系统；突发环境事件应急指挥中心；监测站、监察大队标准化建设；垃圾分类收集示范项目；传感技术的水环境多参数在线监测系统建设工程；交通水上污染应急治理工程；购置环境监管设备等。

12.5　资金筹措机制

太湖流域环境综合调查与湖泊富营养化综合控制方案是针对太湖水环境生态的突出问题和薄弱环节，按照人与自然和谐相处、经济社会与环境协调发展的"和谐"流域要求，正确处理经济发展与环境保护的关系，转变发展观念，创新发展模式。以污染物大幅削减，保障太湖作为饮用水水源地、生物栖息地等为主要目标，全面协调流域社会、经济、环境发展，优化调控流域水环境及水资源，综合运用工程措施和非工程措施提高太湖生态功能。进一步强化流域水污染控制，加强流域环境管理能力建设，逐步恢复流域生态安全状态，形成流域生态系统良性循环，为太湖富营养化控制、生态环境可持续发展提供科学决策支持。治理保护的筹集资金应采取多种形成，开拓多种渠道，积极部署地方自筹、社会融资和市场化运作，同时请求国家、苏浙两省给予项目和治理资金方面的支持，形成政府主导、社会参与、部门负责、市场推进的污染防治投融资体系，为项目工程的顺利实施提供支持和保障。

12.5.1 地方自筹资金

地方自筹和社会筹集资金部分，坚持投融资体制的创新，实现政府主导，社会参与、部门负责、市场推进的污染防治体制。充分利用市场机制，多渠道筹集太湖保护治理资金，力争突破环保投资的制约瓶颈。苏浙及太湖流域内所辖各级地方政府应逐年加大对太湖治理的资金投入力度。进一步强化环保收费管理，加快污水收费价格改革力度，制订超标排污收费办法明确费用使用途径，惩戒超标排污。整合集中各类收费资金，为太湖水环境的改善提供支撑。

12.5.2 积极争取国家和苏浙两省资金支持

太湖流域环境综合调查与湖泊富营养化综合控制方案是一个长期资金投入的项目，仅仅以地方有限财力条件下投入资金进行治理保护是远远不能满足需要的，必须争取国家和苏浙两省有关部门的支持，从而为太湖治理等各项工作的展开提供保障。

12.6 方案实施条件与保障措施

12.6.1 实 施 条 件

1）科学统筹规划

统筹城乡污水处理基础设施布局。在工业企业相对集中、主要污染源为工业污水的地区，按照最佳效益、污水就地处理的原则，建设规模适度、兼顾生活污水处理的工业污水处理设施，优化资源配置，提高投资效益。在以生活污水为主，远离镇区的村、居民小区，随着生态型污水处理技术日趋成熟，要因地制宜地选择技术适合的污水处理设施建设。

城市污水处理工艺方案的确定要充分考虑当地的社会经济和环境条件，实事求是地确定城市污水处理工程的规模、水质标准、技术标准、工艺流程以及管网系统布局等问题。所采用的工艺技术在保证处理效果、运行稳定，满足处理要求的前提下，做到基建费用和运行费用节省，运行管理简单，调节控制方便，占地少，能耗低，污泥量少。同时要具有良好的安全、卫生、景观和其他环境条件。

2）加强指导服务

环境基础设施建设与优化作为一项社会公益性事业，需要政府各部门的支持和扶持。建设部门要主动牵好头，环保、国土等部门要加强联动，全力为项目建设做好技术指导、服务等保障工作。考虑集镇污水处理厂由于规模相对较小，处理技术、人才储备的优势不够明显，要依托城市污水处理厂，建设生化技术服务中心，作为全市污水处理的人才、技术基地，为集镇污水处理厂提供技术和智力支持。

3）拓展融资渠道

目前，随着国家加大对环境基础设施项目的政策倾斜，社会民营资本对此越来越关注。随着环境资本市场的逐步完善，需要打破污水处理事业化管理的模式，政府推动与市场化运作相结合，走企业化管理的道路，积极吸引各类投资主体参与工程合作建设，突破污水处理工程建设与优化的资金"瓶颈"，切实保障污水处理厂及其配套管网建成并正常运营。

4）加大政策扶持

市镇两级财政要把污水处理工程作为重要基础设施和社会公益性项目，加大财政资金投入力度。在国家拉动内需政策中，对环境基础设施建设的扶持力度不断加大，各地区要做好项目包装，努力争取上级资金补助。各金融机构要大力支持污水处理工程建设，加大信贷投放力度。同时，根据上级政策规定研究出台政策，开征城镇污水集中处理费，作为集镇污水处理厂建设及管网配套和维护资金。征收的污水处理费必须专项用于污水处理设施的运行管理和建设。最低收费标准不能保证污水处理设施正常运行的，要研究资金补贴或政策支持，确保污水处理设施正常运行，对自建污水处理厂及配套设施的城镇及时实行定额补助。

5）强化宣传引导

要利用多种形式，加强对群众的宣传引导，让群众了解污水处理的作用和意义，增强公众参与改善人居环境的责任感和自豪感，从而提高缴纳污水处理费用的自觉性，积极主动配合污水处理事业的发展。

（1）太湖流域社会经济发展，产业结构与土地利用优化，是本方案实施的强大经济条件与基础

太湖流域是我国经济商贸发展龙头，该地区经济增长速度处于全国前列。各项社会事业发展迅猛，城市化水平不断提高，经济实力日渐增强，综合实力不断提高。产业结构调整日见成效，不断促进区域环境改善和经济发展。土地资源利用日趋合理，充分保障生态环境发展，促进流域生态环境的改善。这些都是本方案实施的强大基础和厚实的经济条件。

（2）人民对美好生态环境的需求与太湖流域综合环境问题的差异，是本方案实施的前提条件

随着太湖流域经济发展迅猛，人们日益增长的生态环境需求也越来越显著，各种生态旅游，纯生态消费产品，以及生态安居工程越来越受到人们青睐，人们日渐追求美好的生态环境。同时，太湖流域综合环境问题也日渐严重，各种污染事件与环境破坏不仅威胁到区域人民的基本生活保障，同时也带来了巨大的经济损失。人们对美好环境的需求日渐增加与流域内环境恶化的矛盾越来越显著。这一日渐突出的矛盾是本方案实施的

前提条件。

（3）国家政策的支持和各级政府对太湖流域生态环境的高度重视，是本方案实施的必要条件

国家和太湖流域内各级政府对太湖流域环境恢复与保护工作高度重视，将其恢复与保护作为区域发展的重点。多次召开专题会议，研究治理、恢复与保护流域环境，并成立了各级领导小组和办公室，全国上下形成了主要领导总负责，亲自协调管理，各部门共抓太湖流域环境问题。

国家充分保护发展生态环境的政策，各级政府的大力支持和高度重视，为全面治理太湖流域富营养化，恢复保护流域生态环境，以及本方案的实施奠定了基础，提供了有利条件，是本方案实施的必要条件。

（4）科学研究与技术进步，民众积极参与意识提高，为本方案实施提供了最大的动力和根基

太湖流域民众对美好生态环境的渴望，生态环境保护的意识不断提高，使得其积极参与太湖流域富营养化治理，环境保护是本方案实施的主体，更是本方案实施的强大动力。民众积极参与，促使科学研究进一步深入，更加科学有效的促进产业结构升级和各项资源合理分配利用。同时新的科学技术的发展，使其在污染物处理，环境问题治理，生态保护以及产业发展，资源合理利用方面得以充分使用。这些为本方案的实施提供强大的工具。总的说来，民众是主体，是动力，是根基，科学研究和技术进步是工具，这些都是本方案实施最根本的基础。

12.6.2　保障措施

1）保障本方案的法律地位，协调与各政策法规，规划措施，治理方案之间的关系

从法律上确定本方案的地位，同时注意与各政策法规、规划措施、治理方案的协调，保障本方案实施的同时又避免重复浪费。从政府领导体制、经济政策、公众参与、环境执法、机制创新等多方面保障本方案实施。

2）加强政府领导，鼓励公众积极参与

本方案的具体实施主要由各级政府和相关的部门负责。流域内各级政府负责对辖区内污染治理，规划与保护负责统一指挥。同时充分利用各种宣传方式，开展太湖流域环境保护宣传，提高广大干部群众、企事业单位的环保意识。充分发挥社会的监督作用，促进流域环境保护工作进行。通过社会的积极参与，在全流域的污染减排，环境恢复工作上形成广泛的群众基础，营造全民参与、依法保护治理的良好社会氛围。

3）强化综合控制方案的实施与监管

综合控制方案涉及环境保护的方方面面，确保各个实施方案都是建立在科学考察研究的基础上，同时也根据当地社会经济发展需求，预留广泛发展空间。各个方案的实施对于太湖流域环境保护与发展都是必不可少的。这就要求：增强认识，合理控制经济发展增速，加强监管和指导，科学规划、合理布局、分区管理，调控产业结构，加强污

染控制和应急，同时加强建设节约使用、管网、改造、替代、拦截、集约化工程，严控排放，提高达标率，推进污水深度治理，提升处理和再利用率，制订风险防范预案和应急机制。

4）坚持机制与科技创新，同时严格执法，依法实施

加强机制创新，寻求适合太湖流域辖区内的管理机制，实现目标责任制，建立奖惩机制。建立进度控制机制，对各项方案的实施情况进行监督检查，及时解决实施过程中的问题。对太湖富营养化的治理需要科学技术支持，大力鼓励科技创新，就需要充分利用生态学、经济学、社会学等相关学科，进行信息分析整合，科学决策。这样不仅有利于应用先进技术提高效率，同时也避免走弯路和浪费资源，确保方案实施过程的完整性和科学性。有了机制的保障，就需要严格的实施规范和严格的执法实施，确保方案目标如期实现。

5）扩大融资渠道，保障方案实施与经济发展双赢

方案的实施需要雄厚的经济实力，方案中涉及的项目、工程以及技术等都是需要投入大量的资金，这才能保障污染物高效率的处理和低排放。这就要求各级政府积极扩大融资渠道，通过政府预算、市场融资、引进民资、外资等系列手段，保障项目实施顺利进行。引导产业结构调整，促进流域环境改善，同时也要有非工程措施投入（宣传教育等），确保每一环节都不折不扣的完成。另一方面，也要大力扶持污染小、产值高、技术先进，有特色产业的发展，增加对现有企业提标改造的同时，积极开拓新型产业，实现当地经济进一步更好发展和居民生活水平的提高。

参 考 文 献

蔡立力. 2004. 我国风景名胜区规划和管理的问题与对策. 城市规划，28（10）：74～80

蔡立力. 2004. 我国风景名胜区规划和管理的问题与对策. 城市规划，10：74～80

晁建颖，张毅敏，刘庄等. 2010. 基于产业结构调整的太湖流域江浙部分减排效果分析. 生态与农村环境学报，26（增刊1）：73～76

陈荷生，范成新，季江等. 1997. 太湖水环境生态及富营养化研究. 南京：中国科学院南京地理与湖泊研究所，太湖流域水资源保护局. 135

陈荷生，华瑶青. 2004. 太湖流域非典源污染控制和治理的思考. 水资源保护，20（1）：33～36

陈荷生，宋祥甫，邹国燕. 2008. 太湖流域水环境综合整治与生态修复. 水利水电科技进展，28（3）：76～79

陈荷生. 2001. 太湖生态修复治理工程. 长江流域资源与环境，10（2）：173～178

陈荷生. 2003. 太湖流域湿地及保护措施. 水资源研究，24（3）：27～29

陈荷生. 2006. 太湖湖内污染控制理念和技术. 中国水利，9：23～25

陈开宁，包先明，史新龙等. 2006. 太湖五里湖生态重建示范工程——大型围隔试验. 湖泊科学，18（2）：139～149

陈雷，远野，卢少勇等. 2011. 环太湖主要河流入出湖口表层沉积物污染特征研究. 中国农学通报，27（01）：294～299

陈西庆，陈进. 2005. 长江流域的水资源配置与水资源综合管理. 长江流域资源与环境，14（2）：163～167

程文辉，王船海，朱琰. 2006. 太湖流域模型. 南京：河海大学出版社

崔志清，董增川. 2008. 基于水资源约束的产业结构调整模型研究. 南水北调与水利科技，6（2）：60～63

党啸. 1998. 巢湖流域水环境问题的观察与思考. 环境保护，（9）：38～40

杜宇国. 1992. 酸雨的生态影响及防治对策. 生态学杂志，11（6）：51～54

范成新，张路，王建军等. 2004. 湖泊底泥疏浚对内源释放影响的过程与机理. 科学通报，49（15）：1523～1528

冯育青，王邵军，阮宏华等. 2009. 苏州太湖湖滨湿地生态恢复模式与对策. 南京林业大学学报：自然科学版，5：126～130

逄勇，徐秋霞. 2009. 水源地水污染风险等级判别方法及应用. 环境监控与预警，1：1-4.

高鸿建. 1991. 太湖流域治理方案优化探讨. 中国运河，8：38～40，32

公益财团法人国际湖沼环境委员会. http://www.ilec.or.jp/jp/

龚香宜，祁士华，吕春玲等. 2009. 洪湖表层沉积物中有机氯农药的含量及组成. 中国环境科学，（3）：269～273

古滨河. 2005. 美国Apopka湖的富营养化及其生态恢复. 湖泊科学，17（1）：1～8

谷孝鸿，张圣照，白秀玲等. 2005. 东太湖水生植物群落结构的演变及其沼泽化. 生态学报，25：1541-1548

顾岗，陆根法. 2004. 太湖五里湖水环境综合整治的设想. 湖泊科学，16（1）：56～60

郭怀成，孙延枫. 2002. 滇池水体富营养化特征分析及控制对策探讨. 地理科学进展，21（5）：500～506

郭泽杰，李珍.2010.鄱阳湖治理还需共绸缪.江西水利科技，36（4）：238～246

国际湖泊环境委员会.http://www.ilec.or.jp/database/eur/eur-12.html

国家环境保护总局科技标准司.2001.中国湖泊富营养化及其防治研究.北京：中国环境科学出版社

国务院第一次全国污染源普查领导小组办公室.2008.第一次全国污染源普查城镇生活源产排污系数手册

韩龙喜，张书农，金忠青.1994.复杂河网非恒定流计算模型——单元划分法.水利学报，（2）：52～55

何文社，方铎，杨具瑞等.2002.泥沙起动流速研究.水利学报，（10）：51～56

和丽萍，赵祥华.2003."九五"期间滇池流域水污染综合治理工程措施及其效益分析.云南环境科学，22（3）：40～42

胡开明，逄勇，谢飞等.2010.直湖港、武进港关闸对竺山湖水环境影响分析.湖泊科学，22（6）：923～929

胡开明，逄勇，余辉等.2011a.基于底泥再悬浮试验的太湖水质模拟.长江流域资源与环境，20（Z1）：94～99

胡开明，逄勇，王华等.2011b.大型浅水湖泊水环境容量计算研究.水力发电学报，30（4）：135～141

黄和平，伍世安，智颖飙等.2010.基于生态效率的资源环境绩效动态评估——以江西省为例.资源科学，（5）：924～931

黄建维.1981.粘性泥沙在静水中沉降特性的试验研究.泥沙研究，（2）：30～41

黄漪平，范成新，濮培民.2001.太湖水环境污染及其控制.北京：科学出版社

黄震方，丁正山.1999.环太湖旅游带旅游业联合发展战略初探.经济地理，19（6）：114～117

贾晓峰.2010.60年来江苏产业结构变迁分析.统计科学与实践，（2）：31～32

江苏省水利厅，江苏省环境保护厅.2003.江苏省地表水（环境）功能区划.南京：江苏人民出版社

江苏省统计局.2002-2009.江苏省统计年鉴.北京：中国统计出版社

江苏省统计局.2010.江苏省统计年鉴.北京：中国统计出版社

姜加虎，黄群.2004.洞庭湖近几十年来湖盆变化及冲淤特征.湖泊科学，3：209～214

蒋慧林.2001.探讨海事监督管理中排污收费制度的建立和实施.交通环保，22（2）：20～23

蒋耀慈，丁建清，张虎军.2001.太湖藻类状况分析.江苏环境科技，14（1）：30～31

金相灿，胡小贞，储昭升，等.2011."绿色流域建设"的湖泊富营养化防治思路及其在洱海的应用.环境科学研究，24（11）：1203～1209

金相灿，胡小贞.2010.湖泊流域清水产流机制修复方法及其修复策略，中国环境科学，30（3）：374～379

金相灿，屠清瑛.1990.湖泊富营养化调查规范（第二版）.北京：中国环境科学出版社

金相灿，叶春，颜昌宙等.1999.太湖重点污染控制区综合治理方案研究.环境科学研究，12（5）：1～5

靳晓莉，高俊峰，赵广举.2006.太湖流域近20年社会经济发展对水环境影响及发展趋势.长江流域资源与环境，5：298～302

孔繁翔，胡维平，范成新等.2006.太湖流域水污染控制与生态修复的研究与战略思考.湖泊科学，3：193～198.

李春华，叶春，陈小刚等.2012.太湖湖滨带植物恢复方案研究.中国水土保持，7：20

李辉.2006.宁夏产业结构及其区位优势变化（1978～2003）.西北民族研究，（4）：77～87

李景保，尹辉，卢承志等.2008.洞庭湖区的泥沙淤积效应.地理学报，63（5）：514～523

李世杰.2007.中国湖泊的变迁.森林与人类，27（7）：6～25

李一平.2006.太湖水体透明度影响因子实验及模型研究.南京：河海大学博士学位论文.

李有志，刘芬，张灿明.2011.洞庭湖湿地水环境变化趋势及成因分析.生态环境学报，20（8-9）：

1295～1300

梁博，王晓燕，曹利平. 2004. 最大日负荷总量计划在非点源污染控制管理中的应用. 水资源保护，4：37～41

梁涛，王浩，章申等. 2003. 西苕溪流域不同土地类型下磷素随暴雨径流的迁移特征. 环境科学，24（2）：35～40

梁涛，张秀梅，章申等. 2002. 西苕溪流域不同土地类型下氮元素输移过程. 地理学报，57（4）：389～396

刘鸿亮. 1997. 治理滇池草海水环境的成套技术. 环境科学研究，10（1）：1～6

卢承志. 2009. 洞庭湖治理回顾. 人民长江，40（14）：9～11；19

卢士强，徐祖信. 2003. 平原河网水动力模型及求解方法探讨. 水资源保护，（3）：5～9

卢纹岱. 2010. SPSS统计分析. 北京：电子工业出版社

卢瑛莹，张明，黄冠中. 2011. 浙江省太湖流域工业结构性污染特征分析与调控对策. 环境污染与防治，33（6）：86～89，96

陆凯旋. 2005. 改革开放初期我国三次产业结构的变动研究. 中国经济史研究，（2）：40～46

陆净岚. 2003. 资源约束条件下我国产业结构调整理论与政策研究. 杭州：浙江大学博士学位论文

吕景才，徐恒振. 2002. 大连湾，辽东湾养殖水域有机氯农艺污染状况. 中国水产科学，9（1）：73～73

罗缙. 2009. 平原河网区水环境时空变化模拟技术及应用研究——以太湖流域为例. 南京：河海大学博士学位论文

马荣华，孔繁翔，段洪涛等. 2008. 基于卫星遥感的太湖蓝藻水华时空分布规律认识. 湖泊科学，20（6）：687～694.

马逸麟，熊彩云，易文萍. 2003. 鄱阳湖泥沙淤积特征及发展趋势. 资源调查与环境，24（1）：29～37

彭金良，严国安，沈国兴等. 2001. 酸雨对水生态系统的影响. 水生生物学报，25（3）：283～288

濮培民，王国祥，李正魁等. 2001. 健康水生态系统的退化及其修复——理论、技术及应用. 湖泊科学，13（3）：193～203

钱宁，万兆惠. 1983. 泥沙运动力学. 北京：科学出版社

秦伯强，杨柳燕，陈非洲等. 2006. 湖泊富营养化发生机制与控制技术及其应用. 科学通报，51（16）：1857～1866

秦伯强，张运林. 2001. 西部湖泊资源的开发与生态环境保护. 中国科学院院刊，1：21～25

冉光兴，冯太国. 2009. 对太湖疏浚底泥处置方式的思考. 中国水利，8：30～32

尚榆民. 2001. 洱海可持续发展行动. 见：国家环境保护总局科技标准司. 中国湖泊富营养化及其防治对策探讨. 北京：中国环境科学出版社，44～51

沈新平. 2011. 新形势下洞庭湖综合治理与保护. 见：徐耀新：首届中国湖泊论坛论文集. 北京：东南大学出版社

世界湖泊远景委员会，2005. http://www.ilec.or.jp/wwf/eng

宋玉芝，秦伯强，杨龙元等. 2005. 大气湿沉降向太湖水生生态系统输送氮的初步估算. 湖泊科学，17（3）：226～230

田自强，韩梅，张雷. 2007. 西太湖河网区恢复与退化河岸带湿地生态及水环境功能比较. 生态学报，27（7）：2812～2822

屠清瑛. 2001. 湖泊富营养化防治的思路与实践. 国家环境保护总局科技标准司. 中国湖泊富营养化及其防治对策探讨. 北京：中国环境科学出版社

汪秀丽. 2005. 国内河流湖泊水污染治理. 水利电力科技，（1）：5～7

王贵明. 2008. 产业生态问题初探——产业经济学的一个新领域. 广州：暨南大学博士学位论文

王浩，王建华. 2007. 对太湖流域综合治理问题的探讨. 中国水利，4：18～21，12

王洪君，王为东，尹澄清等.2007.湖滨带氧化还原环境的时空变化及其环境效应.环境科学学报，27（1）：23～27

王姣妍，龙爱华，邓铭江等.2011.巴尔喀什湖分湖水平衡及其影响与优化保护研究.冰川冻土，33（6）：1353～1362

王金南，吴悦颖，李云生.2009.中国重点湖泊水污染防治基本思路.环境保护，（21）：16～18

王淑莹，代晋国，李利生等.2003.水环境中非点源污染的研究，北京工业大学学报，12：487～490

王苏民，窦鸿身.1998.中国湖泊志.北京：科学出版社，1-8，41～57，103

王西琴.2001.水环境保护与经济发展决策模型的研究.自然资源研究，16（3）：260～274

王晓蓉，郭红岩.2001.太湖富营养化控制对策探讨.见：国家环境保护总局科技标准司.中国湖泊富营养化及其防治对策探讨.北京：中国环境科学出版社，16～23

王云飞，朱育新，尹宇等.2001.地表水酸化的研究进展及其湖泊酸化的环境信息研究.地球科学进展，16（3）：421～426

王治民.2007.基于有限水资源和环境容量的天津市工业产业结构调整方案研究.天津：河北工业大学

韦凤年，朱月明.2008.积极开展引江济太推进太湖流域综合治理和管理——访水利部太湖流域管理局局长叶建春.中国水利，1：4～5

吴浩云.2004.引江济太调水试验的实践与启示.中国水利，5：45～47

谢刚，彭岩波，李必成等.2006.TMDL计划与小流域污染综合治理思路的研究.农机化研究，5：189～192

谢红彬，叶戈杨，谢永琴.2004.制造业结构变化对工业废水排放影响的量化分析.福建师范大学学报（自然科学版），20（4）：90～93

谢平.2003.鲢、鳙与藻类水华控制.北京：科学出版社

邢乃春，陈捍华.2005.TMDL计划的背景、发展进程及组成框架.水利科技与经济，11（9）：534～537

徐冉，王梓，陈诗泓.2009.无锡太湖水源地藻类爆发应急管理与处置体系研究.中国环境管理干部学院学报，19（2）：85～88

许朋柱，秦伯强.2002.太湖湖滨带生态系统退化原因及恢复与重建设想.水资源保护，3：31～36

许新宜，王浩，甘泓等.1997.华北地区宏观经济水资源规划理论与方法.郑州：黄河水利出版社

严小梅，胡绍坤，施须坤.1996.太湖银鱼资源变动关联因子及资源预报方案探讨.水产学报，20（4）：307～313

颜润润，逄勇，陈晓峰等.2008.不同风等级扰动对贫富营养下铜绿微囊藻生长的影响.环境科学，29（10）：2749～2753

杨川德，邵新媛.1993.亚洲中部湖泊近期变化.北京：气象出版社：69～122

杨龙元，秦伯强，胡维平等.2007.太湖大气氮、磷营养元素干湿沉降率研究.海洋与湖沼，38（2）：104～110

杨清书，麦碧娴，傅家谟等.2005.珠江干流河口水体有机氯农药的研究.中国环境科学，（S1）：47～51

叶春，李春华，陈小刚等.2012.太湖湖滨带类型划分及生态修复模式研究.湖泊科学，24（6）：822～828

叶建春.2008.实施太湖流域综合治理与管理、改善流域水环境.水利水电技术，39（1）：20～24

殷福才，张之源.2003.巢湖富营养化研究进展.湖泊科学，15（4）：377～384

于兴修，杨桂山，梁涛.2002.西苕溪流域土地利用对氮素径流流失过程的影响.农业环境保护，21（5）：424～427

余辉，燕妹雯，徐军.2010.太湖出入湖河流水质多元统计分析.长江流域资源与环境，（6）：696～702

余辉，张璐璐，燕姝雯等.2011.太湖氮磷营养盐大气湿沉降特征及入湖贡献率.环境科学研究，24（11）：8～17

余辉.2012.太湖治理中长期综合控制的建议，中国环境科学研究院研究与发展，7（1）：1～11

余辉.2013.日本琵琶湖的治理历程、效果与经验.环境科学研究，9：956～965

郁亚娟，王翔，王冬等.2012.滇池流域水污染防治规划回顾性评估.环境科学与管理，37（4）：184～185

袁雯，杨凯，唐敏等.2005.平原河网地区河流结构特征及其对调蓄能力的影响.地理研究，24（5）：717～724

苑韶峰，吕军.2004.流域农业非点源污染研究概况.土壤通报，8：507～511

翟水晶，杨龙元，胡维平.2009.太湖北部藻类生长旺盛期大气氮、磷沉降特征.环境污染与防治，31（4）：5～10

张彪，杨艳刚，张灿强.2010.太湖地区森林生态系统的水源涵养功能特征.水土保持研究，17（5）：96～100

张大弟，章家骐，汪雅谷.1997.上海市郊主要的非点源污染及防治对策.上海环境科学，16（3）：1～3

张二骏，张东生，李挺.1982.河网非恒定流的三级联合解法.华东水利学院学报，10（1）：1～13

张凤保.2001.滇池流域水污染防治工作探讨.见：国家环境保护总局科技标准司.中国湖泊富营养化及其防治对策探讨.北京：中国环境科学出版社，29～33

张光生，王明星，叶亚新等.2004.太湖富营养化现状及其生态防治对策.中国农学通报，20（3）：235～237，257

张路，范成新，秦伯强等.2001.模拟扰动条件下太湖表层沉积物磷行为的研究.湖泊科学，13（1）：35～42

张萌，2011.水生植物对湖泊富营养化胁迫的生理生态学响应.武汉：中国科学院水生生物研究所博士学位论文

张萌，倪乐意，曹特等.2010.太湖上游水环境对植物分布格局的影响机制.环境科学与技术，3：171～178，194

张少兵.2008.环境约束下区域产业结构优化升级研究：以长三角为例.武汉：华中农业大学博士学位论文

张寿选，段洪涛，谷孝鸿.2008.基于水体透明度反演的太湖水生植被遥感信息提取.湖泊科学，20（2）：184～190

张书农.1988.环境水力学.南京：河海大学出版社，167～171

张万顺，唐紫晗，王艳茹.2011.太湖流域典型区域污染物总量分配技术研究.中国水利水电科学研究院学报，3：59～65

张兴奇，秋吉康弘，黄贤金.2006.日本琵琶湖的保护管理模式及对江苏省湖泊保护管理的启示.资源科学，28（6）：39～45

张秀芳，全燮，陈景文等.2000.辽河中下游水体中多氯有机物的残留调查.中国环境科学，20（1）：31～35

张运林，秦伯强，钱伟民等.2004.太湖水体中悬浮物研究.长江流域资源与环境，13（3）：266～271

张召文.2012.云南九大高原湖泊治理的复杂性、艰巨性和长期性.环境科学导刊，31（1）：19～20

浙江省统计局.1997-2008.浙江省统计年鉴.北京：中国统计出版社

周泓，欧伏平，刘妍.2011."十一五"期间洞庭湖水环境质量状况及变化趋势分析.湖南理工学院学报（自然科学版），24（2）：88

周再知，王春峰，滕间刚等.2007.从中国森林恢复实践中吸取经验.印度尼西亚：雅加达 SMK

GrafikaDesaPutera. 国际林业研究中心出版

朱季文，季子修，蒋自巽. 2002. 太湖湖滨带的生态建设. 湖泊科学，14（1）：77～82

朱喜. 2011. 综合治理太湖水环境措施和效果. 见：中国环境科学学会. 中国环境科学学会学术年会论
    文集（2011）. 北京：中国环境科学出版社

朱育新，胡守云，王云飞等. 2002. 酸沉降影响的湖泊沉积学证据. 海洋与湖沼，33（4）：379～385

左长清. 1989. 论鄱阳湖泥沙淤积及其对环境的影响. 水土保持学报，1：38-42

左长清. 1989. 论鄱阳湖泥沙淤积及其对环境的影响. 水土保持学报，3（1）：38～42

福岛武彦. 1988. 環境容量の概念と考え方. 第1回環境容量シンポジウムー環境容量の概念と応用

盛岡通. 1988. 環境容量と環境管理. 第1回環境容量シンポジウムー環境容量の概念と応用

原沢英夫. 1988. 環境基準・環境指標・環境容量. 第1回環境容量シンポジウムー環境容量の概念と
    応用

ILEC. 2007. 統合的湖沼流域管理：手引書. 財団法人国際湖沼環境委員会，日本滋賀県草津市

Andjelic M M. 1999. Cited in Strategy for Support Sustainable Development in the Lake Victoria Region.
    SIDA：Stockholm，Sweden

Bjork S. 1972. Swedish lake restoration program gets results. Ambio，1：156-165

Cai Q M，Gao X Y，Chen Y W，Ma S W，Dokulil M. 1997. Dynamic variations of water quality in Taihu
    Lake and multivariate analysis of its influential factors. J. Chin. Geogr. 7：72～82

Driscoll C T，et al. 1980. Effect of aluminium speciation on fish in dilute acidified water. Nature，284：
    161～164

Durlauf S N，Maccini L J. 1995. Measuring naise in inuentony models. Journal of Monetary Economics.
    36（1）：65～89

Gasith A. 1975. Tripton Sedimentalion in Eutrophui Lakes-Sample Cohrection for the Reiuirended
    Matler. Verhandlukgen Internationale Vereinigung Lomnologie

Griffiths M. 2002. The European water framework directive：An approach to integrated river basin man-
    agement. European Water Management Online，5：1～14

Hecky R E. 1993. The eutrophication of Lake Houck O A. The clean water act TMDL program：ILEC，
    2005. Managing Lakes and their Basins for Sustainable Use：A Report for Lake Basin Managers and
    Stakeholders. International Lake Environment Committee Foundation：Kusatsu，Japan

Houck O A. 2002. The Clean Water Act TMDL Program：Law，Policy，and Implementation. Environ-
    mental Law Institute

http://www. ilec. or. jp/en/wp/wp-content/uploads/2013/03/wlv _ c _ english. pdf

ILEC. 2005. Managing Lakes and Their Basins for Sustainable Use：A Report for Lake Basin Managers
    and Stakeholders

Japan Bank for International Cooperation，JBIC. 2002. Final Report for Special Assistance for Project
    Sustainability（SAPS）for Greater Nakuru Water Supply Project in the Republic of Kenya. Japan
    Bank for International Cooperation，Tokyo，Japan

Javier G P. Gamarra，José M. Montoya，David Alonso，Ricard V. Solé. 2005. Competition and introduc-
    tion regime shape exotic bird communities in Hawaii. Biological Invasions，7（2）：297～307

Livingstone D A，Melack J M. 1984. Some lakes of sub-Saharan Africa. In：Taub F B. Lake and Reser-
    voir Ecosystems. Amsterdam：Elsevier Science Pulishers

Murray Darling Basin Commission. 2001. River as Ecological System：The Murray Darling Basin. Aus-
    tralia：Murray Darling Basin Commission

Myllynen K，et al. 1997. River water with high ion concentration and low pH causes mortality of lamprey roe and newly hatchea larvae. Ecotox Environ Saf., 36: 43~48

Ndetei R, Muhandiki V S. 2005. Mortalities of Lesser Flamingos in Kenyan Rift Valley Paelinck, J. Spatial Development Planning: A Dynamic ConvexProgramming Approach. Lakes and Reservoirs: Research and Management, 10: 51~58

Odada E O, Raini J, Ndetei R. 2005. Lake Nakuru: Experience and Lessons Learned Brief

Ole S, Egbert K. 2003. Nuclear markers reveal unexpected genetic variation and a Congolese-Nilotic origin of the Lake Victoria cichlid species flock. Biological Sciences, 270: 129~137

Pu P M, Hu W P, Yan J S, et al. 1998. A physico-ecological engineering experiment for water treatment in a hypertrophic lake in China. Ecol. Eng, 10: 179~190

Qin B Q, Xu P Z, Wu Q L, et al. 2007. Environmental issues of Lake Taihu, China. Hydrobiologia, 581: 3~14

Reddy K R, Graetz D A. 1991. Internal Nutrient Budget for Lake Apopka. Final Report on Project No. 15-150-01-43-213-SWIM. St. Johns River Water Management District, Palatka, Florida

Schelske C L. 1997. Sediment and Phosphorus Deposition in Lake Apopka. St Johns River Water Management District, Palatka, FL. Special Pub. SJ 97-SP21, 97 pp

Shumate B C, Schelske C L, Chrisman T L, et al. 2002. Response of the cladoceran community to trophic state change in Lake Apopka. Florida. J Paleohmno, 27: 71~77

Silsbe G R, Guildford S J, Hecky R E. 2006. Variabilityin chlorophyll a and photosynthetic parameters inLake Victoria a nutrient saturated Great Lake. Limnology and Oceanography, 51: 2052~2063

Sondergaard M, Khvitenzen P, Jeppeien E. 1992. Phoiphorus Denmark. Hydrabio logia., 22 (8): 91-99

Werner G. 2009. Individual and institutional factors in the tendency to drop out of higher education: a multilevel analysis using data from the Konstanz Student Survey. Studies in Higher Education, 34 (6): 647~661

Witte F, Goldschmidt T. 1991. Species extinction and concomitant ecological changes in Lake Victoria. Netherlands Journal of Zoology, 42: 214~232